测地流的动力学

刘 飞 王 方 吴伟胜 著

科 学 出 版 社

北 京

内 容 简 介

本书旨在比较全面的介绍测地流的动力学基本理论和重要课题，内容包括：测地流的基本理论及有关的微分几何和动力系统基础知识，负曲率黎曼流形上测地流的双曲性、遍历性，测地流系统的熵理论，Liouville 可积测地流理论，极小测地线的动力学理论. 此外，书中还对当代测地流的动力学理论中的前沿问题进行了梳理. 本书的部分内容取自作者的相关研究成果，同时参考了国外已有的测地流理论的专著及相关的论文文献资料，力求全面展现测地流的动力学理论的完整风貌.

本书适合数学专业的高年级硕士生、博士生及动力系统、微分几何和理论物理等领域的科研工作者参考学习.

图书在版编目(CIP)数据

测地流的动力学/刘飞，王方，吴伟胜著. —北京：科学出版社，2019.11
ISBN 978-7-03-063244-9

Ⅰ. ①测… Ⅱ. ①刘… ②王… ③吴… Ⅲ. ①微分动力系统-研究
Ⅳ. ①O193

中国版本图书馆 CIP 数据核字(2019) 第 250640 号

责任编辑：胡庆家 李 萍／责任校对：彭珍珍
责任印制：吴兆东／封面设计：陈 敬

科学出版社 出版
北京东黄城根北街 16 号
邮政编码：100717
http://www.sciencep.com

北京虎彩文化传播有限公司 印刷
科学出版社发行 各地新华书店经销

*

2019 年 11 月第 一 版 开本：720×1000 B5
2019 年 11 月第一次印刷 印张：18 1/4
字数：380 000

定价：128.00 元

(如有印装质量问题，我社负责调换)

前　言

所谓测地线, 局部而言之就是黎曼流形上的连接两点的最短的曲线, 而测地流就是这些测地线 (含其切向量) 在流形的单位切丛上形成的光滑的流. 测地流系统是非常重要的一类微分动力系统, 它的动力学理论在当代微分动力系统的理论体系占有举足轻重的地位. 对测地流及其动力学的研究是随着黎曼几何的产生而出现, 又随着现代微分几何和动力系统理论的快速发展而迅速兴盛繁荣起来的. 现今, 测地流的动力学理论已发展成融合了现代微分几何理论、微分动力及哈密顿动力学理论、遍历理论、辛几何与辛拓扑理论等多个领域的、非常前沿的交叉学科.

人类对测地流的研究最早可以追溯到 19 世纪末期, 当时著名数学家 Hadamard 发现, 对三维欧氏空间中的一类非紧致负曲率曲面, 有界的测地线的初始切向量构成了一个康托尔集. 紧接着伟大的数学家 Poincaré 研究了凸曲面上的测地线及测地流的性质. 之后, 包括 Birkhoff, Artin, Morse, Hopf, Hedlund 等在内的一大批数学家对黎曼流形上测地流的重要动力学性态, 比如双曲性、遍历性等开展了积极的探索. 1961 年, 著名数学家、微分动力系统理论的开拓者 Smale 在访问苏联期间, 就负曲率的黎曼流形上的测地流的结构稳定性等问题提了一系列重要的猜想, 这些猜想最终全部被苏联数学家 Anosov 证明. Anosov 的这一工作具有里程碑意义, 由它启发产生了当代微分动力系统理论中一系列最重要的概念、方法和研究课题, 极大地推动了整个动力系统学科的发展. 同时, 受 Anosov 工作的激发, 对测地流, 特别是其动力学理论的研究受到了数学界的广泛重视, 包括 Sinai, Gromov, Margulis, Katok, Sarnak, Mañé, McMullen, Avila 等在内的一大批当代最优秀的数学家都在这个领域里做了大量非常深刻的工作. 尤其重要的是, 如同 Anosov 的工作一样, 测地流的这些动力学的结果很大一部分都能自然地延伸到更一般的微分动力系统中去, 从而引发出一大批新的研究成果. 同时, 测地流的动力学方法也成为目前研究流形的几何性质的一个重要方法, 对现代几何学的发展起到了巨大的促进作用. 直到今天, 测地流理论仍然是当代动力系统和微分几何这两个学科中最重要的研究领域之一, 它犹如一块有巨大魔力的磁石, 吸引着一代又一代的杰出数学家投身其中; 它也如一眼不断喷涌的甘泉, 为动力系统领域不断地带来新的思想和新的内容.

我们撰写这本书的目的, 就是为了更好地向国内的数学工作者和青年学生介绍测地流的动力学基础理论和重要课题. 由于测地流的动力学本身包罗万象, 研究课题不胜枚举, 为了在有限的篇幅内最大限度地完整展现这一理论体系的全貌, 我们选取了测地流的动力学中最基本和最重要的几个方面的问题进行讲解, 包括双曲性、遍历性、熵理论、Liouville 可积性理论以及极小测地线理论. 这些都是测地流的动力学理论中最核心的部分, 一旦完整地掌握了这些内容, 就可以直接进入这个学科的最前沿开展研究工作. 此外, 为了方便读者了解测地流的动力学的最新发展, 本书的最后专门对测地流的动力学理论中的一些前沿问题进行了梳理和讲解, 同时也对这个领域中的一部分重要文献进行了介绍. 这些内容都是我们在平时的研究工作中一点一滴积累起来的. 还要特别提出的是, 本书中有些章节的内容本身就是我们的研究成果.

我们还必须要说明的是: 测地线本身是一个几何学的概念, 微分流形上的测地线是完全被流形的黎曼度量所决定的. 因而很自然地, 测地流主要的动力学性态(包括双曲性、遍历性、可扩性、熵可扩性、Liouville 可积性等) 以及很多重要的动力学不变量 (如拓扑熵、测度熵等) 一定也是与流形自身的几何性质 (度量、曲率、体积增长率、有无共轭点等)、拓扑性质 (如辛结构、同伦群、同调群的结构等) 密切相关的. 因此要研究测地流的动力学性态, 除了动力系统理论外, 还会涉及较多的几何、拓扑内容. 这里辛几何及辛拓扑、黎曼几何、Lie 群及 Lie 代数、代数拓扑、微分拓扑等领域的知识都是必不可少的. 也正因为这样, 我们在这本书里也必然会经常用到几何、拓扑甚至代数的知识和工具. 针对这个问题, 这本书用了比较多的篇幅对基本的几何和动力系统的知识进行了细致的梳理, 并且在具体内容的讲解和安排上尽可能地做到完备和清晰, 对引用的文献上的结果大多都给出了解释. 因此, 有一定基础的读者基本不需要再翻阅太多的参考资料就能读懂这本书的大部分内容. 现在简要介绍各章内容如下: 第 1 章给出了阅读本书所需要的一些几何学与动力系统和理论的基本知识, 为方便读者掌握, 绝大多数的定理我们都给出了证明; 第 2 章和第 3 章分别讲解紧致负曲率黎曼流形上的测地流的双曲性和遍历性, 这是当代测地流理论最重要的研究方向之一; 第 4 章主要讨论的是测地流的拓扑熵、测度熵的性质以及测地流的熵可扩性; 我们在第 5 章研究了 Liouville 可积测地流的拓扑障碍和拓扑熵; 第 6 章探讨了极小测地线的有关性质及测地流的 Mather 理论; 第 7 章给出了一些和测地流相关的公开问题, 希望能够通过这些公开问题引起读者的兴趣.

在本书的写作过程中, 我们非常注重基本知识和基本方法的讲解, 在这一点上, 从来都不惜笔墨. 我们希望读者不仅了解到字面上的内容, 也能看到表象之下的本质. 当然, 这是我们的良好愿望, 限于学识水平, 肯定有很多未尽如人意之处, 还请读者批评指正.

三位作者要分别感谢他们的导师: 上海交通大学数学科学学院的张祥教授, 美国西北大学数学系的夏志宏教授, 美国宾州州立大学数学系的 F. R. Hertz 教授和 A. Katok 教授, 感谢他们为培养我们付出的辛勤劳动.

感谢北京大学数学科学学院文兰教授, 我们三人各自的学术背景和研究兴趣各不相同, 但我们都先后在北京大学数学科学学院有过博士后的经历, 其间多蒙文老师教诲, 受益良多.

本书的部分内容曾经在北京大学数学科学学院动力系统讨论班上做过报告, 得到了很多宝贵的意见和建议. 在此向讨论班上的所有老师和同学表示感谢! 美国 Rutgers 大学戎小春教授对本书的撰写提供了热情的支持和帮助, 我们深表感激!

本书适合从事微分动力系统、哈密顿系统、遍历论以及黎曼几何等方向及相关领域研究工作的学者和研究生阅读. 并且适合作为硕士和博士研究生的测地流理论方面课程的教材使用. 虽然我们已经尽可能地把需要的基础理论都写进本书里, 但是读者阅读本书的时候可能仍然需要一定的微分几何、代数拓扑、遍历论、微分动力系统以及哈密顿系统等方面的准备知识.

本书在撰写和出版的过程中, 三位作者所在单位给予了大量的支持和帮助, 在此深表感谢. 本书的出版先后得到了首都师范大学数学科学学院内涵发展–学科建设专项经费和山东科技大学数学与系统科学学院重点专业群建设专项经费 (010102409) 的资助, 特此致谢! 本书在写作过程中, 得到了国家自然科学基金 (批准号: 11301305, 11701559, 11871045) 和中国博士后科学基金 (批准号: 2011M500177, 2015T80010) 的资助. 山东科技大学数学与系统科学学院研究生王智玉同学协助录入了本书的部分书稿, 本科生王立鹏同学协助制作了本书部分章节的插图, 在此一并感谢!

刘　飞　王　方　吴伟胜

2019 年 9 月 21 日

目　录

第 1 章　黎曼几何、动力系统与测地流

测地流是黎曼流形的切丛上的流, 是切丛上的一个拉格朗日系统, 同时也是余切丛上的一个哈密顿系统. 因此, 测地流处于几何学与动力系统理论的交汇处. 本章给出阅读本书所需要的黎曼几何与动力系统的若干基本知识. 从测地线开始, 进而介绍研究测地流的不可或缺的工具: Jacobi 场. 然后, 转向动力系统理论, 主要介绍哈密顿系统和拉格朗日系统的相关知识.

1.1　黎 曼 几 何

众所周知, 黎曼几何是一门重要的数学学科, 在数学和理论物理学中都有着极为广泛的影响和应用. 同时, 作为一门成熟的数学学科, 目前已有众多优秀的黎曼几何教材. 因此, 本节只给出阅读本书所需要的黎曼几何的一些最基本的知识. 读者可以从参考文献 [6, 10, 15, 28, 37, 39, 40, 47, 58, 76, 85, 104, 122, 128, 134] 中查到更多的细节. 我们假定读者已学过微分流形的课程, 相关的知识可查参考文献 [28, 58, 76, 86, 87].

本节中, (M,g) 为 n 维黎曼流形, ∇ 是 Levi-Civita 联络.

1.1.1　测地线及其性质

首先给出测地线的概念. 标准的欧氏空间中的测地线是直线. 直线有着诸多良好的性质, 比如 "两点之间直线段最短". 但是在后面可以看到, 连接两点之间的测地线 (段) 不一定都是最短的, 因此不能用这条性质来定义测地线. 我们注意到, 从解析表达式来看, 直线是 1 次的, 即直线的表达式的 2 阶导数为零. 在黎曼流形上, 这个导数叫*协变导数*(covariant derivative).

定义 1.1.1 (测地线)　*设 $\gamma:[a,b]\to M$ 为 M 上一条光滑曲线, 若 γ' 沿 γ 平行, 即 $\dfrac{D}{dt}(\gamma'(t))=0$(即 $\nabla_{\gamma'(t)}\gamma'(t)=0$), $t\in I=[a,b]$, 则称 γ 为 M 上的测地线.*

设 γ 为 M 中的一条测地线, 由测地线的定义, 有

$$\frac{d}{dt}\langle\gamma'(t),\gamma'(t)\rangle = 2\left\langle\frac{D\gamma'(t)}{dt},\gamma'(t)\right\rangle = 0.$$

因此 $\langle\gamma'(t),\gamma'(t)\rangle$ 恒为常数. 记 $\langle\gamma'(t),\gamma'(t)\rangle\equiv c^2$, 即 $\|\gamma'(t)\|=c$, 则 γ 在 $[t_0,t]$ 的

弧长为

$$s(t) = \int_{t_0}^{t} \|\gamma'(t)\| dt = c(t-t_0).$$

下面来推导测地线方程.

在局部坐标系下, $\gamma(t)=(x_1(t),\cdots,x_n(t))$, 则

$$\gamma'(t)=\sum_{i=1}^{n} x_i'(t)\frac{\partial}{\partial x_i}\bigg|_{\gamma(t)},$$

故

$$\begin{aligned}0=\nabla_{\gamma'(t)}\gamma'(t)&=\sum_{i=1}^{n}\nabla_{\gamma'(t)}x_i'(t)\frac{\partial}{\partial x_i}=\sum_{i=1}^{n}\left(\frac{d^2x_i(t)}{dt^2}\frac{\partial}{\partial x_i}+x_i'(t)\nabla_{\gamma'(t)}\frac{\partial}{\partial x_i}\right)\\&=\sum_{i=1}^{n}\left(\frac{d^2x_i(t)}{dt^2}\frac{\partial}{\partial x_i}+x_i'(t)\sum_{j,k}^{n}x_j'(t)\Gamma_{ji}^{k}(\gamma(t))\frac{\partial}{\partial x_k}\right),\end{aligned}$$

故有

$$\frac{d^2x_i(t)}{dt^2}+\sum_{j,k}\frac{dx_k}{dt}\frac{dx_j}{dt}\Gamma_{jk}^{i}(\gamma(t))=0,\quad i=1,\cdots,n.$$

注 1.1.1　测地线方程是 2 阶非线性常微分方程组.

下面设法对测地线方程降阶. 在切丛上考虑测地线方程. 取 TM 的局部坐标系

$$\Psi:\pi^{-1}(U)\subseteq TM\to\mathbb{R}^n\times\mathbb{R}^n,$$

$$(p,v)\mapsto\Psi((p,v))=(x_1,\cdots,x_n,v^1,\cdots,v^n),$$

则 M 上的曲线 γ 诱导了 TM 上的曲线

$$\begin{aligned}\widetilde{\gamma}:I&\to TM,\\t&\mapsto(\gamma(t),\gamma'(t)).\end{aligned}$$

因此, 若 γ 是测地线, 则在局部坐标系 $(\pi^{-1}(U),\Psi)$ 下, 应有

$$\begin{cases}\dot{x}_i^{\varphi}=v^i,\\ \dot{v}^i=-\sum\Gamma_{jk}^{i}\dot{x}_j\dot{x}_k,\end{cases}\qquad i=1,\cdots,n.$$

由微分方程的基本理论, 易得如下结论.

定理 1.1.2　给定 $v\in T_pM$, 以及 (M,g) 上的联络 ∇, 局部地, 总存在测地线 $\gamma:(-\varepsilon,\varepsilon)\to M$ 使得 $\gamma(0)=p,\gamma'(0)=v$.

进而, 容易得出下面两个结论.

定理 1.1.3 给定点 $p \in M$, 则存在点 p 的一个开邻域 $V \subset M$, 实数 $\delta > 0$, $\varepsilon_1 > 0$ 以及一个光滑映射

$$\gamma : (-\delta, \delta) \times \mathcal{U} \to M,$$

这里 $\mathcal{U} = \{(q, v) \mid q \in V,\ v \in T_qM, |v| < \varepsilon_1\}$, 使得对任意的 $(q, v) \in \mathcal{U}$, 曲线 $t \mapsto \gamma(t, q, v)$ 是 M 上唯一的满足初始条件

$$\gamma(0, q, v) = q, \quad \left.\frac{d}{dt}\right|_{t=0} \gamma(t, q, v) = v$$

的测地线.

定理 1.1.4 对任意的点 $p \in M$, 都存在点 p 的一个开邻域 $V \supset M$, 实数 $\varepsilon > 0$ 以及一个光滑映射

$$\gamma : (-2, 2) \times \mathcal{U} \to M, \quad \mathcal{U} = \{(q, w) | q \in V,\ w \in T_qM,\ |w| < \varepsilon\},$$

使得对任意的 $(q, w) \in \mathcal{U}$, 曲线 $t \mapsto \gamma(t, q, w)$ 是 M 上过点 q 且在点 q 处的切向量为 w 的唯一的测地线.

下面给出指数映射的定义, 其名称源自 Lie 群理论.

定义 1.1.2 (指数映射) 任取 $p \in M$ 和 $v \in T_pM$, 用 γ_v 表示满足初值条件 $\gamma_v(0) = p$, $\gamma_v'(0) = v$ 的测地线. 定义指数映射为 $\exp_p(v) \triangleq \exp(p, v) = \gamma_v(1)$. 如图 1.1 所示.

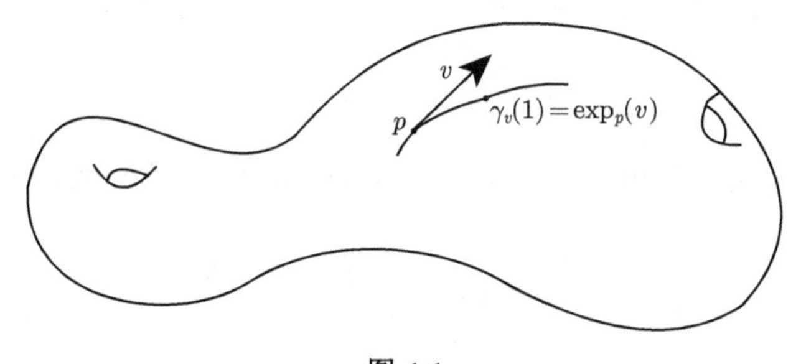

图 1.1

注 1.1.5 指数映射不见得对任意的 $v \in T_pM$ 都有定义. 一般地, 指数映射只对充分小的向量 v 才有意义. 但在本书中, 我们只研究完备的黎曼流形 (比如紧流形), 因此 $\exp_p$ 定义在点 p 的整个切空间 T_pM 上, 即 $\exp_p$ 对任意的 $v \in T_pM$ 均有意义.

命题 1.1.6 (指数映射的基本性质) (1) $\exp_p(0) = p, \quad \forall p \in M$;

(2) $d(\exp_p)_0 v = v, \quad \forall v \in T_0T_pM \cong T_pM$;

(3) 存在 T_pM 中的小邻域 U 和点 p 在 M 中的小邻域 V, 使得

$$\exp_p : U \subseteq T_pM \to \exp_p(U) \triangleq V$$

为微分同胚.

(4) 对任意的点 $p \in M$, 总存在 p 的一个邻域 W(可能很小) 和实数 $\delta > 0$, 使得对任意的 $q \in W$, 映射 $\exp_q\big|_{B_\delta(0)}$ 是一个微分同胚, 其中 $B_\delta(0) \subset T_qM$ 是 T_qM 中以原点为中心、半径为 δ 的开球.

证明　(1) $\exp_p(0) = \gamma_0(1) = p$.

(2) 由于 $\exp_p : T_pM \to M$, 故对于任意的 $u \in T_pM$, 有

$$d(\exp_p)_u \ : \ T_uT_pM \ \to \ T_{\exp_p u}M,$$

而 $T_uT_pM \cong T_pM$, 故有

$$d(\exp_p)_u \ : \ T_pM \ \to \ T_{\exp_p u}M,$$

取 $u = 0 \in T_pM$, 则有

$$d(\exp_p)_0 : T_pM \to T_pM,$$

$$v \mapsto d(\exp_p)_0(v) = \frac{d}{dt}\bigg|_{t=0} \exp_p(tv) = \frac{d}{dt}\bigg|_{t=0} \gamma_{tv}(1) = \frac{d}{dt}\bigg|_{t=0} \gamma_v(t) = v.$$

(3) 由于 $d(\exp_p)_0 = id_{T_pM}$, 利用反函数定理可直接推出本条结论.

(4) $\varepsilon, V, \mathcal{U}$ 由定理 1.1.4 给出. 定义映射 $F : \mathcal{U} \to M \times M$ 如下:

$$F(q, v) = (q, \exp_q v).$$

由于 $F(p, 0) = (p, p)$, 且 $d(\exp_p)_0 = id$, 故切映射 $dF|_{(p,0)}$ 所对应的矩阵为

$$\begin{pmatrix} I & 0 \\ I & I \end{pmatrix},$$

其中 I 为单位矩阵. 由此可知, 映射 F 在点 $(p, 0)$ 的一个小邻域上是一个局部微分同胚. 亦即, 存在点 $(p, 0)$ 的一个邻域 $\mathcal{U}' \subset \mathcal{U}$, 使得 F 同胚映入点 (p, p) 的一个邻域 $W' \subset M \times M$. 取

$$\mathcal{U} = \{(q, v) \mid q \in V', \ v \ \in \ T_qM, \ |v| \ < \ \delta\},$$

其中 $V' \subset V$ 是点 p 的一个邻域. 最后, 我们选取 p 的一个邻域 W 使得 $W \times W \subset W'$.

不难证明: W 就是所要找的开集.

事实上, 对任意的 $q \in W, B_\delta(0) \subset T_qM$, 由于 $F|_{\mathcal{U}'}$ 是微分同胚且 $W \times W \subset W'$, 故

$$\{q\} \times W \subset F(\{q\} \times B_\delta(0)).$$

于是, $W \subset \exp_q(B_\delta(0))$. □

引理 1.1.1 (Gauss 引理) 设 (M, g) 为黎曼流形, 对任意的 $p \in M$, 取 $\delta = \delta(p) > 0$ 使得 $\exp_p$ 在 $B_\delta(0) \subset T_pM$ 上有定义. 任取 $v \in B_\delta(0)$ 和 $w \in T_vT_pM \cong T_pM$, 有

$$\langle d(\exp_p)_v v,\ d(\exp_p)_v w\rangle_{\exp_p v} = \langle v,\ w\rangle_p.$$

如图 1.2 所示.

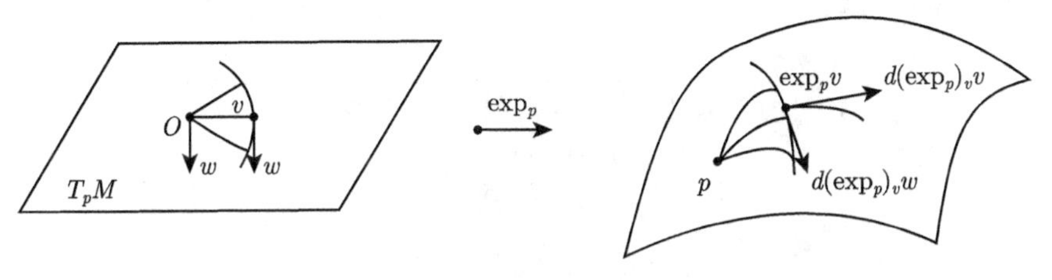

图 1.2

证明 由于 $v \in B_\delta(0)$, 故存在实数 $\varepsilon > 0$, 使得对任意的 $(s, t) \in (-\varepsilon, \varepsilon) \times (-\varepsilon, 1+\varepsilon)$, 都有 $t(v + sw) \in B_\delta(0)$. 由此, 可定义 M 中的一个光滑曲面

$$f:\ (-\varepsilon, \varepsilon) \times (-\varepsilon, 1+\varepsilon) \to M,$$
$$(s, t) \mapsto f(s, t) = \exp_p(t(v + sw)).$$

下面来计算 $\frac{\partial f}{\partial s}(0, 1), \frac{\partial f}{\partial t}(0, 1)$ 和 $\frac{\partial f}{\partial t}(0, 0)$.

(1) $\frac{\partial f}{\partial s}(0,1) = \frac{\partial}{\partial s}\Big|_{s=0,t=1} \exp_p(t(v+sw)) = \frac{d}{ds}\Big|_{s=0} \exp_p(v+sw) = d(\exp_p)_v w$;

(2) $\frac{\partial f}{\partial t}(0,1) = \frac{\partial}{\partial t}\Big|_{s=0,t=1} \exp_p(t(v+sw)) = \frac{d}{dt}\Big|_{t=1} \exp_p(tv) = \frac{d}{dt}\Big|_{t=1} \exp_p(v + (t-1)v) = \frac{d}{dr}\Big|_{r=0} \exp_p(v+rv) = d(\exp_p)_v v$;

(3) $\frac{\partial f}{\partial s}(0,0) = \frac{\partial}{\partial s}\Big|_{s=0,t=0} \exp_p(t(v+sw)) = \frac{d}{ds}\Big|_{s=0} \exp_p 0 = \frac{d}{ds}\Big|_{s=0} p = 0.$

因此, 有

$$\left\langle \frac{\partial f}{\partial t}, \frac{\partial f}{\partial s} \right\rangle\Big|_{(0,0)} = 0,$$

$$\left\langle \frac{\partial f}{\partial t},\ \frac{\partial f}{\partial s} \right\rangle \Big|_{(0,1)} = \left\langle d(\exp_p)_v v,\ d(\exp_p)_v w \right\rangle_{\exp_p v}.$$

现在, 为证明本引理, 只需证明对任意的 t, 有

$$\frac{\partial}{\partial t}\left\langle \frac{\partial f}{\partial t},\ \frac{\partial f}{\partial s} \right\rangle \Big|_{(0,t)} = \langle v,\ w \rangle .$$

事实上, 曲线 $t \mapsto f(s,t)$ 是 M 中的一条从 p 出发, 以 $v + sw$ 为初始向量的测地线, 因此,

$$\left\| \frac{\partial f}{\partial t}(s,t) \right\| = \|v + sw\|,$$

$$\frac{D}{dt}\frac{\partial f}{\partial t} = 0.$$

进一步计算, 得

$$\begin{aligned} \frac{\partial}{\partial t}\left\langle \frac{\partial f}{\partial t}, \frac{\partial f}{\partial s} \right\rangle &= \left\langle \frac{D}{dt}\frac{\partial f}{\partial t}, \frac{\partial f}{\partial s} \right\rangle + \left\langle \frac{\partial f}{\partial t}, \frac{D}{dt}\frac{\partial f}{\partial s} \right\rangle \\ &= \left\langle \frac{\partial f}{\partial t}, \frac{D}{dt}\frac{\partial f}{\partial s} \right\rangle \\ &= \left\langle \frac{\partial f}{\partial t}, \frac{D}{ds}\frac{\partial f}{\partial t} \right\rangle \\ &= \frac{1}{2}\frac{\partial}{\partial s}\left\langle \frac{\partial f}{\partial t}, \frac{\partial f}{\partial t} \right\rangle \\ &= \frac{1}{2}\frac{\partial}{\partial s}\langle v + sw, v + sw \rangle \\ &= \langle v + sw, w \rangle . \end{aligned}$$

令 $s = 0$, 即得

$$\frac{\partial}{\partial t}\left\langle \frac{\partial f}{\partial t}, \frac{\partial f}{\partial s} \right\rangle \Big|_{(0,t)} = \langle v, w \rangle . \qquad \square$$

事实上,

$$\begin{aligned} d(\exp_p)_v v &= d(\exp_p)_v (v + tv)' \Big|_{t=0} = \frac{d}{dt}\Big|_{t=0} \exp_p(v + tv) \\ &= \frac{d}{dt}\Big|_{t=0} \exp_p(1+t)v = \frac{d}{dt}\Big|_{t=0} \gamma_{(1+t)v}(1) = \frac{d}{dt}\Big|_{t=0} \gamma_v(1+t) \\ &= \gamma_v'(1), \end{aligned}$$

$$d(\exp_p)_v w = d(\exp_p)_v(\alpha'(0)) = \frac{d}{dt}\Big|_{t=0} \exp_p(\alpha(t)),$$

其中 $\alpha(t)$ 是 $T_v T_p M \subseteq T_p M$ 中过点 v 且以 w 为初始切向量之曲线, 故若 $v \perp w$, 必有 $\exp_p \alpha(t)$ 在点 $\exp_p v = \gamma_v(1)$ 处与 $\gamma_v(t)$ 正交.

由 Gauss 引理, 易得下述推论.

推论 1.1.7 记 $S(p,r)$ 是以 p 为中心的 M 中半径为 r 的测地球面 ($r<\delta$, δ 的定义见引理 1.1.1, 则从 p 出发的测地线与 $S(p,r)$ 正交.

测地线之所以有用主要是因为它与连接两点的最短曲线有关. 若 $\gamma:[a,b]\to M$ 为 (M,g) 上分段光滑之曲线, 则 γ 的长度为

$$L(\gamma)=\int_a^b\left\|\frac{d\gamma}{dt}\right\|dt.$$

由黎曼度量 g 可诱导距离函数

$$d_g(p,q)\ \triangleq\ \inf\{L(\gamma)|\gamma:[0,1]\to M,\gamma(0)=p,\gamma(1)=q\}.$$

考虑曲线的单参数变分. 设

$$\begin{aligned}\beta:\ (-\varepsilon,\varepsilon)\ \times\ [a,b]&\to M,\\ (s,t)&\mapsto\beta(s,t),\end{aligned}$$

满足 $\beta(0,t)=\gamma(t)$, 则称

$$\beta_s(\cdot)\ \triangleq\ \beta(s,\cdot)$$

为曲线 γ 的一个变分, 称

$$V(t)=\frac{\partial\beta}{\partial s}(0,t)$$

是 γ 上的变分向量场.

下面给出具有重要应用的第一变分公式.

命题 1.1.8 (第一变分公式) 设 γ,β 及 V 如上述, 设 $\|\gamma'(t)\|\equiv l$, 则

$$\frac{\partial}{\partial s}\left\|\frac{\partial\beta}{\partial t}(s,t)\right\|\bigg|_{s=0}=\frac{1}{l}\left[\frac{\partial}{\partial t}\langle\gamma',V\rangle-\langle V,\nabla_{\gamma'}\gamma'\rangle\right].$$

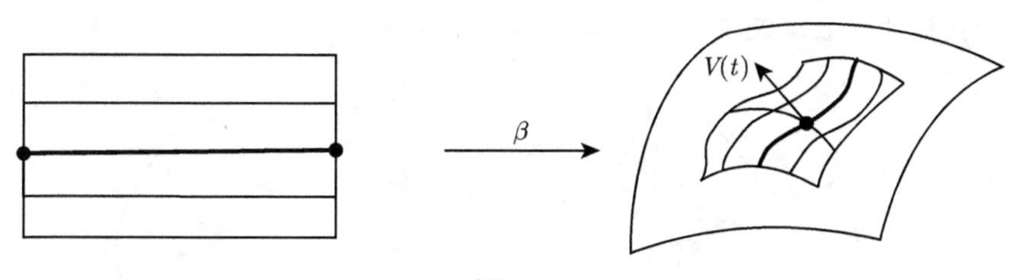

图 1.3

证明 由于 $\left[\frac{\partial}{\partial t},\frac{\partial}{\partial s}\right]=0$, 故有

$$0=d\beta\left[\frac{\partial}{\partial t},\frac{\partial}{\partial s}\right]=\left[d\beta\frac{\partial}{\partial t},d\beta\frac{\partial}{\partial s}\right]=\left[\frac{\partial\beta}{\partial t},\frac{\partial\beta}{\partial s}\right].$$

由 Levi-Civita 联络的无挠性, 知

$$\nabla_{\frac{\partial\beta}{\partial t}}\frac{\partial\beta}{\partial s}-\nabla_{\frac{\partial\beta}{\partial s}}\frac{\partial\beta}{\partial t}-\left[\frac{\partial\beta}{\partial t},\frac{\partial\beta}{\partial s}\right]=0,$$

所以

$$\nabla_{\frac{\partial\beta}{\partial t}}\frac{\partial\beta}{\partial s}=\nabla_{\frac{\partial\beta}{\partial s}}\frac{\partial\beta}{\partial t},$$

进而

$$\begin{aligned}
\frac{\partial}{\partial s}\left\|\frac{\partial\beta}{\partial t}\right\|\Big|_{s=0}&=\frac{\partial}{\partial s}\left\langle\frac{\partial\beta}{\partial t},\frac{\partial\beta}{\partial t}\right\rangle^{\frac{1}{2}}\\
&=\frac{1}{2}\frac{2\left\langle\frac{D}{ds}\left(\frac{\partial\beta}{\partial t}\right),\frac{\partial\beta}{\partial t}\right\rangle}{\left\langle\frac{\partial\beta}{\partial t},\frac{\partial\beta}{\partial t}\right\rangle^{\frac{1}{2}}}=\frac{\left\langle\nabla_{\frac{\partial\beta}{\partial s}}\frac{\partial\beta}{\partial t},\frac{\partial\beta}{\partial t}\right\rangle}{\left\langle\frac{\partial\beta}{\partial t},\frac{\partial\beta}{\partial t}\right\rangle^{\frac{1}{2}}}\Bigg|_{s=0}\\
&=\frac{\left\langle\nabla_{\frac{\partial\beta}{\partial s}}\frac{\partial\beta}{\partial t},\frac{\partial\beta}{\partial t}\right\rangle}{\langle\gamma'(t),\gamma'(t)\rangle^{\frac{1}{2}}}=\frac{1}{l}\left\langle\nabla_{\frac{\partial\beta}{\partial s}}\frac{\partial\beta}{\partial t},\frac{\partial\beta}{\partial t}\right\rangle\Big|_{s=0}\\
&=\frac{1}{l}\left\langle\nabla_{\frac{\partial\beta}{\partial t}}\frac{\partial\beta}{\partial s},\frac{\partial\beta}{\partial t}\right\rangle\Big|_{s=0}\\
&=\frac{1}{l}\left\{\frac{\partial}{\partial t}\left\langle\frac{\partial\beta}{\partial s},\frac{\partial\beta}{\partial t}\right\rangle-\left\langle\frac{\partial\beta}{\partial s},\nabla_{\frac{\partial\beta}{\partial t}}\frac{\partial\beta}{\partial t}\right\rangle\right\}\Big|_{s=0}\\
&=\frac{1}{l}\left\{\frac{\partial}{\partial t}\langle V,\gamma'\rangle-\langle V,\nabla_{\gamma'}\gamma'\rangle\right\}.
\end{aligned}$$

□

现在, 我们应用第一变分公式来研究最短曲线与测地线的关系.

定理 1.1.9　设 (M,g) 为光滑黎曼流形, $\forall p,q\in M$. 设 $\gamma:[a,b]\to M$ 是连接 p 到 q 的最短曲线且满足 $\|\gamma'\|\equiv l$, 则 γ 必为测地线.

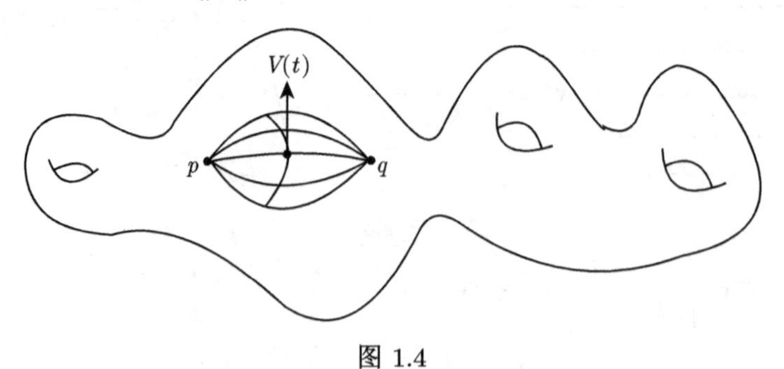

图 1.4

证明 考虑定端变分

$$\begin{aligned}\beta:(-\varepsilon,\varepsilon)\times[a,b]&\longrightarrow M,\\(s,t)&\mapsto\beta(s,t),\end{aligned}$$

满足 $\beta(0,t)=\gamma(t)$, 且 $\begin{cases}\beta(s,a)\equiv p,\\\beta(s,b)\equiv q,\end{cases}$ $s\in(-\varepsilon,\varepsilon)$. 故 $V(a)=0=V(b)$. 因为 γ 的长度最短, 故有

$$\begin{aligned}0&=\left.\frac{d}{ds}\right|_{s=0}\mathrm{Length}(\beta(s,\cdot))=\left.\frac{d}{ds}\right|_{s=0}\int_a^b\left\|\frac{\partial\beta}{\partial t}(s,t)\right\|dt\\&=\int_a^b\frac{\partial}{\partial s}\left\|\frac{\partial\beta}{\partial t}\right\|\Big|_{s=0}dt\\&=\int_a^b\frac{1}{l}\left[\frac{\partial}{\partial t}\langle V,\gamma'\rangle-\langle V,\nabla_{\gamma'}\gamma'\rangle\right]dt\\&=\frac{1}{l}\{\langle V(b),\gamma'(b)\rangle-\langle V(a),\gamma'(a)\rangle\}-\frac{1}{l}\int_a^b\langle V,\nabla_{\gamma'}\gamma'\rangle dt\\&=-\frac{1}{l}\int_a^b\langle V,\nabla_{\gamma'}\gamma'\rangle dt,\end{aligned}$$

因此

$$0=\int_a^b\langle V,\nabla_{\gamma'}\gamma'\rangle dt.$$

由 V 的任意性 $\Rightarrow\nabla_{\gamma'}\gamma'=0\Rightarrow\gamma$ 为测地线. □

注 1.1.10 既然最短曲线都是测地线, 那么伴随本定理而来的一个自然的问题是: 测地线都是最短曲线吗? 答案是否定的. 作为一个颇具启发性的例子, 考察嵌入在 $\mathbb{R}^3$ 中的二维球面 $\mathbb{S}^2$ 上非对径点的两点, 连接这两点的大圆被分成了两段: 一段优弧和一段劣弧. 它们都是连接这两点的测地线, 但是显然优弧比劣弧要长.

1.1.2 曲率算子与 Jacobi 场

下面给出曲率算子的定义. 曲率是几何学中最重要的概念之一. 尽管其定义看上去颇为简单, 但它似乎控制了黎曼几何的几乎每一个方面.

定义 1.1.3 (曲率算子, I) M 的曲率算子 R 是指 $\forall X,Y\in\mathfrak{X}(M)$, 都对应一个映射

$$\begin{aligned}R(X,Y):\mathfrak{X}(M)&\to\mathfrak{X}(M),\\Z&\mapsto R(X,Y)Z=-\nabla_X\nabla_YZ+\nabla_Y\nabla_XZ+\nabla_{[X,Y]}Z.\end{aligned}$$

例　在欧氏空间 $\mathbb{R}^n$ 上, $\forall X, Y, Z \in \mathfrak{X}(\mathbb{R}^n)$, 由于

$$\nabla_X \nabla_Y Z = \nabla_X(Y(Z)) = X(Y(Z)),$$
$$\nabla_Y \nabla_X Z = \nabla_Y(X(Z)) = Y(X(Z)),$$

故

$$\begin{aligned} R(X,Y)Z &= -\nabla_X \nabla_Y Z + \nabla_Y \nabla_X + \nabla_{[X,Y]} Z \\ &= -X(Y(Z)) + Y(X(Z)) + (XY(Z)) - (YX(Z)) \\ &= 0. \end{aligned}$$

容易验证, 曲率算子 R 有如下性质.

命题 1.1.11 (曲率算子的性质)　*对于任意一个光滑函数 $f: M \to \mathbb{R}$ 及三个切向量场 $X, Y, Z \in \mathfrak{X}(M)$, 有*

(1) $R(fX, Y)Z = R(X, fY)Z = R(X, Y)(fZ) = fR(X, Y)Z$;

(2) $R(X, Y)Z = -R(Y, X)Z$;

(3) $R(X, Y)Z + R(Y, Z)X + R(Z, X)Y = 0$;

(4) $\langle R(X, Y)Z, W\rangle = \langle R(Z, W)X, Y\rangle$.

定义 1.1.4 (曲率算子, II)　*令 $R(X, Y, Z, W) \triangleq \langle R(X, Y)Z, W\rangle$, 则可将曲率算子 R 视为映射*

$$R: \mathfrak{X}(M) \times \mathfrak{X}(M) \times \mathfrak{X}(M) \times \mathfrak{X}(M) \to \mathfrak{X}(M).$$

下面给出几种重要的曲率的定义.

设 $p \in M$, 任取 $X, Y \in T_pM$ 是两个不共线的切向量, 则 X 与 Y 张成的平行四边形的面积为

$$\|X \wedge Y\| = \sqrt{\|X\|^2\|Y\|^2 - \langle X, Y\rangle^2}.$$

记 X 与 Y 在 T_pM 中张成的平面为 $[X \wedge Y] \triangleq \Pi$.

设 X_1 和 Y_1 为 Π 中两个线性无关的向量, 则 X_1 和 Y_1 亦张成 Π. 因此可设 $X_1 = aX + bY, Y_1 = cX + dY$, 则

$$\det\begin{pmatrix} a & b \\ c & d \end{pmatrix} = ad - bc \neq 0.$$

由此易得

(1) $\|X_1 \wedge Y_1\|^2 = (ad - bc)^2 \|X \wedge Y\|^2$;

(2) $R(X_1, Y_1, X_1, Y_1) = (ad - bc)^2 R(X, Y, X, Y)$.

故此, 可见

$$K(X,Y) \triangleq \frac{R(X,Y,X,Y)}{\|X \wedge Y\|^2},$$

只与 X 和 Y 张成的平面有关.

定义 1.1.5 (截面曲率) 称

$$K(X,Y) = \frac{R(X,Y,X,Y)}{\|X \wedge Y\|^2}$$

为 (M,g) 在点 $p \in M$ 沿二维截面 $\Pi = [X \wedge Y]$ 的截面曲率.

定义 1.1.6 (Ricci 曲率) 设 $X \in T_pM, \|X\| = 1, \{e_1, \cdots, e_n\}$ 为 T_pM 的单位正交基, 称

$$\mathrm{Ric}(X) = \sum_{i=1}^{n} \langle R(X,e_i)X, e_i \rangle$$

为 (M,g) 在点 $p \in M$ 沿 X 方向的 Ricci 曲率.

注 1.1.12 对 T_pM 中任一单位向量 X, 可将其扩充成 T_pM 的一组单位正交基

$$\{e_1 = X, e_2, \cdots, e_n\},$$

则

$$\mathrm{Ric}(X) = \sum_{i=2}^{n} \langle R(e_1,e_i)e_1, e_i \rangle = \sum_{i=2}^{n} K(e_1, e_i).$$

下面来研究在几何学和测地流理论中有着重要意义的一个概念: Jacobi 场. 此前我们已经给出了变分向量场的概念, 简言之, Jacobi 场即测地变分向量场.

在给出 Jacobi 场的定义之前, 先来看如下这个有用的命题.

命题 1.1.13 设 U 是 $\mathbb{R}^2$ 中的一个开集, 映射

$$f : U \to M,$$
$$(s,t) \mapsto f(s,t)$$

为 M 中一嵌入曲面, V 是该曲面上的一个光滑切向量场, 则有

$$\frac{D}{\partial t}\frac{D}{\partial s}V - \frac{D}{\partial s}\frac{D}{\partial t}V = R\left(\frac{\partial f}{\partial s}, \frac{\partial f}{\partial t}\right)V.$$

该命题的证明见参考文献 [39] 第 98 页的引理 4.1.

对任意的 $v \in T_pM$, 记 γ_v 为过点 p 且以 v 为初始切向量的测地线, 即测地线 γ_v 满足条件 $\gamma_v(0) = p, \gamma_v'(0) = v$.

称光滑映射

$$\Gamma : (-\varepsilon, \varepsilon) \times [a,b] \to M$$

为 γ_v 的一个测地变分, 若

(1) $\Gamma(s,\cdot)$ 为 M 中测地线, $-\varepsilon < s < \varepsilon$;

(2) $\Gamma(0,t) = \gamma_v(t)$.

此时, 称向量场

$$J(t) = \left.\frac{\partial \Gamma(s,t)}{\partial s}\right|_{s=0}$$

为由变分 Γ 诱导的 Jacobi 场.

定理 1.1.14 Jacobi 场 $J(t)$ 满足方程

$$J''(t) + R(\gamma_v'(t), J(t))\gamma_v'(t) = 0. \tag{1.1.1}$$

证明 由曲率算子的定义, 得

$$\begin{aligned} R(\gamma_v', J)\gamma_v' &= -\nabla_{\gamma_v'}\nabla_J \gamma_v' + \nabla_J \nabla_{\gamma_v'}\gamma_v' + \nabla_{[\gamma_v', J]}\gamma_v' \\ &= -\nabla_{\gamma_v'}\nabla_J \gamma_v' + \nabla_{[\gamma_v', J]}\gamma_v', \end{aligned}$$

又

$$[\gamma_v', J] = \left.\left[\frac{\partial \Gamma}{\partial t}, \frac{\partial \Gamma}{\partial s}\right]\right|_{s=0} = \left.\left[d\Gamma\frac{\partial}{\partial t}, d\Gamma\frac{\partial}{\partial s}\right]\right|_{s=0} = d\Gamma\left.\left[\frac{\partial}{\partial t}, \frac{\partial}{\partial s}\right]\right|_{s=0} = 0,$$

故有

$$\begin{aligned} R(\gamma_v', J)\gamma_v' &= -\nabla_{\gamma_v'}\nabla_J \gamma_v' \\ &= -\nabla_{\gamma_v'}(\nabla_{\gamma_v'}J + [J, \gamma_v']) \\ &= -\nabla_{\gamma_v'}\nabla_{\gamma_v'}J, \end{aligned}$$

即

$$J''(t) + R(\gamma_v'(t), J(t))\gamma_v'(t) = 0.$$ □

注 1.1.15 由定义, 任一测地变分对应的变分向量场都满足 Jacobi 场方程, 即都是 Jacobi 场. 反之, 满足 Jacobi 场方程的向量场是否都是某个测地变分的变分向量场呢?

定理 1.1.16 设 $\gamma_v : [0,a] \to M$ 是满足条件 $\gamma_v(0) = p, \gamma_v'(0) = v$ 的测地线, $J(t)$ 是沿 γ_v 的向量场且满足 Jacobi 场方程, 则必存在 γ_v 的一个测地变分 Γ, 使得向量场 J 是由 Γ 诱导的 Jacobi 场.

证明 做曲线 $\alpha : (-\varepsilon, \varepsilon) \to M$ 满足 $\alpha(0) = p, \alpha'(0) = J(0)$. 沿 α 做向量场 V, 使得

$$V(0) = v = \gamma_v'(0), \quad \left.\frac{D}{ds}V\right|_{s=0} = \left.\frac{D}{dt}J\right|_{t=0}.$$

令

$$\Gamma(s,t)=\exp_{\alpha(s)}tV(s),\quad (s,t)\in(-\varepsilon,\varepsilon)\times[0,1],$$

则 Γ 为 γ_v 的一个测地变分. 如图 1.5 所示.

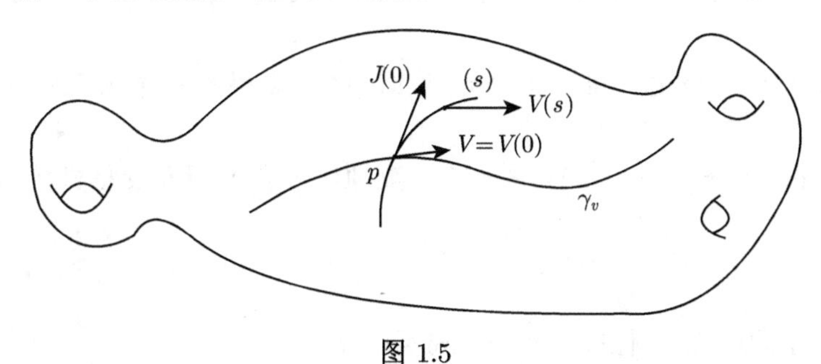

图 1.5

由稍后给出的引理 1.1.2 知, 一个 Jacobi 场 J 完全被其初值 $J(0)$ 和 $J'(0)$ 决定, 故只需验证

(1) $\left.\dfrac{\partial\Gamma(s,0)}{\partial s}\right|_{s=0}=J(0)$;

(2) $\left.\dfrac{D}{\partial t}\dfrac{\partial\Gamma(s,0)}{\partial s}\right|_{s=0}=J'(0)$.

事实上, 有

(1) $\left.\dfrac{\partial\Gamma(s,0)}{\partial s}\right|_{s=0}=\left.\dfrac{\partial}{\partial s}\right|_{s=0}\exp_{\alpha(s)}0=\left.\dfrac{d}{ds}\right|_{s=0}\alpha(s)=J(0)$;

(2) $\dfrac{\partial\Gamma}{\partial s}=d\Gamma\dfrac{\partial}{\partial s},\ \dfrac{\partial\Gamma}{\partial t}=d\Gamma\dfrac{\partial}{\partial t}$, 故有

$$\begin{aligned}\frac{D}{\partial t}\frac{\partial\Gamma}{\partial s}&=\nabla_{\frac{\partial\Gamma}{\partial t}}\frac{\partial\Gamma}{\partial s}=\nabla_{\frac{\partial\Gamma}{\partial s}}\frac{\partial\Gamma}{\partial t}+\left[\frac{\partial\Gamma}{\partial t},\frac{\partial\Gamma}{\partial S}\right]\\&=\nabla_{\frac{\partial\Gamma}{\partial s}}\frac{\partial\Gamma}{\partial t}+d\Gamma\left[\frac{\partial}{\partial t},\frac{\partial}{\partial s}\right]=\nabla_{\frac{\partial\Gamma}{\partial s}}\frac{\partial\Gamma}{\partial t}=\frac{D}{\partial s}\frac{\partial\Gamma}{\partial t}.\end{aligned}$$

进而

$$\frac{D}{\partial t}\frac{\partial\Gamma}{\partial s}=\frac{D}{\partial s}\frac{\partial\Gamma}{\partial t}=\frac{D}{\partial s}\frac{\partial}{\partial t}(\exp_{\alpha(s)}tV(s))=\frac{D}{\partial s}d(\exp_{\alpha(s)})_{tV(s)}V(s).$$

故

$$\begin{aligned}\left.\frac{D}{\partial t}\frac{\partial\Gamma}{\partial s}(s,0)\right|_{s=0}&=\left.\frac{D}{\partial s}d(\exp_{\alpha(s)})_{tV(s)}V(s)\right|_{t=0,s=0}\\&=\left.\frac{D}{\partial s}d(\exp_{\alpha(s)})_0V(s)\right|_{s=0}=\left.\frac{D}{\partial s}\right|_{s=0}V(s)=J'(0).\end{aligned}$$ □

注 1.1.17 由此知, $J(t) = \left.\dfrac{\partial}{\partial s}\right|_{s=0} \exp_{\alpha(s)} tV(s) = d(\exp_{\alpha(s)})_{tV(0)} tJ'(0)$; 若 $J(0)=0$, 则 $\alpha(s)\equiv p$, $J(t) = d(\exp_p)_{tv} tJ'(0)$.

前面我们已经看到, 测地线完全被初值条件决定. 那么对 Jacobi 场是否有类似的结论呢?

引理 1.1.2 给定初值 $J(0)$ 和 $J'(0)$, 必存在唯一一个满足此初值条件的 Jacobi 场.

证明 设 $\{e_1(t),\cdots,e_n(t)\}$ 是一族沿测地线 γ 的平行正交标架场, 即

$$\langle e_i(t), e_j(t)\rangle = \delta_{ij}, \quad \frac{D}{dt}e_i(t) = 0.$$

若 $J(t)$ 是测地线 γ 上的一个 Jacobi 场, 设

$$J(t) = \sum_{i=1}^{n} f_i(t)e_i(t),$$

则

$$J''(t) = \sum_{i=1}^{n} f_i''(t)e_i(t),$$

而

$$R(\gamma', J)\gamma' = \sum_{i=1}^{n} f_i R(\gamma', e_i)\gamma' = \sum_{i,j} f_i\langle R(\gamma', e_i)\gamma', e_j\rangle e_j \triangleq \sum_{i,j} f_i a_{ij} e_j,$$

这里, 记 $a_{ij}(t) = \langle R(\gamma', e_i)\gamma', e_j\rangle$. 因此, Jacobi 方程 $J'' + R(\gamma', J)\gamma' = 0$ 等价于

$$f_j''(t) + \sum_{i=1}^{n} f_i(t)a_{ij}(t) = 0, \quad j = 1,\cdots,n.$$

由常微分方程组的知识知, 若给定初值, 则此方程的解存在且唯一. □

由于 Jacobi 场方程 (1.1.1) 是线性常微分方程组, 因此其解构成一个线性空间. 又由引理 1.1.2 知 Jacobi 场完全由其初值决定, 故有下面的结论.

定理 1.1.18 沿测地线 γ 的 Jacobi 场完全由其初值 $J(0)$ 和 $J'(0)$ 唯一确定. 若记 $J(\gamma)$ 为沿 γ 的全体 Jacobi 场构成的集合, 则 $J(\gamma)$ 是同构于 $T_{\gamma(0)}M \oplus T_{\gamma(0)}M$ 的 $2n$ 维向量空间.

推论 1.1.19 设 $J(t)$ 是沿测地线 γ 的非零 Jacobi 场, 则其零点孤立.

证明 采用反证法. 设 $\{t_k\}_{i=1}^{\infty}$ 为 J 的零点, 且当 $k\to\infty$ 时 $t_k \to t_0$, 故知在引理 1.1.2 中的 $f_i(t_k) = 0$, $i = 1,\cdots,n$, $k = 1,2,\cdots$. 故 $f_i(t_0) = 0$(连续性), $f_i'(t_0) = 0$, 因此 $J(t_0) = 0, J'(t_0) = 0$, 故 $J = 0$. 矛盾. □

命题 1.1.20 设 $J(t)$ 是沿测地线 $\gamma:[0,a]\to M$ 的 Jacobi 场, 则

$$\varphi(t)\triangleq\langle J(t),\gamma'(t)\rangle$$

是线性函数, 且

$$\langle J(t),\gamma'(t)\rangle=\langle J'(0),\gamma'(0)\rangle t+\langle J(0),\gamma'(0)\rangle.$$

证明

$$\frac{d}{dt}\varphi(t)=\frac{d}{dt}\langle J(t),\gamma'(t)\rangle=\langle J'(t),\gamma'(t)\rangle,$$
$$\frac{d^2}{dt^2}\varphi(t)=\frac{d}{dt}\langle J'(t),\gamma'(t)\rangle=\langle J''(t),\gamma'(t)\rangle=-\langle R(\gamma',J)\gamma',\gamma'\rangle\equiv 0.$$

故 $\varphi(t)=\langle J(t),\gamma'(t)\rangle$ 为线性函数, 因此 $\frac{d}{dt}\varphi(t)=\langle J'(t),\gamma'(t)\rangle$ 为常值函数, 故 $\langle J'(t),\gamma'(t)\rangle=\langle J'(0),\gamma'(0)\rangle$, 所以 $\varphi(t)=\varphi'(0)t+\varphi(0)$, 即

$$\langle J(t),\gamma'(t)\rangle=\langle J'(0),\gamma'(0)\rangle t+\langle J(0),\gamma'(0)\rangle.\qquad\square$$

推论 1.1.21 若 $J(0)=0=J(a)$, 则 $\langle J(t),\gamma'(t)\rangle\equiv 0$, 亦即 $J(t)\perp\gamma'(t),t\in[0,a]$.

证明 $J(a)=0\Rightarrow\langle J'(0),\gamma'(0)\rangle=0\Rightarrow\langle J(t),\gamma'(t)\rangle\equiv 0$. $\square$

推论 1.1.22 若 $J(0)=0$, 则 $\langle J'(0),\gamma'(0)\rangle=0\Leftrightarrow\langle J(t),\gamma'(t)\rangle\equiv 0$.

推论 1.1.23 J 与 γ 处处正交 $\Leftrightarrow J(0)\perp\gamma'(0),J'(0)\perp\gamma'(0)$.

定义 1.1.7 设 J 为沿 γ 的 Jacobi 场, 若 J 与 γ 处处正交, 则称 J 是 γ 上的法 Jacobi 场.

推论 1.1.24 (1) 若存在 $[0,a]\ni t_1\neq t_2\in[0,a]$, 使得 $J(t_1)\perp\gamma'(t_1),J(t_2)\perp\gamma'(t_2)$, 则 J 是 γ 上的法 Jacobi 场;

(2) 用 $J(\gamma)^\perp$ 表示 γ 上全体法 Jacobi 场构成的集合, 则 $J(\gamma)^\perp$ 是 $2(n-1)$ 维向量空间.

定义 1.1.8 设 $\gamma:[0,a]\to M$ 是测地线, J 是 γ 上的非零 Jacobi 场, 且存在 $t_0\in(0,a]$ 使得 $J(0)=0=J(t_0)$, 则称 $\gamma(t_0)$ 是 $\gamma(0)$ 沿 γ 的一个共轭点 (conjugate point). 若一个黎曼流形 (M,g) 的任意一条测地线上都没有共轭点, 则称 (M,g) 是无共轭点流形.

定义 1.1.9 设 $\gamma:[0,a]\to M$ 是一条测地线. J 是 γ 上的非零 Jacobi 场, 满足 $J(0)=0,J'(0)\neq 0$, 若存在 $t_0\in(0,a]$ 使得

$$\left.\frac{d}{dt}\|Y(t)\|^2\right|_{t=t_0}=0,$$

则称 $\gamma(t_0)$ 是 $\gamma(0)$ 沿 γ 的焦点 (focal point). 若一个黎曼流形 (M,g) 的任意一条测地线上都没有焦点, 则称 (M,g) 是无焦点流形. 如图 1.6 所示.

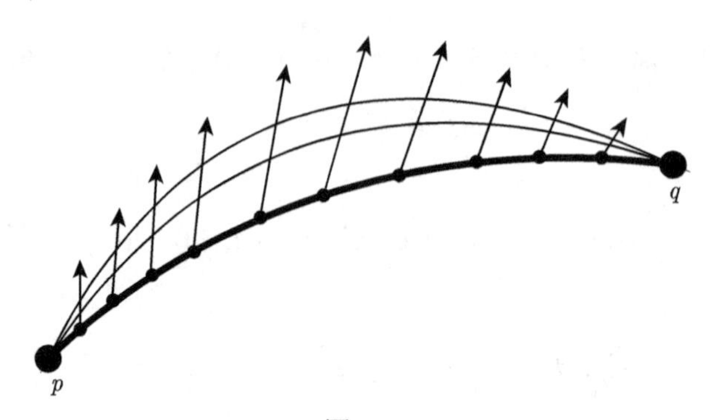

图 1.6

注 1.1.25 易见, 无焦点流形都是无共轭点流形, 非正曲率流形都是无焦点流形.

命题 1.1.26 设 $\gamma:[0,a]\to M$ 为一条测地线, 且满足 $\gamma(0)=p,\gamma'(0)=v$, 则点 $q=\gamma(t_0)$ 是 p 沿 γ 的共轭点 $\Leftrightarrow v_0=t_0\gamma'(0)=t_0v$ 是指数映射的临界点.

证明 由共轭点的定义, 知 $q=\gamma(t_0)$ 为 p 沿 γ 的共轭点 $\Leftrightarrow$ 存在非零 Jacobi 场 J 使得 $J(0)=0=J(t_0)$. 此时

$$J(t)=d(\exp_p)_{tv}tJ'(0),\quad J'(0)\neq 0.$$

由于

$$0=J(t_0)=d(\exp_p)_{t_0v}t_0J'(0),$$

故 $d(\exp_p)$ 在点 $v_0=t_0v$ 处非满秩, 故 $v_0=t_0v$ 是指数映射 $\exp_p$ 的临界点. □

命题 1.1.27 设 $\gamma:[0,a]\to M$ 为一条测地线, $\gamma(0)=p,\gamma(a)=q$, 若点 q 不是点 p 沿测地线 γ 的共轭点, 则 $\forall v\in T_pM,\forall w\in T_qM$, 存在唯一的 Jacobi 场 J 满足 $J(0)=v,J(a)=w$.

证明 (1) 存在性. 记 $\mathfrak{J}$ 为 γ 上满足 $J(0)=0$ 的 Jacobi 场的全体. 因为一个 Jacobi 场完全由其初值 $J(0)$ 和 $J'(0)$ 确定, 故 $\mathfrak{J}$ 是一个同构于 $T_{\gamma(0)}M$ 的线性空间, 定义映射

$$\begin{aligned}\Phi:\mathfrak{J}&\to T_qM,\\ J&\to J(a).\end{aligned}$$

因为 $q=\gamma(a)$ 不是 $p=\gamma(0)$ 的共轭点, 且 $J(0)=0$, 知 Φ 为单射. 又 Φ 是一个线性映射, 故 Φ 为同构. 因此对于任意的 $w\in T_qM$, 存在 Jacobi 场 $J_1\in\mathfrak{J}$ 满足 $J_1(a)=w$.

同理, 存在 Jacobi 场 J_2 满足 $J_2(a)=0,J_2(0)=v$.

令 $J=J_1+J_2$ 即满足要求.

(2) 唯一性. 设 $\widetilde{J}$ 亦满足要求, 则 $(J-\widetilde{J})(0)=0=(J-\widetilde{J})(a)$. 因为 q 不是 p 的共轭点 $\Rightarrow J-\widetilde{J}\equiv 0 \Rightarrow J=\widetilde{J}$. □

1.2 辛几何与哈密顿系统

哈密顿系统源自经典力学, 是动力系统理论的一个重要分支, 有着悠久的历史, 研究文献浩如烟海. 从数学角度来看, 可视它为一门相空间的几何学, 很多重要的数学分支, 如辛几何、辛拓扑等都起源于哈密顿系统理论.

在 1.3 节我们将看到: 测地流是黎曼流形的余切丛上的一种特殊的哈密顿系统.

本节将介绍阅读本书所需要的哈密顿系统理论的基本知识, 若想了解更多的内容, 请参考文献 [1, 4, 5, 18, 19, 42, 68, 88].

在引入哈密顿系统之前, 我们要先了解哈密顿系统的载体: 辛流形. 与此相关的更多细节, 请参考文献 [1, 36, 56, 57, 64, 89, 103, 131].

1.2.1 辛空间、辛流形与 Darboux 定理

定义 1.2.1 称有限维实向量空间 V 为一个辛向量空间, 若 V 上存在一个非退化的反对称 2-形式 ω, 即

- $\omega(v,u)=-\omega(u,v), \quad \forall u,v\in V.$
- $\forall u\neq 0$, 总存在 $v\in V$, 使得 $\omega(u,v)\neq 0$.

(1.2.1)

任取 $0\neq e_1\in V$, 由 (1.2.1) 知, 存在 $f_1\in V$, 使得

$$\omega(e_1,f_1)=1.$$

记

$$V_1 \triangleq \mathrm{Span}\{e_1,f_1\}, \quad V_1^{\omega} \triangleq \{u\in V \big| \omega(u,v)=0, \ \forall v\in V_1\}.$$

则有如下两个结论成立:

(1) $V_1\cap V_1^{\omega}=\{0\}$.

事实上, 任取 $ae_1+bf_1\in V_1\cap V_1^{\omega}$, 则有

$$0=\omega(ae_1+bf_1,e_1)=-b,$$

$$0=\omega(ae_1+bf_1,f_1)=a,$$

故 $V_1\cap V_1^{\omega}=\{0\}$.

(2) $V=V_1\oplus V_1^{\omega}$.

事实上, $\forall v \in V$, 若记

$$\omega(v, e_1) = -b,$$

$$\omega(v, f_1) = a,$$

则

$$v = (ae_1 + bf_1) + (v - ae_1 - bf_1) \in V_1 + V_1^{\omega}.$$

任取 $0 \neq e_2 \in V_1^{\omega}$, 继续重复上一步骤.

由于 V 为有限维向量空间, 故这一过程在有限步后结束, 由此可以得到 V 的一组基

$$\{e_1, e_2, \cdots, e_n, f_1, f_2, \cdots, f_n\}.$$

这组基满足

$$\begin{cases} \omega(e_i, e_j) = 0, \\ \omega(f_i, f_j) = 0, \\ \omega(e_i, f_j) = \delta_{ij}, \end{cases}$$

故 ω 在 $\{f_1, f_2, \cdots, f_n, e_1, e_2, \cdots, e_n\}$ 下的矩阵形式为

$$J = \begin{pmatrix} 0 & -I_n \\ I_n & 0 \end{pmatrix}.$$

由上述论证, 可得

$$\begin{cases} e_i^* = \omega(-f_i, \cdot), \\ f_i^* = \omega(e_i, \cdot), \end{cases} \quad i = 1, \cdots, n.$$

因此, $\omega(v, \cdot)$ 是 $V \to V^*$ 的线性同构.

更进一步, 有下面的结论成立.

命题 1.2.1　上述定义中的非退化性 (即 (1.2.1)) 等价于下述论断:

$$V \to V^*,$$

$$v \mapsto \omega(v, \cdot)$$

是线性同构.

例　标准辛空间 $(\mathbb{R}^{2n}, \omega_0)$, 其中

$$\omega_0(u, v) = \langle Ju, v \rangle, \quad u, v \in \mathbb{R}^{2n}.$$

这里, $\langle , \rangle$ 表示标准的欧氏内积, 而

$$J = \begin{pmatrix} 0 & -I_n \\ I_n & 0 \end{pmatrix},$$

则 $\det J \neq 0$, 且

$$J^{\mathrm{T}} = -J.$$

易见 ω_0 反对称且非退化. 注意到

$$J^{\mathrm{T}} = J^{-1} = -J,$$

$$J^2 = -\mathrm{I}_{2n},$$

$$\omega(u, Jv) = \langle Ju, Jv\rangle = u^{\mathrm{T}} J^{\mathrm{T}} Jv = u^{\mathrm{T}} v = \langle u, v\rangle.$$

由此可知, J 为 $\mathbb{R}^{2n}$ 上与欧氏内积相容的一个复结构.

注 1.2.2 回忆一下, 实空间 V 上的一个复结构是指满足

$$J^2 = -I$$

的一个线性变换

$$J : V \to V.$$

称 u 与 v 是辛正交的, 若 $\omega(u, v) = 0$, 记作 $u \perp^{\omega} v$.

若 E 是辛向量空间 V 的子空间, 定义 E 的辛正交补为

$$E^{\omega} = \{v \in V \big| \omega(v, u) = 0,\ \forall u \in E\}.$$

与前面的论证类似, 易见

$$\dim E + \dim E^{\omega} = \dim V.$$

事实上, 取 E 的一组基 $\{e_1, \cdots, e_d\}$, 有

$$E^{\omega} = \operatorname{Ker}\omega(e_1, \cdot) \cap \cdots \cap \operatorname{Ker}\omega(e_d, \cdot).$$

我们注意到, 与欧氏空间不同, 一般地

$$E \cap E^{\omega} \supsetneq \{0\}.$$

欧氏正交与辛正交有非常不同的性质. 比如, 由反对称性知向量 v 与其自身辛正交!

我们可以将 ω 限制在线性子空间 $E \subset V$ 上, 此限制在 E 上反对称, 但未必非退化. 那么当 E 满足什么条件时, ω 限制在 E 上非退化呢?

命题 1.2.3　$\omega|_E$ 在 E 上非退化 $\Leftrightarrow E\cap E^\omega=\{0\}\Leftrightarrow E\oplus E^\omega=V$. 此时, $(E,\omega\big|_E)$ 与 $(E^\omega,\omega\big|_{E^\omega})$ 均为辛空间.

下面的命题表明任一辛空间均与 $(\mathbb{R}^{2n},\omega_0)$ "看上去一样".

命题 1.2.4　(1) 辛空间 (V,ω) 的维数都是偶数;

(2) 若 $\dim V=2n$, 则存在基底 $\{e_1,\cdots,e_n,f_1,\cdots,f_n\}$, 使得

$$\begin{cases}\omega(e_i,e_j)=0,\\ \omega(f_i,f_j)=0,\\ \omega(e_i,f_j)=\delta_{ij};\end{cases}$$

(3) 任取 $u,v\in V$, 记

$$u=\sum_{j=1}^n(x_je_j+x_{n+j}f_j),$$

$$v=\sum_{j=1}^n(y_je_j+y_{n+j}f_j),$$

则 $\omega(u,v)=\langle Jx,y\rangle$, 其中 $x=(x_1,\cdots,x_{2n})\in\mathbb{R}^{2n}\ni y=(y_1,\cdots,y_{2n})$.

(4) $V_j\triangleq\mathrm{Span}\{e_j,f_j\},j=1,\cdots,n$ 为辛子空间, 且

$$V_j\perp^\omega V_i,\quad i\neq j,$$

$$V=V_1\oplus\cdots\oplus V_n.$$

称这样的一组基为辛基. 在辛基 $\{e_1,f_1,e_2,f_2,\cdots,e_n,f_n\}$ 下, 或者说在分解 $V=V_1\oplus\cdots\oplus V_n$ 下, ω 的矩阵形式为

$$\begin{pmatrix}\begin{pmatrix}0&1\\-1&0\end{pmatrix}&&&\\&\begin{pmatrix}0&1\\-1&0\end{pmatrix}&&\\&&\ddots&\\&&&\begin{pmatrix}0&1\\-1&0\end{pmatrix}\end{pmatrix}.$$

本命题的证明方法与命题 1.2.1 的方法类似, 从略.

注 1.2.5　由本命题可知: 同维数的辛空间有相同的正规形 (normal form), 与非退化的对称 2-形式截然不同.

定义 1.2.2 称线性映射 $A: V \to V$ 是辛映射, 若

$$A^*\omega = \omega,$$

其中

$$(A^*\omega)(u,v) = \omega(Au, Av), \quad u \in V \ni v.$$

注 1.2.6 对标准辛空间 $(\mathbb{R}^{2n}, \omega_0)$ 而言, 矩阵 A 是辛映射 $\Leftrightarrow \langle JAu, Av\rangle \Leftrightarrow \langle Ju, v\rangle \Leftrightarrow u^{\mathrm{T}}A^{\mathrm{T}}J^{\mathrm{T}}Av = u^{\mathrm{T}}J^{\mathrm{T}}v \Leftrightarrow A^{\mathrm{T}}JA = J$. 因此, 有

$$(\det A)^2 = 1.$$

下面来证明

$$\det A = 1.$$

事实上, 设 $z = (z_1, \cdots, z_n) \in \mathbb{R}^{2n}$, 则 $\mathbb{R}^{2n}$ 上的 2-形式

$$(dz_i \wedge dz_j)(u,v) = \begin{vmatrix} u_i & u_j \\ v_i & v_j \end{vmatrix} = u_iv_j - u_jv_i, \quad u, v \in \mathbb{R}^{2n}.$$

将 z 写成 $z = (x, y) \in \mathbb{R}^n \times \mathbb{R}^n = \mathbb{R}^{2n}$, 则

$$\omega_0 = \sum_{j=1}^{n} dy_j \wedge dx_j,$$

进而可得 $\mathbb{R}^{2n}$ 的体积形式

$$\Omega = \omega_0 \wedge \omega_0 \wedge \cdots \wedge \omega_0.$$

由微分形式的性质, 得

$$A^*\Omega = (\det A)\Omega.$$

而 A 是一个辛矩阵, 即 $A^*w_0 = w_0$, 则

$$A^*\Omega = \Omega \Rightarrow \det A = 1,$$

所以, $\mathbb{R}^{2n}$ 上的辛矩阵保持体积.

记辛矩阵的全体为

$$\mathrm{Sp}(n) = \{A \in \mathrm{GL}(2n, \mathbb{R}^n) \big| A^{\mathrm{T}}JA = J\}.$$

容易证明下述命题.

命题 1.2.7　(1) $J \in \mathrm{Sp}(n)$;

(2) 若 $A, B \in \mathrm{Sp}(n)$, 则 $A^{-1} \in \mathrm{Sp}(n), AB \in \mathrm{Sp}(n), A^{\mathrm{T}} \in \mathrm{Sp}(n)$;

(3) 若分块矩阵

$$U = \begin{pmatrix} A & B \\ C & D \end{pmatrix} \in \mathrm{Sp}(n),$$

则

$$U^{\mathrm{T}} J U = \begin{pmatrix} C^{\mathrm{T}}A - A^{\mathrm{T}}C & C^{\mathrm{T}}B - A^{\mathrm{T}}D \\ D^{\mathrm{T}}A - B^{\mathrm{T}}C & D^{\mathrm{T}}B - B^{\mathrm{T}}D \end{pmatrix} = \begin{pmatrix} 0 & -I_n \\ I_n & 0 \end{pmatrix},$$

所以

$$A^{\mathrm{T}}C = C^{\mathrm{T}}A \Leftrightarrow A^{\mathrm{T}}C = (A^{\mathrm{T}}C)^{\mathrm{T}},$$

$$B^{\mathrm{T}}D = D^{\mathrm{T}}B \Leftrightarrow B^{\mathrm{T}}D = (B^{\mathrm{T}}D)^{\mathrm{T}},$$

$$A^{\mathrm{T}}D - C^{\mathrm{T}}B = I_n.$$

定义 1.2.3　设 (V_1, ω_1) 和 (V_2, ω_2) 是两个辛向量空间, 称线性映射 $A: V_1 \to V_2$ 是辛映射, 若

$$A^*\omega_2 = \omega_1.$$

命题 1.2.8　设 (V_1, ω_1) 和 (V_2, ω_2) 是两个辛向量空间且维数相等, 即 $\dim V_1 = \dim V_2$, 则存在线性同构 $A: V_1 \to V_2$, 使得

$$A^*\omega_2 = \omega_1.$$

证明　分别取 V_1 和 V_2 的一组辛基为

$$\{e_1, \cdots, e_n, f_1, \cdots, f_n\},$$

$$\{\widehat{e_1}, \cdots, \widehat{e_n}, \widehat{f_1}, \cdots, \widehat{f_n}\}.$$

定义线性同构

$$\begin{aligned} A: V_1 &\to V_2, \\ e_i &\mapsto A(e_i) = \widehat{e_i}, \\ f_i &\mapsto A(f_i) = \widehat{f_i}. \end{aligned}$$

则 $A^*\omega_2 = \omega_1$. □

定义 1.2.4　称标准辛空间 $(\mathbb{R}^{2n}, \omega_0)$ 上的微分同胚 $\varphi: \mathbb{R}^{2n} \to \mathbb{R}^{2n}$ 为辛微分同胚, 若

$$\varphi^*\omega_0 = \omega_0. \tag{1.2.2}$$

由定义知, 若 $\varphi:\mathbb{R}^{2n}\to\mathbb{R}^{2n}$ 为辛微分同胚, 则 $\forall x\in\mathbb{R}^{2n},\forall a,b\in T_x\mathbb{R}^{2n}\cong\mathbb{R}^{2n}$, 有

$$\varphi^*\omega_0(a,b)=\omega_0(d\varphi_x a,d\varphi_x b)=\omega_0(a,b).$$

故

$$a^{\mathrm{T}}(d\varphi_x)^{\mathrm{T}}Jd\varphi_x b=a^{\mathrm{T}}Jb,$$

即

$$(d\varphi_x)^{\mathrm{T}}Jd\varphi_x=J.$$

所以 $d\varphi_x$ 为辛矩阵. 特别地, 有

$$\det(d\varphi_x)=1,$$

因此辛微分同胚保体积.

下面给出辛流形的概念. 辛流形和哈密顿系统密不可分, 我们所说的哈密顿系统, 都是指某一个辛流形上的一个动力系统.

定义 1.2.5 设 M 是一个 $2n$ 维可微流形, M 上的一个辛形式 (symplectic form) 是指 M 上的一个满足如下条件的 2-形式 ω:

(1) ω 是一个闭形式 (closed form), 即 $d\omega=0$;

(2) ω 是非退化的, 即 $\forall x\in M, 0\neq v\in T_xM$, 总存在 $u\in T_xM$, 使得

$$\omega_x(v,u)\neq 0.$$

此时, 称 (M,ω) 是一个辛流形 (symplectic manifold).

下面, 我们给出两类极为重要的辛流形: 余切丛和伴随轨道.

例　余切丛(cotangent bundle)

设 M 是一个 n 维光滑流形, T^*M 是 M 的余切丛.

下面将说明: T^*M 上有一个典范辛形式 (canonical symplectic form).

任取 $q\in M$, 设 $U\subset M$ 是 q 的一个坐标邻域, $(q_1,\cdots,q_n)$ 是其局部坐标系. 则 $\forall x\in U,\{(dq_1)_x,\cdots,(dq_n)_x\}$ 是 T_x^*M 的一组基. 任取 $p\in T_x^*M$, 有

$$p=\sum_{i=1}^n p_i(dq_i)_x,\quad (p_1,\cdots,p_n)\in\mathbb{R}^n.$$

这诱导了同胚 (局部平凡化)

$$T^*U\to\mathbb{R}^{2n}=\mathbb{R}^n\times\mathbb{R}^n,$$
$$(q,p)\mapsto(q_1,\cdots,q_n,p_1,\cdots,p_n),$$

$\{T^*U; q_1, \cdots, q_n, p_1, \cdots, p_n\}$ 构成了 T^*M 的局部坐标卡, 称 $(q_1, \cdots, q_n, p_1, \cdots, p_n)$ 为 U 上的**局部余切坐标系**.

任给 $(U; q_1, \cdots, q_n)$ 和 $(U'; q'_1, \cdots, q'_n)$, 若 $x \in U \cap U', p \in T^*_x M$, 则有

$$p = \sum_{i=1}^{n} p_i (dq_i)_x = \sum_{i=1}^{n} p_i \sum_{j=1}^{n} \frac{\partial q_i}{\partial q'_j} (dq'_j)_x = \sum_{i,j} \left(p_i \frac{\partial q_i}{\partial q'_j} \right) (dq'_j)_x = \sum_{j=1}^{n} p'_j (dq'_j)_x,$$

其中

$$p'_j = \sum_{i=1}^{n} p_i \frac{\partial q_i}{\partial q'_j}$$

光滑, 因而 T^*M 是一个 $2n$ 维流形.

现在, 我们给出 T^*M 上的典范辛形式 ω 的表达式.

设 $(U; q_1, \cdots, q_n)$ 为 M 的一个坐标卡, 其局部余切坐标系为

$$\{T^*U; q_1, \cdots, q_n, p_1, \cdots, p_n\}.$$

定义 T^*U 上的一个 2-形式

$$\omega = \sum_{i=1}^{n} dp_i \wedge dq_i.$$

事实上, ω 可看成映射

$$\omega_{(x,p)} : T_{(x,p)} T^*M \times T_{(x,p)} T^*M \to \mathbb{R}.$$

下面我们来说明: ω 与具体坐标系的选取无关.

考虑 1-形式

$$\alpha = \sum_{i=1}^{n} p_i dq_i,$$

易见

$$\omega = d\alpha.$$

断言 α 是内蕴的 (intrinsically defined), 进而 ω 亦内蕴.

证明 设 $\{T^*U; q_1, \cdots, q_n, p_1, \cdots, p_n\}$ 和 $\{T^*U'; q'_1, \cdots, q'_n, p'_1, \cdots, p'_n\}$ 是两个余切坐标系. 在 $T^*U \cap T^*U'$ 上, 有

$$p'_j = \sum_{i=1}^{n} p_i \frac{\partial q_i}{\partial q'_j}, \quad dq'_j = \sum_{i=1}^{n} \frac{\partial q'_j}{\partial q_i} dq_i.$$

故

$$\sum_{j=1}^{n} p'_j dq'_j = (p'_1, \cdots, p'_n) \begin{pmatrix} dq'_1 \\ \vdots \\ dq'_n \end{pmatrix}$$

$$
=(p_1,\cdots,p_n)\begin{pmatrix}\dfrac{\partial q_1}{\partial q_1'} & \cdots & \dfrac{\partial q_1}{\partial q_n'}\\ \vdots & & \vdots \\ \dfrac{\partial q_n}{\partial q_1'} & \cdots & \dfrac{\partial q_n}{\partial q_n'}\end{pmatrix}\begin{pmatrix}\dfrac{\partial q_1'}{\partial q_1} & \cdots & \dfrac{\partial q_1'}{\partial q_n}\\ \vdots & & \vdots \\ \dfrac{\partial q_n'}{\partial q_1} & \cdots & \dfrac{\partial q_n'}{\partial q_n}\end{pmatrix}\begin{pmatrix}dq_1\\ \vdots \\ dq_n\end{pmatrix}
$$

$$
=(p_1,\cdots,p_n)\begin{pmatrix}dq_1\\ \vdots \\ dq_n\end{pmatrix}=\sum_{i=1}^n p_i dq_i=\alpha. \qquad \square
$$

注 1.2.9 称 α 为 Liouville 1-形式, 称 ω 为 T^*M 上的典范辛形式.

注 1.2.10 还有一种方式来引入 Liouville 1-形式 α, 不需要用到局部坐标系. 记 $\pi:T^*M\to M$ 为标准的投射. 任取 $p\in T_x^*M,\pi p=x\in M$. 定义 T^*M 上的 1-形式 α 为下述线性函数

$$
\alpha: T(T^*M)\to\mathbb{R},
$$

$$
\alpha(\eta)=\langle p, d\pi_p\eta\rangle,\quad \eta\in T_pT^*M.
$$

易见, 若用局部坐标来写, $\alpha=\sum_{i=1}^n p_i dq_i$.

例 余伴随轨道(coadjoint orbits)

本例中我们假设 G 为矩阵 Lie 群. 这只是为了下文讨论方便, 事实上, 本节的结论对一般的 Lie 群亦成立, 只不过有些细节会变得繁琐而已.

记 Lie 代数为 $\mathfrak{G}=\mathrm{Lie}\,G\simeq T_eG$, $\mathfrak{G}^*$ 为 $\mathfrak{G}$ 之对偶.

任取 $g\in G$, 定义映射

$$
\Psi_g: G\to G,\quad a\mapsto g\cdot a\cdot g^{-1}.
$$

映射 Ψ_g 在单位元 e 处的切映射为

$$
\begin{aligned}
&(d\Psi_g)_e: T_eG=\mathfrak{G}\to T_eG=\mathfrak{G},\\
&X\mapsto (d\Psi_g)_eX=\frac{d}{dt}\bigg|_{t=0}\Psi_g(\exp tX)\\
&\qquad\qquad\quad=\frac{d}{dt}\bigg|_{t=0} g\cdot\exp(tX)\cdot g^{-1}=g\cdot X\cdot g^{-1}.
\end{aligned}
$$

注 1.2.11 由于 G 是矩阵 Lie 群, 故上式是矩阵乘法, 有意义.

记

$$
\mathrm{Ad}_g\triangleq(d\Psi_g)_e,
$$

故有

$$
\mathrm{Ad}_g:\mathfrak{G}\to\mathfrak{G},\quad X\to\mathrm{Ad}_gX=g\cdot X\cdot g^{-1}.
$$

用 $\mathrm{End}(\mathfrak{G})$ 表示 $\mathfrak{G}$ 上的自同态的全体, 则 Ad_g 可写成

$$\mathrm{Ad}: G \to \mathrm{End}(\mathfrak{G}).$$

求 Ad 在点 $e \in G$ 处的切映射 $d\mathrm{Ad}_e$, 有

$$\begin{aligned} d\mathrm{Ad}_e &: T_eG = \mathfrak{G} \to \mathrm{End}(\mathfrak{G}), \\ & X \mapsto d\mathrm{Ad}_e X = \left.\frac{d}{dt}\right|_{t=0} \mathrm{Ad}(\exp tX) = \left.\frac{d}{dt}\right|_{t=0} \mathrm{Ad}_{\exp tX}, \end{aligned}$$

由于 $d\mathrm{Ad}_e X \in \mathrm{End}(\mathfrak{G})$, 任取 $Y \in \mathfrak{G}$, 有

$$\begin{aligned} (d\mathrm{Ad}_e X)Y &= \left(\left.\frac{d}{dt}\right|_{t=0} \mathrm{Ad}_{\exp tX}\right)(Y) = \left.\frac{d}{dt}\right|_{t=0} (\mathrm{Ad}_{\exp tX}(Y)) \\ &= \left.\frac{d}{dt}\right|_{t=0} \exp tX \cdot Y \cdot \exp(-tX) = XY - YX = [X, Y]. \end{aligned}$$

记

$$\mathrm{ad}_X \triangleq (d\mathrm{Ad}_e)X,$$

则上式可写成

$$\mathrm{ad}_X : \mathfrak{G} \to \mathfrak{G}, Y \mapsto \mathrm{ad}_X Y = [X, Y].$$

亦可写成

$$\mathrm{ad}: \mathfrak{G} \mapsto \mathrm{End}(\mathfrak{G}).$$

下面引入余伴随作用. 用

$$\langle \cdot, \cdot \rangle : \mathfrak{G}^* \times \mathfrak{G} \to \mathbb{R}$$

表示配对映射 (注意: 除个别之处外, 本书在绝大多数地方用此符号表示黎曼度量).

定义 Ad_g 的余伴随映射为

$$\mathrm{Ad}_g^* : \mathfrak{G}^* \to \mathfrak{G}^*, \quad \xi \mapsto \mathrm{Ad}_g^* \xi,$$

其中 $\mathrm{Ad}_g^* \xi$ 满足

$$\langle \mathrm{Ad}_g^* \xi, Y \rangle \triangleq \langle \xi, \mathrm{Ad}_{g^{-1}} Y \rangle, \quad \forall \xi \in \mathfrak{G}^*, \ \forall Y \in \mathfrak{G}.$$

因此, Ad_g^* 可写成

$$\mathrm{Ad}^* : G \to \mathrm{End}(\mathfrak{G}^*).$$

命题 1.2.12　任取 $g, h \in G$, 有

$$\mathrm{Ad}_{g \cdot h} = \mathrm{Ad}_g \cdot \mathrm{Ad}_h, \quad \mathrm{Ad}_{gh}^* = \mathrm{Ad}_g^* \cdot \mathrm{Ad}_h^*.$$

证明 (1) 任取 $X\in\mathfrak{G}$, $\mathrm{Ad}_{gh}X=gh\cdot X\cdot h^{-1}g^{-1}=\mathrm{Ad}_g(h\cdot X\cdot h^{-1})=\mathrm{Ad}_g(\mathrm{Ad}_hX)=\mathrm{Ad}_g\cdot\mathrm{Ad}_hX$;

(2)

$$
\begin{aligned}
\langle \mathrm{Ad}^*_{gh}\xi, Y\rangle &= \langle \xi, \mathrm{Ad}_{h^{-1}g^{-1}}Y\rangle = \langle \xi, \mathrm{Ad}_{h^{-1}}\mathrm{Ad}_{g^{-1}}Y\rangle = \langle \mathrm{Ad}^*_h\xi, \mathrm{Ad}_{g^{-1}}Y\rangle \\
&= \langle \mathrm{Ad}^*_g\mathrm{Ad}^*_h, Y\rangle, \quad \forall \xi\in\mathfrak{G}^*, \forall Y\in\mathfrak{G}.
\end{aligned}
$$

□

注 1.2.13 Ad^*_g 的定义中出现了 $\mathrm{Ad}_{g^{-1}}$ 而非 Ad_g, 是为了保证 Ad^*_g 满足 $\mathrm{Ad}^*_{gh}=\mathrm{Ad}^*_g\mathrm{Ad}^*_h$. 这有点类似于范畴论中函子的协变性.

在 $e\in G$ 处求 Ad^* 的切映射, 有

$$
dAd^*_e:\mathfrak{G}=T_eG\to\mathrm{End}(\mathfrak{G}^*),
$$

$$
X\mapsto dAd^*_eX=\left.\frac{d}{dt}\right|_{t=0}\mathrm{Ad}^*_{\exp tX}.
$$

任取 $\xi\in\mathfrak{G}^*$ 和 $Y\in\mathfrak{G}$, 有

$$
\begin{aligned}
\langle (dAd^*_eX)\xi, Y\rangle &= \left\langle \left.\frac{d}{dt}\right|_{t=0}\mathrm{Ad}^*_{\exp tX}\xi, Y\right\rangle \\
&= \left.\frac{d}{dt}\right|_{t=0}\langle \mathrm{Ad}^*_{\exp tX}\xi, Y\rangle = \left.\frac{d}{dt}\right|_{t=0}\langle \xi, \mathrm{Ad}_{\exp -tX}Y\rangle \\
&= \left\langle \xi, \left.\frac{d}{dt}\right|_{t=0}\mathrm{Ad}_{\exp -tX}Y\right\rangle = \langle \xi, \mathrm{ad}_{-X}Y\rangle = -\langle \xi, [X,Y]\rangle.
\end{aligned}
$$

记 $\mathrm{ad}^*_X\triangleq(dAd^*_e)X$, 则有

$$
\mathrm{ad}^*_X:\mathfrak{G}^*\to\mathfrak{G}^*.
$$

亦可写成

$$
\mathrm{ad}^*:\mathfrak{G}\to\mathrm{End}(\mathfrak{G}^*),
$$

$$
\langle \mathrm{ad}^*_X\xi, Y\rangle=\langle \xi, \mathrm{ad}_{-X}Y\rangle, \quad \forall X,Y\in\mathfrak{G}, \forall\xi\in\mathfrak{G}^*.
$$

任取 $\xi\in\mathfrak{G}^*$, 定义 ξ 的余伴随轨道为

$$
\mathrm{Orb}_{\mathrm{Ad}^*}(\xi)\triangleq\{\mathrm{Ad}^*_g\xi \,|\, g\in G\}\subseteq\mathfrak{G}^*.
$$

下面, 我们将证明 $\mathrm{Orb}_{\mathrm{Ad}^*}(\xi)$ 是辛流形.

作为第一步, 我们要知道余伴随轨道上每点处的切空间是什么样的.

首先, 考察余伴随轨道 $\mathrm{Orb}_{\mathrm{Ad}^*}(\xi)$ 上比较特殊的一个点 $\xi=\mathrm{Ad}^*_e\xi\in\mathrm{Orb}_{\mathrm{Ad}^*}(\xi)$, 我们想知道在 ξ 处的切向量具有什么样的形式.

根据定义, 余伴随轨道 $\mathrm{Orb}_{\mathrm{Ad}^*}(\xi)$ 在 ξ 处的切向量具有下述形式

$$
\left.\frac{d}{dt}\right|_{t=0}\gamma(t),
$$

其中

$$\gamma:(-\varepsilon,\varepsilon)\to \mathrm{Orb}_{\mathrm{Ad}^*}(\xi),\quad \gamma(0)=\xi$$

为 $\mathrm{Orb}_{\mathrm{Ad}^*}(\xi)$ 中一条过 ξ 的光滑曲线. 由 $\mathrm{Orb}_{\mathrm{Ad}^*}(\xi)$ 的定义知, $\gamma(t)$ 的一般形式为

$$\gamma(t)=\mathrm{Ad}^*_{\exp tX}\xi,\quad X\in\mathfrak{G}=T_eG.$$

因此, 有

$$\left.\frac{d}{dt}\right|_{t=0}\gamma(t)=\left.\frac{d}{dt}\right|_{t=0}\mathrm{Ad}^*_{\exp tX}\xi=\mathrm{ad}^*_X\xi.$$

故得

$$T_\xi\mathrm{Orb}_{\mathrm{Ad}^*}(\xi)=\{\mathrm{ad}^*_X\xi\,|\,X\in\mathfrak{G}\}.\tag{1.2.3}$$

而

$$\mathrm{Orb}_{\mathrm{Ad}^*}(\xi)=\mathrm{Orb}_{\mathrm{Ad}^*}(\mathrm{Ad}^*_g\xi),\quad \forall g\in G,$$

故 (1.2.3) 表明对于 $\mathrm{Orb}_{\mathrm{Ad}^*}(\xi)$ 上任意一点 $\mathrm{Ad}^*_g\xi$, 有

$$T_{\mathrm{Ad}^*_g\xi}\mathrm{Orb}_{\mathrm{Ad}^*}(\xi)=T_{\mathrm{Ad}^*_g\xi}\mathrm{Orb}_{\mathrm{Ad}^*}(\mathrm{Ad}^*_g\xi)=\{\mathrm{ad}^*_X\mathrm{Ad}^*_g\xi\,|\,X\in\mathfrak{G}\}.$$

有了余伴随轨道在任意一点处的切向量的表达式, 我们终于可以着手来定义它上面的辛形式了.

任取

$$a_1=\mathrm{ad}^*_{X_1}\xi\in T_\xi\mathrm{Orb}_{\mathrm{Ad}^*}(\xi)\ni\mathrm{ad}^*_{X_2}\xi=a_2,$$

定义 $\mathrm{Orb}_{\mathrm{Ad}^*}(\xi)$ 上的 2-形式 ω 如下:

$$\omega_\xi(a_1,a_2)\triangleq\langle\xi,-[X_1,X_2]\rangle.\tag{1.2.4}$$

注 1.2.14　对给定的切向量 a_1 和 a_2, 上式中的 X_1 和 X_2 不见得唯一. 为使 (1.2.4) 有意义, 我们必须说明 (1.2.4) 只依赖 a_1 和 a_2 本身, 与 X_1 和 X_2 的选取无关.

事实上, 若

$$a_1=\mathrm{ad}^*_{X_1}\xi=\mathrm{ad}^*_{\widetilde{X_1}}\xi,\ a_2=\mathrm{ad}^*_{X_2}\xi=\mathrm{ad}^*_{\widetilde{X_2}}\xi,$$

那么为了证明 (1.2.4) 有意义, 我们只需证明

$$[X_1,X_2]=[\widetilde{X_1},\widetilde{X_2}].$$

事实上, 任取 $Y\in\mathfrak{G}$, 有

$$\langle\xi,-[\widetilde{X_1},Y]\rangle=\langle\mathrm{ad}^*_{\widetilde{X_1}}\xi,Y\rangle=\langle a_1,Y\rangle=\langle\mathrm{ad}^*_{X_1}\xi,Y\rangle=\langle\xi,-[X_1,Y]\rangle,$$

因此, 得

$$[X_1,Y]=[\widetilde{X_1},Y].$$

同理可得

$$[X_2,Y]=[\widetilde{X_2},Y].$$

由以上两式, 得 $[X_1,X_2]=[\widetilde{X_1},X_2]=[\widetilde{X_1},\widetilde{X_2}]$.

为证明由 (1.2.4) 式定义的 2-形式是一个辛形式, 只需证它是一个非退化的闭形式.

我们先来证明 ω 的非退化性.

为证明 ω 非退化, 按定义, 有两种等价的证明方式.

(1) $\forall \mathrm{Ad}_g^*\xi\in \mathrm{Orb}_{\mathrm{Ad}^*}\xi$, 证明 $\det((\omega_{\mathrm{Ad}_g^*\xi})_{ij})\neq 0$;

(2) 若 $\eta=\mathrm{ad}_Z^*(\mathrm{Ad}_g^*\xi)\in T_{\mathrm{Ad}_g^*\xi}\mathrm{Orb}_{\mathrm{Ad}^*}(\xi)$ 满足

$$\omega_{\mathrm{Ad}_g^*\xi}(\eta,\zeta)=0,\quad \forall\zeta=\mathrm{ad}_Y^*(\mathrm{Ad}_g^*\xi)\in T_{\mathrm{Ad}_g^*\xi}\mathrm{Orb}_{\mathrm{Ad}^*}(\xi),$$

则 $\eta=0$.

我们采用第二种方式.

事实上, 上式等价于

$$0=\omega_{\mathrm{Ad}_g^*\xi}(\eta,\zeta)=\langle \mathrm{Ad}_g^*\xi,-[Z,Y]\rangle,\quad \forall Y\in\mathfrak{G},$$

即

$$0=\langle \mathrm{Ad}_g^*\xi,\mathrm{ad}_{-Z}Y\rangle=\langle \mathrm{ad}_Z^*\mathrm{Ad}_g^*\xi,Y\rangle,\quad \forall Y\in\mathfrak{G}.$$

因为 $\langle,\rangle$ 为配对映射, 故上式表明

$$\eta=\mathrm{ad}_Z^*\mathrm{Ad}_g^*\xi=0.$$

注 1.2.15 ω 的非退化性表明 $\dim\mathrm{Orb}_{\mathrm{Ad}^*}\xi$ 为偶数.

引理 1.2.1 ω 关于 Ad^* 不变, 即 $\forall f=\mathrm{Ad}_{g_1}^*\xi\in\mathrm{Orb}_{\mathrm{Ad}^*}\xi\ni\mathrm{Ad}_{g_2}^*\xi=h$, 若存在 $g\in G$, 使得 $\mathrm{Ad}_g^*(\mathrm{Ad}_{g_1}^*\xi)=\mathrm{Ad}_{g_2}^*\xi$, 则有 $(\mathrm{Ad}_g^*)^*\omega_h=\omega_f$.

证明 首先, 任取 $g\in G$, 易由定义得 $\mathrm{Ad}_g^*:\mathfrak{G}^*\to\mathfrak{G}^*$ 为线性映射, 故

$$(\mathrm{Ad}_g^*)^*=(\mathrm{Ad}_g^*)^{\mathrm{T}},\quad d\mathrm{Ad}_g^*=\mathrm{Ad}_g^*.$$

经由简单的计算可得

$$\mathrm{Ad}_g^*\mathrm{ad}_{X_1}^*f=\mathrm{ad}_{\mathrm{Ad}_gX_1}^*\mathrm{Ad}_g^*f\in T_h\mathrm{Orb}_{\mathrm{Ad}^*}\xi.$$

而

$$\begin{aligned}((\mathrm{Ad}_g^*)^*\omega_h)(\mathrm{ad}_{X_1}^*f,\mathrm{ad}_{X_2}^*f)&=\omega_h(d\mathrm{Ad}_g^*\mathrm{ad}_{X_1}^*f,d\mathrm{Ad}_g^*\mathrm{ad}_{X_2}^*f)\\&=\omega_h(\mathrm{Ad}_g^*\mathrm{ad}_{X_1}^*f,\mathrm{Ad}_g^*\mathrm{ad}_{X_2}^*f)\\&=\omega_h(\mathrm{ad}_{\mathrm{Ad}_gX_1}^*\mathrm{Ad}_g^*f,\mathrm{ad}_{\mathrm{Ad}_gX_2}^*\mathrm{Ad}_g^*f)\\&=\langle h,-[\mathrm{Ad}_gX_1,\mathrm{Ad}_gX_2]\rangle\\&=\langle h,-\mathrm{Ad}_g[X_1,X_2]\rangle\\&=\langle \mathrm{Ad}_{g^{-1}}^*h,-[X_1,X_2]\rangle\\&=\langle f,-[X_1,X_2]\rangle\\&=\omega_f(\mathrm{ad}_{X_1}^*f,\mathrm{ad}_{X_2}^*f).\end{aligned}$$

□

注 1.2.16 由本引理, 为了给出 ω 在整条轨道上的表达式, 只需要确定 ω 在该轨道上某点处的表达式, 然后再通过 Ad_g^* 平移, 即可知其在该轨道上任意点处的表达式. 进而, 由映射 Ad_g^* 的光滑性可知 ω 是一个光滑的 2-形式.

现在, 剩下的任务是来说明 ω 是一个闭形式, 即 $d\omega=0$.

为了证明这一点, 需要引入哈密顿向量场的概念. 因此, 我们暂时离开余伴随轨道, 继续研究辛流形的性质. 在做了充足的准备之后, 我们会回到这个例子中来.

众所周知, 黎曼流形上有许多局部不变量 (比如曲率), 那么辛流形是否也有类似的性质呢? 我们即将给出的 Darboux 定理告诉我们: 辛流形没有任何局部不变量. 换言之, 从局部上看, 任一 $2n$ 维辛流形和标准辛空间 $(\mathbb{R}^{2n},\omega_0)$ 都是一样的.

定理 1.2.17 (Darboux 定理) 设 ω 是 $2n$ 维流形 M 上的一个非退化的 2-形式, 则 $d\omega=0\Leftrightarrow\forall p\in M$, 存在局部坐标卡 (U,φ)

$$\varphi:\mathbb{R}^{2n}\to U\subset M,$$
$$(x_1,\cdots,x_n,y_1,\cdots,y_n)\mapsto q\in U\subset M,$$

满足 $\varphi(0)=p$, 且

$$\varphi^*\omega=\omega_0=\sum_{j=1}^n dy_j\wedge dx_j.$$

证明 在任一局部坐标系下, 我们可以假设 ω 是 $\mathbb{R}^{2n}$ 上的一个 2-形式 $\omega(z),z\in\mathbb{R}^{2n}$, 注意在一般情况下, 此时的 ω 常常不再是标准辛形式, 而是逐点定义的一个一般的辛形式, 而 $p\in M$ 对应于 $z=0\in\mathbb{R}^{2n}$. 由命题 1.2.4, 我们可以取一个坐标系, 使得 ω 在原点 $z=0$ 恰为标准形式 ω_0, 即

$$\omega(0)=\sum_{j=1}^n dy_j\wedge dx_j=\omega_0\quad(z=0\Leftrightarrow p).$$

现在, 我们的核心任务是: 寻找 $\mathbb{R}^{2n}$ 中包含原点 0 的一个小邻域 U 上的满足 $\varphi(0)=0$ 的局部微分同胚 $\varphi: U \to U$, 使得

$$\varphi^*\omega = \omega_0.$$

下面采用的证明方法源自于数学家 J. Moser, 一般被称为 “Moser 的把戏” (Moser's trick).

记

$$\omega_t = \omega_0 + t(\omega - \omega_0).$$

则

$$\omega_t\big|_{t=0} = \omega_0, \quad \omega_t\big|_{t=1} = \omega.$$

现在, 我们来寻找一族满足下式的微分同胚 φ^t,

$$\varphi^0 = I,$$

$$(\varphi^t)^*\omega_t = \omega_0, \quad 0 \leqslant t \leqslant 1. \tag{1.2.5}$$

则 $\varphi^t\big|_{t=1}$ 即为满足我们要求的微分同胚.

为求 φ^t, 我们将构造一个非自治向量场 X_t, 使得其生成的流恰为 φ^t. 将 (1.2.5) 两侧同时关于 t 求导数, 得

$$\begin{aligned}
0 &= \frac{d}{dt}\{(\varphi^t)^*\omega_t\} = \left(\frac{d}{dt}(\varphi^t)^*\right)\omega_t + (\varphi^t)^*\frac{d}{dt}\omega_t \\
&= \left(\frac{d}{ds}\bigg|_{s=0}(\varphi^{s+t})^*\right)\omega_t + (\varphi^t)^*(\omega - \omega_0) \\
&= (\varphi^t)^*\left(\frac{d}{ds}\bigg|_{s=0}\varphi^s\right)\omega_t + (\varphi^t)^*(\omega - \omega_0) \\
&= (\varphi^t)^* L_{X_t}\omega_t + (\varphi^t)^*(\omega - \omega_0) \\
&= (\varphi^t)^*(L_{X_t}\omega_t + \omega - \omega_0).
\end{aligned} \tag{1.2.6}$$

由 Cartan 公式

$$L_{X_t} = i_{X_t} \circ d + d \circ i_{X_t}, \tag{1.2.7}$$

(1.2.6) 化为

$$0 = (\varphi^t)^*(d \circ i_{X_t}\omega_t + \omega - \omega_0).$$

由于 φ^t 为辛同胚, 由上式推得

$$d \circ i_{X_t}\omega_t + \omega - \omega_0 = 0. \tag{1.2.8}$$

下面来求解 (1.2.8).

由于 $\omega-\omega_0$ 是闭形式, 故局部上是恰当形式, 所以存在 1-形式 λ, 使得

$$\omega-\omega_0=d\lambda,\quad \lambda(0)=\omega(0)-\omega_0=0.$$

因为 $\omega_t(0)=\omega_0$, 由 ω_0 的非退化性, 易知存在包含原点 0 的一个邻域 U, 使得 ω_t $(0\leqslant t\leqslant 1)$ 在 U 上均非退化. 因此, 存在唯一的向量场 X_t, 满足

$$i_{X t}\omega_t=\omega_t(X_t,\cdot)=-\lambda.$$

这个由 λ 确定的向量场 X_t 即为 (1.2.8) 的解.

由于 $\lambda(0)=0$, 故 $X_t(0)=0$, 且存在原点 $0\in\mathbb{R}^{2n}$ 的一个小邻域, 使得 X_t 在该小邻域上的流 φ^t $(0\leqslant t\leqslant 1)$ 存在, 满足 $\varphi^0=id,\varphi^t(0)=0$.

将上述论证过程反向行之, 则我们构造出了一族局部微分同胚 φ^t, 满足

$$\frac{d}{dt}(\varphi^t)^*\omega_t=0,\quad 0\leqslant t\leqslant 1.$$

所以, 有

$$(\varphi^t)^*\omega_t=(\varphi^0)^*\omega_0=\omega_0,\quad 0\leqslant t\leqslant 1.$$ □

注 1.2.18 本定理说明同维数的辛流形在局部上不可区分, 即辛流形除维数外, 无任何局部的辛不变量. 此与黎曼流形殊异! 在彼种情形, 高斯曲率即一个局部不变量. 从这个意义上说, 辛几何 (symplectic geometry) 这个词并不准确, 辛拓扑 (symplectic topology) 似乎更确切一些.

注 1.2.19 Darboux 定理表明辛流形除维数外无其他局部辛不变量. 而另一方面, 体积是一个平凡的整体辛不变量.

事实上, 若 $u:(M_1,\omega_1)\to(M_2,\omega_2)$ 为辛微分同胚, 即

$$u^*\omega_2=\omega_1.$$

记 $\Omega_1=\omega_1^n,\Omega_2=\omega_2^n$, 则 Ω_1 与 Ω_2 分别为 M_1 和 M_2 的体积元, 由上式, 得

$$u^*\Omega_2=\Omega_1.\tag{1.2.9}$$

因为 $du\in\mathrm{Sp}(n)$, 知 $u:M_1\to M_2$ 保持辛流形的定向, 故

$$\int_{M_1}u^*\Omega_2=\int_{M_2}\Omega_2.$$

由 (1.2.9), 得

$$\int_{M_1}\Omega_1=\int_{M_2}\Omega_2.$$

众所周知, 任一微分流形上都有无穷多个黎曼度量, 而辛流形却苛刻得多!

下面介绍辛流形的两个性质, 从中可以看出, 一个微分流形上辛形式的存在性, 对该流形的拓扑会有很严格的要求.

命题 1.2.20 若 (M,ω) 为紧致无边的辛流形, 则 ω 不是恰当形式.

命题 1.2.21 若 (M,ω) 为紧致无边的辛流形, 则 $H^{2k}(M,\mathbb{R})\neq 0, 0\leqslant k\leqslant n$.

证明 由于辛形式都是闭的, 故易得 $[\omega^k]\in H^{2k}(M,\mathbb{R})$.

下面来说明 $[\omega^k]\neq 0$.

采用反证法. 若 $[\omega^k]=0$, 则存在 $\theta\in\Lambda^{2k-1}(M)$, 使得

$$\omega^k = d\theta.$$

令

$$\nu=\theta\wedge\underbrace{\omega\wedge\cdots\wedge\omega}_{n-k}=\theta\wedge\omega^{n-k}.$$

则 ν 为 M 上的一个 $(2n-1)$-形式, 且

$$d\nu=\omega^n$$

为 M 的体积元. 由 Stokes 公式, 得

$$0\neq\int_M\omega^n=\int_M d\nu=\int_{\partial M}\nu=0.$$

矛盾! 所以 $[\omega^k]\neq 0\Rightarrow H^{2k}(M,\mathbb{R})\neq 0, 0\leqslant k\leqslant n$. □

到目前为止, 我们已经讲了两种重要的几何: 黎曼几何与辛几何. 事实上, 还有一种与这两种几何密切相关的几何学: 复几何.

微分流形 M 上的一个**近复结构**(almost complex structure) 是指 M 上的一个逐点定义的光滑映射

$$J=J_x:T_xM\to T_xM$$

满足

$$J_x\circ J_x=J_x^2=-I.$$

此时, 我们称二元组 (M,J) 为**近复流形**(almost complex manifold).

黎曼结构、辛结构和近复结构这三种几何结构之间有着紧密的联系.

命题 1.2.22 若 (M,ω) 为辛流形, 则 M 上存在一个近复结构 J 和一个黎曼度量 $\langle\cdot,\cdot\rangle$, 满足

$$\omega_x(v,Ju)=\langle v,u\rangle_x,\quad \forall x\in M,$$

其中 $u, v \in T_xM$. 由 $\langle\cdot,\cdot\rangle$ 的对称性, 有

$$\omega_x(Jv, Ju) = \omega_x(v, u),$$

即 J_x 是辛向量空间 (T_xM, ω_x) 的一个辛微分同胚. 更进一步, 有

$$J^* = J^{-1} = -J,$$

其中 J^* 为 J 在内积空间 $(T_xM, \langle\cdot,\cdot\rangle_x)$ 上的伴随算子.

证明 任取 M 上的一个黎曼度量 $g \triangleq \langle\langle\cdot,\cdot\rangle\rangle$, 现在的任务是逐点寻找近复结构 J_x. 下面, 我们先固定 $x \in M$, 给出 J_x, 再说明 J_x 关于 x 光滑. 这样近复结构 J 的构造就完成了.

(Ⅰ) 由于 $\begin{cases} T_xM \ni v \mapsto \omega_x(v,\cdot) \in T_x^*M \\ T_xM \ni v \mapsto \langle\langle v,\cdot\rangle\rangle_x \in T_x^*M \end{cases}$ 均为 $T_xM \to T_x^*M$ 的线性同构, 故存在线性同构

$$A : T_xM \to T_xM,$$

使得

$$\omega_x(v,\cdot) = \langle\langle Av,\cdot\rangle\rangle_x.$$

而 $\langle\langle Av,u\rangle\rangle_x = \omega_x(v,u) = -\omega_x(u,v) = -\langle\langle Au,v\rangle\rangle_x = -\langle\langle v,Au\rangle\rangle_x = -\langle\langle A^*v,u\rangle\rangle_x = \langle\langle -A^*v,u\rangle\rangle$, 故有 $-A = A^*$. 因此, 有

$$AA^* = A^*A = -A^2.$$

进而, 有

(1) $(AA^*)^* = (A^*)^*A^* = AA^*$;

(2) 任取非零向量 $0 \neq v \in T_xM$, 有

$$\langle\langle AA^*v, v\rangle\rangle_x = \langle\langle A^*v, A^*v\rangle\rangle_x > 0.$$

由线性代数的知识, $AA^* = -A^2$ 存在对角分解, 其特征根皆大于零, 即存在可逆矩阵 B, 使得

$$AA^* = B\begin{pmatrix} \lambda_1 & & \\ & \ddots & \\ & & \lambda_{2n} \end{pmatrix}B^{-1}, \quad \lambda_j > 0, \quad j = 1, \cdots, 2n.$$

记

$$\sqrt{AA^*} \triangleq B\begin{pmatrix} \sqrt{\lambda_1} & & \\ & \ddots & \\ & & \sqrt{\lambda_{2n}} \end{pmatrix}B^{-1}.$$

令

$$J_x = A\sqrt{AA^*}^{-1}.$$

由于 $AA^* = A^*A$, 故 A 是正规矩阵, 故 A 与 $\sqrt{AA^*}^{-1}$ 可换. 所以

$$J_x^2 = A\sqrt{AA^*}^{-1}A\sqrt{AA^*}^{-1} = A^2(-A^2)^{-1} = -I.$$

(Ⅱ) 下面构造黎曼度量 $\langle\cdot,\cdot\rangle$.

由定义及 AA^* 的对称性, 有

$$\begin{aligned}\omega_x(v, J_x u) &= \langle\langle Av, J_x u\rangle\rangle_x = \langle\langle Av, A\sqrt{AA^*}^{-1}u\rangle\rangle_x \\ &= \langle\langle A^*Av, \sqrt{AA^*}^{-1}u\rangle\rangle_x = \langle\langle\sqrt{AA^*}v, u\rangle\rangle_x.\end{aligned}$$

而前面已经证明 $\sqrt{AA^*}$ 是正定矩阵, 故令

$$\langle v, u\rangle_x = \langle\langle\sqrt{AA^*}v, u\rangle\rangle_x,$$

则 $\langle,\rangle$ 即我们要寻找的黎曼度量.

由于辛形式 ω 与黎曼度量 $\langle\langle\cdot,\cdot\rangle\rangle$ 均光滑依赖于基点 x, 所以 J_x 与 $\langle\cdot,\cdot\rangle_x$ 亦光滑依赖于 x. □

1.2.2 哈密顿系统与 Liouville-Arnold 定理

介绍完辛流形的基本知识之后, 我们来研究哈密顿系统.

由 ω 的非退化性知, 辛形式 ω 给出了由 M 上的全体切向量场构成的集合到由 M 上的全体 1-形式构成的集合之间的一个同构, 即

$$\begin{aligned}\mathfrak{X}(M) &\to \Lambda(M), \\ X &\mapsto \omega(X,\cdot).\end{aligned}$$

定义 1.2.6 设 $H: M \to \mathbb{R}$ 为一个光滑函数, 定义其哈密顿向量场 (Hamiltonian vector field) X_H 为

$$i_{X_H}\omega = \omega(X_H,\cdot) = -dH.$$

由于 $d\omega = 0$, 故由 Cartan 公式 (1.2.7) 可推得

$$L_{X_H}\omega = i_{X_t}\circ d\omega + d\circ i_{X_H}\omega = -d\circ dH = 0.$$

记 X_H 的流为 φ^t, 则

$$\frac{d}{dt}(\varphi^t)^*\omega = (\varphi^t)^* L_{X_H}\omega = 0,$$

因此

$$(\varphi^t)^*\omega = (\varphi^0)^*\omega = \omega.$$

设 $H:\mathbb{R}^{2n}\to\mathbb{R}$ 为一光滑函数. 下面给出由标准辛形式 ω_0 诱导的哈密顿向量场 X_H 的表达式.

任取 $a\in\mathbb{R}^{2n}$ 和 $z=(x,y)\in\mathbb{R}^n\times\mathbb{R}^n=\mathbb{R}^{2n}$, 由哈密顿向量场的定义, 有

$$\begin{aligned}
&\omega_0(X_H(z),a) = -dH(z)\cdot a\\
\Leftrightarrow\,&(X_H(z))^{\mathrm{T}}\begin{pmatrix}0 & -I\\ I & 0\end{pmatrix}a = -(dH(z))^{\mathrm{T}}\cdot a\\
\Leftrightarrow\,&(X_H(z))^{\mathrm{T}}\begin{pmatrix}0 & -I\\ I & 0\end{pmatrix} = -(dH(z))^{\mathrm{T}}\\
\Leftrightarrow\,&X_H(z) = \begin{pmatrix}0 & I\\ -I & 0\end{pmatrix}\begin{pmatrix}\dfrac{\partial H}{\partial x}\\ \dfrac{\partial H}{\partial y}\end{pmatrix} = \begin{pmatrix}\dfrac{\partial H}{\partial y}\\ -\dfrac{\partial H}{\partial x}\end{pmatrix}.
\end{aligned}$$

下面给出在哈密顿系统理论里具有重要地位的一个概念: Poisson 括号.

定义 1.2.7　*设 (M,ω) 是一个辛流形, $f,g:M\to\mathbb{R}$ 是两个光滑函数. 定义 f 与 g 的 Poisson 括号 (Poisson bracket) 为*

$$\{f,g\}\triangleq\omega(X_f,X_g) = -X_g f = X_f g.$$

由定义, 易见 Poisson 括号是反对称的, 即 $\{f,g\}=-\{g,f\}$.

在定义哈密顿向量场的过程中, 我们已经看到辛形式的非退化性保证了哈密顿向量场的存在、唯一性. 那么, 一个自然的问题是: 辛形式是闭形式这一性质到底有什么用呢? 下面我们将看到: **辛形式是闭形式保证了 Poisson 括号是一个 Lie 括号**.

命题 1.2.23　*若 M 是一个 $2n$ 维光滑流形, ω 是 M 上的一个非退化的 2-形式, 则*

$$d\omega=0\Leftrightarrow\{f,\{g,h\}\}+\{g,\{h,f\}\}+\{h,\{f,g\}\}=0,\quad\forall f,g,h\in C^\infty(M).$$

证明　由外微分的知识, 有

$$\begin{aligned}
d\omega(X_f,X_g,X_h) =& (X_f\omega(X_g,X_h)-\omega([X_g,X_h],X_f))\\
&+(-X_g\omega(X_f,X_h)+\omega([X_f,X_h],X_g))\\
&+(X_h\omega(X_f,X_g)-\omega([X_f,X_g],X_h))
\end{aligned}$$

$$
\begin{aligned}
&= (X_f\{g,h\} - [X_g, X_h]f) \\
&\quad +(-X_g\{f,h\} + [X_f, X_h]g) \\
&\quad +(X_h\{f,g\} - [X_f, X_g]h) \\
&= -(\{f,\{g,h\}\} + \{g,\{h,f\}\} + \{h,\{f,g\}\}).
\end{aligned}
$$

□

推论 1.2.24 Poisson 括号是 Lie 括号, $(C^\infty(M), \{,\})$ 构成一个 Lie 代数.

推论 1.2.25 任取 $f, g \in C^\infty(M)$, 有

$$[X_f, X_g] = X_{\{f,g\}}.$$

下面继续上文中关于余伴随轨道的讨论, 我们需要证明所引入的 2-形式 ω 是闭的.

例 余伴随轨道 (续) 因为 $\mathfrak{G}^*$ 是一个线性空间, 所以对任意的 $\xi \in \mathfrak{G}^*$, 有 $T_\xi \mathfrak{G}^* \cong \mathfrak{G}^*$, 因而, 对任意的 $f \in C^\infty(\mathfrak{G}^*, \mathbb{R})$, 有

$$df_\xi : T_\xi \mathfrak{G}^* \cong \mathfrak{G}^* \to T_{f(\xi)}\mathbb{R} \cong \mathbb{R}.$$

所以 df_ξ 可视为 $\mathfrak{G}^*$ 上的线性函数, 因此 $df_\xi \in \mathfrak{G}^{**} \cong \mathfrak{G}$.

引理 1.2.2 设 $f \in C^\infty(\mathfrak{G}^*, \mathbb{R})$, 由上面的讨论知 $df_\xi \in \mathfrak{G}$, 则对任意的 $\xi \in \mathfrak{G}^*$, $X_f(\xi) = \mathrm{ad}^*_{df_\xi}\xi$.

证明 对任意的 $\xi \in \mathfrak{G}^*$, 任取 $Y \in \mathfrak{G}$, 有

$$
\begin{aligned}
\omega(\mathrm{ad}^*_Y\xi, X_f) &= \mathrm{ad}^*_Y\xi(f) = \langle \mathrm{ad}^*_Y\xi, df_\xi \rangle \\
&= \langle \xi, \mathrm{ad}_{-Y} df_\xi \rangle = \langle \xi, [-Y, df_\xi] \rangle \\
&= \omega(\mathrm{ad}^*_Y\xi, \mathrm{ad}^*_{df_\xi}\xi).
\end{aligned}
$$

因此, $X_f(\xi) = \mathrm{ad}^*_{df_\xi}\xi$. □

引理 1.2.3 记 $\{e_1, \cdots, e_n\}$ 为 $\mathfrak{G}$ 的一组基, 记 $\{e_1^*, \cdots, e_n^*\}$ 为 $\mathfrak{G}^*$ 中对应的对偶基. 设 $[e_i, e_j] = \sum_k C_{ij}^k e_k$, 则对任意的 $f, g \in C^\infty(\mathfrak{G}^*, \mathbb{R})$, 有

$$\{f, g\}(\xi) = -\sum C_{ij}^k \xi_k \frac{\partial f}{\partial \xi_i} \frac{\partial g}{\partial \xi_j}.$$

证明 $\{f, g\}(\xi) = X_f(g) = (\mathrm{ad}^*_{df_\xi}\xi)(g)$

$$
\begin{aligned}
&= \langle \mathrm{ad}^*_{df_\xi}\xi, dg_\xi \rangle = \langle \xi, \mathrm{ad}_{-df_\xi} dg_\xi \rangle \\
&= \langle \xi, -[df_\xi, dg_\xi] \rangle = -\left\langle \xi, \sum C_{ij}^k \frac{\partial f}{\partial \xi_i} \frac{\partial g}{\partial \xi_j} e_k \right\rangle
\end{aligned}
$$

$$
\begin{aligned}
&= -\left\langle \sum \xi_s e_s^*, \sum C_{ij}^k \frac{\partial f}{\partial \xi_i}\frac{\partial g}{\partial \xi_j} e_k \right\rangle \\
&= -\sum C_{ij}^k \xi_k \frac{\partial f}{\partial \xi_i}\frac{\partial g}{\partial \xi_j}.
\end{aligned}
$$

□

有了上面的准备之后, 下面的这个结论就顺理成章了, 证明也较为容易, 我们留给读者作为练习.

引理 1.2.4　对任意的 $f, g, h \in C^\infty(\mathfrak{G}^*, \mathbb{R})$, 有

$$
\{f,\{g,h\}\}+\{g,\{h,f\}\}+\{h,\{f,g\}\}=0.
$$

由引理 1.2.4 和命题 1.2.23 可马上推知 $d\omega = 0$. 因此我们最终证明了: 余伴随轨道是一个辛流形.

下面介绍一种无论是在理论上还是在实际的物理系统中都非常重要的哈密顿系统, 称为 Liouville 可积哈密顿系统.

定义 1.2.8 (Liouville 可积哈密顿系统)　$2n$ 维辛流形 (M,ω) 上的哈密顿系统 X_H 称为 Liouville 可积的 (Liouville integrable), 若 M 上存在 n 个光滑函数 $f_1, f_2, \cdots, f_n$, 满足

(1) $f_1, \cdots, f_n$ 均为 X_H 的首次积分, 即 f_j 在 X_H 的轨道上为常值, $j = 1, \cdots, n$;

(2) $\{f_i, f_j\} = 0$, $1 \leqslant i, j \leqslant n$, 该性质称为对合性;

(3) $f_1, \cdots, f_n$ 在 M 的一个开稠的全测子集上函数独立, 这意味着若记

$$
\mathrm{Reg} \triangleq \{x \in M \big| \mathrm{Rank}(df_1, \cdots, df_n)\big|_x = n\},
$$

则有

$$
\mathrm{Leb}(\mathrm{Reg}) = \mathrm{Leb}(M),
$$

且 Reg 是 M 的一个稠密的开子集.

注 1.2.26　与数学中绝大多数的概念稍有不同, Liouville 可积没有一个统一的定义. 关于 Liouville 可积的定义的不同点主要集中在上述定义的第三条, 即对满足 $f_1, \cdots, f_n$ 函数独立的点集的要求有差异. 比如

- $f_1, \cdots, f_n$ 在 M 的一个稠密的开子集上函数独立;
- 去除 M 中一个逐片光滑的多面体, $f_1, \cdots, f_n$ 函数独立.

另外, 我们也可以对 $f_1, \cdots, f_n$ 的光滑性提出不同的要求. 比如, 我们可以要求:

- $f_1, \cdots, f_n$ 都是实解析函数.

此时, 我们称该系统为实解析的 Liouville 可积哈密顿系统.

顾名思义, 可积系统者, 可以通过积分求解也. 但是从定义中似乎看不出什么端倪. 对于一个一般的 $2n$ 维的动力系统来说, 区区 n 个首次积分是远远不够的. 但对于哈密顿系统来说, n 个首次积分足矣. 这就是著名的 Louville-Arnold 定理.

定理 1.2.27 (Liouville-Arnold 定理) 设 (M,ω) 为 $2n$ 维辛流形, $H: M \to \mathbb{R}$ 是一个光滑函数. 设 X_H 是一个 Liouville 可积哈密顿系统, $f_1 = H, f_2, \cdots, f_n$ 为其两两对合的、函数独立的首次积分. 考察矩映射 (moment map)

$$f = (f_1, \cdots, f_n): M^{2n} \to \mathbb{R}^n.$$

设 $q \in \mathbb{R}^n$ 为 f 的正则值, 则

(1) 存在 $0 \leqslant k \leqslant n$, 使得 $f^{-1}(q) \simeq \mathbb{T}^k \times \mathbb{R}^{n-k}$;

(2) 若 $f^{-1}(q)$ 有一个紧致连同分支 F_q, 则在 M 中存在 F_q 的一个邻域 V 和 $\mathbb{R}^n$ 中的开集 U, 以及微分同胚

$$\begin{aligned} V \subseteq M &\to U \times \mathbb{T}^n, \\ p &\mapsto (j_1, \cdots, j_n, \varphi_1, \cdots, \varphi_n). \end{aligned}$$

称 j_i 为作用量坐标, 且 $j_i = j_i(f_1, \cdots, f_n), i = 1, \cdots, n$; 称 φ_i 为角变量坐标. 在作用量–角变量坐标下, 辛形式有如下形式

$$\omega = \sum_{i=1}^{n} dj_i \wedge d\varphi_i.$$

由于哈密顿函数 H 在由首次积分生成的代数里, 故 H 可以看成 $j_1, \cdots, j_n$ 的函数, 即 $H = h(j_1, \cdots, j_n)$. 下面的推论说明了 "可积系统" 的名称的由来.

推论 1.2.28 在作用量–角变量下, 哈密顿系统具有如下的标准形式

$$\dot{j}_k = -\frac{\partial h}{\partial \varphi_k} = 0, \quad \dot{\varphi}_k = -\frac{\partial h}{\partial j_k} = a_k(j_1, \cdots, j_n), \quad k = 1, \cdots, n.$$

证明 本定理的证明较长, 论证分为五个步骤:

(1) 证明 F_q 有邻域 V 与 $U \times F_q$ 微分同胚;

(2) 证明 $f^{-1}(q) \simeq \mathbb{T}^k \times \mathbb{R}^{n-k}$, 当 F_q 紧致时, $f^{-1}(q) \simeq \mathbb{T}^n$;

(3) 定义群作用;

(4) 定义作用量坐标, 证明作用量坐标是群作用的矩映射, 这表明上一步骤中所定义的群作用为哈密顿作用;

(5) 构造 F_q 的邻域 V 的拉格朗日截面.

步骤 1 由于 $q \in \mathbb{R}^n$ 为矩映射 f 的正则值, 而全体正则值构成 $\mathbb{R}^n$ 的一个开子集, 故在 $\mathbb{R}^n$ 中存在一个以 q 为中心的开球 U, 使得 U 中的点均为 f 的正则值.

由于 q 为 f 的正则值, 而 F_q 为 $f^{-1}(q)$ 的一个紧致连通分支, 故知 F_q 为 M 的一个光滑紧子流形, 所以 F_q 在 M 中存在开邻域 $V \supseteq F_q$, 使得 $\overline{V}$ 是 M 的紧子集, 且 $f(\overline{V}) \subseteq U$. 因此,

$$\widetilde{f} \triangleq f\big|_V : V \subseteq M \to U \subseteq \mathbb{R}^n$$

是一个恰当浸没 (proper submersion, 意即紧集在 $\widetilde{f}$ 下的原像亦紧, 且 $\mathrm{Rank}(d\widetilde{f}\big|_V) = \dim U = n$). 应用 Ehresmann 定理 (见 [42, 52]), 并在必要时收缩 U 和 V, 知 $\widetilde{f}$ 是一个平凡的光滑纤维化 (fibration), 即存在微分同胚

$$\tau : V \to U \times \widetilde{f}^{-1}(u_0),$$

其中 $u_0 = q \in \mathbb{R}^n, \widetilde{f}^{-1}(u_0) = F_q$, 使得

$$\tau^{-1}(\{u\} \times \widetilde{f}^{-1}(u_0)) = \widetilde{f}^{-1}(u).$$

步骤 2　用 ψ_t^i 表示 X_{f_i} 生成的流, 由于 f 的等值集是首次积分 $f_i (i = 1, \cdots, n)$ 的等势面的交集, 故其关于流 $\psi_t^i (i = 1, \cdots, n)$ 不变, 因此 $\widetilde{f}$ 的等值集关于流 ψ_t^i 亦不变. 由于 τ 是微分同胚, 故 $\widetilde{f}^{-1}(u)$ 是一个紧集, 所以流 ψ_t^i 在 $\widetilde{f}^{-1}(u)$ 上完备. 又由于

$$\{f_i, f_j\} = 0, \quad 1 \leqslant i, j \leqslant n,$$

所以 ψ_t^i 与 ψ_s^j 可交换. 这种交换性使得我们可在 $\widetilde{f}^{-1}(u)$ 上定义一个 $\mathbb{R}^n$-作用

$$\begin{aligned}\Psi : \mathbb{R}^n \times \widetilde{f}^{-1}(u) &\to \widetilde{f}^{-1}(u), \\ (t, p) &\mapsto \Psi(t, p) = \psi_{t_1}^1 \circ \cdots \circ \psi_{t_n}^n (p).\end{aligned}$$

这里 $t = (t_1, \cdots, t_n) \in \mathbb{R}^n$. 由于此时 $\{X_{f_i}\big|_{\widetilde{f}^{-1}(u)}, i = 1, \cdots, n\}$ 线性无关, 故知

$$\mathrm{Rank}\left(\frac{\partial \Psi}{\partial t}\right) = n = \dim \widetilde{f}^{-1}(u).$$

因此, 固定 $p \in \widetilde{f}^{-1}(u)$, Ψ 为局部微分同胚. 所以局部地, Ψ 将开集映为开集, 又由于开集的并仍为开集, 故知轨道

$$\{\Psi(t, p) \big| t \in \mathbb{R}^n\}$$

为 $\widetilde{f}^{-1}(u)$ 中的 $n = \dim \mathbb{R}^n = \dim \widetilde{f}^{-1}(u)$ 维开集.

由于 $\widetilde{f}^{-1}(u)$ 连通且被轨道分层, 而每条轨道均为开集, 所以 $\widetilde{f}^{-1}(u)$ 就恰好是一条轨道 (若否, 则连通的 $\widetilde{f}^{-1}(u)$ 可写成两不交开集之并! 矛盾). 因此 Ψ 在 $\widetilde{f}^{-1}(u)$ 上是传递的.

记

$$I_{\widetilde{p}} \triangleq \{t \in \mathbb{R}^n \big| \Psi(t, \widetilde{p}) = \widetilde{p}\}, \quad \widetilde{p} \in \widetilde{f}^{-1}(u).$$

称为 Ψ 在点 $\widetilde{p}$ 处的**迷向子群**(isotropy subgroup). 易见, 迷向子群有下述性质:

(1) 由于 $\widetilde{f}^{-1}(u)$ 紧, 故 $I_{\widetilde{p}} \neq \{0\}$.

(2) 由于 Ψ 在 $\widetilde{f}^{-1}(u)$ 上传递, 故 $\widetilde{f}^{-1}(u)$ 中任意两点的迷向子群共轭. 又因为各个流 ψ_t^i 与 ψ_s^j 可交换, 经简单的计算, 可知任意两点的迷向子群相同.

综上所述, 可见迷向子群只与其所在的集合 $\widetilde{f}^{-1}(u)$ 有关. 由于这个原因, 记 $\widetilde{f}^{-1}(u)$ 上的迷向子群为 $P_f(u)$, 称为 Ψ 在点 u 处的**周期格** (periodic lattice).

由于 $\mathrm{Rank}\left(\dfrac{\partial \Psi}{\partial t}\right) = n = \dim \mathbb{R}^n$, 故 $P_f(u)$ 是 $\mathbb{R}^n$ 的一个 0 维 Lie 子群, 因而离散.

下面需要证明 $P_f(u)$ 是一个格, 即 $P_f(u)$ 是一个有 n 个生成元的自由 $\mathbb{Z}$-模. 这一步的证明比较容易, 我们将其留给读者, 作为练习.

步骤 3 我们来证明环面 $\widetilde{f}^{-1}(u) \cong \mathbb{R}^n / P_f(u)$ 关于 u 是光滑的, 这等价于证明 $P_f(u)$ 关于 u 是 C^∞ 的.

由于纤维丛 $\widetilde{f}$ 平凡, 故任取 $p_0 \in \widetilde{f}^{-1}(u_0)$, 都存在光滑截面

$$\sigma : \widetilde{f}(V) \subseteq U \to V \subseteq M, \quad \widetilde{f} \circ \sigma = id_U,$$

满足 $\sigma(u_0) = p_0, \sigma(u) = \tau^{-1}(u, p_0)$, σ 是一个到像微分同胚.

现在来证明迷向子群 $P_f(u)$ 关于 u 是 C^∞ 的.

定义映射

$$\begin{aligned}\Theta : \mathcal{W} \times U &\to \mathcal{U} \subseteq \mathbb{R}^n,\\ (t, u) &\mapsto \tau \circ \Psi(t, \sigma(u)) - p_0,\end{aligned}$$

其中 $\mathcal{W}$ 是 $\mathbb{R}^n$ 中包含点 $t_0 \in I_{p_0} - \{0\} = P_f(u_0) - \{0\}$ 的开集, $\mathcal{U}$ 为 $\mathbb{R}^n$ 中的开集. 如图 1.7 所示.

注 1.2.29 关于 Θ 的定义, 我们做一番解释. 由定义, 有

$$\Psi(t, \sigma(u)) \in \widetilde{f}^{-1}(u), \quad \tau \circ \Psi(t, \sigma(u)) \in \{u\} \times \widetilde{f}^{-1}(u_0).$$

而 $\mathcal{U}$ 实为 $\widetilde{f}^{-1}(u_0) \cong \mathbb{T}^n$ 中的开集, 此处视之为 $\mathbb{R}^n$ 中的开集. 又

$$\Theta(t_0, u_0) = 0,$$

由 τ, Ψ 和 σ 的连续性 (事实上皆为 C^∞), 知当 $\mathcal{W}$ 取的充分小时, Θ 的定义有意义!

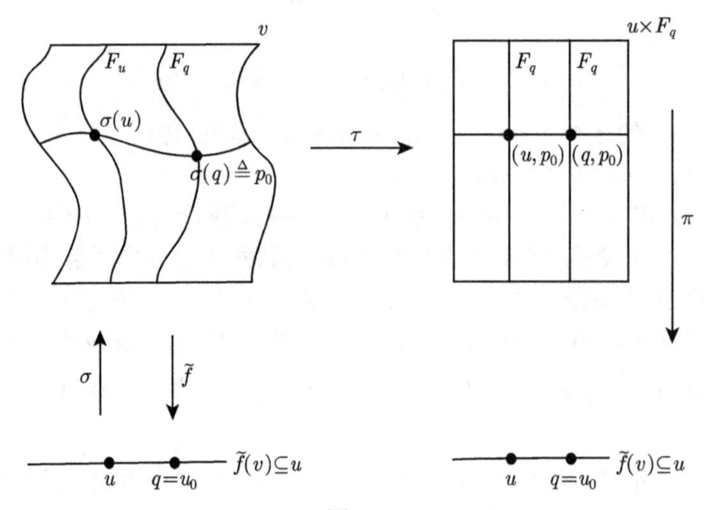

图 1.7

由于 τ 是微分同胚, $\text{Rank}\left(\dfrac{\partial\Psi}{\partial t}\right)=n$, 故知

$$\text{Rank}\left(\frac{\partial\Theta}{\partial t}\right)=n, \tag{1.2.10}$$

所以 Θ 的值域中任一值均为正则值. 又

$$0=\Theta(t_0,u_0),$$

故 0 是 Θ 的正则值, 且 $(t_0,u_0)\in\Theta^{-1}(0)$. 由 (1.2.10), 利用隐函数定理知, 在 (t_0,u_0) 的一个小邻域内, $\Theta^{-1}(0)$ 是一个光滑映射 $T_0:U\to\mathbb{R}^n$ 的图, 即

$$\begin{cases}(t,u)\in\Theta^{-1}(0)\Leftrightarrow t=T_0(u),\\ t_0=T_0(u_0).\end{cases} \tag{1.2.11}$$

事实上, 有

$$\begin{aligned}\Theta(t,u)=0&\Leftrightarrow\tau(\Psi(t,\sigma(u)))=p_0\\&\Leftrightarrow\Psi(t,\sigma(u))=\tau^{-1}(u,p_0)=\sigma(u)\\&\Leftrightarrow t\in P_f(\sigma(u)).\end{aligned} \tag{1.2.12}$$

由 (1.2.11) 和 (1.2.12) 知, 当 t_0 跑遍 $P_f(u_0)$ 的一组基 $\{t_0^i\}$ 时, 相应地可得到 $n\,(i=1,\cdots,n)$ 个光滑映射

$$T^i:U\to\mathbb{R}^n,$$

$$u \mapsto T^i(u) = (T_1^i(u), \cdots, T_n^i(u)),$$

满足 $T^i(u_0) = t_0^i$. 因为 $\{T^i(u_0)\}_{i=1}^n$ 构成了 $P_f(u_0)$ 的一组基, 故只要 U 取得足够小, 则对 $\forall u \in U$, $\{T^i(u)\}_{i=1}^n$ 将构成 $P_f(u)$ 的一组基, 且 $T^i(u)$ 关于 u 光滑. 由此我们证明了 $P_f(u)$ 关于 u 光滑.

记 Y_i 是 V 上的向量场, 其生成的流为

$$\Phi_i : \mathbb{R} \times V \to V,$$

$$\Phi_i(t,p) = \Phi_i^t(p) = \Psi((tT_1^i(u), \cdots, tT_n^i(u)), p), \quad p \in \widetilde{f}^{-1}(u). \tag{1.2.13}$$

易见, 有

$$Y_i(p) = \sum_{j=1}^n T_j^i(\widetilde{f}(p)) X_{f_j}(p).$$

由于 $p \in \widetilde{f}^{-1}(u)$, 且 $T^i(u) = \sum_{j=1}^n T_j^i(u) \dfrac{\partial}{\partial t^i} \in P_f(u)$ $\left(\text{这里} \left\{\dfrac{\partial}{\partial t^i}\right\}_{i=1}^n \text{是欧氏空间}\right.$ $\left.\mathbb{R}^n = \{(t^1, \cdots, t^n) \mid t^i \in \mathbb{R}, i = 1, \cdots, n\} \text{ 的一组基}\right)$, 所以 Φ_i^t 关于的周期为 1.

由于 $X_{f_1}, \cdots, X_{f_n}$ 线性无关, 而

$$\begin{pmatrix} Y_1 \\ \vdots \\ Y_n \end{pmatrix} = (T_j^i)_{n\times n} \begin{pmatrix} X_{f_1} \\ \vdots \\ X_{f_n} \end{pmatrix},$$

知 $Y_1, \cdots, Y_n$ 亦线性无关! 由于 X_{f_k} 的流 ψ_t^k 与 X_{f_l} 的流 ψ_s^l 可交换, 且 $(T_j^i)_{n\times n}$ 限制在每个不变环面 $\widetilde{f}^{-1}(u)$ 上均为常值矩阵, 可得

$$\Phi_i^t \circ \Phi_j^s = \Phi_j^s \circ \Phi_i^t,$$

进而, $[Y_i, Y_j] = 0$. 由此可知, 任取 $u \in \widetilde{f}(V)$, 不变环面 $\widetilde{f}^{-1}(u) \cong \mathbb{T}^n$ 是迷向的 (isotropic).

综上, 我们定义了 V 上的一个 $\mathbb{T}^n$-作用

$$\Phi : \mathbb{T}^n \times V \to V,$$

$$((t_1, \cdots, t_n), p) \mapsto \Phi_1^{t_1} \circ \Phi_2^{t_2} \circ \cdots \circ \Phi_n^{t_n}(p).$$

下面, 我们将通过在 Y_i 的轨道上积分一个 1-形式来构造作用量坐标.

由于 U 是一个开球, 故 $V \cong U \times F_q$ 可形变收缩成 $F_q \cong \mathbb{T}^n$. 由 $H^1(U, \mathbb{R}) = 0 = H^2(U, \mathbb{R})$, 利用代数拓扑中的 Künneth 公式, 得

$$H^2(V, \mathbb{R}) \cong H^2(U \times F_q, \mathbb{R}) = H^2(F_q, \mathbb{R}).$$

由于 F_q 是迷向的, 故 $0=[\omega]\in H^2(F_q,\mathbb{R})$, 故

$$0=[\omega]=H^2(V,\mathbb{R}),$$

故 ω 在 V 中是恰当的, 所以存在 V 上的一个光滑 1-形式 λ, 使得

$$\omega=-d\lambda.$$

步骤 4　我们已经说过 (1.2.13) 中定义的 Φ_a^t 关于 t 的周期为 1, 记 γ_a 为闭轨道

$$\Phi_a(\cdot,p):[0,1]\to V.$$

令

$$j_a(p)\triangleq\int_{\gamma_a}\lambda=\int_0^1\langle\lambda,Y_a\rangle\big|_{\Phi_a^t(p)}dt. \tag{1.2.14}$$

这里 $\langle\cdot,\cdot\rangle$ 表示配对运算 $T^*M\times TM\to\mathbb{R}$. 我们将证明: 环作用

$$\Phi=(\Phi_1,\cdots,\Phi_n):\mathbb{T}^n\times V\to V, \tag{1.2.15}$$

$$(t,p)\mapsto\Phi(t,p)=\Phi_1^{t_1}\circ\cdots\circ\Phi_n^{t_n}(p)$$

是一个辛作用 (symplectic action), 且矩映射为

$$j=(j_1,\cdots,j_n).$$

由于 (1.2.15) 所定义的 $\mathbb{T}^n$-作用是可交换的, 故只需对单个的 Φ_a 来证明本结论即可. 为此, 只需证明

$$dj_a(p)Z(p)=\omega_p(Y_a(p),Z(p)),\quad\forall\ p\in V,\quad\forall Z(p)\in T_pV.$$

换言之, 只需证明

$$Y_a=X_{j_a}.$$

首先, 利用 Φ 将切向量 $Z(p)$ 扩充成一个 Φ-不变的向量场, 仍记为 Z, 即有 $d\Phi Z=Z$, 特别地, 有

$$d\Phi_aZ=Z,\quad a=1,\cdots,n.$$

故

$$0=L_{Y_a}Z=[Y_a,Z]. \tag{1.2.16}$$

微分 (1.2.14), 得

$$dj_a(p)=\int_0^1 d\langle\lambda,Y_a\rangle\big|_{\Phi_a^t(p)}dt.$$

又由于 $d\Phi_a Z = Z$, 即 $Z(\Phi_a^t(p)) = d\Phi_a^t(p)Z(p)$, 故有

$$\langle dj_a, Z\rangle\big|_p = \int_0^1 \langle d\langle\lambda, Y_a\rangle, Z\rangle\big|_{\Phi_a^t(p)} dt. \tag{1.2.17}$$

而积分号内的配对运算

$$\langle d\langle\lambda, Y_a\rangle, Z\rangle = L_Z\langle\lambda, Y_a\rangle = \langle L_Z\lambda, Y_a\rangle + \langle\lambda, L_Z Y_a\rangle. \tag{1.2.18}$$

由 (1.2.16) 知 $L_Z Y_a = [Z, Y_a] = 0$, 而

$$\langle L_Z\lambda, Y_a\rangle = \langle i_Z d\lambda + d\langle\lambda, Z\rangle, Y_a\rangle = \omega(Y_a, Z) + \langle d\langle\lambda, Z\rangle, Y_a\rangle. \tag{1.2.19}$$

进而

$$\langle d\langle\lambda, Z\rangle, Y_a\rangle = L_{Y_a}\langle\lambda, Z\rangle = \langle\lambda, L_{Y_a}Z\rangle + \langle L_{Y_a}\lambda, Z\rangle = \langle L_{Y_a}\lambda, Z\rangle. \tag{1.2.20}$$

$$\int_0^1 L_{Y_a}(\lambda(Z))\circ\Phi_a^t(p)dt = \int_0^1 \frac{d}{dt}\lambda(Z)\circ\Phi_a^t(p)dt = \lambda(Z)\Big|_{\Phi_a^0(p)}^{\Phi_a^1(p)} = 0. \tag{1.2.21}$$

由 (1.2.17) – (1.2.21), 知

$$\langle dj_a, Z\rangle\big|_p = \int_0^1 \omega(Y_a, Z)\big|_{\Phi_a^t(p)} dt. \tag{1.2.22}$$

下面来说明 (1.2.22) 的被积函数在流 Φ_a 下不变. 为了记号方便, 我们用 $Y_a \lrcorner \omega$ 来记 $i_{Y_a}\omega$. 经简单的计算可得

$$\begin{aligned} L_{Y_a}\omega(Y_a, Z) &= L_{Y_a}((Y_a\lrcorner\omega)(Z)) \\ &= ((L_{Y_a}Y_a)\lrcorner\omega)(Z) + (Y_a\lrcorner L_{Y_a}\omega)(Z) + Y_a\lrcorner\omega(L_{Y_a}Z) \\ &= (Y_a\lrcorner L_{Y_a}\omega)(Z). \end{aligned}$$

而

$$\begin{aligned} Y_a\lrcorner L_{Y_a}\omega &= Y_a\lrcorner d(Y_a\lrcorner\omega) \\ &= Y_a\lrcorner d\left(\left(\sum_{j=1}^n T_j^a(\widetilde{f}(p))X_{f_j}(p)\right)\lrcorner\omega\right) \\ &= -Y_a\lrcorner d\left(\sum_{j=1}^n T_j^a(\widetilde{f}(p))df_j(p)\right) \\ &= -Y_a\lrcorner\left(\sum_{j=1}^n dT_j^a(\widetilde{f}(p))\wedge df_j(p)\right) \\ &= 0. \end{aligned} \tag{1.2.23}$$

最后一个符号是因为在每个纤维 $\widetilde{f}^{-1}(\widetilde{f}(p))$ 上, T_j^a 和 f_j 均为常数, 且 Y_a 与这些纤维相切, 故

$$Y_a \in \mathrm{Ker}\, dT_j^a, \quad Y_a \in \mathrm{Ker}\, df_j.$$

由 (1.2.23) 及 (1.2.22) 知, 有

$$\langle dj_a, Z\rangle = \omega(Y_a, Z).$$

最后, 来说明矩映射 j 的秩为 n.

事实上, 取 $Z_1(p), \cdots, Z_n(p) \in T_pV$, 使得

$$\{Y_1(p), \cdots, Y_n(p), Z_1(p), \cdots, Z_n(p)\}$$

构成 T_pV 的一组基, 则有

$$\begin{aligned}(dj_1 \wedge \cdots \wedge dj_n)(Z_1, \cdots, Z_n) &= \det\begin{pmatrix} dj_1(Z_1) & \cdots & dj_1(Z_n) \\ \vdots & & \vdots \\ dj_n(Z_1) & \cdots & dj_n(Z_n)\end{pmatrix} \\ &= \det\begin{pmatrix} \omega(Y_1, Z_1) & \cdots & \omega(Y_1, Z_n) \\ \vdots & & \vdots \\ \omega(Y_n, Z_1) & \cdots & \omega(Y_n, Z_n)\end{pmatrix} \\ &= (\omega \wedge \cdots \wedge \omega)(Y_1, \cdots, Y_n, Z_1, \cdots, Z_1) \\ &\neq 0.\end{aligned}$$

步骤 5 首先, 我们来总结一下前面所得的结果.

我们得到了一个辛纤维丛

$$j : V \to U,$$

其纤维为拉格朗日环面, 且 V 上有一个 $\mathbb{T}^n$-作用, 其矩映射为 j. 在步骤 3 中, 我们构造了光滑截面

$$\sigma : \widetilde{f}(V) \subseteq U \to V \subseteq M,$$

以及映射 (微分同胚)

$$\tau : V \to U \times F_q.$$

由于 $F_q \cong \mathbb{T}^n$, 故取 $\mathbb{T}^n$ 上的坐标函数

$$\{\theta_1, \cdots, \theta_n\}$$

为 F_q 的坐标函数, 进而得到 $U \times F_q$ 的坐标函数为

$$\{j_1, \cdots, j_n, \theta_1, \cdots, \theta_n\}, \tag{1.2.24}$$

通过 τ, 可将 (1.2.24) 视为 V 的坐标函数.

由于 $F_q \cong \mathbb{T}^n$ 为拉格朗日环面, 故在坐标系 (1.2.24) 下, 有

$$\omega = \sum_{i=1}^{n} dj_i \wedge d\theta_i + \sum_{i,k} a_{ik} dj_i \wedge dj_k.$$

下面的任务是: 寻找适当的角变量坐标, 消去上式的后一项.

记

$$\eta = \sum_{i,k} a_{ik} dj_i \wedge dj_k,$$

则 a_{ik} 不是 $\theta = (\theta_1, \cdots, \theta_n)$ 的函数. 若否, 则 $d\eta \neq 0$. 进而可推出 $d\omega \neq 0$. 矛盾!

可以看出, $\eta = \sigma^* \omega$, 所以 η 可视为 "ω 在 U 上的限制". 由 $d\omega = 0$ 可导出 $d\eta = 0$. 由于 $U \subseteq \mathbb{R}^n$ 为一个开球, 而 η 为 U 上的闭 2-形式, 故 η 是恰当的, 所以存在 U 上的 1-形式 A, 使得

$$\eta = dA,$$

所以 A 具有形式

$$A = \sum_i A_i dj_i,$$

其中 $A_i : U \to \mathbb{R}$ 为光滑函数.

令

$$\varphi_i = \theta_i - A_i, \quad i = 1, \cdots, n.$$

在新坐标 (j, φ) 下有

$$\begin{aligned}\omega &= \sum dj_i \wedge d(\varphi_i + A_i) + \eta \\ &= \sum dj_i \wedge d\varphi_i + \sum dj_i \wedge dA_i + \sum dA_i \wedge dj_i \\ &= \sum dj_i \wedge d\varphi_i.\end{aligned}$$

至此, Liouville-Arnold 定理证毕. □

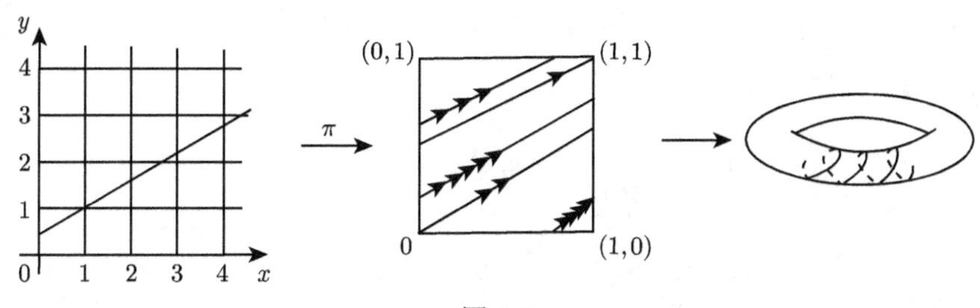

图 1.8

注 1.2.30　Liouville-Arnold 定理说明了对一个 Liouville 可积哈密顿系统, 构形流形的一个全测子集被一族不变环面分层, 哈密顿流拓扑共轭于环面上的线性流, 所以从测度的角度来说, Liouville 可积系统已经足够好了, 其动力学行为规则、可控.

那么, 在那个全测子集之外又会发生哪些故事呢?

这个问题是 Liouville-Arnold 定理没有告诉我们的.

我们指出: 事实上, 在那个零测子集里, 系统的动力学可能是极其复杂的! 读者可以从 4.4 节看出一丝端倪. 不仅如此, 即便是在矩映射的正则点构成的全测子集里, 也会有非常有意思的动力学现象出现. 所以, Liouville-Arnold 定理绝不是 Liouville 可积系统研究的终曲, 恰恰相反, 它是一个个异彩纷呈的故事的开始.

由于本书主要研究测地流而非一般的哈密顿系统, 这些内容就只能割舍了. 凡此种种, 我们拟在另一部书中专门介绍.

1.3　拉格朗日系统、哈密顿系统与测地流

设 (M,g) 为 n 维无边、完备黎曼流形. 称光滑函数 $L: TM \to \mathbb{R}$ 是 M 上的**自治拉格朗日函数**, 若其满足

(1) 凸性. Hessian 矩阵

$$\frac{\partial^2 L}{\partial v^2}(x,v)$$

关于 $(x,v) \in TM$ 一致正定, 即存在 $A>0$, 使得 $\forall (x,v) \in TM, \forall w \in T_{(x,v)}T_xM \cong T_xM$, 有

$$w^{\mathrm{T}} \cdot L_{vv}(x,v) \cdot w \geqslant A|w|^2.$$

(2) 超线性. 下面的极限关于 $x \in M$ 是一致的,

$$\lim_{|v|\to\infty} \frac{L(x,v)}{|v|} = +\infty,$$

等价地, 即 $\forall A \in \mathbb{R}$, 存在 $B = B(A) \in \mathbb{R}$, 有

$$L(x,v) \geqslant A|v| - B, \quad (x,v) \in TM.$$

(3) 有界性. 任取 $r>0$, 有

$$l(r) = \sup_{\substack{(x,v)\in TM,\\ |v|\leqslant r}} L(x,v) < +\infty,$$

$$g(r) = \sup_{\substack{(x,v)\in TM,\\ |w|=1\\ |v|\leqslant r}} w^{\mathrm{T}} \cdot L_{vv}(x,v) \cdot w < +\infty.$$

记

$$C^k(q_1,q_2;T)=\{\gamma:[0,T]\to M\ 是\ C^k 可微的曲线|\gamma(0)=q_1,\gamma(T)=q_2\}.$$

任取一个自治拉格朗日函数 L, 定义 $C^k(q_1,q_2;T)$ 上的作用如下:

$$A_L: C^k(q_1,q_2;T)\to C^k(q_1,q_2;T),$$

$$\gamma\mapsto A_L(\gamma)=\int_0^T L(\gamma(t),\dot\gamma(t))dt.$$

命题 1.3.1 若 $x\in C^k(q_1,q_2;T)$ 为 $C^k(q_1,q_2;T)$ 上的 A_L 作用的临界点, 则 x 满足欧拉–拉格朗日方程 (下面简称为 E-L 方程)

$$\frac{d}{dt}L_v(x(t),\dot x(t))=L_x(x(t),\dot x(t)).$$

由此, E-L 方程与局部坐标系的选取无关.

证明 选取 $x(t)$ 的局部坐标系 $(x_1,\cdots,x_n)$. 令 h 是该局部坐标系内的一条可微闭曲线, 且满足

$$h(0)=\overrightarrow{0}=h(T).$$

则对充分小的 $\varepsilon>0$, 记 $y_\varepsilon\triangleq x+\varepsilon h\in C^k(q_1,q_2;T)$, 且仍在此局部坐标系内. 记

$$g(\varepsilon)=A_L(y_\varepsilon).$$

由于 x 是临界点, 故

$$\left.\frac{d}{d\varepsilon}g(\varepsilon)\right|_{\varepsilon=0}=0,$$

即

$$\int_0^T (L_x(x(t)+\varepsilon h(t),\dot x(t)+\varepsilon\dot h(t))h(t)+L_v(x(t)+\varepsilon h(t),\dot x(t)+\varepsilon\dot h(t))\dot h(t))|_{\varepsilon=0}dt=0,$$

即

$$\int_0^T (L_x\cdot h+L_v\cdot\dot h)dt=0.$$

所以

$$\int_0^T\left(L_x-\frac{d}{dt}L_v\right)hdt+L_v\cdot h|_0^T=0,$$

即

$$\int_0^T\left(L_x-\frac{d}{dt}L_v\right)hdt=0.$$

由 h 的任意性, 推知本命题成立. □

E-L 方程可写为

$$L_{xv}(x,\dot{x})\dot{x}+L_{vv}(x,\dot{x})\ddot{x}=L_x(x,\dot{x}),$$

即

$$\begin{cases}\dot{x}=v,\\ \dot{v}=(L_{vv}(x,\dot{x}))^{-1}(L_x-L_{xv}v).\end{cases}\tag{1.3.1}$$

我们用 X 表示 TM 上由上述方程诱导的向量场, 称为**拉格朗日向量场**, 对应的流 ϕ_t 称为**拉格朗日流**.

下面来研究拉格朗日系统与哈密顿系统的关系.

设有拉格朗日函数 $L: TM\to\mathbb{R}$, 任取 $(x,v)\in TM$, 则

$$\frac{\partial^2 L}{\partial v^2}(x,v)$$

定义了 $T_{(x,v)}T_xM\cong T_xM$ 上的一个二次型; 而

$$\frac{\partial L}{\partial v}(x,v)$$

是 T_xM 上的一个 1-形式,

$$\frac{\partial L}{\partial v}(x,v)\in(T_xM)^*=T_x^*M.\tag{1.3.2}$$

我们将拉格朗日函数 L 通过下述 Fenchel 变换得到的哈密顿函数为

$$H(x,p)=\sup_{v\in T_xM}\{\langle p,v\rangle-L(x,v)\}.$$

由 (1.3.2), 作变换

$$\begin{aligned}&\mathcal{L}: TM\to T^*M,\\ &(x,v)\mapsto\mathcal{L}(x,v)=\left(x,\frac{\partial L}{\partial v}(x,v)\right).\end{aligned}$$

$\mathcal{L}$ 称为 Legendre **变换**.

由 H 的定义及 Fenchel 不等式知, 对任意的 $(x,v)\in TM,(x,p)\in T^*M$, 有不等式

$$\langle p,v\rangle_x\leqslant L(x,v)+H(x,p),$$

其中等号成立当且仅当

$$p=\frac{\partial L}{\partial v}(x,v).$$

命题 1.3.2 Legendre 变换

$$\begin{aligned}\mathcal{L}: TM &\to T^*M,\\ (x,v) &\mapsto \left(x, \frac{\partial L}{\partial v}(x,v)\right)\end{aligned}$$

建立了拉格朗日流 φ_t^L 与哈密顿流 φ_t^H 的共轭关系, 即下图是个交换图.

$$\begin{array}{ccc} TM & \xrightarrow{\varphi_t^L} & TM \\ \downarrow\mathcal{L} & & \downarrow\mathcal{L} \\ T^*M & \xrightarrow{\varphi_t^H} & T^*M \end{array}$$

下面引入本书的主题: 测地流.

定义 1.3.1 (测地流) 设 (M,g) 是一个完备黎曼流形, 定义其测地流为

$$\begin{aligned}\varphi_t: TM &\to TM,\\ (x,v) &\mapsto \varphi_t(x,v) = (\gamma_v(t), \gamma_v'(t)).\end{aligned}$$

注 1.3.3 由于同一根测地线的切向量的模长为常数, 易见单位切丛 SM 是测地流的一个不变集. 更一般地, 对任意的 $k>0$, 若记

$$T^kM \triangleq \{v \in TM \big| \|v\| = k\},$$

则 T^kM 亦为测地流的不变集, 并且 $\varphi_t\big|_{T^kM}$ 只是 $\varphi_t\big|_{SM}$ 的一个一致重新参数化而已. 而切丛等于全体 T^kM 的不交并, 所以研究测地流时, 只需要研究 $\varphi_t\big|_{SM}$ 即可. 这样做的一个好处是: 如果 M 是一个紧流形, 单位切丛 SM 亦紧.

我们想讲清楚这样一个事实: 测地流是拉格朗日函数为

$$\begin{aligned}L: TM &\to \mathbb{R},\\ (x,v) &\mapsto \frac{1}{2}\|v\|_x^2\end{aligned}$$

的拉格朗日系统, 同时亦为哈密顿函数为

$$\begin{aligned}H: T^*M &\to \mathbb{R},\\ (x,p) &\mapsto \frac{1}{2}g^{ij}(x)p_ip_j\end{aligned}$$

的哈密顿系统, 其中 $(g^{ij}(x))_{n\times n} = (g_{ij}(x))^{-1}_{n\times n}$ 表示黎曼度量在局部坐标系下的逆矩阵.

事实上, 将 $L(x,v)=\frac{1}{2}\|v\|_x^2$ 代入 E-L 方程, 得

$$\dot{v}_k=\sum_{l,i,j}g^{kl}\left(\frac{1}{2}\frac{\partial g_{ij}}{\partial x_l}v_iv_j-\frac{\partial g_{ik}}{\partial x_j}v_iv_j\right)=\sum_{i,j}-\Gamma_{ij}^k v_iv_j,$$

即

$$\frac{d^2x_k(t)}{dt^2}+\sum_{i,j}\frac{dx_i}{dt}\frac{dx_j}{dt}\Gamma_{ij}^k(\gamma(t))=0,\quad k=1,2,\cdots,n$$

恰为测地线方程.

通过 Fenchel 变换, 可将拉格朗日函数 $L(x,v)=\frac{1}{2}\|v\|_x^2$ 转化为哈密顿函数 $H(x,p)=\frac{1}{2}g^{ij}(x)p_ip_j$.

第 2 章　测地流的一致双曲性

本章主要研究测地流的一致双曲性等基本性质. 2.1 节研究 Poincaré 上半平面的测地流及与之紧密相关的 Horocycle 流. 首先, 介绍 Poincaré 上半平面的几何性质; 然后, 把测地流与 Horocycle 流分别转化成 $PSL(2,\mathbb{R})$ 上的右作用流, 进而, 研究这两种流之间的相互关系. 2.2 节研究紧致、负曲率黎曼流形上的测地流, 证明此时测地流是一致双曲流. 这是 D. V. Anosov 的著名结果, 因而后世也把一致双曲流称为 Anosov 流. 为了说明测地流的一致双曲性, 首先要赋予黎曼流形的切丛一个黎曼度量, 使之亦成为一个黎曼流形, 这个黎曼度量就是所谓的 Sasaki 度量; 然后, 利用指标定理和 Rauch 比较定理等一系列工具, 构造出测地流的稳定子空间和不稳定子空间, 进而得出测地流的一致双曲性. 2.3 节研究如何将曲面上的测地流扰动出横截联络, 这个巧妙的想法属于 V. V. Donnay.

2.1　Poincaré 上半平面 $\mathbb{H}$ 上的测地流和 Horocycle 流

2.1.1　$\mathbb{H}$ 上的双曲度量

在 $\mathbb{R}^2$ 上考察上半平面

$$\mathbb{H} \triangleq \{z = x + iy = (x, y) \mid x, y \in \mathbb{R}, y > 0\}.$$

赋予 $\mathbb{H}$ 如下的黎曼度量 (亦称为双曲度量):

$$ds_z^2 \triangleq \frac{1}{y^2}(dx^2 + dy^2) = \frac{1}{(\mathrm{Im} z)^2} dz d\bar{z}.$$

易见 ds^2 是标准的欧氏度量

$$ds_0^2 \triangleq dx^2 + dy^2$$

的共形度量.

为了方便, 我们给出如下符号约定:

(1) $\|\cdot\|$ 表示由双曲度量 ds^2 诱导的范数;

(2) $|\cdot|$ 表示由欧氏度量 ds_0^2 诱导的范数.

任取 $z = x + iy \in \mathbb{H}, \forall v = u\dfrac{\partial}{\partial x} + w\dfrac{\partial}{\partial y} \in T_z\mathbb{H}$, 亦可记成 $v = u + iw \in T_z\mathbb{H}$, 则

有

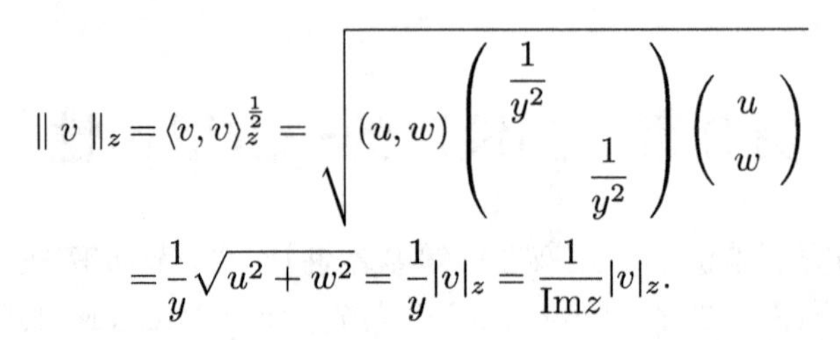

$$
\| v \|_z = \langle v, v \rangle_z^{\frac{1}{2}} = \sqrt{(u, w) \begin{pmatrix} \frac{1}{y^2} & \\ & \frac{1}{y^2} \end{pmatrix} \begin{pmatrix} u \\ w \end{pmatrix}}
$$

$$
= \frac{1}{y} \sqrt{u^2 + w^2} = \frac{1}{y} |v|_z = \frac{1}{\mathrm{Im} z} |v|_z.
$$

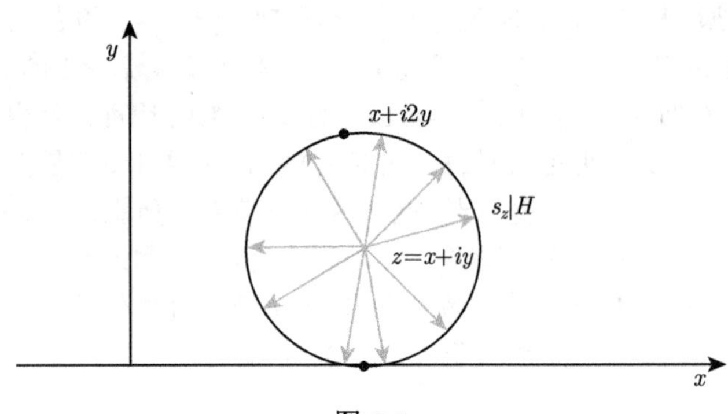

图 2.1

对 $\mathbb{H}$ 中任意一条逐段光滑曲线

$$
\gamma : [a, b] \to \mathbb{H},
$$

$$
t \mapsto \gamma(t) = x(t) + iy(t) = (x(t), y(t)),
$$

其长度

$$
L(\gamma) = \int_a^b \|\dot{\gamma}(t)\| dt = \int_a^b \frac{1}{y(t)} \sqrt{\dot{x}^2(t) + \dot{y}^2(t)} dt.
$$

记

$$
\mathrm{SL}(2, \mathbb{R}) \triangleq \left\{ \begin{pmatrix} a & b \\ c & d \end{pmatrix} \middle| a, b, c, d \in \mathbb{R}, ad - bc = 1 \right\},
$$

$$
I_2 \triangleq \begin{pmatrix} 1 & 0 \\ 0 & 1 \end{pmatrix}.
$$

定义 $\mathbb{H}$ 上的 $\mathrm{SL}(2, \mathbb{R})$ 作用如下：

$$
\mathrm{SL}(2, \mathbb{R}) \times \mathbb{H} \to \mathbb{H},
$$

$$
\left(g = \begin{pmatrix} a & b \\ c & d \end{pmatrix}, z \right) \mapsto g(z) \triangleq g \cdot z \triangleq \frac{az + b}{cz + d}. \tag{2.1.1}
$$

首先, 验证此作用的定义是良好的.

$$g(z)=\frac{az+b}{cz+d}=\frac{ac|z|^2+bd+adz+bc\overline{z}}{|cz+d|^2},$$

$$\overline{g(z)}=\frac{ac|z|^2+bd+ad\overline{z}+bcz}{|cz+d|^2},$$

故

$$\mathrm{Im}g(z)=\frac{g(z)-\overline{g(z)}}{2i}=\frac{1}{|cz+d|^2}\frac{z-\overline{z}}{2i}=\frac{\mathrm{Im}z}{|cz+d|^2}>0. \tag{2.1.2}$$

另外, 易验证 $\forall z\in\mathbb{H},\forall g_1,g_2\in\mathrm{SL}(2,\mathbb{R})$, 有

$$(g_1\circ g_2)z=g_1(g_2)z,$$

$$I_2\cdot z=z.$$

由此可知, (2.1.1) 给出了 $\mathbb{H}$ 上的一个 $\mathrm{SL}(2,\mathbb{R})$-作用, 且满足

$$\begin{pmatrix} a & b\\ c & d\end{pmatrix}\cdot z=\begin{pmatrix} -a & -b\\ -c & -d\end{pmatrix}\cdot z, \tag{2.1.3}$$

由 (2.1.2) 和 (2.1.3) 知, 上述群作用实质上是如下的一个作用:

$$\mathrm{PSL}(2,\mathbb{R})\times\mathbb{H}\to\mathbb{H},$$

其中

$$\mathrm{PSL}(2,\mathbb{R})\triangleq\mathrm{SL}(2,\mathbb{R})/\{\pm I_2\}. \tag{2.1.4}$$

由此, 可诱导出 $\mathbb{H}$ 上的 $\mathrm{PSL}(2,\mathbb{R})$-作用

$$\begin{aligned}\mathrm{PSL}(2,\mathbb{R})\times\mathbb{H}&\to\mathbb{H},\\ (g,z)&\mapsto g(z)=\frac{az+b}{cz+d}.\end{aligned}$$

进而, 有

$$\begin{aligned}dg:T\mathbb{H}&\to T\mathbb{H},\\ v\in T_z\mathbb{H}&\mapsto dg_zv\in T_{g(z)}\mathbb{H},\end{aligned}$$

其中

$$dg_zv=\left.\frac{d}{dt}\right|_{t=0}g(z+tv)$$

$$
\begin{aligned}
&= \frac{d}{dt}\bigg|_{t=0} \frac{a(z+tv)+b}{c(z+tv)+d} \\
&= \frac{1}{(cz+d)^2}v.
\end{aligned} \tag{2.1.5}
$$

注意在 (2.1.5) 中, 将 $v = u\dfrac{\partial}{\partial x} + w\dfrac{\partial}{\partial y}$ 视为 $v = u + iw$ 才有意义.

引理 2.1.1 记 $S\mathbb{H} = \{(z,v) \in T_z\mathbb{H} \mid z \in \mathbb{H}, \| v \|_z = 1\}$, 则 $\forall g \in \mathrm{PSL}(2,\mathbb{R})$, $S\mathbb{H}$ 关于 dg 不变, 即有映射

$$dg : S\mathbb{H} \to S\mathbb{H}.$$

证明 $\forall z \in \mathbb{H}, \forall v \in T_z\mathbb{H}$, 由 (2.1.5), 有

$$dg_z v = \frac{1}{(cz+d)^2}v,$$

而

$$\|dg_z v\|_{g\cdot z} = \frac{1}{\mathrm{Im}(g\cdot z)}|dg_z v| = \frac{|cz+d|^2}{\mathrm{Im}z} \cdot \frac{|v|}{|cz+d|^2} = \frac{1}{\mathrm{Im}z}|v| = \|v\|_z. \qquad \square$$

引理 2.1.2 $\mathrm{PSL}(2,\mathbb{R}) \subseteq \mathrm{Isom}(\mathbb{H})$.

证明 $\forall z \in \mathbb{H}, \forall v, w \in T_z\mathbb{H}, \forall g = \begin{pmatrix} a & b \\ c & d \end{pmatrix} \in \mathrm{PSL}(2,\mathbb{R})$, 有

$$
\begin{aligned}
\langle dg_z v, dg_z w \rangle_{g\cdot z} &= \left\langle \frac{1}{(cz+d)^2}v, \frac{1}{(cz+d)^2}w \right\rangle_{g\cdot z} \\
&= \frac{1}{|cz+d|^4}\langle v,w \rangle_{g\cdot z} = \frac{1}{|cz+d|^4} \cdot \frac{1}{(\mathrm{Im}(g\cdot z))^2}\langle v,w \rangle^{\mathrm{Eucl}} \\
&= \frac{1}{|cz+d|^4}\frac{|cz+d|^4}{(\mathrm{Im}z)^2}\langle v,w \rangle^{\mathrm{Eucl}} \\
&= \frac{1}{(\mathrm{Im}z)^2}\langle v,w \rangle^{\mathrm{Eucl}} = \langle v,w \rangle_z. \qquad \square
\end{aligned}
$$

定理 2.1.1 $(\mathbb{H}, ds^2)$ 上的测地线只有两种:

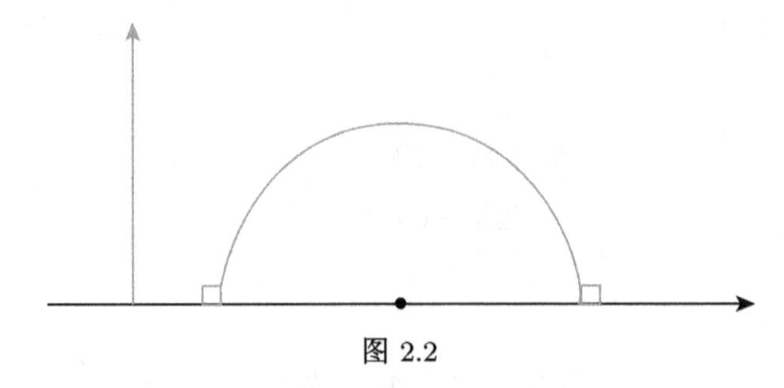

图 2.2

(1) 与 y 轴平行的上半直线;

(2) 圆心在实轴上的上半圆周.

证明 首先, 考察点 $z_1 = ai, z_2 = bi, b > a > 0$, 对于连接 z_1 和 z_2 的任一光滑曲线

$$\begin{aligned}\gamma : [0,1] &\to \mathbb{H},\\ t &\mapsto \gamma(t) = (x(t), y(t)),\end{aligned}$$

有

$$\begin{aligned}L(\gamma) &= \int_0^1 \|\dot{\gamma}(t)\|_{\gamma(t)} dt = \int_0^1 \frac{1}{y(t)} \sqrt{\dot{x}^2(t) + \dot{y}^2(t)} dt\\ &\geqslant \int_0^1 \frac{\dot{y}(t)}{y(t)} dt = \ln y(t)\Big|_{t=0}^{t=1} = \ln \frac{b}{a}.\end{aligned} \tag{2.1.6}$$

记

$$\begin{aligned}\gamma_0 : [0,1] &\to \mathbb{H},\\ t &\mapsto \gamma_0(t) = ai + t(b-a)i,\end{aligned}$$

有

$$L(\gamma_0) = \ln \frac{b}{a}. \tag{2.1.7}$$

由 (2.1.6) 和 (2.1.7) 知 γ_0 正是连接 ai 和 bi 的测地线.

(1) 由此可推知与 y 轴平行的上半直线均为测地线.

(2) 对圆心位于实轴的任意上半圆周 S, 由复分析 (共形映射) 的知识知, 存在 $g \in \mathrm{PSL}(2,\mathbb{R})$, 使得 $g \circ S$ 为上半虚轴, 又 g 是等距, 故 S 亦为测地线. □

2.1.2 $\mathbb{H}$ 和 $S\mathbb{H}$ 上的 $\mathrm{PSL}(2,\mathbb{R})$-作用

定理 2.1.2 $\mathbb{H}$ 上的 $\mathrm{PSL}(2,\mathbb{R})$-作用有如下性质:

(1) $\mathrm{PSL}(2,\mathbb{R})$-作用是等距作用;

(2) 该作用传递, 即 $\forall z_1, z_2 \in \mathbb{H}$, 都存在 $g \in \mathrm{PSL}(2,\mathbb{R})$, 使得

$$g z_1 = z_2;$$

(3) $\mathrm{Stab}_{\mathrm{PSL}(2,\mathbb{R})}(i) \triangleq \{g \in \mathrm{PSL}(2,\mathbb{R}) | g(i) = i\} = \mathrm{PSO}(2,\mathbb{R}) \triangleq \mathrm{SO}(2,\mathbb{R})/\{\pm I_2\}$, 其中 $\mathrm{SO}(2,\mathbb{R}) = \left\{ \begin{pmatrix} \cos\theta & -\sin\theta \\ \sin\theta & \cos\theta \end{pmatrix} \middle| \theta \in \mathbb{R} \right\}$.

证明 (1) 引理 (2.1.2) 已证;

(2) 记 $z_1 = x_1 + iy_1, z_2 = x_2 + iy_2$. 设 $g = \begin{pmatrix} a & b \\ c & d \end{pmatrix}$ 满足

$$gz_1 = z_2, \quad \text{i.e.,} \quad \frac{a(x_1 + iy_1) + b}{c(x_1 + iy_1) + d} = x_2 + iy_2.$$

令 $c = 0$, 则上式为

$$\left(\frac{a}{d}x_1 + \frac{b}{d}\right) + i\frac{y_1}{d} = x_2 + iy_2,$$

即

$$\frac{ax_1 + b}{d} = x_2, \quad \frac{y_1}{d} = y_2.$$

又 $\det g = ad = 1$, 故有

$$d = \frac{y_1}{y_2}, \quad a = \frac{1}{d} = \frac{y_2}{y_1}, \quad b = \frac{x_2 y_1}{y_2} - \frac{y_2 x_1}{y_1},$$

所以, 得

$$g = \begin{pmatrix} \dfrac{y_2}{y_1} & \dfrac{x_2 y_1}{y_2} - \dfrac{y_2 x_1}{y_1} \\ 0 & \dfrac{y_1}{y_2} \end{pmatrix}.$$

(3) 若 $g \cdot i = i$, 则 $1 = \mathrm{Im}(i) = \mathrm{Im}(g \cdot i) = \dfrac{\mathrm{Im}(i)}{|ci + d|^2} = \dfrac{1}{|ci + d|^2} \Rightarrow |ci + d|^2 = 1 \Rightarrow$ $c^2 + d^2 = 1 \Rightarrow c = \cos\theta, d = \sin\theta$. 又 $\dfrac{ai + b}{\cos\theta i + \sin\theta} = i \Rightarrow a = \cos\theta, b = -\sin\theta$. □

注 2.1.3 (1) 由定理 2.1.2 知 $\mathbb{H}$ 是一个齐性空间;

(2) 由定理 2.1.2 知

$$\mathbb{H} \cong \mathrm{PSL}(2, \mathbb{R})/\mathrm{PSO}(2, \mathbb{R}).$$

引理 2.1.1 暗示我们, $\mathrm{PSL}(2, \mathbb{R})$ 在 $\mathbb{H}$ 上的作用同时诱导了其在 $S\mathbb{H}$ 上的作用.

定理 2.1.4 $\mathrm{PSL}(2, \mathbb{R})$ 在 $S\mathbb{H}$ 上的作用是单传递的. 即 $\forall (z_1, v_1) \in S_{z_1}\mathbb{H}, (z_2, v_2) \in S_{z_2}\mathbb{H}$, 存在唯一的一个 $g \in \mathrm{PSL}(2, \mathbb{R})$, 使得

$$Dg \cdot (z_1, v_1) = (gz_1, dgz_1 v_1) = (z_2, v_2).$$

后文中为方便起见, 亦常记 $Dg \cdot (z_1, v_1)$ 为 $g \cdot (z_1, v_1)$.

注 2.1.5 g 的寻找可分为两步:

(1) 由定理 2.1.2 知, 存在 $g_1 \in \mathrm{PSL}(2, \mathbb{R})$, 使得, $g_1 z_1 = z_2, dg_1 v_1 \in S_{z_2}\mathbb{H}$, 但有可能 $dg_1 v_1 \neq v_2$.

(2) 在 $\mathrm{Stab}_{\mathrm{PSL}(2,\mathbb{R})}(z_2)$ 中存在唯一元素 g_2 (g_2 与 g_1 的选取有关), 使得 $dg_2(dg_1v_1) = v_2$, dg_2 的作用就是在 $S_{z_2}\mathbb{H}$ 中旋转.

综上, 取 $g = g_2g_1$ 即可.

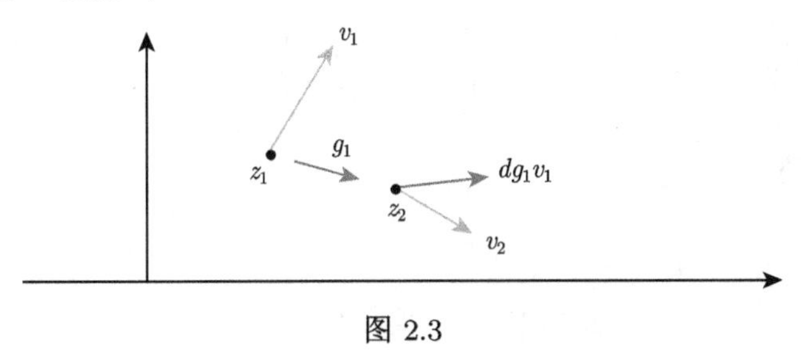

图 2.3

证明 由于定理 (2.1.2) 已经证明了 $\mathrm{PSL}(2,\mathbb{R})$-作用是传递的, 不失一般性, 不妨取 $z_1 = i = z_2$, 此时欲使

$$dgv_1 = v_2,$$

g 只能在 $\mathrm{Stab}_{\mathrm{PSL}(2,\mathbb{R})}(i)$ 中, 故有形式

$$g = \begin{pmatrix} \cos\theta & -\sin\theta \\ \sin\theta & \cos\theta \end{pmatrix},$$

则

$$dgv_1 = \frac{1}{(i\sin\theta + \cos\theta)^2}v_1 = e^{-2\theta i}v_1.$$

让 $\theta \in \mathbb{R}$ 变动, 可得 $S_i\mathbb{H}$ 中的任一向量 v_2.

下面来证此 g 唯一.

若 $dgv = v$, 即,$e^{-2\theta i}v = v$, 则有 $2\theta \equiv 0 \mathrm{mod} 2\pi$, 所以 $\theta = \mathbb{Z}\pi$, 此时 $g = \pm I_2$. 由于 $\mathrm{PSL}(2,\mathbb{R}) = \mathrm{SL}(2,\mathbb{R})/\{\pm I_2\}$, 故 $\pm I_2$ 为 $\mathrm{PSL}(2,\mathbb{R})$ 中的单位元, 故 g 唯一! □

注 2.1.6 由定理 2.1.4, 可建立如下同胚:

$$F : S\mathbb{H} \to \mathrm{PSL}(2,\mathbb{R}),$$
$$(z,v) \mapsto F(z,v) = g_{zv},$$

其中 $g_{zv} \in \mathrm{PSL}(2,\mathbb{R})$, 满足

$$Dg_{zv}(i, \overrightarrow{i}) = (g_{zv}i, dg_{zv}\overrightarrow{i}) = (z,v).$$

2.1.3 测地流、Horocycle 流及其与 $S\mathbb{H}$ 上的 $\mathrm{PSL}(2,\mathbb{R})$-作用的关系

定理 2.1.7 测地流 $\varphi_t : S\mathbb{H} \to S\mathbb{H}$ 与 $\mathrm{PSL}(2,\mathbb{R})$ 上的右作用流

$$g_t : \mathrm{PSL}(2,\mathbb{R}) \to \mathrm{PSL}(2,\mathbb{R}),$$

$$g \mapsto g_t(g) \triangleq g \cdot g_t$$

是 F-共轭的 (F 的定义见注 2.1.6), 其中

$$g_t = \begin{pmatrix} e^{\frac{t}{2}} & \\ & e^{-\frac{t}{2}} \end{pmatrix},$$

亦即下图可交换.

$$\begin{array}{ccc} S\mathbb{H} & \xrightarrow{\varphi_t} & S\mathbb{H} \\ \downarrow F & & \downarrow F \\ \mathrm{PSL}(2,\mathbb{R}) & \xrightarrow{g_t} & \mathrm{PSL}(2,\mathbb{R}) \end{array}$$

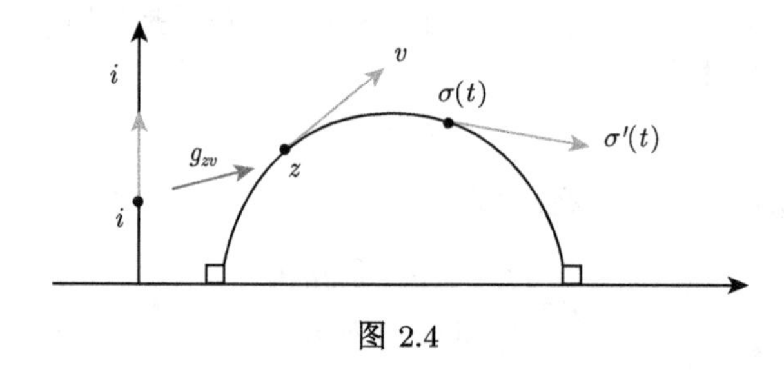

图 2.4

证明 记 $\varphi_t(z,v) = (\sigma(t), \sigma'(t))$. 为证本定理, 只需证明

$$g_{\sigma(t)\sigma'(t)} = g_{zv} g_t.$$

由定义,

$$Dg_{\sigma(t)\sigma'(t)}(i, \vec{i}) = (\sigma(t), \sigma'(t)). \tag{2.1.8}$$

$$\begin{aligned} D(g_{zv}g_t)(i,\vec{i}) &= (g_{zv} \cdot g_t i, dg_{zv} \cdot dg_t \vec{i}) \\ &= (g_{zv} e^t i, dg_{zv} e^t \vec{i}) = (\sigma(t), \sigma'(t)). \end{aligned} \tag{2.1.9}$$

上面最后一个等号是因为 g_{zv} 将 (测地线) 虚轴 L 映为 (测地线) 半圆周 γ_v, 且

$$\mathrm{dist}(e^t i, i) = t = \mathrm{dist}(\sigma(t), z).$$

由 (2.1.8) 和 (2.1.9) 知, 定理得证. □

注 2.1.8 $\mathbb{H}$ 中的双曲圆仍是 $\mathbb{R}$ 中的欧氏圆, 反之亦然.

事实上, 双曲圆

$$B(z_0, r) = \{z \in \mathbb{H} | d(z, z_0) = r\}, \quad z_0 = x_0 + iy_0,$$

同时亦是欧氏圆

$$B^{\text{Eucl}}(\omega_0,\rho)=\{\omega\in\mathbb{H}||\omega-\omega_0|=\rho\},$$

其中 $\omega_0=x_0+i(2R^2+1)y_0, R=\sinh\left(\frac{r}{2}\right), \rho=2y_0R\sqrt{R^2+1}$.

为了后文中符号的统一性, 我们一律采用如下的符号约定:

(1) $\forall(z,v)\in S\mathbb{H}$, 记 γ_v 为满足 $\gamma_v(0)=z,\gamma_v'(0)=v$ 的测地线 (此测地线唯一).

(2) $\forall t\in\mathbb{R}$, 用 H_t 表示以 $\gamma_v(t)$ 为中心, 半径为 $|\ t\ |$ (亦即过 $\gamma_v(0)=z$) 的双曲圆.

(3) 当 $t\to+\infty$ 时, H_t 会收敛成一个与 x 轴相切的欧氏圆或一条与 x 轴平行的直线, 且以 v 为内法向量. 这样得到的极限圆记为 $H_\infty(z,v)$, 称为由 (z,v) 确定的**正向** horocycle.

(4) 类似地, 当 $t\to-\infty$ 时, H_t 亦会收敛成一个与 x 轴相切的欧氏圆或一条与 x 轴平行的直线, 且以 v 为外法向量. 这样得到的极限圆记为 $H_{-\infty}(z,v)$, 称为由 (z,v) 确定的**负向** horocycle.

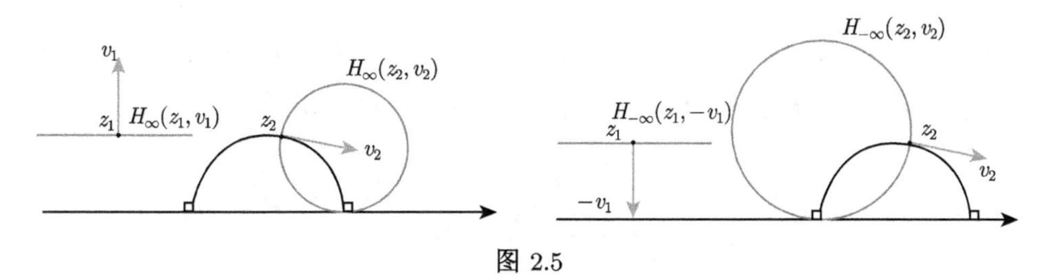

图 2.5

现在, 定义**正向** horocycle **流** h_t^+ 如下:

$$\begin{aligned} h_t^+: S\mathbb{H}&\to S\mathbb{H},\\ (z,v)&\mapsto h_t^+(z,v)=(z_t,v_t). \end{aligned}$$

(1) 当 $t>0$ 时, 沿 $H_\infty(z,v)$ 从 z 出发, 以单位速度向 v 的右侧运动时间 t(由于是单位速度, 故运动的路程亦为 t) 后, 所在点记为 z_t, 而 v_t 表示 $H_\infty(z,v)$ 在 z_t 处的单位内法向量;

(2) 同理可定义 $t<0$ 的情形 (向左运动).

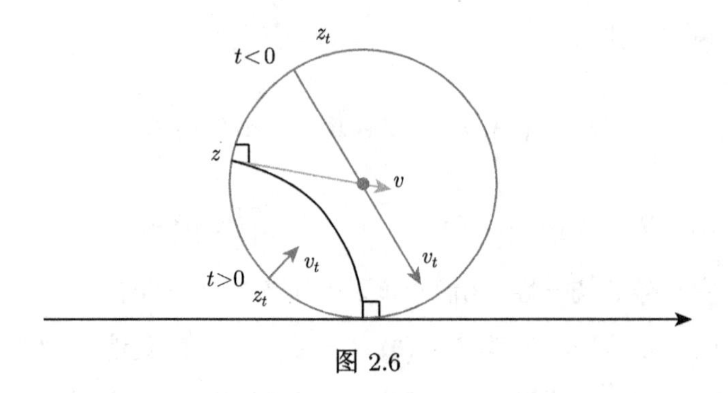

图 2.6

类似地, 可以定义负向 horocycle 流 h_t^- 如下:

$$h_t^- : S\mathbb{H} \to S\mathbb{H}.$$

注 2.1.9　$\forall\,(z,v) \in S\mathbb{H}$, 有如下关系:

$$h_t^+(z,v) = -h_{-t}^-(z,-v),\quad H_\infty(z,v) = H_{-\infty}(z,-v). \tag{2.1.10}$$

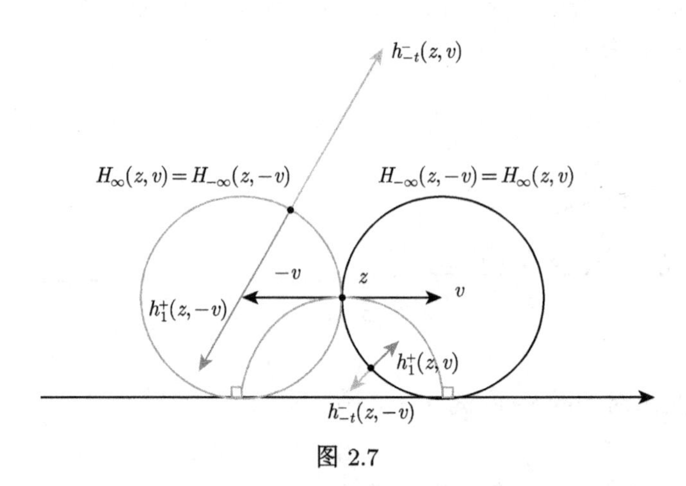

图 2.7

定理 2.1.10　关于 h_t^+ 和 h_t^-, 分别有如下交换图:

$$\begin{array}{ccc} S\mathbb{H} & \xrightarrow{h_t^+} & S\mathbb{H} \\ \downarrow F & & \downarrow F \\ \mathrm{PSL}(2,\mathbb{R}) & \xrightarrow{u_t} & \mathrm{PSL}(2,\mathbb{R}) \end{array} \qquad \begin{array}{ccc} S\mathbb{H} & \xrightarrow{h_t^-} & S\mathbb{H} \\ \downarrow F & & \downarrow F \\ \mathrm{PSL}(2,\mathbb{R}) & \xrightarrow{h_t} & \mathrm{PSL}(2,\mathbb{R}) \end{array}$$

其中

$$u_t : \mathrm{PSL}(2,\mathbb{R}) \to \mathrm{PSL}(2,\mathbb{R}),$$

$$g \mapsto u_t(g) = g \cdot u_t, \quad u_t = \begin{pmatrix} 1 & t \\ 0 & 1 \end{pmatrix},$$

$$h_t : \mathrm{PSL}(2,\mathbb{R}) \to \mathrm{PSL}(2,\mathbb{R}),$$

$$g \mapsto h_t(g) = g \cdot h_t, \quad h_t = \begin{pmatrix} 1 & 0 \\ t & 1 \end{pmatrix}.$$

注 2.1.11 注意到 u_t 和 h_t 均为 $\mathrm{PSL}(2,\mathbb{R})$ 上的右作用流.

证明 证明思路与定理 2.1.7 类似.

先证明正向 horocycle 流的结论, 只需证明

$$g_{z_t v_t} = g_{zv} u_t.$$

(1) 由定义, 知

$$Dg_{z_t v_t}(i, \vec{i}) = (g_{z_t v_t} i, dg_{z_t v_t} \vec{i}) = (z_t, v_t).$$

(2) $D(g_{zv}u_t)(i,\vec{i}) = (g_{zv}u_t i, dg_{zv} \cdot du_t \vec{i}) = (g_{zv}(i+t), dg_{zv}\vec{i}) = (z_t, v_t)$.

最后一个等号是因为 g_{zv} 将虚轴保向地映为测地线 γ_v (且将 i 映为 $\gamma_v(0) = z$), 将 horocycle $\{\mathrm{Im}z = 1\}$ 保向地映为 horocycle $H_\infty(z,v)$. 事实上, g_{zv} 是保角变换, 且将圆 (包括直线) 映为圆 (直线), 由于直线 $\{\mathrm{Im}z = i\}$ 与虚轴在点 i 处正交, 故其在 g_{zv} 下的像与虚轴在 g_{zv} 下的像 γ_v 在点 z 处正交. 设 $g_{zv} = \begin{pmatrix} a & b \\ c & d \end{pmatrix}$, 则

$$\lim_{x\to\infty} g_{zv}(i+x) = \frac{a}{c} = \lim_{y\to\infty} g_{zv}(yi).$$

又 $\{\mathrm{Im}z = 1\}$ 在 g_{zv} 下的像为上半平面上的圆, 故为 $H_\infty(z,v)$.

下面来看负向 horocycle 流的结论.

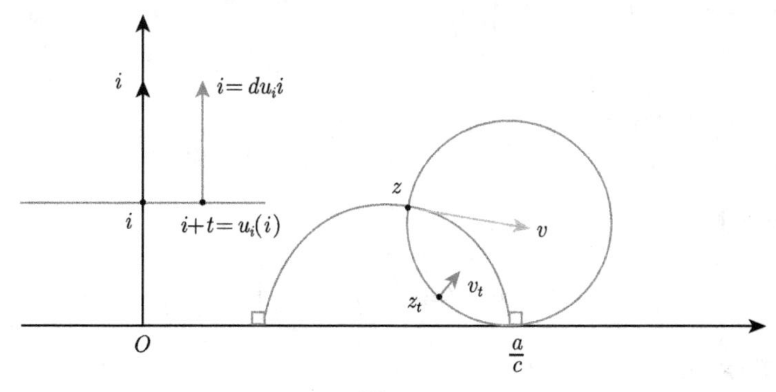

图 2.8

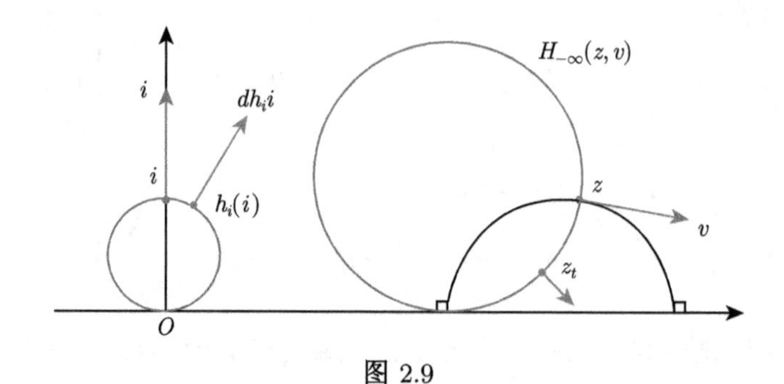

图 2.9

再证明负向 horocycle 流的情形.

首先来证明下述重要事实: $\forall (z,v)\in T^1\mathbb{H}$, 有

$$g_{z,-v}=g_{z,v}\begin{pmatrix}0&-1\\1&0\end{pmatrix}.$$

事实上, 若记 $g_{z,v}=\begin{pmatrix}a&b\\c&d\end{pmatrix}$, 则有

$$z=g_{z,v}(i)=\frac{ai+b}{ci+d},$$

$$v=dg_{z,v}(\vec{i}\,)=\frac{1}{(ci+d)^2}\vec{i}.$$

而

$$g_{z,v}\begin{pmatrix}0&-1\\1&0\end{pmatrix}=\begin{pmatrix}b&-a\\d&-c\end{pmatrix}.$$

又

$$\begin{pmatrix}b&-a\\d&-c\end{pmatrix}(i)=\frac{bi-a}{di-c}=\frac{ai+b}{ci+d}=z,$$

$$d\begin{pmatrix}b&-a\\d&-c\end{pmatrix}(\vec{i}\,)=\frac{1}{(di-c)^2}\vec{i}=-\frac{1}{(ci+d)^2}\vec{i}=-v.$$

由 $g_{z,v}$ 之唯一性, 知

$$g_{z,-v}=g_{z,v}\begin{pmatrix}0&-1\\1&0\end{pmatrix}.$$

利用待定系数法, 有

$$F\circ h_t^-=h_t\circ F.$$

由此可推得

$$F\circ h_t^-(i,\vec{i})=h_t\circ F(i,\vec{i})=h_t.$$

将

$$h_t^-(i,\vec{i})=-h_{-t}^+(i,\vec{i})$$

代入上式, 得

$$\begin{aligned}
h_t &= F(-h_{-t}^+(i,-\vec{i}))\\
&= F(h_{-t}^+(i,-\vec{i}))\begin{pmatrix}0 & -1\\ 1 & 0\end{pmatrix}\\
&= (u_t\circ F(i,-\vec{i}))\begin{pmatrix}0 & -1\\ 1 & 0\end{pmatrix}\\
&= \left(u_{-t}\circ F(i,\vec{i})\begin{pmatrix}0 & -1\\ 1 & 0\end{pmatrix}\right)\begin{pmatrix}0 & -1\\ 1 & 0\end{pmatrix}\\
&= \left(u_{-t}\begin{pmatrix}0 & -1\\ 1 & 0\end{pmatrix}\right)\begin{pmatrix}0 & -1\\ 1 & 0\end{pmatrix}\\
&= \begin{pmatrix}0 & -1\\ 1 & 0\end{pmatrix}\begin{pmatrix}1 & -t\\ 0 & 1\end{pmatrix}\begin{pmatrix}0 & -1\\ 1 & 0\end{pmatrix}\\
&= \begin{pmatrix}-1 & 0\\ -t & -1\end{pmatrix}=\begin{pmatrix}1 & 0\\ t & 1\end{pmatrix}\in \mathrm{PSL}(2,\mathbb{R}).
\end{aligned}$$

□

注 2.1.12 也可以通过直接计算得出 h_t^-. 易见

$$H_{-\infty}(i,i)=\left\{\left|z-\frac{i}{2}\right|=\frac{1}{2}\right\}=\left\{x^2+\left(y-\frac{1}{2}\right)^2=\frac{1}{4}\right\}.$$

令

$$x=\frac{1}{2}\sin S,\quad y=\frac{1}{2}+\frac{1}{2}\cos S,$$

则 $(x',y')=\left(\frac{1}{2}\cos S,-\frac{1}{2}\sin S\right)$, 所以

$$\|(x',y')\|_{(x,y)}=\frac{|(x',y')|}{\frac{1}{2}(1+\cos S)}=\frac{1}{1+\cos S},$$

所以

$$\int\frac{1}{1+\cos S}dS=\int dr\quad\left(\tan\frac{S}{2}=r\right).$$

令 $\int_0^a dr = t \Rightarrow a = t$, 故积分区间为 $[0, 2\arctan t]$. 故 $\tan\frac{S}{2} = t$, 又 $\cos^2\frac{S}{2} + \sin^2\frac{S}{2} = 1$, 得

$$\cos\frac{S}{2} = \frac{1}{\sqrt{1+t^2}}, \quad \sin\frac{S}{2} = \frac{t}{\sqrt{1+t^2}},$$

所以 $h_t(i) = \frac{1}{2}\sin S + i\left(\frac{1}{2} + \frac{1}{2}\cos S\right) \Rightarrow h_t = \begin{pmatrix} 1 & 0 \\ t & 1 \end{pmatrix}$.

下面来研究测地流和 horocycle 流 h_s^+ 和 h_s^- 的关系.

采用待定系数法. 设

$$\varphi_t \circ h_s^+ = h_a^+ \circ \varphi_b,$$

其中 a, b 待定. 由交换图

$$\begin{array}{ccccc} S\mathbb{H} & \xrightarrow{h_s^+} & S\mathbb{H} & \xrightarrow{\varphi_t} & S\mathbb{H} \\ \downarrow F & & \downarrow F & & \downarrow F \\ \mathrm{PSL}(2,\mathbb{R}) & \xrightarrow{u_s} & \mathrm{PSL}(2,\mathbb{R}) & \xrightarrow{g_t} & \mathrm{PSL}(2,\mathbb{R}) \end{array}$$

得

$$F \circ \varphi_t \circ h_s^+ \circ F^{-1} = g_t \circ u_s = u_s \cdot g_t.$$

同理, 有

$$F \circ h_a^+ \circ \varphi_b \circ F^{-1} = u_a \circ g_b = g_b \cdot u_a.$$

所以

$$u_s \cdot g_t = g_b \cdot u_a,$$

即

$$\begin{pmatrix} 1 & s \\ 0 & 1 \end{pmatrix}\begin{pmatrix} e^{\frac{t}{2}} & \\ & e^{-\frac{t}{2}} \end{pmatrix} = \begin{pmatrix} e^{\frac{b}{2}} & \\ & e^{-\frac{b}{2}} \end{pmatrix}\begin{pmatrix} 1 & a \\ 0 & 1 \end{pmatrix},$$

得 $a = se^{-t}, b = t$. 所以

$$\varphi_t \circ h_s^+ = h_{se^{-t}}^+ \circ \varphi_t. \tag{2.1.11}$$

同理

$$\varphi_t \circ h_s^- = h_{se^{-t}}^- \circ \varphi_t. \tag{2.1.12}$$

注 2.1.13　(2.1.11) 和 (2.1.12) 分别说明 $H_\infty(z, v)$ 连带其单位内法向量, $H_{-\infty}(z, v)$ 连带其单位外法向量分别是测地流的稳定和不稳定流形.

下面, 引入 $\mathbb{H}$ 和 $S\mathbb{H}$ 上的两个关于 $\mathrm{PSL}(2,\mathbb{R})$ 不变的测度, 分别记为 m 和 λ.

(1) $\forall g=\begin{pmatrix} a & b \\ c & d \end{pmatrix}\in \mathrm{PSL}(2,\mathbb{R}), \forall z\in\mathbb{H}$, 记 $k=g(z)=\dfrac{az+b}{cz+d}\triangleq u+iw$, 所以 $dk=du+idw$, 而

$$dk=\frac{1}{(cz+d)^2}dz=\frac{1}{(cz+d)^2}(dx+idy).$$

记 $\dfrac{1}{(cz+d)^2}=x_0+iy_0$, 则有

$$du\wedge dw=(x_0^2+y_0^2)dx\wedge dy=\frac{1}{|cz+d|^4}dx\wedge dy,$$

所以

$$\frac{1}{\left(\dfrac{\mathrm{Im}z}{|cz+d|^2}\right)^2}du\wedge dw=\frac{1}{(\mathrm{Im}z)^2}dx\wedge dy,$$

即

$$\frac{1}{(\mathrm{Im}g(z))^2}du\wedge dw=\frac{1}{(\mathrm{Im}z)^2}dx\wedge dy.$$

记

$$m_z=\frac{1}{(\mathrm{Im}z)^2}dxdy=\frac{1}{y^2}dxdy,$$

则 m 是 $\mathbb{H}$ 上关于 $\mathrm{PSL}(2,\mathbb{R})$ 不变的测度.

(2) 任取 $v\in S_z\mathbb{H}, v=ye^{i\theta},\theta\in[0,2\pi)$, 则

$$dg_zv=\frac{1}{(cz+d)^2}ye^{i\theta}=\frac{y}{|cz+d|^2}e^{i\theta(z)}\cdot e^{i\theta}=\frac{y}{|cz+d|^2}e^{i(\theta+\theta(z))}=\mathrm{Im}gz\cdot e^{i(\theta+\theta(z))}.$$

若记 $(z,v)=(x,y,\theta)$, 则有 $Dg(z,v)=(gz,dg_zv)=(u(z),w(z),\theta+\theta(z))$. 记 $\widetilde{\theta}=\theta+\theta(z)$, 经简单计算, 得

$$\frac{\partial(u,w,\widetilde{\theta})}{\partial(x,y,\theta)}=\frac{\partial(u,v)}{\partial(x,y)},$$

所以

$$du\wedge dw\wedge d\widetilde{\theta}=\frac{\partial(u,v)}{\partial(x,y)}dx\wedge dy\wedge d\theta.$$

故

$$\frac{1}{(\mathrm{Im}gz)^2}du\wedge dw\wedge d\widetilde{\theta}=\frac{1}{(\mathrm{Im}z)^2}dx\wedge dy\wedge d\theta.$$

记

$$\lambda_{z,v}=\frac{1}{(\mathrm{Im}z)^2}dxdyd\theta=\frac{1}{y^2}dxdyd\theta,$$

则 λ 是 $S\mathbb{H}$ 上关于 $\mathrm{PSL}(2,\mathbb{R})$ 不变的测度. 事实上, λ 就是著名的 Liouville 测度.

设

$$\Sigma = \mathbb{H}/\Gamma$$

是一个紧致曲面. 此时我们可以把 λ 通过覆盖映射 $\mathbb{H} \to \Sigma$ 投射到单位切丛 $S\Sigma$ 上, 由此得到的测度称为 $S\Sigma$ 上的 Liouville 测度, 仍记为 λ. 更一般地, Liouville 测度是由单位切丛上的 Sasaki 度量 (见 2.2 节) 诱导的体积测度.

2.2　负曲率黎曼流形的测地流

本节中, 设 (M,g) 是一个完备黎曼流形, 记从切丛 TM 到底流形 M 的标准投射为

$$\pi : TM \to M,$$
$$\theta = (x,v) \mapsto \pi\theta = x.$$

2.2.1　切丛的几何学: Sasaki 度量, Jacobi 场与辛结构

为了研究测地流

$$\varphi_t : TM \to TM,$$

有必要首先研究其线性化

$$d\varphi_t : TTM \to TTM.$$

故对双切丛 TTM 的研究就成为当务之急, 其中的一项重要任务就是研究双切丛的度量性质. 由于底流形 (M,g) 已经是一个黎曼流形, 所以自然地, 我们期望双切丛 TTM 能有下述两个性质:

(1) 赋予 TM 一个黎曼度量 g';

(2) g' 与 g 相容, 即 g' 可由 g 诱导出来.

一个自然的想法是: $\forall \theta = (x,v) \in TM$, 可否建立同构

$$T_\theta TM \cong T_xM \oplus T_xM,$$

使得 g' 的矩阵形式为

$$g' = \begin{pmatrix} g & 0 \\ 0 & g \end{pmatrix}_{2n\times 2n} ?$$

下面就来实现这个想法.

任取 $\xi \in T_\theta TM, \xi = \sum_{i=1}^n \left(X^i \dfrac{\partial}{\partial x_i} + V^i \dfrac{\partial}{\partial v_i} \right)$, 有时, 亦记作 $\xi = (x_i, v_i, X^i, V^i)$.

首先, 引入所谓的**垂直子空间**(vertical subspace), 记为 V_θ.

定义

$$V_\theta \triangleq \{\xi \in T_\theta TM \mid d\pi_\theta \xi = 0\}.$$

事实上, $d\pi_\theta\xi = \sum_{i=1}^n X^i \dfrac{\partial}{\partial x_i}$, 故有

$$\xi \in V_\theta \Leftrightarrow X^i = 0, \quad i = 1, \cdots, n.$$

亦即

$$\begin{aligned} V_\theta &= \left\{\xi \in T_\theta TM \middle| \xi = \sum_{i=1}^n V^i \frac{\partial}{\partial v_i}\right\} \\ &= \{\xi \in T_\theta TM \mid \xi = (x_i, v_i, 0, V^i)\} \\ &= \{\xi \in T_\theta T_x M\}. \end{aligned}$$

因此, 当 $\xi \in V_\theta$, 即 $\xi = \sum_{i=1}^n V^i \dfrac{\partial}{\partial v_i}$ 时, 尽管写有 $\xi \in T_\theta TM$, 而事实上 ξ 只是 $T_x M$ 的切向量, 即 $\xi \in T_\theta T_x M$.

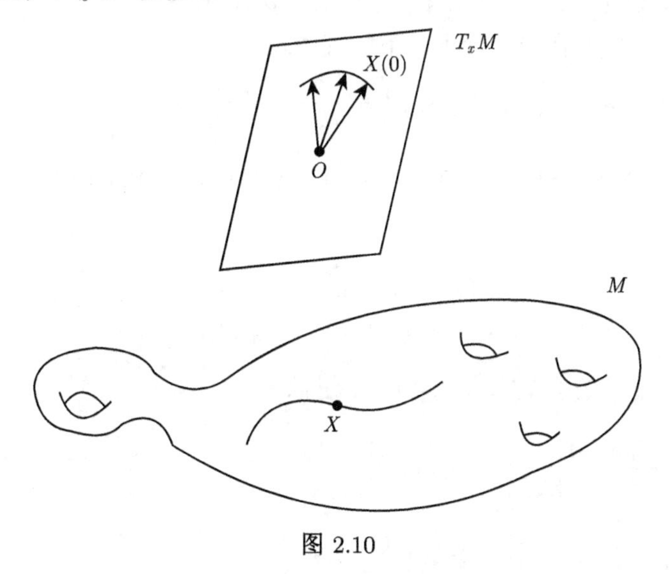

图 2.10

若 $X: (-\varepsilon, \varepsilon) \to TM$ 是满足 $X(0) = \theta, X'(0) = \xi \in V_\theta \subset T_\theta TM$ 的一条曲线, 则 X 实际上只是 $T_x M$ 中的曲线. 故此, V_θ 还可写成

$V_\theta = \left\{X'(0) \middle| X : (-\varepsilon, \varepsilon) \to TM \text{ 为 } TM \text{ 中满足条件 } X(0) = \theta = (x, v), \left.\dfrac{d}{ds}\right|_{s=0} \pi X(s) = 0 \text{ 的曲线}\right\}.$

在引入垂直子空间之后, 引入其补空间, 我们称之为**水平子空间**(horizontal subspace), 记为 H_θ.

记曲线 $X:(-\varepsilon,\varepsilon)\to TM$ 为 $X(s)=(c(s),v(s))$, 由于垂直子空间由那些满足 $c'(0)=0$ 的曲线 X 生成, 即由 "水平方向" 变化率为 0 的曲线生成, 那么类似地, 水平子空间应由那些沿 "垂直方向" (即切向量方向) 变化率为零的曲线生成, 而 T_xM 中一个最自然的切向量就是 $c'(0)$, 故水平子空间应由 TM 中满足下述条件的曲线生成

$$X:(-\varepsilon,\varepsilon)\to TM,$$
$$\left.\frac{D_cX(s)}{ds}\right|_{s=0}=0.$$

由此, 引入所谓的**联络映射**(connection map)

$$K_\theta: T_\theta TM\to T_xM,\quad (\theta=(x,v)),$$
$$\xi\mapsto K_\theta\xi=\left.\frac{D_cX(s)}{ds}\right|_{s=0},$$

其中光滑曲线 $X:(-\varepsilon,\varepsilon)\to TM$ 满足 $X(0)=\theta, X'(0)=\xi$.

下面来计算 $K_\theta\xi$ 在局部坐标系下的表达式.

记 $X(s)=(c(s),v(s)),\xi=\sum_{i=1}^n\left(X^i\frac{\partial}{\partial x_i}+V^i\frac{\partial}{\partial v_i}\right)$, 则

$$X(0)=(c(0),v(0))=(x,v),\quad X'(0)=(c'(0),v'(0)).$$

故若记

$$\begin{cases} v(s)=(v_1(s),\cdots,v_n(s)),\\ c(s)=(x_1(s),\cdots,x_n(s)),\end{cases}$$

则有 $x_i'(0)=X^i, v_i'(0)=V^i, i=1,\cdots,n$. 进而

$$\begin{aligned}
K_\theta\xi=\left.\frac{D_cX(s)}{ds}\right|_{s=0}&=\left.\nabla_{c'(s)}v(s)\right|_{s=0}\\
&=\nabla_{c'(s)}\left(\sum v_i(s)\left.\frac{\partial}{\partial x_i}\right|_{s=0}\right)\\
&=\left.\left(\sum_{i=1}^n\left(v_i'(s)\frac{\partial}{\partial x_i}+v_i(s)\nabla_{\sum_j x_{j(0)}'\frac{\partial}{\partial x_j}}\frac{\partial}{\partial x_i}\right)\right)\right|_{s=0}\\
&=\sum_{i=1}^n\left(v_i'(0)\frac{\partial}{\partial x_i}+\sum_{j,k}v_i(0)x_j'(0)\Gamma_{ji}^k(x)\frac{\partial}{\partial x_k}\right)
\end{aligned}$$

$$=\sum_{i,j,k}\left(V^i\frac{\partial}{\partial x_i}+v_iX^j\Gamma_{ji}^k(x)\frac{\partial}{\partial x_k}\right)$$
$$=\sum_{i,j,k}(V^k+v_iX^j\Gamma_{ji}^k(x))\frac{\partial}{\partial x_k}.$$

由此, 可知 $K_\theta\xi$ 的定义与 X 的选取无关.

定义

$$\begin{aligned}H_\theta &\triangleq \{\xi\in T_\theta TM \mid K_\theta\xi=0\}\\ &=\left\{\xi\in T_\theta TM \,\middle|\, \xi=\sum_{i=1}^n\left\{X^i\frac{\partial}{\partial x_i}+\left(-\sum_{k,j}v_kX^j\Gamma_{jk}^i(x)\right)\frac{\partial}{\partial v_i}\right\}\right\}\\ &=\left\{\xi\in T_\theta TM \,\middle|\, \xi=\left(x_i,v_i,X^i,-\sum_{k,j}v_kX^j\Gamma_{jk}^i(x)\right)\right\}.\end{aligned}$$

现在, 我们比较一下垂直子空间和水平子空间.

由 H_θ 和 V_θ 的表达式, 可知

$$\dim H_\theta=n=\dim V_\theta,\quad H_\theta\cap V_\theta=0.$$

故有分解

$$T_\theta TM=H_\theta\oplus V_\theta. \tag{2.2.1}$$

任取 $\xi=\sum_{i=1}^n\left(X^i\dfrac{\partial}{\partial x_i}+V^i\dfrac{\partial}{\partial v_i}\right)\in T_\theta TM$, 记 ξ 在分解 (2.2.1) 下可写为

$$\xi=(\xi_h,\xi_v),$$

其中

$$\xi_h=\sum_{i=1}^n\left(X^i\frac{\partial}{\partial x_i}-\sum_{j,k}X^jv_k\Gamma_{jk}^i(x)\frac{\partial}{\partial v_i}\right),$$
$$\xi_v=\sum_{i=1}^n\left(V^i+\sum_{j,k}X^jv_k\Gamma_{jk}^i(x)\right)\frac{\partial}{\partial v_i}.$$

现在, 距离我们最初的设想, 只差一步之遥. 为此, 定义两个的同构映射,

$$A_\theta: H_\theta\to T_xM,$$
$$\xi_h=\sum_{i=1}^n\left(X^i\frac{\partial}{\partial x_i}-\sum_{j,k}X^jv_k\Gamma_{jk}^i(x)\frac{\partial}{\partial v_i}\right)\mapsto A_\theta\xi_h=\sum_{i=1}^nX^i\frac{\partial}{\partial x_i};$$

$$B_\theta : V_\theta \to T_xM,$$

$$\xi_v = \sum_{i=1}^{n}\left(V^i + \sum_{j,k} X^j v_k \Gamma^i_{jk}(x)\right)\frac{\partial}{\partial v_i} \mapsto B_\theta \xi_v = \sum_{i=1}^{n}\left(V^i + \sum_{j,k} X^j v_k \Gamma^i_{jk}(x)\right)\frac{\partial}{\partial x_i}.$$

今后, 对 ξ_h 与 $A_\theta\xi_h$, ξ_v 与 $B_\theta\xi_v$ 将不加区分, 都写成 ξ_h 与 ξ_v, 具体是指哪个向量容易从具体情况看出 (以后常用的都是指 $A_\theta\xi_h$ 与 $B_\theta\xi_v$).

在此对应下, 有

$$\xi_h = d\pi_\theta \xi, \quad \xi_v = K_\theta \xi.$$

故有同构

$$T_\theta TM \cong T_xM \oplus T_xM,$$
$$\xi = (\xi_h, \xi_v) = (d\pi_\theta\xi, K_\theta\xi).$$

现在, 我们终于可以定义切丛 TM 上的标准的黎曼度量 g_s 了, 这个度量通常被称为 Sasaki **度量**.

$$\begin{aligned} g_s : TTM \times TTM &\to \mathbb{R}, \\ (\xi,\eta) \mapsto g_s(\xi,\eta) &= \langle \xi_h, \eta_h\rangle + \langle \xi_v, \eta_v\rangle \\ &= \langle d\pi_\theta\xi, d\pi_\theta\eta\rangle + \langle K_\theta\xi, K_\theta\eta\rangle. \end{aligned}$$

由上式可知 g_s 的矩阵写法为

$$g_s(\xi,\eta) = (d\pi_\theta\xi, K_\theta\xi)\begin{pmatrix} g & 0 \\ 0 & g \end{pmatrix}\begin{pmatrix} d\pi_\theta\eta \\ K_\theta\eta \end{pmatrix}.$$

至此, 我们得偿所愿, 构造了切丛上的黎曼度量, 使得 (TM, g_s) 也成为黎曼流形. 为了区分切丛 TM 上的度量 g_s 和底流形 M 上的度量 g, 我们给出符号约定: g_s 的内积符号记为 $\langle\langle\cdot,\cdot\rangle\rangle$, 而 g 的内积符号记为 $\langle\cdot,\cdot\rangle$.

由 g_s 的定义知, 对于 TM 中的曲线

$$X : [a,b] \to TM,$$

若记 $\pi X = c$ 为 X 投射到 M 上的曲线, 则有

$$\text{Length}(X) = \int_a^b \| X'(s) \| ds = \int_a^b \sqrt{\| c'(t) \|^2 + \left\| \frac{D_c X}{dt} \right\|^2} dt.$$

任取 $\theta \in TM, \theta = (x,v)$, 后文中亦常用 v 指 θ, 这并不会引起混乱, 因为每一个向量都自动地带着基点. 记 γ_v 为满足 $\gamma_v(0) = x, \gamma_v'(0) = v$ 的测地线, 则测地流

$$\varphi_t : TM \to TM,$$

$$\theta \mapsto \varphi_t(\theta) = (\gamma_v(t), \gamma_v'(t)).$$

故此有

$$\left.\frac{d}{dt}\varphi_t(\theta)\right|_{t=0} = \left.\frac{d}{dt}\right|_{t=0}(\gamma_v(t), \gamma_v'(t)) = (v, 0).$$

记测地向量场为 G_θ, 即

$$G_\theta = (v, 0).$$

所以 G_θ 属于水平子空间.

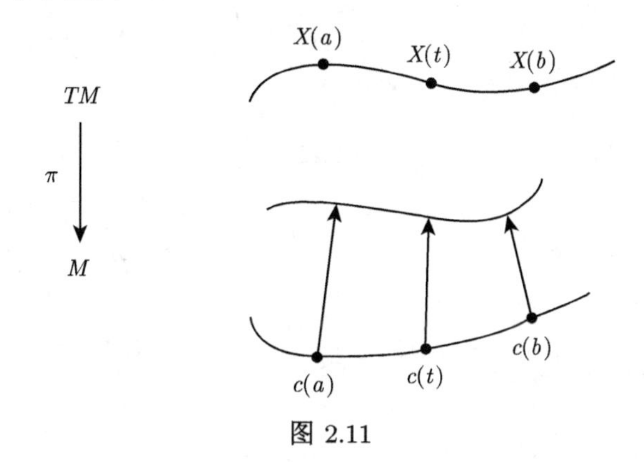

图 2.11

下面研究 $d\varphi_t$ 同 Jacobi 场的关系.

从本节开始, 对于 $\xi \in T_\theta TM, \theta = (x, v) \in TM$, 用 J_ξ 表示测地线 γ_v 上满足初值条件 $J_\xi(0) = d\pi_\theta \xi, \dot{J}_\xi(t) = K_\theta \xi$ 的 (唯一的)Jacobi 场.

引理 2.2.1

$$d\varphi_t : T_\theta TM \to T_{\varphi_t(\theta)}TM,$$

$$\xi = (\xi_h, \xi_v) = (d\pi_\theta \xi, K_\theta \xi) \mapsto (J_\xi(t), J_\xi'(t)).$$

证明 由切映射的定义, 有

$$d\varphi_t \xi = \left.\frac{d}{ds}\right|_{s=0} \varphi_t(X(s)), \tag{2.2.2}$$

其中 $X : (-\varepsilon, \varepsilon) \to TM$ 为 TM 中的一条光滑曲线, 且满足

$$X(0) = \theta = (x, v) \in TM, \quad X'(0) = \xi \in T_\theta TM.$$

记 $X(s) = (c(s), v(s))$, 注意到

$$\varphi_t(X(s)) = (\gamma_{v(s)}(t), \gamma_{v(s)}'(t)), \tag{2.2.3}$$

而 $\gamma_{v(s)}(t)$ 是测地线 γ_v 的一个测地变分, 记其 Jacobi 场为 J, 则有

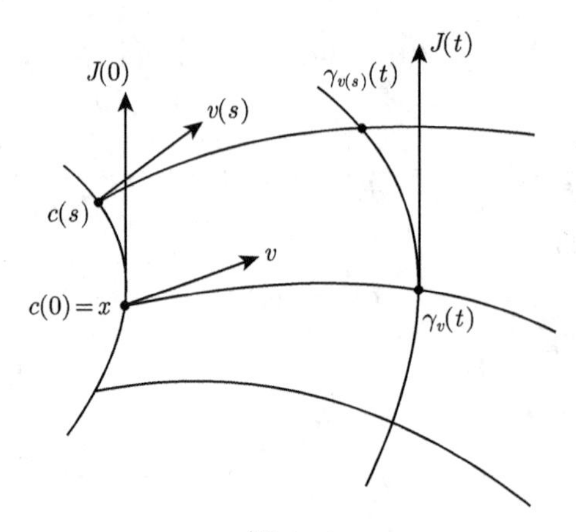

图 2.12

(1) $J(0)=\left.\dfrac{\partial}{\partial s}\right|_{s=0,t=0}\gamma_{v(s)}(t)=\left.\dfrac{\partial}{\partial s}\right|_{s=0}\gamma_{v(s)}(0)=\left.\dfrac{d}{ds}\right|_{s=0}c(s)=\left.\dfrac{d}{ds}\right|_{s=0}\pi(X(s))=d\pi_\theta\xi$.

(2) $J'(0)=\left.\dfrac{D}{\partial t}\dfrac{\partial}{\partial s}\right|_{s=0,t=0}\gamma_{v(s)}(t)=\left.\dfrac{D}{\partial s}\dfrac{\partial}{\partial t}\right|_{t=0,s=0}\gamma_{v(s)}(t)=\left.\dfrac{D}{\partial s}\right|_{s=0}v(s)=\xi_v=K_\theta\xi$.

由于 Jacobi 场完全由初值确定, 故知 $J=J_\xi$.

由 (2.2.2) 和 (2.2.3) 知

$$d\varphi_t\xi=\left.\frac{d}{ds}\right|_{s=0}\varphi_t(X(s))=\left.\left(\frac{d}{ds}\gamma_{v(s)}(t),\frac{D}{ds}\gamma'_{v(s)}(t)\right)\right|_{s=0},\tag{2.2.4}$$

而

(1) $\left.\dfrac{d}{ds}\right|_{s=0}\gamma_{v(s)}(t)=J_\xi(t)$;

(2) $\left.\dfrac{D}{\partial s}\right|_{s=0}\gamma'_{v(s)}(t)=\left.\dfrac{D}{\partial s}\dfrac{\partial}{\partial t}\gamma_{v(s)}(t)\right|_{s=0}=\left.\dfrac{D}{\partial t}\dfrac{\partial}{\partial s}\right|_{s=0}\gamma_{v(s)}(t)=\dfrac{D}{dt}J_\xi(t)=J'_\xi(t)$.

代入 (2.2.4), 有

$$d\varphi_t\xi=(J_\xi(t),J'_\xi(t)).$$

□

在第 1 章中, 我们已经看到: 余切丛上有着天然的辛形式, 因而是一个辛流形. 下面我们来说明, 切丛 TM 亦为一个辛流形. 但是, 它上面的辛形式的构造, 要借助于 Sasaki 度量.

首先, 在 TM 上定义一个 1-形式 Θ. 任取 $\theta=(x,v)\in TM,\forall\xi\in T_\theta TM$, 定义

$$\Theta_\theta(\xi)=\langle v,d\pi_\theta\xi\rangle.$$

我们用待定系数法来求 Θ 在局部坐标下的表达式, 设

$$\Theta_\theta=\sum_{i=1}^{n}(A^i dx_i+B^i dv_i),\quad \xi=\sum_{i=1}^{n}\left(X^i\frac{\partial}{\partial x_i}+V^i\frac{\partial}{\partial v_i}\right).$$

一方面,

$$\Theta_\theta(\xi)=\sum_{i=1}^{n}(A^iX^i+B^iV^i),$$

另一方面, 由定义, 有

$$\Theta_\theta(\xi)=\left\langle\sum_{i=1}^{n}v_i\frac{\partial}{\partial x_i},\sum_{j=1}^{n}X^j\frac{\partial}{\partial x_j}\right\rangle=\sum_{i,j=1}^{n}v_iX^jg_{ij}(x).$$

故有

$$A^i=\sum_{j=1}^{n}v_jg_{ji},\quad B^i=0,\quad i=1,\cdots,n.$$

因而

$$\Theta_\theta=\sum_{i=1}^{n}\left(\sum_{j=1}^{n}v_jg_{ji}(x)\right)dx_i.$$

引理 2.2.2 $d\Theta$ 为 TM 上的一个辛形式, 且

$$d\Theta(\xi,\eta)=d\Theta((\xi_h,\xi_v),(\eta_h,\eta_v))=\langle\xi_v,\eta_h\rangle-\langle\xi_h,\eta_v\rangle.$$

证明 令曲线族 $X:(-\varepsilon,\varepsilon)\times(-\varepsilon,\varepsilon)\to TM$ 满足

$$\left.\frac{\partial X(s,t)}{\partial s}\right|_{(0,0)}=\xi,\quad \left.\frac{\partial X(s,t)}{\partial t}\right|_{(0,0)}=\eta,$$

故有

$$\begin{aligned}
d\Theta(\xi,\eta)&=d\Theta\left(\frac{\partial X}{\partial s},\frac{\partial X}{\partial t}\right)\\
&=\left.\frac{\partial}{\partial s}\right|_{s=0}\Theta\left(\left.\frac{\partial X}{\partial t}\right|_{t=0}\right)-\left.\frac{\partial}{\partial t}\right|_{t=0}\Theta\left(\left.\frac{\partial X}{\partial s}\right|_{s=0}\right)-\Theta\left[\frac{\partial X}{\partial s},\frac{\partial X}{\partial t}\right]\\
&=\left.\frac{\partial}{\partial s}\right|_{s=0}\left\langle X(s,0),\left.\frac{\partial}{\partial t}\right|_{t=0}\pi X(s,t)\right\rangle-\left.\frac{\partial}{\partial t}\right|_{t=0}\left\langle X(0,t),\left.\frac{\partial}{\partial s}\right|_{s=0}\pi X(s,t)\right\rangle\\
&=\left\langle\left.\frac{D}{ds}\right|_{s=0}X(s,0),\left.\frac{d}{dt}\right|_{t=0}\pi X(0,t)\right\rangle-\left\langle\left.\frac{D}{dt}\right|_{t=0}X(0,t),\left.\frac{d}{ds}\right|_{s=0}\pi X(s,0)\right\rangle\\
&=\langle K_\theta\xi,d\pi_\theta\eta\rangle-\langle d\pi_\theta\xi,K_\theta\eta\rangle\\
&=\langle\xi_v,\eta_h\rangle-\langle\xi_h,\eta_v\rangle.
\end{aligned}$$

□

注 2.2.1 记 $\omega = d\Theta$, 则 ω 是 TM 上的典范辛形式. 这个辛形式不是天生就有的, 需要借助于黎曼度量才能建立起来.

将 ω 和 Sasaki 度量 g_s 比较一下, 会有一些有趣的发现.

$$g_s(\xi,\eta) = \langle \xi_h, \eta_h\rangle + \langle \xi_v, \eta_v\rangle, \quad \omega(\xi,\eta) = \langle \xi_v, \eta_h\rangle - \langle \xi_h, \eta_v\rangle. \tag{2.2.5}$$

定义映射

$$\begin{aligned} J_\theta : T_\theta TM &\to T_\theta TM, \\ \eta = (\eta_h, \eta_v) &\mapsto J_\theta \eta = (-\eta_v, \eta_h), \end{aligned}$$

则有

$$\omega(\xi,\eta) = g_s(\xi, J_\theta \eta).$$

因此 J_θ 是与 ω 相容的近复结构.

引理 2.2.3 $\omega = d\Theta$ 关于测地流 φ_t 不变.

证明

$$\begin{aligned} \varphi_t^*\omega(\xi,\eta) &= \omega(d\varphi_t\xi, d\varphi_t\eta) \\ &= \omega((J_\xi(t), J_\xi'(t)), (J_\eta(t), J_\eta'(t))) \\ &= \langle J_\xi'(t), J_\eta(t)\rangle - \langle J_\xi(t), J_\eta'(t)\rangle. \end{aligned}$$

由此, 易得

$$\frac{d}{dt}\varphi_t^*\omega(\xi,\eta) \equiv 0. \qquad \square$$

引理 2.2.4 $\forall \theta = (x,v) \in SM, \xi \in T_\theta SM \Leftrightarrow \xi_v \perp v$.

证明 取曲线 $X : (-\varepsilon, \varepsilon) \to SM$ 满足 $X(0) = \theta, X'(0) = \xi$. 因为 $X(s)$ 为 SM 上的曲线, 故

$$\langle X(s), X(s)\rangle \equiv 1,$$

故 $0 = \left.\dfrac{d}{ds}\right|_{s=0} \langle X(s), X(s)\rangle = 2\left\langle \left.\dfrac{D}{ds}\right|_{s=0} X(s), X(s)\right\rangle = 2\langle K_\theta \xi, v\rangle.$ $\square$

前面已经讲过, 测地向量场 $G_\theta = (v, 0)$. 今后, 我们把 G_θ 生成的一维子空间仍记为 G_θ, 即

$$G_\theta \triangleq \{(\lambda v, 0) \mid \lambda \in \mathbb{R}\},$$

记

$$G = \bigcup_{\theta \in SM} G_\theta.$$

引理 2.2.5 记 $N(\theta)$ 为 G_θ 关于 Sasaki 度量 g_s 在 TSM 中的正交补, 即 $N(\theta) \triangleq G_\theta^\perp$, 记 $N \triangleq \bigcup_{\theta \in SM} N(\theta)$, 则 N 关于测地流 φ_t 不变, 且 N 为辛子丛, 即 $\omega|_N$ 非退化.

证明 若 $\xi \in N(\theta)$, 则 $\xi \perp (v,0)$, 故

$$0 = \langle\langle(\xi_h, \xi_v), (v,0)\rangle\rangle = \langle \xi_h, v\rangle,$$

故有

$$\xi_h = d\pi_\theta \xi \perp v.$$

又由引理 2.2.4 知 $\xi \in T_\theta SM \Leftrightarrow \xi_v = K_\theta \xi \perp v$, 故

$$N(\theta) = \{\xi \in T_\theta SM \mid d\pi_\theta \xi \perp v\} = \{\xi \in T_\theta TM \mid d\pi_\theta \xi \perp v, K_\theta \xi \perp v\}. \tag{2.2.6}$$

任取 $\xi \in N(\theta)$, 由引理 2.2.3, 有

$$\begin{aligned}\varphi_t^*\omega((d\pi_\theta\xi, K_\theta\xi), (v,0)) &= \langle J_\xi'(t), \gamma_v'(t)\rangle_{\varphi_t(\theta)}\\ &= \langle J_\xi'(0), \gamma_v'(0)\rangle_{\varphi_0(\theta)}\\ &= \langle K_\theta \xi, v\rangle = 0.\end{aligned}$$

故得

$$J_\xi'(t) \perp \gamma_v'(t). \tag{2.2.7}$$

由 $J_\xi(0) \perp v, J_\xi'(0) \perp v$, 利用推论 1.1.23, 知

$$J_\xi(t) \perp \gamma_v'(t). \tag{2.2.8}$$

由 (2.2.7) 和 (2.2.8) 知

$$d\varphi_t \xi \in N(\varphi_t \theta).$$

因此 N 在 φ_t 下不变.

下面证 $\omega\mid_{N\times N}$ 非退化. $\forall 0 \neq \xi = (\xi_h, \xi_v) \in N(\theta)$, 则 ξ_h 与 ξ_v 至少有一个非零. 不妨设 $\xi_h \neq 0$, 取 $\eta = (0, -\xi_h), \eta \in N(\theta)$, 则有 $\omega(\xi, \eta) = \langle \xi_h, \xi_h\rangle \neq 0$. □

2.2.2 指标引理与比较定理

设 $\dim M = n+1$, 则 $\dim N = 2n$. 对于 $\theta = (x, v) \in SM$, 取测地线 γ_v 上一组单位平行正交向量场, 记为

$$\{E_1(t), \cdots, E_n(t), E_{n+1}(t) = \gamma_v'(t)\}.$$

若记 $E(t) = \mathrm{Span}\{E_1(t), \cdots, E_n(t)\}$, 则由 (2.2.6) 知

$$N(\varphi_t \theta) \cong E(t) \oplus E(t).$$

作映射

$$\begin{aligned}\rho_t : \mathbb{R}^n \times \mathbb{R}^n &\to N(\varphi_t\theta) \cong E(t) \oplus E(t),\\ (x,y) &\mapsto \left(\sum_{i=1}^n x_i E_i(t), \sum_{i=1}^n y_i E_i(t)\right).\end{aligned}$$

用 ω_0 和 g_0 分别记 $\mathbb{R}^n \times \mathbb{R}^n$ 上标准的辛形式和黎曼度量, 即

$$\omega_0((x_1,y_1),(x_2,y_2)) = y_1 \cdot x_2 - x_1 \cdot y_2, \tag{2.2.9}$$

$$g_0((x_1,y_1),(x_2,y_2)) = x_1 \cdot x_2 + y_1 \cdot y_2, \tag{2.2.10}$$

其中 "·" 表示 $\mathbb{R}^n$ 中的内积. 由 ρ_t 的定义及 (2.2.5), (2.2.9), (2.2.10), 可推得

$$\rho_t^*(\omega\,|_N) = \omega_0,$$

$$\rho_t^*(g_s\,|_N) = g_0,$$

其中 ω 与 g_s 分别为 TM 上的辛形式和 Sasaki 度量.

设 J 是沿 γ_v 定义的一个法 Jacobi 场, 则可写成

$$J(t) = \sum_{i=1}^n J^i(t)E_i(t).$$

而

$$\ddot{J}(t) + R(\gamma_v'(t), J(t))\gamma_v'(t) = 0.$$

故

$$\sum_{i=1}^n \ddot{J}^i(t)E_i(t) + \sum_{j=1}^n J^j(t)R(\gamma_v'(t), E_j(t))\gamma_v'(t) = 0,$$

即

$$\sum_{i=1}^n \ddot{J}^i(t)E_i(t) + \sum_{i=1}^n\sum_{j=1}^n J^j(t)\langle R(\gamma_v', E_j)\gamma_v', E_i\rangle E_i(t) = 0,$$

即

$$\sum_{i=1}^n \left(\ddot{J}^i(t) + \sum_{j=1}^n J^j(t)\langle R(\gamma_v', E_j)\gamma_v', E_i\rangle\right) E_i(t) = 0.$$

记

$$a_{ji}(t) = \langle R(\gamma_v'(t), E_j(t))\gamma_v'(t), E_i(t)\rangle.$$

由曲率算子 R 的性质, 有 $a_{ij}=a_{ji}$. 记 $A(t)=(a_{ij}(t))$. 将上式写成矩阵形式, 有

$$\begin{pmatrix} \ddot{J}^1(t) \\ \vdots \\ \ddot{J}^n(t) \end{pmatrix} + (a_{ij}(t)) \begin{pmatrix} J^1(t) \\ \vdots \\ J^n(t) \end{pmatrix} = 0,$$

即

$$\ddot{J}(t)+A(t)J(t)=0.$$

为了不致引入过多之符号, 我们记 $R(t)=A(t), R(t)$ 可视为如下的映射:

$$\begin{aligned} R(t): \varphi_t^{\perp}(\theta) & \rightarrow \varphi_t^{\perp}(\theta), \\ w & \mapsto R(t)\omega = R(\gamma_v'(t), w)\gamma_v'(t). \end{aligned}$$

由引理 2.2.1, 易得下述结论.

引理 2.2.6 *若 $J(t)=(J^1(t),\cdots,J^n(t))$ 满足 Jacobi 方程*

$$\ddot{J}(t)+R(t)J(t)=0,$$

则有 $(J(t),\dot{J}(t))=\rho_t^{-1}d(\varphi_t)_\theta\rho_0(J(0),\dot{J}(0))$.

下面, 我们引入 Jacobi 张量的概念. 为此, 先回顾一些基本的概念.

记 $(E,\langle\cdot,\cdot\rangle)$ 是一个内积向量空间.

(1) 记 $\mathrm{End}(E)$ 为 E 上的自同态全体. 事实上, 确定一组基后, $\mathrm{End}(E)$ 即相当于全体 $n\times n$ 阶矩阵的集合, 这里 $n=\dim E$.

(2) 记 $\mathrm{Sym}(E)$ 为 E 上对称自同态全体, 即

$$\mathrm{Sym}(E)=\{A\in\mathrm{End}(E)\mid\langle Ax,y\rangle=\langle x,Ay\rangle,\forall x,y\in E\}.$$

若 $R:\mathbb{R}\to\mathrm{Sym}(E)$ 是一个 C^∞ 映射 (曲率算子), 则线性微分方程

$$\ddot{J}(t)+R(t)J(t)=0 \tag{2.2.11}$$

称为 *Jacobi 方程*, 其解 $J:\mathbb{R}\to E$ 称为 *Jacobi 场*.

若 $B:\mathbb{R}\to\mathrm{End}(E)$ 是矩阵方程

$$\ddot{B}(t)+R(t)B(t)=0 \tag{2.2.12}$$

的解, 则称 B 为 *Jacobi 张量*.

由 (2.2.11) 和 (2.2.12) 易得下述断言.

断言 B 是 Jacobi 张量 $\Leftrightarrow B(t)x$ 是 Jacobi 场, $\forall x\in E$.

Jacobi 方程的解亦可视为由以下依赖时间 t (即非自治) 的哈密顿系统生成, 其哈密顿函数为

$$H_t(x,y) = \frac{1}{2}(\langle y,y\rangle + \langle R(t)x,x\rangle),$$

上式中, $\langle\cdot,\cdot\rangle$ 为 $\mathbb{R}^n$ 中的标准内积, 则 Jacobi 方程 (2.2.11) 可化为如下的哈密顿方程 (视 $H = H_t(J_1(t),J_2(t))$):

$$\begin{cases} \dot{J}_1(t) = \dfrac{\partial H_t}{\partial y}(J_1(t),J_2(t)) = J_2(t), \\ \dot{J}_2(t) = -\dfrac{\partial H_t}{\partial x}(J_1(t),J_2(t)) = -R(t)J_1(t). \end{cases} \tag{2.2.13}$$

$E\times E$ 上的线性辛结构为

$$\omega((x_1,y_1),(x_2,y_2)) = \langle y_1,x_2\rangle - \langle x_1,y_2\rangle.$$

对应的矩阵形式为

$$\omega = \begin{pmatrix} 0 & -I \\ I & 0 \end{pmatrix},$$

此时, 哈密顿向量场 X_{H_t} 满足

$$\omega(\cdot, X_{H_t}(x,y)) = dH_t(x,y). \tag{2.2.14}$$

设 $X_{H_t}(x,y) = \dot{x}\dfrac{\partial}{\partial x} + \dot{y}\dfrac{\partial}{\partial y}$, 而 $dH_t(x,y) = \dfrac{\partial H_t}{\partial x}dx + \dfrac{\partial H_t}{\partial y}dy$. 由 (2.2.14) 知有

$$\begin{pmatrix} 0 & -\mathrm{I} \\ \mathrm{I} & 0 \end{pmatrix}\begin{pmatrix} \dot{x} \\ \dot{y} \end{pmatrix} = \begin{pmatrix} \dfrac{\partial H_t}{\partial x} \\ \dfrac{\partial H_t}{\partial y} \end{pmatrix},$$

即

$$\begin{pmatrix} -\dot{y} \\ \dot{x} \end{pmatrix} = \begin{pmatrix} \dfrac{\partial H_t}{\partial x} \\ \dfrac{\partial H_t}{\partial y} \end{pmatrix},$$

故

$$X_{H_t} = (\dot{x},\dot{y}) = \left(\frac{\partial H_t}{\partial y}, -\frac{\partial H_t}{\partial x}\right).$$

对于每一个 $a\in\mathbb{R}$, 哈密顿系统 (2.2.13) 的解都会生成一族辛映射

$$\Psi_{t,a}: E\times E \to E\times E,$$

$$(x,y)\mapsto \Psi_{t,a}(x,y)=(J_1(t),J_2(t))\triangleq (J(t),\dot{J}(t)), \tag{2.2.15}$$

其中 $(J_1(t),J_2(t))$ 是 (2.2.13) 满足 $(J_1(a),J_2(a))=(x,y)$ 的解 (哈密顿流生成的映射自然是辛映射).

注 2.2.2 (1) $\Psi_{a,a}=Id$;

(2) 称 $\{\Psi_{t,a}\mid t\in\mathbb{R}\}$ 为哈密顿同痕(Hamiltonian isotopy).

定义 2.2.1 设 $A,B:[a,b]\to \mathrm{End}(E)$ 是两条 C^1 曲线, 称映射

$$t\mapsto \Omega(A(t),B(t))=B^{\mathrm{T}}(t)\dot{A}(t)-\dot{B}^{\mathrm{T}}(t)A(t)$$

是 A 与 B 的朗斯基矩阵(Wronskian).

注 2.2.3 简单的计算表明, Ω 与 E 上的辛结构 ω 的关系如下:

$$\langle\Omega(A(t),B(t))x,y\rangle=\omega((A(t)x,\dot{A}(t)x),(B(t)y,\dot{B}(t)y)),\quad x\in E,y\in E.$$

引理 2.2.7 若 $A,B:\mathbb{R}\to \mathrm{End}(E)$ 是 Jacobi 张量, 则有

$$\Omega(A(t),B(t))=\text{常数},\quad t\in\mathbb{R},$$

即 Jacobi 张量的朗斯基矩阵为常值矩阵.

证明 直接计算, 可得

$$\begin{aligned}&\frac{d}{dt}\Omega(A(t),B(t))=B^{\mathrm{T}}(t)\ddot{A}(t)-\ddot{B}^{\mathrm{T}}(t)A(t)\\&=B^{\mathrm{T}}(t)(-R(t),A(t))-(-R(t)B(t))^{\mathrm{T}}A(t)=0.\end{aligned}$$

□

定义 2.2.2 若线性子空间 $L\subseteq E\times E$ 满足 $\omega\mid_L=0$, 则称 L 为迷向子空间(isotropic subspace); 称迷向子空间 L 是拉格朗日子空间, 若 $\dim L=\dim E$.

注 2.2.4 由于 ω 非退化, 故 $\dim L\leqslant \dim E$. 否则, 设迷向子空间的维数为 $n+k,k>0$. 将 L 的基 $\{e_1,\cdots,e_{n+k}\}$ 扩充成 $E\times E$ 的一组基

$$\{e_1,\cdots,e_{n+k},e_{n+k+1},\cdots,e_{2n}\},$$

则在该组基下, ω 的矩阵形式为

$$\omega=\begin{pmatrix}0_{(n+k)\times(n+k)} & \clubsuit_{(n+k)\times(n-k)}\\ -\clubsuit^{\mathrm{T}}_{(n-k)\times(n+k)} & \spadesuit_{(n-k)\times(n-k)}\end{pmatrix},$$

则 $\det\omega=0$, 与 ω 非退化矛盾!

引理 2.2.8 设 $A, B \in \mathrm{End}(E), L = \{(Ax, Bx)|x \in E\}$, 则 L 是迷向子空间 $\Leftrightarrow$ $A^{\mathrm{T}}B = B^{\mathrm{T}}A$. 在此基础上, 若 $x \mapsto (Ax, Bx)$ 是单射, 则 L 是拉格朗日子空间. 特别地, 图

$$L = \{(x, Ax)|x \in E\}$$

是拉格朗日子空间 $\Leftrightarrow A = A^{\mathrm{T}}$.

证明

$$\begin{aligned} L \text{ 是迷向子空间 } &\Leftrightarrow \omega\mid_L = 0 \Leftrightarrow \omega((Ax, Bx), (Ay, By)) = 0, \quad \forall x, y \in E \\ &\Leftrightarrow 0 = \langle Bx, Ay\rangle - \langle Ax, By\rangle = \langle A^{\mathrm{T}}Bx, y\rangle - \langle B^{\mathrm{T}}Ax, y\rangle. \\ &\Leftrightarrow A^{\mathrm{T}}B = B^{\mathrm{T}}A. \end{aligned}$$

若映射 $x \mapsto (Ax, Bx)$ 单, 则 $\dim L = \dim E$, 故 L 是拉格朗日子空间. □

注 2.2.5 $L=\{(Ax, Bx)|x\in E\}$ 是一个图 $\Leftrightarrow A$ 可逆. 事实上, 若 A 可逆, 则有

$$L = \{(Ax, Bx)|x \in E\} = \{(Ax, BA^{-1}(Ax))|x \in E\} = \{(y, BA^{-1})|y \in E\}.$$

定义 2.2.3 设 $R: \mathbb{R} \to \mathrm{Sym}(E)$ 是光滑映射, $\{L_t \in E \times E|t \in [a, b]\}$ 是一族拉格朗日子空间. 称这族拉格朗日子空间为由 R 诱导的 L_a 拉格朗日形变 (Lagrangian deformation). 这里 $L = \Psi_{t,a}L_a$, 而 $\Psi_{t,a}$ 的定义见 (2.2.15).

注 2.2.6 若记 $L_a = \{(Ax, Bx)|x \in E\} \subseteq E \times E$, 则

$$L_t = \{(A(t)x, \dot{A}(t)x)|x \in E\},$$

其中 $A(t)$ 是满足初值条件 $A(a) = A, \dot{A}(a) = B$ 的 Jacobi 张量. 由引理 2.2.7 知

$$\Omega(A(t), A(t)) \equiv \Omega(A(a), A(a)) = A^{\mathrm{T}}(a)\dot{A}(a) - \dot{A}^{\mathrm{T}}(a)A(a) = A^{\mathrm{T}}B - B^{\mathrm{T}}A, \quad (2.2.16)$$

由朗斯基矩阵与辛形式的关系 (见注记 2.2.3) 知

$$L_t \text{ 是迷向子空间} \Leftrightarrow \Omega(A(t), A(t)) = 0,$$

由 (2.2.16) 知

$$L_t \text{ 是迷向子空间} \Leftrightarrow A^{\mathrm{T}}B = B^{\mathrm{T}}A.$$

由定义知

$$L_t \text{是拉格朗日子空间} \Leftrightarrow A^{\mathrm{T}}B = B^{\mathrm{T}}A, \text{且} \dim L_t = \dim E.$$

由注记 2.2.5 知

$$L_t \text{是拉格朗日图} \Leftrightarrow \det A(t) \neq 0.$$

定义 2.2.4 设 $R:\mathbb{R}\to \mathrm{Sym}(E)$ 是 C^∞ 映射. 称 Jacobi 方程

$$\ddot{J}(t)+R(t)J(t)=0$$

在 $[a,b]$ 上无共轭点, 若对满足初值条件 $J(a)=0, \dot{J}(a)\neq 0$ 的任意 Jacobi 场 J, 有 $J(t)\neq 0, t\in (a,b]$.

注 2.2.7 Jacobi 方程在 $[a,b]$ 无共轭点 $\Leftrightarrow$ 对所有满足条件 $A(a)=0, \dot{A}(a)=I$ 的 Jacobi 张量 $A(t)$, 有 $\det A(t)\neq 0, t\in (a,b]$.

证明 “$\Rightarrow$” 用反证法易得.

“$\Leftarrow$” 令 $\widetilde{J}(t)=A(t)\dot{J}(a)$, 则由于 Jacobi 场完全由初值决定, 故 $\widetilde{J}(t)=J(t)$, 由于 $\det A(t)\neq 0, t\in (a,b]$ 和 $\dot{J}(a)\neq 0$, 故 $J(t)\neq 0$. □

引理 2.2.9 设 $R:\mathbb{R}\to \mathrm{Sym}(E)$ 是曲率算子, 对 $a\in\mathbb{R}$, 记 $L_t=\Psi_{t,a}L_a$ $(t\in [a,b])$ 是拉格朗日图 (Lagrangian graph), 则 Jacobi 方程在 $[a,b]$ 上无共轭点.

证明 我们用注记 2.2.7 中无共轭点的等价描述来证明本引理.

由于 L_t 是拉格朗日图, 所以具有形式

$$L_t=\Psi_{t,a}L_a=\{(B(t)x,\dot{B}(t)x)|x\in E\},$$

其中 $B:\mathbb{R}\to \mathrm{End}(E)$ 是满足 $\det B(t)\neq 0$ $(t\in[a,b])$ 和条件 $\Omega(B(a),B(a))=0$ 的 Jacobi 张量.

现在, 假设 $A:[a,b]\to \mathrm{End}(E)$ 满足 $A(a)=0, \dot{A}(a)=\mathrm{I}$, 欲证无共轭点, 只需证明 $\det A(t)\neq 0, (a,b]$.

由于 $A(t)$ 与 $B(t)$ 皆为 Jacobi 张量, 故由引理 2.2.7, 有

$$\Omega(A(t),B(t))=\mathrm{const},\quad \Omega(B(t),B(t))\equiv \mathrm{const}.$$

故

$$B^{\mathrm{T}}(a)=\Omega(A(a),B(a))=\Omega(A(t),B(t))=B^{\mathrm{T}}(t)\dot{A}(t)-\dot{B}^{\mathrm{T}}(t)A(t), \tag{2.2.17}$$

$$0=\Omega(B(a),B(a))=\Omega(B(t),B(t))=B^{\mathrm{T}}(t)\dot{B}(t)-\dot{B}^{\mathrm{T}}(t)B(t), \tag{2.2.18}$$

而

$$(2.2.18)\Leftrightarrow \dot{B}(t)B^{-1}(t)=(B^{-1}(t))^{\mathrm{T}}\dot{B}^{\mathrm{T}}(t)=(\dot{B}(t)B^{-1}(t))^{\mathrm{T}},$$

故矩阵 $\dot{B}(t)B^{-1}(t)$ 对称. 由此, 有

$$\begin{aligned}\dot{\widehat{B^{-1}(t)A}}(t)&=(\dot{B}^{-1}(t))A(t)+B^{-1}(t)\dot{A}(t)\\&=-B^{-1}(t)\dot{B}(t)B^{-1}(t)A(t)+B^{-1}(t)\dot{A}(t)\end{aligned}$$

$$
\begin{aligned}
&= -B^{-1}(t)(B^{\mathrm{T}}(t))^{-1}\dot{B}^{\mathrm{T}}A(t) + B^{-1}(t)\dot{A}(t) \\
&= -B^{-1}(t)(B^{\mathrm{T}}(t))^{-1}(B^{\mathrm{T}}(t)\dot{A}(t) - B^{\mathrm{T}}(a)) + B^{-1}(t)\dot{A}(t) \\
&= B^{-1}(t)(B^{\mathrm{T}}(t))^{-1}B^{\mathrm{T}}(a).
\end{aligned}
$$

对上式积分, 得

$$
\begin{aligned}
A(t) &= B(t)\int_a^t B^{-1}(s)(B^{\mathrm{T}}(s))^{-1}B^{\mathrm{T}}(a)ds \\
&= B(t)\int_a^t (B^{\mathrm{T}}B)^{-1}(s)B^{\mathrm{T}}(a)ds.
\end{aligned}
$$

由于 $\det B(t) \neq 0$, 故 $\det A(t) \neq 0, t \in (a,b]$. □

定义 2.2.5 设 $R:\mathbb{R} \to \mathrm{Sym}(E)$ 是曲率算子, 记

$$
V = \{X : [a,b] \to E | X \text{ 连续且分段光滑}\},
$$

称对称双线性型

$$
\begin{gathered}
I \triangleq I_{[a,b]} : V \times V \to \mathbb{R}, \\
(X,Y) \mapsto I_{[a,b]}(X,Y) = \int_a^b (\langle \dot{X}(t), \dot{Y}(t)\rangle - \langle R(t)X, Y\rangle)dt
\end{gathered}
$$

为指标形式(index form), 若想特别指明 R, 可记为 I^R 或 $I^R_{[a,b]}$.

注 2.2.8 设 $X, Y \in V$, 且在 $a = t_0 < t_1 < t_2 < \cdots < t_k = b$ 的每一段上都光滑, 由分部积分, 可得

$$
I(X,Y) = \sum_{i=1}^{k} \langle \dot{X}, Y\rangle|_{t_{i-1}^+}^{t_i^-} - \int_a^b \langle \ddot{X} + R(t)X, Y\rangle dt,
$$

由此知, X 是 Jacobi 场 $\Leftrightarrow$ 对所有的满足 $Y(a)=0=Y(b)$ 的 $Y \in V$, 有 $I(X,Y)=0$.

经简单计算, 可得

$$
\left.\frac{\partial}{\partial s}\right|_{s=0} I(X+sY, X+sY) = 2I(X,Y).
$$

由此, X 是 Jacobi 场 $\Leftrightarrow$ X 是 $I(Z) \triangleq I(Z,Z)$ 在

$$
\{Z \in V | Z(a) = X(a),\ Z(b) = X(b)\}
$$

上的临界点. 事实上这样也并不奇怪, 因为 Jacobi 方程恰是拉格朗日函数

$$
L(t,x,y) = \frac{1}{2}(\langle y,y\rangle - \langle R(t)x,x\rangle)
$$

在 $[a,b] \times E \times E$ 上的欧拉–拉格朗日方程.

引理 2.2.10 (指标引理) 设 Jacobi 方程在 $[a,b]$ 上没有共轭点, 则 $I_{[a,b]}$ 在

$$V^0=\{X\in V|X(a)=0=X(b)\}$$

上正定, 即

$$I(X,X)>0,\quad 0\neq X\in V^0.$$

证明 任取 $X\in V^0$, 不妨假定 X 光滑, 设 Jacobi 张量 A 满足初值条件 $A(a)=0, A'(a)=I$. 由于 Jacobi 方程在 $[a,b]$ 上无共轭点, 故 $A(t)$ 当 $t\in(a,b]$ 时可逆. 作曲线 $Y\in V^0$ 如下:

$$Y(t)=\begin{cases}0, & t=a,\\ A^{-1}(t)X(t), & t>a.\end{cases}$$

由注记 2.2.8 中的算式, 易得

$$\begin{aligned}I(X,X)=&-\int_a^b\langle\ddot{X}+R(t)X,X\rangle dt\\=&-\int_a^b\langle\ddot{A}Y+2\dot{A}\dot{Y}+A\ddot{Y}+R(t)AY,AY\rangle dt\\=&-\int_a^b(\langle\ddot{A}Y+R(t)AY,AY\rangle+\langle 2\dot{A}\dot{Y}+A\ddot{Y},AY\rangle)dt\\=&-\int_a^b(2\langle\dot{A}\dot{Y},AY\rangle+\langle A\ddot{Y},AY\rangle)dt\\=&-\int_a^b 2\langle\dot{Y},\dot{A}^{\mathrm{T}}AY\rangle dt-\int_a^b\langle\ddot{Y},A^{\mathrm{T}}AY\rangle dt\\=&-\int_a^b 2\langle\dot{Y},\dot{A}^{\mathrm{T}}AY\rangle dt-\int_a^b\left(\left(\frac{d}{dt}\langle\dot{Y},A^{\mathrm{T}}AY\rangle\right)-\langle\dot{Y},\dot{\widehat{A^{\mathrm{T}}AY}}\rangle\right)dt\\=&-\int_a^b 2\langle\dot{Y},\dot{A}^{\mathrm{T}}AY\rangle dt+\int_a^b\langle\dot{Y},\dot{\widehat{A^{\mathrm{T}}AY}}\rangle dt.\end{aligned}$$

由于 A 为 Jacobi 张量, 故由引理 2.2.7 知

$$\Omega(A(t),A(t))\equiv\mathrm{const},$$

故 $\Omega(A(t),A(t))=\Omega(A(a),A(a))=0$, 即 $A^{\mathrm{T}}\dot{A}-\dot{A}^{\mathrm{T}}A=0$, 所以

$$\dot{\widehat{A^{\mathrm{T}}AY}}=2\dot{A}^{\mathrm{T}}AY+A^{\mathrm{T}}A\dot{Y}.$$

故

$$I(X,X)=\int_a^b\langle\dot{Y},A^{\mathrm{T}}A\dot{Y}\rangle dt=\int_a^b\langle A\dot{Y},A\dot{Y}\rangle dt$$

$$= \int_a^b \|A\dot{Y}\|^2 dt \geqslant 0.$$

若 $I(X,X) = 0$, 则 $A\dot{Y} \equiv 0$. 由于 $\det A(t) \neq 0, t \in [a,b]$, 故 $\dot{Y} \equiv 0$, 进而 $Y(t) = Y(a) = 0$, 最终 $X = AY \equiv 0$. □

推论 2.2.9 (Jacobi 场的极小性)　设 Jacobi 方程 $\ddot{J}(t) + R(t)J(t) = 0$ 在 $[a,b]$ 上无共轭点, 设 J 是一个 Jacobi 场, $X \in V$ 分段光滑且 $X(a) = J(a), X(b) = J(b)$, 则 $I(J,J) \leqslant I(X,X)$, 当 $X \neq J$ 时取小于号.

证明　由于 $J - X \in V^0$, 由引理 2.2.10 和注记 2.2.8, 有

$$\begin{aligned} 0 \leqslant I(J-X, J-X) &= I(J,J) - 2I(J,X) + I(X,X) \\ &= -I(J,J) + I(X,X). \end{aligned}$$

当 $J \neq X$ 时, 不等号严格. □

下面给出在几何学中具有重要地位的比较定理.

首先, 我们给出 $\mathrm{Sym}(E)$ 上的一个偏序结构.

对于 $A, B \in \mathrm{Sym}(E)$, 定义

$$A \leqslant B \Leftrightarrow \langle Ax, x\rangle \leqslant \langle Bx, x\rangle, \forall x \in E.$$

对于 $k \in \mathbb{R}$, 用 $s_k(t) \in C^\infty(\mathbb{R})$ 表示微分方程

$$\ddot{s}(t) + ks(t) = 0$$

满足初值条件 $s(0) = 0, \dot{s}(0) = 1$ 的解, 可得

$$s_k(t) = \begin{cases} \dfrac{1}{\sqrt{-k}} \sinh \sqrt{-k}t, & k < 0, \\ t, & k = 0, \\ \dfrac{1}{\sqrt{k}} \sin \sqrt{k}t, & k > 0. \end{cases}$$

命题 2.2.10 (Rauch 比较定理)　设 $R: \mathbb{R} \to \mathrm{Sym}(E)$ 是 C^∞ 映射, J 是满足 $J(0) = 0, \|\dot{J}(0)\| = 1$ 的 Jacobi 场.

(1) 若 $R(t) \leqslant k_1 I$ ($\Leftrightarrow$截面曲率 $k \leqslant k_1$), 则 $\dfrac{\|J(t)\|}{s_{k_1}(t)}$ 在 $[0,r]$ 上单调递增且以 1 为下界, 其中

$$r = \begin{cases} \infty, & k_1 \leqslant 0, \\ \dfrac{\pi}{\sqrt{k_1}}, & k_1 > 0. \end{cases}$$

若对某个 $\widetilde{t_0} > 0$, 有 $\|J(\widetilde{t_0})\| = s_{k_1}(\widetilde{t_0})$, 则

$$J(t) = s_{k_1}(t)\dot{J}(0), \quad t \in [0, \widetilde{t_0}].$$

(2) 若 $k_2 I \leqslant R(t)$ ($\Leftrightarrow$ 截面曲率 $k \geqslant k_2$), 设 Jacobi 方程在 $[0,r]$ 上无共轭点, 则 $\dfrac{\|J(t)\|}{s_{k_2}(t)}$ 在 $[0,r]$ 上单调递减且以 1 为上界. 若对某个 $\widetilde{t_0} > 0$ 有 $\|J(\widetilde{t_0})\| = s_{k_2}(\widetilde{t_0})$, 则

$$J(t) = s_{k_2}(t) \cdot \dot{J}(0), \quad t \in [0, \widetilde{t_0}].$$

证明 (1) 先证明 $\lim\limits_{t\to 0} \dfrac{\|J(t)\|}{s_{k_1}(t)} = 1$. 事实上,

$$\frac{\|J(t)\|}{s_{k_1}(t)} = \frac{\langle J(t), J(t)\rangle^{\frac{1}{2}}}{s_{k_1}(t)} = \left\langle \frac{J(t)}{s_{k_1}(t)}, \frac{J(t)}{s_{k_1}(t)} \right\rangle^{\frac{1}{2}}.$$

故只要能算出 $\lim_{t\to 0} \dfrac{J(t)}{s_{k_1}(t)}$ 即可. 这是 $\dfrac{0}{0}$ 型极限, 采用 L'Hospital 法则, 得

$$\lim_{t\to 0} \frac{J(t)}{s_{k_1}(t)} = \lim_{t\to 0} \frac{\dot{J}(t)}{\dot{s}_{k_1}(t)} = \dot{J}(0).$$

故

$$\lim_{t\to 0} \frac{\|J(t)\|}{s_{k_1}(t)} = \langle \dot{J}(0), \dot{J}(0)\rangle^{\frac{1}{2}} = 1.$$

为证明 $\dfrac{\|J(t)\|}{s_{k_1}(t)}$ 单调递增, 只需证明

$$\left.\frac{d}{dt}\right|_{t=t_0} \frac{\|J(t)\|}{s_{k_1}(t)} \geqslant 0, \quad \forall t_0 \in (0,r),$$

这等价于

$$\begin{aligned} &\left.\frac{d}{dt}\right|_{t=t_0} \frac{\|J(t)\|^2}{s_{k_1}^2(t)} \geqslant 0, \quad \forall t_0 \in (0,r) \\ \Leftrightarrow\ & \langle \dot{J}(t_0), J(t_0)\rangle s_{k_1}^2(t_0) - \langle J(t_0), J(t_0)\rangle \dot{s}_{k_1}(t_0) \cdot s_{k_1}(t_0) \geqslant 0. \end{aligned} \tag{2.2.19}$$

将上式 $\langle\cdot,\cdot\rangle$ 号外面的系数放进内积括号内, 得 (2.2.19) $\Leftrightarrow \langle s_{k_1}(t_0)\dot{J}(t_0), s_{k_1}(t_0)J(t_0)\rangle - \langle \dot{s}_{k_1}(t_0)J(t_0), s_{k_1}(t_0)J(t_0)\rangle \geqslant 0$.

上式诱导我们定义以下两个向量场.

$$X(t) = s_{k_1}(t)J(t_0),$$

$$Y(t) = s_{k_1}(t_0)J(t).$$

则 X 是 $\widetilde{R}(t) = k_1 I$ 对应的 Jacobi 方程

$$\ddot{J}(t) + k_1 J(t) = 0$$

的解. 又

$$X(0)=Y(0),\quad X(t_0)=Y(t_0),$$

故由 Jacobi 场的极小性 (见推论 2.2.9), 有

$$\begin{aligned}\dot{s}_{k_1}(t_0)s_{k_1}(t_0)\langle J(t_0),J(t_0)\rangle &= I^{\widetilde{R}}_{[0,t_0]}(X,X)\leqslant I^{\widetilde{R}}_{[0,t_0]}(Y,Y)\\ &=\langle \dot{Y}(t_0),Y(t_0)\rangle-\int_0^{t_0}\langle \ddot{Y}+\widetilde{R}(t)Y,Y\rangle dt\\ &\leqslant\langle \dot{Y}(t_0),Y(t_0)\rangle-\int_0^{t_0}\langle \ddot{Y}+RY,Y\rangle dt\\ &=s_k^2(t_0)\langle \dot{J}(t_0),J(t_0)\rangle.\end{aligned}\tag{2.2.20}$$

故 (2.2.19) 成立, 故 $\dfrac{\|J(t)\|}{s_{k_1}(t)}$ 在 $[0,r]$ 上单调递增且以 1 为下界.

若存在某个 $\widetilde{t_0}>0$, 使得 $\|J(\widetilde{t_0})\|=s_{k_1}(\widetilde{t_0})$, 由上面的单增性, 有

$$\frac{\|J(t)\|}{s_{k_1}(t)}=1,\quad t\in[0,\widetilde{t_0}],$$

即

$$\|J(t)\|=s_{k_1}(t),\quad t\in[0,\widetilde{t_0}],\tag{2.2.21}$$

故

$$\frac{d}{dt}\langle J(t),J(t)\rangle=\frac{d}{dt}(s_{k_1}^2(t)),\quad t\in[0,\widetilde{t_0}],$$

即

$$\langle \dot{J}(t),J(t)\rangle=\dot{s}_{k_1}(t)s_{k_1}(t),\quad t\in[0,\widetilde{t_0}],\tag{2.2.22}$$

故由 (2.2.21) 和 (2.2.22), 有

$$s_{k_1}^2(t)\langle \dot{J}(t),J(t)\rangle=\dot{s}_{k_1}(t)s_{k_1}(t)\langle J(t),J(t)\rangle,\quad t\in[0,\widetilde{t_0}].\tag{2.2.23}$$

由 (2.2.23) 知 (2.2.20) 中全为 “=”, 故有

$$I^{\widetilde{R}}_{[0,\widetilde{t_0}]}(X,X)=I^{\widetilde{R}}_{[0,\widetilde{t_0}]}(Y,Y).$$

由推论 2.2.9 知

$$X(t)=Y(t),\quad t\in[0,\widetilde{t_0}],$$

而

$$\ddot{X}(t)=-k_1X(t),$$

故

$$\ddot{Y}(t)=\ddot{X}(t)=-k_1X(t)=-k_1Y(t),$$

又 $Y(0)=0$, 而 Jacobi 场 Y 完全被初值 $Y(0)$ 和 $\dot{Y}(0)$ 确定, 故易有

$$Y(t)=s_{k_1}(t)\dot{Y}(0), \tag{2.2.24}$$

而

$$Y(t)=s_{k_1}(t_0)J(t), \tag{2.2.25}$$

由 (2.2.24) 和 (2.2.25), 得 $J(t)=s_{k_1}(t)\dot{J}(0)$.

(2) 同 (1) 一样, 可以证得

$$\lim_{t\to 0}\frac{\|J(t)\|}{s_{k_2}(t)}=1.$$

欲证 $\dfrac{\|J(t)\|}{s_{k_2}(t)}$ 在 $[0,r]$ 上单调递减且以 1 为上界, 只需证

$$\begin{aligned}&\frac{d}{dt}\bigg|_{t=t_0}\frac{\|J(t)\|}{s_{k_2}(t)}\leqslant 0,\quad \forall t_0\in(0,r).\\ \Leftrightarrow\ &\frac{d}{dt}\bigg|_{t=t_0}\frac{\|J(t)\|^2}{s_{k_2}^2(t)}\leqslant 0,\quad \forall t_0\in(0,r).\\ \Leftrightarrow\ &\langle\dot{J}(t_0),J(t_0)\rangle s_{k_2}^2(t_0)\leqslant\langle J(t_0),J(t_0)\rangle\dot{s}_{k_2}(t_0)s_{k_2}(t_0).\end{aligned}$$

同 (1) 中证明一样, 令

$$X(t)=s_{k_2}(t_0)J(t),\quad Y(t)=s_{k_2}(t)J(t_0),$$

则 X 是 Jacobi 方程

$$\ddot{J}+RJ=0$$

的解, 而 Y 是 Jacobi 方程

$$\ddot{J}+k_2J=0$$

的解, 且有

$$X(0)=Y(0),\ X(t_0)=Y(t_0),$$

故由推论 2.2.9, 得

$$\begin{aligned}s_{k_2}^2(t_0)\langle\dot{J}(t_0),J(t_0)\rangle&=I_{[0,t_0]}^R(X,X)\leqslant I_{[0,t_0]}^R(Y,Y)\\&=\langle\dot{Y}(t_0),Y(t_0)\rangle-\int_0^{t_0}\langle\ddot{Y}+RY,Y\rangle dt\\&\leqslant\langle\dot{Y}(t_0),Y(t_0)\rangle-\int_0^{t_0}\langle\ddot{Y}+k_2Y,Y\rangle dt\\&=\dot{s}_{k_2}(t_0)s_{k_2}(t_0)\langle J(t_0),J(t_0)\rangle.\end{aligned}$$

余下的刚性部分与情形 (1) 的证明类似, 从略. □

推论 2.2.11　令 $R:\mathbb{R}\to \mathrm{Sym}(E)$ 是曲率算子, 相应的 Jacobi 方程在 $[0,r]$ 上无共轭点, 且存在 $\beta>0$, 使得

$$-\beta^2 I\leqslant R(t),\quad t\in[0,r].$$

若 A 是满足 $A(0)=0,\dot{A}(0)=I$ 的 Jacobi 张量, 则有

$$-\beta\coth\beta(r-t)\leqslant \dot{A}(t)A^{-1}(t)\leqslant \beta\coth\beta t,\quad t\in(0,r).$$

证明　由命题 2.2.10(1) 知, 对于 $0\neq x\in E$, 函数

$$t\longmapsto \frac{\langle A(t)x,A(t)x\rangle}{\frac{1}{\beta}\sinh^2\beta t}$$

单调递减, 故

$$\langle \dot{A}(t)x,A(t)x\rangle\frac{1}{\beta}\sinh^2\beta t-\langle A(t)x,A(t)x\rangle\sinh\beta t\cosh\beta t\leqslant 0,\tag{2.2.26}$$

因为 Jacobi 方程在在 $[0,r]$ 上无共轭点, 故 $\det A(t)\neq 0$, 在 $t\in(0,r]$ 上 (2.2.26) 诱导我们定义 $A(t)x=y$ (固定 t), 故 (2.2.26) 相当于

$$\langle \dot{A}(t)A^{-1}(t)y,y\rangle\frac{1}{\beta}\sinh^2\beta t\leqslant\langle y,y\rangle\sinh\beta t\cosh\beta t,\quad y\in E.$$

$$\Leftrightarrow\langle \dot{A}(t)A^{-1}(t)y,y\rangle\leqslant\beta\|y\|^2\coth\beta t,\quad y\in E.\tag{2.2.27}$$

我们注意到变换 $A(t)x=y$ 是要固定 t 的, 但对于每个 t 都可以进行该变换. 故 (2.2.27) 对 $t\in(0,r)$ 都是成立的.

(2.2.27) 相当于

$$\langle \dot{A}(t)A^{-1}(t)y,y\rangle\leqslant\langle\beta(\coth\beta t)y,y\rangle,$$

故有

$$\dot{A}(t)A^{-1}(t)\leqslant\beta(\coth\beta t)I,\quad t\in(0,r].\tag{2.2.28}$$

下面来研究 $\dot{A}(t)A^{-1}(t)$ 的下界.

记 $B(t)$ 是 Jacobi 方程 $\ddot{B}(t)+R(t)B(t)=0$ 的满足初值条件 $B(r)=0,\dot{B}(r)=-I$ 的解. 令 $C(t)=B(r-t)$, 则 $C(t)$ 满足方程

$$\ddot{C}(t)+R(r-t)C(t)=0,$$

且初值为 $C(0)=0,\dot{C}(0)=-\dot{B}(r)=\mathrm{I}$. 由 (2.2.28), 有

$$\dot{C}(t)C^{-1}(t)\leqslant\beta\coth\beta tI,\quad t\in[0,r],\tag{2.2.29}$$

(2.2.29) 相当于

$$-\dot{B}(r-t)B^{-1}(r-t) \leqslant \beta \coth \beta t, \quad t \in (0,r). \tag{2.2.30}$$

令 $s=r-t$, 则 (2.2.30) 相当于

$$-\beta \coth \beta(r-s) \leqslant \dot{B}(s)B^{-1}(s), \quad s \in (0,r). \tag{2.2.31}$$

由 (2.2.31), 只需要证明

$$\dot{B}(t)B^{-1}(t) \leqslant \dot{A}(t)A^{-1}(t), \quad t \in (0,r)$$

即可. 为此构造曲线

$$J(s)=\begin{cases} A(s)A^{-1}(t)x, & s \in [0,t], \\ B(s)B^{-1}(t)x, & s \in [t,r], \end{cases}$$

则 $0 \neq J(s) \in V^0$ (引理 2.2.10), 故有

$$0 < I_{[0,r]}(J,J) = \langle \dot{A}(t)A^{-1}(t)x, x\rangle - \langle \dot{B}(t)B^{-1}(t)x, x\rangle.$$

故 (2.2.31) 成立. 故本推论成立. □

注 2.2.12 令 $U(t)=\dot{A}(t)A^{-1}(t)$, 则有

$$\dot{U}(t)+R(t)+U^2(t)=0.$$

引理 2.2.11 令 $T \geqslant 1, \beta > 0$, 设曲率算子 $R:\mathbb{R} \to \mathrm{Sym}(E)$ 在 $[-1,T+1]$ 上无共轭点, 且 $-\beta^2 I \leqslant R(t)$, 则存在常数 $\rho=\rho(\beta)>0$, 使得对所有的满足初值条件 $J(0)=0, \|\dot{J}(0)\|=1$ 的 Jacobi 场, 有

$$\|J(r)\| \geqslant \rho, \quad r \in [1,T].$$

证明 任取 $r \in [1,T], r$ 一经取定后就固定不变. 下面来构造向量场

$$X:[-1,r+1] \to E,$$
$$t \mapsto X(t)=\begin{cases} 0, & -1 \leqslant t \leqslant 0, \\ J(t), & 0 < t \leqslant r, \\ (1-(t-r))J(r), & r < t \leqslant r+1. \end{cases}$$

则

$$0 < I_{[-1,r+1]}(X,X)$$

$$=\langle \dot{J}(r), J(r)\rangle + \langle J(r), J(r)\rangle - \int_r^{r+1} \langle R(t)X(t), X(t)\rangle dt.$$

由推论 2.2.11, 对于满足初值条件

$$A(0)=0, \quad \dot{A}(0)=I$$

的 Jacobi 张量 A, 有

$$\begin{aligned}\|\dot{A}(r)\| &\leqslant \|\dot{A}(r)A^{-1}(r)\cdot A(r)\| \\ &\leqslant \|\dot{A}(r)A^{-1}(r)\|\cdot\|A(r)\| \\ &\leqslant \beta\|A(r)\|\coth\beta.\end{aligned}$$

因而, 有

$$\|\dot{J}(r)\| \leqslant \beta'\|J(r)\|,$$

其中 $\beta'=\beta\cdot\coth\beta$, 这表明对指标形式 $I=I_{[-1,r+1]}$, 有

$$\begin{aligned}0 < I_{(X,X)} &\leqslant \|J(r)\|^2(\beta'+1) + \beta^2\int_r^{r+1}\langle X(t), X(t)\rangle dt \\ &= \|J(r)\|^2\left(\beta'+1+\beta^2\int_r^{r+1}(1-(t-r))^2 dt\right) \\ &= \|J(r)\|^2\left(\beta'+1+\frac{\beta^2}{3}\right).\end{aligned}$$

现在, 作一新的向量场 Y, 使得 $I_{(X,X)}$ 是一个常数.

$$\begin{aligned}&Y:[-1,r+1]\to E,\\ &t\mapsto Y(t)=\begin{cases}(1-t^2)\dot{J}(0), & -1\leqslant t\leqslant 1,\\ 0, & 1<t\leqslant r+1.\end{cases}\end{aligned}$$

对 X 和 Y, 有

$$I(X,Y)=\langle \dot{X}(r^-), Y(r^-)\rangle - \langle \dot{X}(0^+), Y(0)\rangle = -\langle \dot{J}(0), \dot{J}(0)\rangle = -1.$$

进而, 有

$$\begin{aligned}0 < I(Y,Y) &= -\int_{-1}^{r}\langle \ddot{Y}(t)+R(t)Y(t), Y(t)\rangle dt \\ &= -\int_{-1}^{1}\langle -2\dot{J}(0), (1-t^2)\dot{J}(0)\rangle dt - \int_{-1}^{1}\langle R(t)Y(t), Y(t)\rangle dt\end{aligned}$$

$$\leqslant 2\int_{-1}^{1}(1-t^2)dt+\beta^2\int_{-1}^{1}(1-t^2)^2dt$$
$$=\frac{8}{3}+\frac{16}{15}\beta^2.$$

任取 $\lambda\in\mathbb{R}$, 有

$$I(X+\lambda Y,X+\lambda Y)=I(X,X)+2\lambda I(Y,X)+\lambda^2(Y,Y).$$

由于在 $[-1,T+1]$ 上无共轭点, 故当将上式看成关于 λ 的一元二次方程时, 其必无实根, 因而

$$I(X,X)I(Y,Y)>I(Y,X)^2=1.$$

故得

$$\|J(r)\|^2\geqslant\frac{1}{I(Y,Y)\left(\beta\cdot\coth\beta+1+\dfrac{\beta^2}{3}\right)}$$
$$\geqslant\frac{1}{\left(\dfrac{8}{3}+\dfrac{16}{15}\beta^2\right)\left(\beta\cdot\coth\beta+1+\dfrac{\beta^2}{3}\right)}.$$

记

$$\rho=\frac{1}{\sqrt{\left(\dfrac{8}{3}+\dfrac{16}{15}\beta^2\right)\left(\beta\cdot\coth\beta+1+\dfrac{\beta^2}{3}\right)}},$$

则有

$$\|J(r)\|\geqslant\rho.$$

我们注意到 ρ 是与 r 的选取无关的一个常数, 又由 r 的任意性, 知

$$\|J(r)\|\geqslant\rho,\quad r\in[1,T].$$

□

2.2.3 测地流的一致双曲性

引理 2.2.12 设曲率算子 $R:\mathbb{R}\to\mathrm{Sym}(E)$ 在 $[-1,\infty)$ 上无共轭点, S_r 表示满足 $S_r(0)=\mathrm{I},S_r(r)=0$ 的 Jacobi 张量, 则极限

$$S(t)\triangleq\lim_{r\to\infty}S_r(t),\quad t\geqslant 0$$

存在, 且对 $t\geqslant 0,S(t)$ 非奇异.

证明　由于 S_r 是 Jacobi 张量, 故

$$\Omega(S_r(t), S_r(t)) = \text{const},$$

故有

$$\Omega(S_r(t), S_r(t)) = \Omega(S_r(r), S_r(r)) = 0.$$

故对时刻 $t = 0$, 亦有

$$0 = \Omega(S_r(0), S_r(0)),$$

所以

$$\dot{S}_r^{\mathrm{T}}(0) = \dot{S}_r(0).$$

故

$$\dot{S}_r(0) \in \mathrm{Sym}(E).$$

下面我们来说明：映射

$$r \to \dot{S}_r(0)$$

是严格递增的, 即 $\forall 0 \neq x \in E, \forall 0 \leqslant r \leqslant l$, 有

$$\langle \dot{S}_r(0)x, x\rangle < \langle \dot{S}_l(0)x, x\rangle. \tag{2.2.32}$$

事实上, 若令

$$X(t) = \begin{cases} S_r(t)x, & 0 \leqslant t \leqslant r, \\ 0, & r \leqslant t \leqslant l. \end{cases}$$

记 $J(t) = S_l(t)x$, 则由 Jacobi 场的极小性 (推论 2.2.9), 有

$$I_{[0,l]}(J, J) < I_{[0,l]}(X, X),$$

即

$$-\langle \dot{S}_l(0)x, x\rangle < -\langle \dot{S}_r(0)x, x\rangle.$$

因此 (2.2.32) 成立.

另一方面, $\dot{S}_r(0)$ 有上界 $\dot{S}_{-1}(0)$. 事实上, 若令

$$J(t) = \begin{cases} S_{-1}(t)x, & -1 \leqslant t \leqslant 0, \\ S_r(t)x, & 0 \leqslant t \leqslant r, \end{cases}$$

则 $J(t) \neq 0$ 且 $J(t) \in V^0$ (见引理 2.2.10), 故由引理 2.2.10 知

$$I_{[-1,r]}(J, J) > 0,$$

即

$$\langle \dot{S}_{-1}(0)x, x\rangle - \langle \dot{S}_r(0)x, x\rangle > 0,$$

故

$$\dot{S}_{-1}(0) > \dot{S}_r(0).$$

综上可知, $\dot{S}_r(0)$ 关于 r 递增, 且以 $\dot{S}_{-1}(0)$ 为上界. 故 $\lim\limits_{r\to\infty} \dot{S}_r(0) \triangleq A$ 存在.

记 $B(t)$ 为满足初值条件

$$B(0) = \mathrm{I}, \quad \dot{B}(0) = A$$

的 Jacobi 张量. 由于 Jacobi 张量 S 完全由初值 $S(0)$ 和 $\dot{S}(0)$ 确定, 故知 $B(t) = S(t)$. 下面来证明 $\det S(t) \neq 0, t \geqslant 0$.

采用反证法. 假设存在 $r > 0$ 使得 $\det S(r) = 0$, 则存在 $0 \neq x \in E$, 使得

$$S(r)x = 0.$$

对 Jacobi 场 $J_1(t) = S(t)x$ 和 $J_2 = S_r(t)x$, 有

$$J_1(0) = x = J_2(0),$$

$$J_1(r) = 0 = J_2(r).$$

因为 Jacobi 方程在 $[-1, \infty)$ 上无共轭点, 则由命题 1.1.26 知

$$J_1(t) = J_2(t), \quad t \geqslant 0,$$

即

$$S(t)x = S_r(t)x.$$

则 $\dot{S}(0) = \dot{S}_r(0)$, 这将与 $\dot{S}_r(0)$ 严格递增且 $\lim_{r\to\infty} \dot{S}_r(0) = \dot{S}(0)$ 矛盾! □

注 2.2.13 用 $A(t)$ 表示满足初值条件

$$A(0) = 0, \quad \dot{A}(0) = I$$

的 Jacobi 张量, Green 证明了

$$S_r(t) = A(t) \int_t^r A^{-1}(u)[A^{-1}(u)]^{\mathrm{T}} du, \quad t > 0,$$

$$S(t) = A(t) \int_t^\infty A^{-1}(u)[A^{-1}(u)]^{\mathrm{T}} du.$$

定义 2.2.6 若 $R:\mathbb{R}\to \mathrm{Sym}(E)$ 无共轭点, 称

$$S(t)\triangleq \lim_{r\to\infty} S_r(t)$$

为稳定 Jacobi 张量, 称稳定 Jacobi 张量对应的 Jacobi 场为稳定 Jacobi 场; 称

$$U(t)=\lim_{r\to\infty} S_{-r}(t)$$

为不稳定 Jacobi 张量, 称不稳定 Jacobi 张量对应的 Jacobi 场为不稳定 Jacobi 场.

易见, $U(t)=S(-t)$.

引理 2.2.13 (1) 设 $R(t)\leqslant -\alpha^2 I, \alpha>0$, 则对于 $t\geqslant 0$, 有

$$\|S(t)x\|\leqslant e^{-\alpha t}\|x\|,\quad \|S(-t)x\|\geqslant e^{\alpha t}\|x\|, \tag{2.2.33}$$

$$\|U(t)x\|\geqslant e^{\alpha t}\|x\|,\quad \|U(-t)x\|\leqslant e^{-\alpha t}\|x\|. \tag{2.2.34}$$

(2) 设 $-\beta^2 I\leqslant R(t), \beta>0$, 且 R 无共轭点, 则对于 $t\geqslant 0$, 有

$$e^{-\beta t}\|x\|\leqslant \|S(t)x\|,\quad \|S(-t)x\|\leqslant e^{\beta t}\|x\|, \tag{2.2.35}$$

$$\|U(t)x\|\leqslant e^{\beta t}\|x\|,\quad \|U(-t)x\|\geqslant e^{-\beta t}\|x\|. \tag{2.2.36}$$

证明 对于 $r>0$, 考察 Jacobi 方程

$$\ddot{A}(s)+R(r-s)A(s)=0$$

满足 $A(0)=0, \dot{A}(0)=\mathrm{I}$ 的解 $A(t)$, 我们断言

$$S_r(t)=A(r-t)A^{-1}(r). \tag{2.2.37}$$

事实上, $A(r-t)A^{-1}(r)$ 满足 Jacobi 方程

$$\ddot{B}(t)+R(t)B(t)=0,$$

且满足条件 $A(r-0)A^{-1}(r)=I, A(r-r)A^{-1}(r)=0$, 又由于 $R(t)\leqslant -\alpha^2 I$, 故无共轭点, 故 (2.2.37) 成立.

应用 Raugh 比较定理 (命题 2.2.10 (1)), 对于 $0\neq x\in E$, 知

$$\frac{A(s)x}{\sinh \alpha s}$$

当 $s\geqslant 0$ 时是增函数, 故当 $0\leqslant t\leqslant r$ 时, 有

$$\left\|S_r(t)\frac{A(r)x}{\|A(r)x\|}\right\|=\frac{\|A(r-t)x\|}{\|A(r)x\|}\leqslant \frac{\sinh\alpha(r-t)}{\sinh\alpha r}. \tag{2.2.38}$$

对 $t \geqslant 0$, 有

$$\frac{\sinh\alpha(r+t)}{\sinh\alpha r} \leqslant \frac{\|A(r+t)x\|}{\|A(r)x\|} = \left\| S_r(-t)\frac{A(r)x}{\|A(r)x\|} \right\|. \tag{2.2.39}$$

由于 $R(t) \leqslant -\alpha^2 I$, 该流形是负曲率的黎曼流形, 故无共轭点, 故 $\det A(r) \neq 0, r > 0$. 故由 (2.2.38) 知, $\forall y \in E, 0 \leqslant t \leqslant r$, 有

$$\|S_r(t)y\| \leqslant \frac{\sinh\alpha(r-t)}{\sinh\alpha r}\|y\|. \tag{2.2.40}$$

由 (2.2.39) 知, $\forall y \in E, t \geqslant 0$, 有

$$\|S_r(-t)y\| \geqslant \frac{\sinh\alpha(r+t)}{\sinh\alpha r}\|y\|. \tag{2.2.41}$$

在 (2.2.40) 和 (2.2.41) 中令 $r \to \infty$, 则得 (2.2.33).

利用 $U(t) = S(-t)$, 由 (2.2.32), 易得 (2.2.34).

下面来证 (2.2.35) 和 (2.2.36).

应用 Raugh 比较定理 (命题 2.2.10 (2)), 知函数

$$\frac{A(t)x}{\sinh\beta t}$$

当 $t \geqslant 0$ 时是减函数, 同上面类似地, 任取 $0 \neq x \in E, 0 \leqslant t \leqslant r$, 有

$$\left\| S_r(t)\frac{A(r)x}{\|A(r)x\|} \right\| = \frac{\|A(r-t)x\|}{\|A(r)x\|} \geqslant \frac{\sinh\beta(r-t)}{\sinh\beta r}; \tag{2.2.42}$$

对 $t \geqslant 0$, 有

$$\left\| S_r(-t)\frac{A(r)x}{\|A(r)x\|} \right\| = \frac{\|A(r+t)x\|}{\|A(r)x\|} \leqslant \frac{\sinh\beta(r+t)}{\sinh\beta r}. \tag{2.2.43}$$

由于已知 R 无共轭点, 故 $\forall r > 0$, 有 $\det A(r) \neq 0$, 故 (2.2.42) 和 (2.2.43) 表明: $\forall y \in E$, 有

$$\|S_r(t)y\| \geqslant \frac{\sinh\beta(r-t)}{\sinh\beta r}, \quad 0 \leqslant t \leqslant r,$$

$$\|S_r(-t)y\| \leqslant \frac{\sinh\beta(r+t)}{\sinh\beta r}, \quad t \geqslant 0.$$

在上两式中令 $r \to \infty$, 得 (2.2.35). 由 $U(t) = S(-t)$, 可得 (2.2.36). □

引理 2.2.14 设曲率算子 $R(t) \geqslant -\beta^2 I\ (\beta > 0)$, 且 R 无共轭点, 则 $\forall t \in \mathbb{R}$, 有

$$\|\dot{S}(t)S^{-1}(t)\| \leqslant \beta, \quad \|\dot{U}(t)U^{-1}(t)\| \leqslant \beta.$$

证明 证明的思路是利用推论 2.2.11. 由 (2.2.37) 知

$$S_r(t) = A(r-t)A^{-1}(r),$$

则

$$\dot{S}_r(t)S_r^{-1}(t) = -\dot{A}(r-t)A^{-1}(r-t).$$

而 $U_r(t) = S_{-r}(t) = S_r(-t)$, 故

$$\dot{U}_r(t)U_r^{-1}(t) = \dot{A}(r+t)A^{-1}(r+t).$$

由推论 2.2.11 知

$$\dot{S}_r(t)S_r^{-1}(t) = -\dot{A}(r-t)A^{-1}(r-t) \geqslant -\beta\coth\beta(r-t), \tag{2.2.44}$$

$$\dot{U}_r(t)U_r^{-1}(t) = \dot{A}(r+t)A^{-1}(r+t)\beta \leqslant \beta\coth\beta(r+t). \tag{2.2.45}$$

下面证明 $\forall t \in \mathbb{R}$, 有

$$\dot{S}_r(t)S_r^{-1}(t) < \dot{U}_r(t)U_r^{-1}(t). \tag{2.2.46}$$

固定 t, 作 Jacobi 场 $(0 \neq x \in E)$

$$J(s) = \begin{cases} U_r(s+t)U_r^{-1}(t)x, & -t-r \leqslant s \leqslant 0, \\ S_r(s+t)S_r^{-1}(t), & 0 \leqslant s \leqslant r-t. \end{cases}$$

则 $J(s) \in V^0$, 由引理 2.2.10, 得

$$0 < I_{[-t-r,r-t]}(J,J) = \langle \dot{U}_r(t)U_r^{-1}(t)x, x\rangle - \langle \dot{S}_r(t)S_r^{-1}(t)x, x\rangle. \tag{2.2.47}$$

故 (2.2.46) 成立. 再由 (2.2.44)—(2.2.45), 知

$$-\beta\coth\beta(r-t) \leqslant \dot{S}_r(t)S_r^{-1}(t) < \dot{U}_r(t)U_r^{-1}(t) \leqslant \beta\coth\beta(r+t),$$

上式两侧令 $r \to \infty$, 有

$$-\beta \leqslant \dot{S}(t)S^{-1}(t) \leqslant \dot{U}(t)U^{-1}(t) \leqslant \beta.$$

□

考察 (2.2.15) 所定义的辛映射

$$\begin{aligned} &\Psi_{t,0} : E \times E \to E \times E, \\ &z = (z_1, z_2) \mapsto \Psi_{t,0}(z) = (J_z(t), \dot{J}_z(t)), \end{aligned} \tag{2.2.48}$$

其中 $J_z(t)$ 是满足初值条件 $(J_z(0),\dot{J}_z(0))=z=(z_1,z_2)$ 的 Jacobi 场. 若 Jacobi 场方程无共轭点, 我们定义稳定子空间 E^s 和不稳定子空间 E^u 如下:

$$E^s\triangleq\{(x,\dot{S}(0)x)|x\in E\},$$

$$E^u\triangleq\{(x,\dot{U}(0)x)|x\in E\}.$$

下面的命题说明了 E^s 和 E^u 的名称的意义. 为了使记号简单, 记 $\Psi_{t,0}$ 为 Ψ_t.

命题 2.2.14 设存在常数 $0<\alpha<\beta$, 使得

$$-\beta^2I\leqslant R(t)\leqslant-\alpha^2I,$$

则 $E^s\oplus E^u=E\times E$, 且存在 $0<B\leqslant A$, 使得

(1) $\forall z\in E^s$, 有

$$Be^{-\beta t}\|z\|\leqslant\|\Psi_t(z)\|\leqslant Ae^{-\alpha t}\|z\|; \tag{2.2.49}$$

(2) $\forall z\in E^u$, 有

$$Be^{\alpha t}\|z\|\leqslant\|\Psi_t(z)\|\leqslant Ae^{\beta t}\|z\|, \tag{2.2.50}$$

其中 $\|z\|=\sqrt{\|x\|^2+\|y\|^2}, z=(x,y)\in E\times E$.

证明 设 $z=(x,\dot{S}(0)x)\in E^s\subset E\times E$, 用 J_z 表示满足初值条件

$$(J_z(0),\dot{J}_z(0))=(x,\dot{S}(0)x)=(S(0)x,\dot{S}(0)x)$$

的 Jacobi 场. 由于 $S(t)$ 是 Jacobi 张量, 由 Jacobi 场与 Jacobi 张量之间的关系, 有

$$(J_z(t),\dot{J}_z(t))=(S(t)x,\dot{S}(t)x).$$

由 Ψ_t 的定义 (2.2.48), 有

$$\Psi_t(x,\dot{S}(0)x)=(J_z(t),\dot{J}_z(t))=(S(t)x,\dot{S}(t)x),$$

故有

$$e^{-\beta t}\|x\|\leqslant\|S(t)x\|\leqslant\|\Psi_t(x,\dot{S}(0)x)\|\leqslant\|S(t)x\|\sqrt{1+\frac{\|\dot{S}(t)x\|^2}{\|S(t)x\|}}. \tag{2.2.51}$$

而

$$\|\dot{S}(t)x\|=\|\dot{S}(t)S^{-1}(t)S(t)x\|\leqslant\|\dot{S}(t)S^{-1}(t)\|\cdot\|S(t)x\|,$$

由引理 2.2.14, 有

$$\frac{\|\dot{S}(t)x\|}{\|S(t)x\|}\leqslant\|\dot{S}(t)S^{-1}(t)\|\leqslant\beta.$$

故有

$$\|x\| \leqslant \|z\| = \|(x, \dot{S}(0)x)\| = \sqrt{\|x\|^2 + \|\dot{S}(0)x\|^2}$$

$$= \|x\|\sqrt{1 + \frac{\|\dot{S}(0)x\|^2}{\|x\|^2}} \leqslant \|x\|\sqrt{1+\beta^2}. \tag{2.2.52}$$

由 (2.2.52), (2.2.51) 和 (2.2.33), 有

$$\frac{1}{\sqrt{1+\beta^2}}e^{-\beta t}\|z\| \leqslant \|\Psi_t z\| \leqslant \sqrt{1+\beta^2}e^{-\alpha t}\|z\|.$$

故 (2.2.49) 成立.

类似地, (2.2.50) 亦成立.

由于 $\dim E^s = \dim E = \dim E^u$, 为证

$$E^s \oplus E^u = E \times E,$$

只需证明

$$E^s \cap E^u = \{0\}.$$

采用反证法. 设 $0 \neq z \in E^s \cap E^u$, 则 z 同时满足 (2.2.49) 和 (2.2.50) 两式, 易得 $z = 0$. □

定义 2.2.7　设 (M, g) 为 $(n+1)$ 维完备黎曼流形, $\|\cdot\|$ 是 TSM 上由 Sasaki 度量诱导的范数. 称测地流

$$\varphi^t : SM \to SM$$

是一个 Anosov 流, 若存在常数 $k > 0, C > 0$ 及不变分解

$$T_\theta SM = E^s(\theta) \oplus E^\varphi(\theta) \oplus E^u(\theta),\quad \theta \in SM,$$

其中 $E^\varphi = \mathrm{Span}\{G_\theta\}, G_\theta$ 是测地向量场. 并且有

$$\|d\varphi_\theta^t \xi\| \leqslant Ce^{-kt}\|\xi\|,\quad t \geqslant 0,\ \xi \in E^s(\theta), \tag{2.2.53}$$

$$\|d\varphi_\theta^{-t} \xi\| \leqslant Ce^{-kt}\|\xi\|,\quad t \geqslant 0,\ \xi \in E^u(\theta). \tag{2.2.54}$$

注 2.2.15　(1) 若 M 紧, 则此定义不依赖于范数 $\|\cdot\|$ 的选取. 因为紧流形上所有的黎曼度量都等价.

(2) $E^s(\theta) \subseteq (E^\varphi(\theta))^\perp \triangleq N(\theta), E^u(\theta) \subseteq (E^\varphi(\theta))^\perp \triangleq N(\theta)$.

事实上, $d\varphi^t$ 在 E^φ 上是等距映射. 这是因为 $\forall (v, 0) \in E^\varphi$, 有 $d\varphi^t(v, 0) = (\dot{\gamma}_v(t), 0)$, 故

$$\|(v,0)\| = \sqrt{\|v\|^2 + 0^2} = \|v\| = \|\dot{\gamma}_v(t)\| = \sqrt{\|\dot{\gamma}_v(t)\| + 0^2} = \|(\dot{\gamma}_v(t), 0)\|.$$

任取 $\xi \in E^s(\theta), \theta = (x, v) \in SM, \xi = (\xi_h, \xi_v)$, 则

$$\langle\langle \xi, (v, 0)\rangle\rangle = \langle \xi_h, v\rangle.$$

若 $\langle\langle \xi, (v, 0)\rangle\rangle \neq 0$, 即 $\langle \xi_h, v\rangle \neq 0$, 将 v 扩充成 T_xM 的一组单位正交基

$$\{e_1, \cdots, e_n, v\},$$

则 $\langle \xi_h, v\rangle \neq 0$ 表明

$$\xi_h = \sum_{i=1}^{n} k_i e_n + kv, \quad k \neq 0.$$

通过平行移动, 将 $\{e_1, \cdots, e_n, v\}$ 扩充成沿测地线 γ_v 定义的一族平行正交基

$$\{e_1(t), \cdots, e_n(t), \gamma_v'(t)\}.$$

对 ξ, 有

$$\langle\langle d\varphi_\theta^t \xi, (\gamma_v'(t), 0)\rangle\rangle = k = \langle \xi_h, v\rangle = \langle\langle \xi, (v, 0)\rangle\rangle.$$

但当 $t \to \infty$ 时, 由 (2.2.53) 知上式趋于 0. 矛盾! 故

$$E^s(\theta) \subseteq (E^\varphi(\theta))^\perp \triangleq N(\theta).$$

同理可得另一式.

(3) 由引理 2.2.3 知, ω 在 φ_t 下不变, 而 E^s 与 E^u 是 φ_t-不变的子丛, 故由 (2.2.53) 和 (2.2.54) 及

$$\omega(\xi, \eta) \leqslant \|\xi\|\|\eta\|$$

可知

$$\omega|_{E^s \times E^s} = 0, \quad \omega|_{E^u \times E^u} = 0.$$

故 E^s 与 E^u 均为迷向子丛. 因此

$$\dim E^s \leqslant n, \quad \dim E^u \leqslant n.$$

但

$$E^s(\theta) \oplus E^u(\theta) = N(\theta) = (E^\varphi(v))^\perp,$$

故 $\dim E^s(\theta) + \dim E^u(\theta) = 2n$. 故 E^s 与 E^u 都是拉格朗日子丛.

命题 2.2.16 设 (M, g) 是完备黎曼流形且截面曲率 k 满足

$$-\beta^2 \leqslant k \leqslant -\alpha^2,$$

其中 $\beta \geqslant \alpha > 0$ 为常数, 则测地流 φ^t 是 Anosov 流.

证明 对任意的 $\theta=(x,v)\in SM$, 取测地线 γ_v 上的一族平行的单位正交向量场

$$\{E_1(t),\cdots,E_n(t),E_{n+1}(t)=\gamma_v'(t)\}.$$

记

$$E(t)=\mathrm{Span}\{E_1(t),\cdots,E_n(t)\},$$

则有 $N(\varphi_t\theta)\cong E(t)\oplus E(t)$, 作映射

$$\begin{aligned}\rho_t:\mathbb{R}^n\times\mathbb{R}^n&\to E(t)\oplus E(t)\cong N(\varphi_t\theta),\\(x,y)&\mapsto\left(\sum_{i=1}^n x_iE_i(t),\sum_{j}^n y_jE_j(t)\right),\end{aligned}$$

则 ρ_t 是一个等距映射 ($\mathbb{R}^n\times\mathbb{R}^n$ 取平坦度量, $N(\varphi_t\theta)$ 取 Sasaki 度量).

取前文中 Ψ_t 的定义中的 E 为标准的欧氏空间 $\mathbb{R}^n$, 则有

$$d\varphi^t=\rho_t\circ\Psi_t\circ\rho_0^{-1},$$

其中

$$\begin{aligned}\Psi_t:\mathbb{R}^n\times\mathbb{R}^n&\to\mathbb{R}^n\times\mathbb{R}^n,\\z=(x,y)&\mapsto(J_z(t)\dot{J}_z(t))\end{aligned}$$

是 Jacobi 方程

$$\ddot{J}(t)+R(t)J(t)=0$$

满足 $(J_z(0),\dot{J}_z(0))=z=(x,y)$ 的解, 这里

$$R(t)=(R_{ij}(t))_{n\times n},$$

其中

$$R_{ij}(t)=\langle R(\gamma_v'(t),E_i(t))\gamma_v'(t),E_j(t)\rangle,\quad i,j=1,\cdots,n.$$

而

$$-\beta^2\leqslant k\leqslant-\alpha^2\Leftrightarrow-\beta^2I\leqslant R(t)\leqslant-\alpha^2I,$$

故由命题 2.2.14 知, 存在分解

$$\mathbb{R}^n\times\mathbb{R}^n\cong E^s\oplus E^u,$$

使得 $\forall z\in E^s$, 有

$$Be^{-\beta t}\|z\|\leqslant\|\Psi_t(z)\|\leqslant Ae^{-\alpha t}\|z\|,$$

$\forall z \in E^u$, 有

$$Be^{\alpha t}\|z\| \leqslant \|\Psi_t(z)\| \leqslant Ae^{\beta t}\|z\|.$$

令

$$E^s(\theta) = \rho_0^{-1}E^s, \quad E^u(\theta) = \rho_0^{-1}E^u,$$

由于 ρ_t, ρ_0 均为等距, 可得 (2.2.53) 和 (2.2.54). □

2.3　曲面上有横截同宿联络的测地流

设 (M, g) 是一个 2 维光滑黎曼流形 (即曲面), 记

$$\varphi_t : SM \to SM$$

是其对应的测地流. 任取 $v \in SM$, 称 v 为测地流的*周期点*, 若存在 $t > 0$, 使得

$$\varphi_t v = v.$$

一个周期点称为*双曲周期点*, 若 Poincaré 回归映射在该周期点处双曲.

设 $v_a \in SM$ 为一个双曲周期点, 其*稳定流形*(stable manifold) 和*不稳定流形*(unstable manifold) 分别定义为

$$W^s(v_a) = \left\{ v \in SM \,\middle|\, \lim_{t\to+\infty} d(\varphi_t v, \varphi_t v_a) = 0 \right\},$$
$$W^u(v_a) = \left\{ v \in SM \,\middle|\, \lim_{t\to-\infty} d(\varphi_t v, \varphi_t v_a) = 0 \right\}.$$

任取 $v \in W^s(v_a)$, 称那些在点 v 处与 $W^s(v_a)$ 相切的向量 $\xi^s(v)$ 为*点 v 处的稳定向量*(stable vector at v), 点 v 处的全体稳定向量构成的集合记为 $X^s(v)$, 则

$$\lim_{t\to+\infty} \|d\varphi_t \xi^s(v)\| = 0, \quad \xi^s(v) \in X^s(v).$$

同一条轨道上的全体稳定向量构成一个关于测地流的不变集, 即 $\forall v \in W^s(v_a)$, 有

$$\varphi_t v \in W^s(\varphi_t v_a), \quad X^s(\varphi_t v) = d\varphi_t X^s(v).$$

类似地, 可定义*点 v 处的不稳定向量集* $X^u(v)$, 其中 $v \in W^u(v_a)$.

定义在 v_a 处的*弱稳定流形*(weak stable manifold of v_a) 和*弱不稳定流形*(weak unstable manifold of v_a) 分别为

$$W^{ws}(v_a) = \bigcup_{-\infty<t<+\infty} \varphi_t W^s(v_a),$$

$$W^{wu}(v_a) = \bigcup_{-\infty<t<+\infty} \varphi_t W^u(v_a).$$

一般地，定义一条周期轨道的稳定流形和不稳定流形分别为 $W^{ws}(v_a)$ 和 $W^{wu}(v_a)$, 其中 v_a 为该周期轨道上的任一点. 由流的不变性知, 该定义与 v_a 的选取无关!

定义 2.3.1　称测地流 φ_t 有一个同宿联络/异宿联络, 若存在双曲周期点 v_a, v_b, 且 $v_a = v_b / v_a \neq v_b$, 使得

$$W^{wu}(v_a) \cap W^{ws}(v_b) \neq \varnothing.$$

若 $W^{wu}(v_a) = W^{ws}(v_b)$, 则 $\forall v \in W^{wu}(v_a) = W^{ws}(v_b)$, 有

$$X^u(v) = X^s(v).$$

下面, 我们用 Jacobi 场来研究稳定向量、不稳定向量随时间是如何变化的.

$\forall v \in SM$, 存在 T_vSM 中的一个单位正交、右手系

$$\{\xi_v, \xi_{v^\perp}, \xi_\psi\},$$

其中, ξ_v 表示测地向量场的方向, $\xi_{v^\perp}$ 表示水平子空间的方向, ξ_ψ 表示垂直子空间的方向. 由于本节我们考虑的流形是曲面, 故水平子空间和垂直子空间都是 1 维的.

有了上述右手系后, 任取 $\xi = a\xi_{v^\perp} + b\xi_\psi$, 则

$$d\varphi_t\xi = J(t)\xi_{v^\perp} + \dot{J}(t)\xi_\psi, \tag{2.3.1}$$

其中 J 为满足初值

$$J(0) = a, \quad \dot{J}(0) = b$$

的 Jacobi 场.

在曲面的情形, Jacobi 方程为

$$\ddot{J}(t) + K(t)J(t) = 0, \tag{2.3.2}$$

其中 $K(t)$ 为 $\gamma_v(t)$ 处的 Gauss 曲率.

称 (2.3.1) 中的 $(J(t), \dot{J}(t))$ 为由 ξ 诱导的 Jacobi 场.

稳定向量和不稳定向量均落在 $\text{Span}\{\xi_{v^\perp}, \xi_\psi\}$ 中, 在基底 $\{\xi_{v^\perp}, \xi_\psi\}$ 下, 稳定向量和不稳定向量的坐标分别记为

$$(J_s(v), \dot{J}_s(v)) / (J_u(v), \dot{J}_u(v)).$$

定义稳定 Jacobi 场／不稳定 Jacobi 场分别为 (2.3.2) 的满足下述条件的解

$$\lim_{t\to+\infty} J(t)=0 \;/\; \lim_{t\to-\infty} J(t)=0.$$

稳定向量／不稳定向量均被其射影坐标

$$u_s=\frac{\dot{J}_s}{J_s}/\; u_u=\frac{\dot{J}_u}{J_u}$$

唯一确定. 因此, 当我们说 $\xi^s(v)=\xi^u(v)$ 时, 是指 $u_s(v)=u_u(v)$.

进一步, 可得 Riccati 方程

$$\dot{u}(t)=-K(t)-u^2(t).$$

当 $J(t^*)=0$ 时, Riccati 方程在 t^* 有奇点, 此时, 可取 Riccati 方程的解 $u(t)$ 满足

$$\lim_{t\to t^*_-} u(t)=-\infty,\quad \lim_{t\to t^*_+}=+\infty.$$

设 $v_a\in SM\ni v_b$ 为两个双曲周期点, 且

$$W^{wu}(v_a)=W^{ws}(v_b).$$

取 $v_0\in W^{wu}(v_a)=W^{ws}(v_b)$, 使得

$$M\ni\pi v_0\notin\gamma_{v_a}\cup\gamma_{v_b}.$$

我们将在 πv_0 的一个小邻域 U 内扰动黎曼度量, 该扰动要满足下面两个条件:

(1) U 要小到使得 γ_{v_0} 只穿过 U 一次;

(2) 该扰动保持测地线 γ_{v_0}, 但沿 γ_{v_0} 曲率增加.

对扰动后的度量而言,

$$v_0\in\widetilde{W}^{wu}(v_a)\cap\widetilde{W}^{ws}(v_b),$$

但, $\widetilde{W}^{wu}(v_a)$ 与 $\widetilde{W}^{ws}(v_b)$ 横截相交.

引理 2.3.1 *存在 $v_0\in W^{wu}(v_a)=W^{ws}(v_b)$ 及开邻域 $U(\pi v_0)\subset M$, 使得*

(i) $\gamma_{v_a}\subset M\setminus U\supset\gamma_{v_b}$;

(ii) γ_{v_0} *仅穿过 U 一次, 即存在 $t_1<0<t_2$, 使得*

$$\gamma_{v_0}(t_1)\in\partial U\ni\gamma_{v_0}(t_2),$$
$$\gamma_{v_0}(t)\in U\Leftrightarrow t_1<t<t_2;$$

(iii) $\varphi_t(v_0)$ *处的稳定向量满足*

$$J_s(\varphi_t v_0)\neq 0,\quad t\in(t_1,t_2).$$

证明　当一条测地线与自身横截相交时, 过自交点之后, 至少要跑单一半径 $\mathrm{Inj}(M)$ 那么远之后 (由于是单位速度, 这等价于说至少经过时间 $\mathrm{Inj}(M)$ 后), 才能再自交. 因而, 一条测地线至多包含可数多个自交点.

若测地线 γ 正向渐近于闭测地线 γ_{z_b}, 负向渐近于闭测地线 γ_{z_a}, 则除了有限的一段之外, γ 将会全部落入 γ_{v_a} 与 γ_{v_b} 的 ε-管状邻域中. 因此, 在 γ 的这有限的一段上, 至多只有有限个自交点.

取 ε 充分小, 取 v_0 使得 $\pi(v_0)$ 落在 γ_{v_a} 与 γ_{v_b} 的 ε-管状邻域之外, 且避开那 (可能存在的) 有限个自交点. 另外, $J_s(v_0)\neq 0$. (因为 Jacobi 场方程的零点离散, 所以这总可以取到).

取 U 足够小, 使得 $U\cap\gamma_{v_0}$ 不含这有限个自交点, 则本引理的结论都可满足. □

引理 2.3.2　*存在黎曼度量 g 的一个 C^2 光滑小扰动 $\widetilde{g}$, 使得*

(i) $\widetilde{g}|_{M\setminus U}=g|_{M\setminus U}$;

(ii) γ_{v_0} *仍为* $(M,\widetilde{g})$ *的测地线;*

(iii) $\widetilde{K}(\gamma_{v_0}(t))\geqslant K(\gamma_{v_0}(t)), t\in(t_1,t_2)$, *并且* $\widetilde{K}(\gamma_{v_0}(0))>K(\gamma_{v_0}(0))$, *其中* t_1,t_2 *见引理* 2.3.1;

(iv) $\sup|\widetilde{K}-K|$ *可以任意小.*

证明　取 $S_{\pi v_0}M$ 的一组单位正交标架 $\{E_0,E_1\}$, 使得

$$E_0=\dot{\gamma}_{v_0}(0),$$

记 $\{E_0(t),E_1(t)\}$ 为 $\{E_0,E_1\}$ 沿 γ_{v_0} 的平行移动, $t\in[-t_0,t_0]$.

定义映射

$$\begin{aligned}\Phi:[-t_0,t_0]\times\mathbb{R}&\to M,\\ (t,x)&\mapsto\exp_{\gamma_{v_0}(t)}xE_1(t).\end{aligned}$$

Φ 在 $(t,0)$ 处有最大秩, Φ 诱导的坐标系称为沿 γ_{v_0} 定义的 Fermi 坐标系 (也称法坐标系). 在 Fermi 坐标系 (t,x) 下, g 具有形式

$$\begin{aligned}g_{00}(t,0)&=1,\\ g_{10}(t,0)&=0=g_{01}(t,0),\\ g_{11}(t,0)&=1.\end{aligned}$$

由 Fermi 坐标系的性质, 知

$$\Gamma_{ij}^k(t,0)=0,$$

$$\frac{\partial g_{ij}}{\partial t}(t,0)=0=\frac{\partial g_{ij}}{\partial x}(t,0),$$

由此, 易推得

$$\frac{\partial g_{ij}}{\partial t\partial x}=0=\frac{\partial g_{ij}}{\partial x\partial t}.$$

事实上, 固定 t, 让 x 变化, 则得到从 $\gamma_{v_0}(t)$ 出发, 以 $E_1(t)$ 为初始速度的测地线, 故有

$$\begin{aligned}g_{11}(t,x)&=\langle\Phi_x,\Phi_x\rangle\\&=\langle\Phi_x,\Phi_x\rangle\mid_{(t,0)}\\&=\langle E_1(t),E_1(t)\rangle=1.\end{aligned}$$

由定义,

$$\begin{aligned}\frac{\partial g_{01}}{\partial x}(t;x)&=\frac{\partial}{\partial x}\langle\Phi_t,\Phi_x\rangle\\&=\langle\Phi_{xt},\Phi_x\rangle+\langle\Phi_t,\Phi_{xx}\rangle\\&=\langle\Phi_{xt},\Phi_x\rangle+0,\end{aligned}\tag{2.3.3}$$

$$0=\frac{\partial}{\partial t}\langle\Phi_x,\Phi_x\rangle=2\langle\Phi_{tx},\Phi_x\rangle.\tag{2.3.4}$$

将 (2.3.4) 代入 (2.3.3), 得

$$\frac{\partial g_{01}}{\partial x}(t,x)=0,$$

故

$$g_{01}(t,x)\equiv g_{01}(t,0)=0.$$

综上所述, 有

$$\begin{cases}g_{00}(t,0)=1,\\g_{01}(t,x)=0=g_{10}(t,x),\\g_{11}(t,x)=1.\end{cases}$$

由此, 根据曲面论中的基本公式, 推得

$$\frac{\partial^2 g_{00}}{\partial x\partial x}(t,0)=-2K(t,0).\tag{2.3.5}$$

我们将按照下述方式扰动 g, 得到新度量 $\widetilde{g}$. 注意, 扰动的范围是在此局部坐标系内, 即只在 $\Phi([-t_0,t_0]\times(-\varepsilon,\varepsilon))$ 内, 在该局部坐标系之外, 令 $\widetilde{g}=g$.

在此局部坐标系内, 扰动为

$$\begin{cases}\widetilde{g}_{00}(t,x)=g_{00}(t,x)+\alpha(t,x)x^2,\\\widetilde{g}_{01}(t,x)=g_{01}(t,x),\\\widetilde{g}_{11}(t,x)=g_{11}(t,x).\end{cases}$$

当然, 光滑函数 α 得满足一些边界性条件.

$$\begin{cases} \alpha(-t_0,x)=0=\alpha(t_0,x), \\ \alpha(t,-\varepsilon)=0=\alpha(t,\varepsilon). \end{cases}$$

在 γ_{v_0} 上, 即当 $x=0$ 时, 易验证有

$$\Gamma_{ij}^k|_{\gamma_{v_0}}=\widetilde{\Gamma}_{ij}^k|_{\gamma_{v_0}},$$

故 γ_{v_0} 在 $(M,\widetilde{g})$ 上亦是一条测地线.

通过计算, 易得

$$\widetilde{\Gamma}_{00}^i(t,0)=0,\quad i=0,1.$$

故易验证曲线 $(t,0)$ 和 (c,x) 均满足测地线方程, 故此 (t,x) 亦为 $(M,\widetilde{g})$ 的 Fermi 坐标系. 由 (2.3.5) 知, 沿 γ_{v_0} 的 Gauss 曲率 $\widetilde{K}$ 满足

$$\begin{aligned} 2\widetilde{K}(t,0)&=-\frac{\partial\widetilde{g}_{00}(t,0)}{\partial x\partial x}=-\frac{\partial g_{00}(t,0)}{\partial x\partial x}-2\alpha(t,0)\\ &=2K(t,0)-2\alpha(t,0). \end{aligned}$$

为了保证

$$\widetilde{K}(t,0)>K(t,0),$$

只需取

$$\alpha(t,0)<0.$$

我们给出 α 的一个具体形式, 比如, 取对称截断函数.

$$\alpha(t,x)=f(\sqrt{t^2+x^2})$$

而 f 满足

(1) $f(0)<0$;

(2) $\dfrac{\partial f}{\partial r}>0, r\in(0,R)$;

(3) $f(r)\equiv 0, r\geqslant R$;

(4) $\dfrac{\partial^k f}{\partial r^k}(0)=0=\dfrac{\partial^k f}{\partial r^k}(R), k>0$.

取 R 使得

$$\{\Phi(t,x)|t^2+x^2\leqslant R^2\}\subset U.$$

下面需要证明在 C^2 范数下, $\|\widetilde{g}-g\|$ 可任意小.

为此, 利用截断函数 $f_c(r)=\dfrac{1}{c^2}f(cr)$, 可以定义一族黎曼度量 $\{\widetilde{g}_c\}$, 由定义, 易得

$$\mathrm{supp} f_c \subseteq \left[0, \frac{R}{c}\right).$$

此时 $\Delta g_c=\widetilde{g}_c-g=f_c(r)\cdot x^2$, 则

$$\begin{aligned}\frac{\partial^2\Delta g_c}{\partial x^2}&=\frac{\partial^2 f_c}{\partial r^2}\left(\frac{\partial r}{\partial x}\right)^2x^2+\frac{\partial f_c}{\partial r}\frac{\partial^2 r}{\partial x^2}x^2+4x\frac{\partial f_c}{\partial r}\frac{\partial r}{\partial x}+2f_c\\&=\frac{\partial^2 f}{\partial r^2}\left(\frac{\partial r}{\partial x}\right)^2x^2+\frac{1}{c}\frac{\partial f}{\partial r}\frac{\partial^2 r}{\partial x^2}x^2+\frac{4}{c}\frac{\partial f}{\partial r}\frac{\partial r}{\partial x}x+\frac{2}{c^2}f.\end{aligned}$$

而 $|x|<\dfrac{R}{c}$, 故得

$$\lim_{c\to\infty}\frac{\partial^2\Delta g_c}{\partial x^2}=0.$$

□

定理 2.3.1 对 $(M,\widetilde{g})$ 而言, v_a 和 v_b 仍是其测地流 $\widetilde{\varphi}_t$ 的双曲周期点, 且 $\widetilde{W}^{wu}(v_a)$ 与 $\widetilde{W}^{ws}(v_b)$ 在点 v_0 处横截相交.

证明 由于 $\widetilde{g}$ 仅是对 g 在 U 内进行了小扰动, 而

$$\gamma_{v_a}\subset M\setminus U\supset\gamma_{v_b},$$

所以 γ_{v_a} 与 γ_{v_b} 仍为 $(M,\widetilde{g})$ 中的测地线, v_a, v_b 仍是测地流 $\widetilde{\varphi}_t$ 的双曲周期点. 由 $\widetilde{g}$ 的定义知, γ_{v_0} 仍为 $(M,\widetilde{g})$ 的测地线, 且正向渐近于 γ_{v_b}, 负向渐近于 γ_{v_a}, 所以

$$v_0\in\widetilde{W}^{wu}(v_a)\cap\widetilde{W}^{ws}(v_b).$$

为了证明 $\widetilde{W}^{wu}(v_a)$ 与 $\widetilde{W}^{ws}(v_b)$ 横截相交, 只需证明 $\widetilde{\xi}^s(v_0)\neq\widetilde{\xi}^u(v_0)$.

事实上, 由稳定向量场与不稳定向量场关于测地流的不变性知, 这等价于证明在测地流 $\widetilde{\varphi}_t$ 下, 不会把 $\widetilde{\xi}^u(v_1)$ 映成 $\widetilde{\xi}^s(v_2)$, 其中

$$v_1=\varphi_{t_1}v_0,\quad v_2=\varphi_{t_2}v_0,$$

t_1 与 t_2 的定义见见引理 2.3.1.

$\widetilde{\xi}^u(v_1)$ 的坐标 $(\widetilde{J}_u(v_1),\dot{\widetilde{J}_u}(v_1))$ 被曲率 $\widetilde{K}(\gamma_{v_1}(t))$ $(t<0)$ 唯一确定. 而当 $t<0$ 时, $\widetilde{K}(\gamma_{v_1}(t))=K(\gamma_{v_1}(t))$, 故

$$(\widetilde{J}_u(v_1),\dot{\widetilde{J}_u}(v_1))=(J_u(v_1),\dot{J}_u(v_1)).\tag{2.3.6}$$

或者, 等价地讲, $\widetilde{\xi}^u(v_1)$ 被 $\widetilde{K}(\gamma_{v_0}(t))$ $(t\leqslant t_1)$ 唯一确定, 但由于 $\widetilde{K}(\gamma_{v_0}(t))=K(\gamma_{v_0}(t))$ $(t\leqslant t_1)$, 故亦有 (2.3.6) 成立.

类似地, $\widetilde{\xi}^s(v_2)$ 的坐标被 $\widetilde{K}(\gamma_{v_0}(t))$ $(t \geqslant t_2)$ 唯一确定, 而当 $t \geqslant t_2$ 时, $\widetilde{K}(\gamma_{v_0}(t)) = K(\gamma_{v_0}(t))$, 故有

$$(\widetilde{J}_s(v_2), \dot{\widetilde{J}}_s(v_2)) = (J_s(v_2), \dot{J}_s(v_2)).$$

为了证明本定理, 需要下述断言.

断言 由于 $\widetilde{K}(\gamma_{v_1}(t)) \geqslant K(\gamma_{v_1}(t)), t \in (0, t_2 - t_1)$, 并且在某一点处不等号严格, 则 Riccati 方程

$$\dot{\widetilde{u}}(t) = -\widetilde{K}(\gamma_{v_1}(t)) - \widetilde{u}^2(t)$$

满足初值条件

$$\widetilde{u}(0) = \dot{\widetilde{J}}_u(v_1)/\widetilde{J}_u(v_1) = \dot{J}_u(v_1)/J_u(v_1) = u(0)$$

的解必满足不等式

$$\widetilde{u}(t_2 - t_1) \neq u(t_2 - t_1),$$

进而

$$d\varphi_{t_2 - t_1}\widetilde{\xi}^u(v_1) \neq \widetilde{\xi}^s(v_2).$$

注意, 此处我们没有用 $\widetilde{\varphi}_{t_2 - t_1}$, 是因为在 γ_{v_0} 上, $\widetilde{\varphi}$ 只不过是 φ 的一个重新参数化而已, 故而作用效果等同, 但对 $\widetilde{\varphi}$ 而言, 时间却不再是 $t_2 - t_1$ 了.

事实上, 记

$$\Delta u(t) = \widetilde{u}(t) - u(t),$$

$$\Delta K(t) = \widetilde{K}(\gamma_{v_1}(t)) - K(\gamma_{v_1}(t)).$$

由 Riccati 方程, 有

$$\Delta\dot{u}(t) = -\Delta u(t) \cdot (\widetilde{u}(t) + u(t)) - \Delta K(t). \tag{2.3.7}$$

由引理 2.3.1(3) 知, $u(t)$ 在 $(0, t_2 - t_1)$ 上有界. 而对充分接近于 g 的黎曼度量 $\widetilde{g}$, 由 u 有界, 可知 $\widetilde{u}(t)$ 在 $(0, t_2 - t_1)$ 亦有界. 由常微分方程的知识, (2.3.7) 满足 $\Delta u(0) = 0$ 的解为

$$\Delta u(t) = e^{-\int_0^t (\widetilde{u}(s) + u(s))ds} \int_0^t \left(-\Delta K(s) \cdot e^{\int_0^s (\widetilde{u}(l) + u(l))dl}\right) ds,$$

故 $\Delta u(t_1 - t_1) < 0$, 这是因为存在 $(0, t_2 - t_1)$ 中的一个小区间, 使得 $\Delta K(s) > 0$. □

综上所述, 我们证明了下述结论.

定理 2.3.2 任给一个 2 维光滑黎曼流形, 若其测地流有同宿 (或异宿) 联络, 则总可以构造一个新的光滑黎曼度量, 与原度量 C^2 接近, 使得其测地流有横截同宿 (或异宿) 联络.

第 3 章 测地流的遍历性

3.1 负曲率流形上测地流的遍历性

本章研究那些具有非正 (截面) 曲率的流形上的测地流关于 Liouville 测度的遍历性. 在 3.1 节中, 我们证明紧致、负曲率流形上的测地流关于 Liouville 测度是遍历的. 这是一个经典的结果, 对于测地流研究的动力系统方法, 甚至整个动力系统中双曲理论的发展来说都具有深刻的影响. 首先, Hopf(见 [69, 70]) 对二维负曲率曲面上的测地流和任意维具有常负数曲率流形上的测地流证明了遍历性, 他的证明方法现在被称为**Hopf 论证**. 后来 Anosov 和 Sinai(见 [2, 3]) 将 Hopf 论证推广到一般的负曲率流形上测地流和一般的保体积 Anosov 系统上去, 从而证明了遍历性. Hopf 论证的应用建立在动力系统的双曲性质之上. 一个简单的观察是一个不变的可测函数在每一条稳定流形和不稳定流形上 mod 0(即忽略掉一个零测集) 后都是常数, 又由于这些流形具有互补的维数, 因此可期望利用 Fubini 定理来得出该函数 mod 0 后是常数, 从而得到遍历性. 对于 Hopf 所考虑的二维情形和常负曲率情形, 容易知道 Fubini 定理是可以直接应用的. 而一般情形下的难点是: 稳定叶层和不稳定叶层并不是可微的, 因而不能直接应用 Fubini 定理. 这里稳定叶层和非稳定叶层的不可微性主要是由于它们依赖于动力系统无穷次的正向和负向迭代. 但是由此我们可以证明稳定和不稳定分布是 Hölder 连续的. Anosov 和 Sinai 进而证明了这些叶层的绝对连续性, 这个性质保证了 Fubini 定理依然可用. 这些都是我们将要在本节中详细讨论的. Hopf 论证的应用经久不衰, 时至今日, 它依然是证明保体积非一致双曲动力系统和部分双曲动力系统遍历性的重要工具.

3.1.1 稳定与不稳定分布的 Hölder 连续性

根据第 2 章中的内容, 我们知道当一个紧致无边的光滑流形具有负曲率时, 其上的测地流是一个 Anosov 流. Anosov 流即一致双曲流, 是被研究的最为深入的一类动力系统. 我们先回顾 Anosov 流的定义. 对一个可微的流, 我们记 W^o 为流的轨道所形成的叶层, 记 E^o 为切于 W^o 的线素场.

定义 3.1.1 *设 φ_t 为紧致黎曼流形 N 上的一个可微的流. 我们称 φ_t 为一个Anosov 流, 如果它没有不动点, 并且具有分布 E^s 和 E^u, 常数 $C > 0, 0 < \lambda < 1$, 使得对任意的 $x \in N$ 和任意的 $t \geqslant 0$ 都满足*

(1) $T_xN = E^s(x) \oplus E^o(x) \oplus E^u(x)$;

(2) 对任意的 $v_s \in E^s(x)$, 有 $\|(d\varphi_t)_x v_s\| \leqslant C\lambda^t \|v_s\|$;

(3) 对任意的 $v_u \in E^u(x)$, 有 $\|(d\varphi_{-t})_x v_u\| \leqslant C\lambda^{-t} \|v_u\|$.

定义中的分布 E^s 和 E^u 分别被称为 Anosov 流 φ_t 的稳定和不稳定分布. 从定义可以直接推出 E^s 和 E^u 在 $d\varphi_t$ 下不变, 并且它们是连续分布.

设 M 是一个 m 维紧致无边的黎曼流形, 具有负曲率. 记 $\varphi_t : SM \to SM$ 为定义在 M 的单位切丛 SM 上的测地流. 由于 M 紧致, 存在常数 $0 < \alpha < \beta$, 使得

$$-\beta^2 I \leqslant R(t) \leqslant -\alpha^2 I,$$

其中 $R(t)$ 为曲率算子. 故根据命题 2.2.16, φ_t 是一个 Anosov 流. 对任意 $v \in SM$, 稳定子空间 $E^s(v) = \{(X,Y) : Y = J'_X(0)\}$, 这里的 J_X 是沿着由 v 给出的测地线 γ_v 并且满足 $J_X(0) = X$ 的稳定法 Jacobi 场. 不稳定子空间 $E^u(v) = -E^s(-v)$. 根据命题 2.2.14, E^s 和 E^u 即为 φ_t 的稳定和不稳定分布.

给定两个子空间 $H_1, H_2 \subset T_xN$, 我们定义 $\mathrm{dist}(H_1, H_2)$ 为 H_1 和 H_2 中单位球面之间的 Hausdorff 距离, 即

$$\mathrm{dist}(H_1, H_2) = \min\{\|v - w\| : v \in H_1, w \in H_2, \|v\| = \|w\| = 1\}.$$

对于 $\theta \in [0, \sqrt{2}]$, 如果 $\mathrm{dist}(H_1, H_2) \geqslant \theta$, 那么我们称 H_1 和 H_2 为θ-横截的.

记 $E^{so}(x) = E^s(x) \oplus E^o(x)$, $E^{uo}(x) = E^u(x) \oplus E^o(x)$. 根据 N 的紧致性, 存在一个不依赖于 x 的常数 $\theta > 0$, 使得 $E^s(x)$ 与 $E^u(x)$, $E^{so}(x)$ 与 $E^{uo}(x)$ 分别为 θ-横截.

下面的引理将在后文中用到.

引理 3.1.1　设 $\varphi_t : N \to N$ 为一个 Anosov 流, 那么对任意的 $\theta > 0$, 都存在 $C_1 > 0$ 使得任意一个与 $E^s(x)$ 维数相同、与 $E^{uo}(x)$$\theta$-横截的子空间 $H \subset T_xN$, 以及任意 $t \geqslant 0$,

$$\mathrm{dist}(d\varphi_{-t}(x)H, E^s(\varphi_{-t}x)) \leqslant C_1\lambda^t \mathrm{dist}(H, E^s(x))$$

都成立.

证明　任取 $v \in H, \|v\| = 1$. 那么 $v = v_s + v_{uo}, v_s \in E^s(x), v_{uo} \in E^{uo}(x)$. 由于 H 与 $E^{uo}(x)$$\theta$-横截, $\|v_s\| \geqslant \mathrm{const} \cdot \theta$. 由 Anosov 流的定义知, $d\varphi_{-t}(x)v_s \in E^s(\varphi_{-t}x)$,$d\varphi_{-t}(x)v_{uo} \in E^{uo}(\varphi_{-t}x)$, 并且 $\|d\varphi_{-t}(x)v_{uo}\| \leqslant \mathrm{const}\cdot\|v_{uo}\|$,$\|d\varphi_{-t}(x)v_s\| \geqslant C^{-1}\lambda^{-t}\|v_s\|$. 进而不难推出引理. □

我们称一个分布 $E \subset TN$ 为Hölder 连续的, 如果存在常数 $A, \alpha > 0$ 使得对任意的 $x, y \in N$,

$$\mathrm{dist}(E(x), E(y)) \leqslant Ad(x, y)^\alpha$$

都成立, 这里的 $\mathrm{dist}(E(x),E(y))$ 表示在 TN 中 $E(x)$ 和 $E(y)$ 里的两个单位球面之间的 Hausdorff 距离. 这里的常数 A 和 α 分别被称为 Hölder 常数和 Hölder 指数.

下面证明本小节最主要的结果.

命题 3.1.1 设 $\varphi_t: N \to N$ 是一个 C^2 的 Anosov 流, 那么分布 E^s,E^u,E^{so},E^{uo} 是 Hölder 连续的.

注 3.1.2 设 M 是一个紧致无边的黎曼流形, 它的黎曼度量为 C^3 并且具有负曲率. 那么其上的测地流 φ_t 是 SM 上的一个 C^2 的 Anosov 流. 根据命题 3.1.1, 我们知道该测地流的分布 E^s,E^u,E^{so},E^{uo} 是 Hölder 连续的. 实际上, 上述定理中的 C^2 条件可以弱化为 $C^{1+\gamma}$,$0<\gamma<1$, 即 $d\varphi_t(x)$ 具有指数为 γ 的 Hölder 连续性. 我们依然可以得出分布的 Hölder 连续性, 但是其 Hölder 常数和 Hölder 指数会随之改变. 感兴趣的读者可以根据下面的证明来验证这一点.

证明 由于 E^o 为可微分布, 因此我们只需证明 E^s 和 E^u 是 Hölder 连续的. 下面证明 E^s 是 Hölder 连续的. 由于 $E^u(v)=-E^s(-v)$, 通过考虑测地流的逆 φ_{-t} 即得 E^u 的 Hölder 连续性.

取定 $\gamma \in (0,1)$. 我们只需要考虑那些距离足够近的点 $x,y \in N$. 因而可取 $q \in \mathbb{N}$ 使得 $\gamma^{q+1} < d(x,y) \leqslant \gamma^q$. 取定充分小的 $\varepsilon > 0$ 和 $D > \max\|d\phi\|$, 这里将 φ_1 简记为 ϕ. 记 m 为 $(\log\varepsilon - q\log\gamma)/\log D$ 的整数部分, 则

$$d(\varphi^i x,\varphi^i y) \leqslant d(x,y)D^i \leqslant \gamma^q D^i \text{ 并且 } d(\varphi^i x,\varphi^i y) \leqslant \varepsilon, i=0,1,\cdots,m.$$

我们考虑一族充分小的坐标邻域 $U_i \supset V_i \ni \varphi^i(x)$, 使得这些邻域可以通过一个导数有界且充分接近于 1 的微分同胚映为 $T_{\varphi^i(x)}N$ 中的小球. 由于 $\varepsilon > 0$ 充分小, $\varphi^i(y) \in V_i, 0 \leqslant i \leqslant m$. 在下述证明过程中, 我们先将 $E^s(y)$ 从 y 平移至 x 后再估计它与 $E^s(x)$ 之间的距离. 由于 N 上两点之间的距离函数显然是 Lipschitz 连续的, 因此只要能证明经过上述平移后的 Hölder 连续性即能推出 E^s 的 Hölder 连续性. 因此, 为方便计, 我们可以将 $T_zN, z\in V_i$ 等同于 $T_{\varphi^i(x)}N$, 而将 $(d_z\phi)^{-1}$ 直接写为矩阵的形式.

取 $v_y \in E^s(\varphi^m y), \|v_y\|>0$, 记 $v_k = d\varphi^{-k}v_y = v_k^s + v_k^{uo}, v_k^s \in E^s(\varphi^{m-k}x), v_k^{uo} \in E^{uo}(\varphi^{m-k}x), k=0,\cdots,m$. 取定 $\kappa \in (\sqrt{\lambda},1)$. 我们断言 $\|v_k^{uo}\|/\|v_k^s\| \leqslant \delta\kappa^k$ 对 $k=0,\cdots,m$ 和某个 $\delta>0$ 成立. 下面通过对 k 用数学归纳法来证明上述断言.

当 $k=0$ 时, 由于 E^s 是连续分布, 只要取 ε 足够小, 就能保证 $\|v_0^{uo}\|/\|v_0^s\| \leqslant \delta$. 假设断言对 k 已成立. 记 $A_k=(d_{\varphi^{m-k}x}\phi)^{-1}$, $B_k=(d_{\varphi^{m-k}y}\phi)^{-1}$. 因 ϕ 为 C^2,

$$\|A_k - B_k\| \leqslant \mathrm{const}\cdot d(\varphi^{m-k}x,\varphi^{m-k}y)) = \mathrm{const}\cdot\gamma^q D^{m-k} := \eta_k \leqslant \mathrm{const}\cdot\varepsilon D^{-k}.$$

因此

$$\|A_k v_k^s\| \geqslant C^{-1}\lambda^{-1}\|v_k^s\|, \quad \|A_k v_k^{uo}\| \geqslant C\|v_k^{uo}\|,$$

$$v_{k+1} = B_k v_k = A_k v_k + (B_k - A_k) v_k = A_k(v_k^s + v_k^{uo}) + (B_k - A_k) v_k.$$

故

$$\begin{aligned}
\frac{\|v_{k+1}^{uo}\|}{\|v_{k+1}^s\|} &\leqslant \frac{\|A_k v_k^{uo}\| + \|B_k - A_k\|\|v_k\|}{\|A_k v_k^s\| - \|B_k - A_k\|\|v_k\|} \\
&\leqslant (\delta\kappa^k + \eta_k) \frac{\|v_k\|}{C^{-1}\lambda^{-1}(\|v_k\| - \|v_k^{uo}\|) - \eta_k\|v_k\|} \\
&\leqslant \left((\delta\kappa^k + \eta_k)\sqrt{\lambda}\right)\left(\frac{\|v_k\|}{C^{-1}\|v_k\|(1 - \delta\kappa^k - C\lambda\eta_k)}\sqrt{\lambda}\right) \\
&\leqslant \left((\delta\kappa^k + \eta_k)\sqrt{\lambda}\right)\left(\frac{C\sqrt{\lambda}}{1 - \delta\kappa^k - C\lambda\eta_k}\right).
\end{aligned}$$

由于 $\eta_k \leqslant \mathrm{const} \cdot \varepsilon D^{-k}$, 通过取足够小的 ε, δ 和足够大的 D, 可使得上式小于 $\delta\kappa^{k+1}$. 因此断言成立.

因而令 $k = m$, 有

$$\frac{\|v_m^{uo}\|}{\|v_m^s\|} \leqslant \delta\kappa^m \leqslant \mathrm{const} \cdot \gamma^{-(q+1)\frac{\log\kappa}{\log D}} \leqslant \mathrm{const} \cdot d(x,y)^{-\frac{\log\kappa}{\log D}}.$$

从而命题得证. □

3.1.2 稳定与不稳定叶层的绝对连续性

设 N 是一个 n 维的光滑流形, B_k 为 $\mathbb{R}^k$ 中以 0 为中心的闭单位球. 我们称 N 的一个连通 k 维 C^1 子流形族 $\{W(x) \ni x \mid x \in N\}$ 构成的划分 W 为 N 的一个k 维 C^0 **叶层**, 如果对任意的 $x \in N$, 存在一个 x 的邻域 $U = U_x \ni x$ 和一个同胚 $w = w_x : B^k \times B^{n-k} \to U$ 使得 $w(0,0) = x$ 并且

(1) $w(B^k, z) = W_U(w(0,z))$, 这里 $W_U(w(0,z))$ 是 $W(w(0,z)) \cap U$ 中包含 $w(0,z)$ 的那个连通分支;

(2) $w(\cdot, z)$ 是从 B^k 到 $W_U(w(0,z))$ 上的一个 C^1 微分同胚, 并且在 C^1 拓扑下连续依赖于 $z \in B^{n-k}$.

如果 w_x 是一个微分同胚, 我们则称 W 为一个C^1 **叶层**.

根据动力系统中的双曲理论, Anosov 流的稳定和不稳定分布 E^s 和 E^u 可积, 即存在叶层 W^s 和 W^u 使得 $TW^s = E^s, TW^u = E^u$. W^s 和 W^u 分别被称为 Anosov 流 φ_t 的**稳定和不稳定叶层**. 子流形 $W^s(x)$ 和 $W^u(x)$ 分别被称为过 x 点的**稳定和不稳定流形**. 对于这些概念和结果, 读者可参考任意一本微分动力系统方面的书籍. 特别地, 对于负曲率紧致流形 M 上的测地流, 稳定流形 $W^s(v)$ 由 M 上 v 所决定的极限球面的单位内法向量所构成, 而不稳定流形 $W^u(v) = -W^s(-v)$.

用 Hopf 论证来证明测地流或者更一般的保体积 Anosov 流的遍历性时, 有一个关键的步骤, 即需要保证在由稳定和不稳定叶层形成的网状结构上可以应用 Fubini 定理. 如果稳定和不稳定叶层都是 C^1 的, 我们显然可以应用 Fubini 定理. 但对于包括测地流在内的一般的 Anosov 流, 稳定和不稳定叶层通常并不是 C^1 的, 而只是 Hölder 连续的. 即便如此, Anosov 和 Sinai 对稳定和不稳定叶层证明了下面定义的绝对连续性, 从而保证了 Fubini 定理可以应用. 记 m 为流形 N 上的黎曼体积测度, m_W 为子流形 W 上的黎曼体积测度.

定义 3.1.2 设 L 为一个 (局部) 横截于叶层 W 的 $n-k$ 维的开子流形, 即对任意 $x \in L$ 有 $T_xN = T_xL \oplus T_xW(x)$. 设 $U \subset N$ 为一个由 W 的局部叶片所形成的开子集, 即 $U = \bigcup_{x\in L} W_U(x)$, 这里的 $W_U(x) \approx B^k$ 为 $W(x) \cap U$ 中包含 x 的那个连通分支.

我们称叶层 W 是绝对连续的, 如果对任意的上述 L 和 U, 都存在一族可测的正值函数 $\delta_x : W_U(x) \to \mathbb{R}$ (称之为条件密度) 使得对任意可测子集 $A \subset U$ 都有

$$m(A) = \int_L \int_{W_U(x)} \mathbf{1}_A(x,y)\delta_x(y)dm_{W(x)}(y)dm_L(x), \tag{3.1.1}$$

其中 $\mathbf{1}_A$ 为集合 A 的特征函数.

实际上, 我们可以研究叶层的横截绝对连续性, 这是一个比绝对连续性更强的性质.

定义 3.1.3 设 W 为 N 的一个叶层, $x_1 \in N, x_2 \in W(x_1)$, $L_i \ni x_i (i=1,2)$ 为 W 的两个横截子流形. 那么存在邻域 $x_i \in U_i \subset L_i (i=1,2)$ 和一个同胚 $p : U_1 \to U_2$(称之为 holonomy 映射) 使得 $p(x_1) = x_2$ 且 $p(y) \in W(y), y \in U_1$.

我们称叶层 W 为横截绝对连续的, 如果对于任意上述 $L_i (i=1,2)$, holonomy 映射 p 是绝对连续的, 即存在一个可测正值函数 $q : U_1 \to \mathbb{R}$(称之为p 的 Jacobian) 使得对任意可测子集 $A \subset U_1$,

$$m_{L_2}(p(A)) = \int_{U_1} \mathbf{1}_A q(y) dm_{L_1}(y).$$

如果 q 还在 U_1 的任意紧致子集上有界, 那么我们称 W 为具有有界 Jacobian 的横截绝对连续叶层.

命题 3.1.3 如果叶层 W 是横截绝对连续的, 那么它是绝对连续的.

证明 取 L 和 U 如定义 3.1.2 中所示, 并取 $x \in L$, F 为一个 $n-k$ 维的 C^1 叶层使得 $L \subset F(x), U = \bigcup_{y\in W_U(x)} F_U(y)$. 因为 F 是 C^1 叶层, 则显然它既是绝对连续的又是横截绝对连续的. 记 $\bar{\delta}_y(\cdot)$ 为 F 的条件密度, 则它是连续函数, 进而也可测. 对任一可测集 $A \subset U$, 由 F 的绝对连续性知

$$m(A) = \int_{W_U(x)} \int_{F_U(y)} \mathbf{1}_A(y,z)\bar{\delta}_y(z)dm_{F(y)}(z)dm_{W(x)}(y). \tag{3.1.2}$$

记 p_y 为沿着 W 的叶片从 $L = F_U(x)$ 到 $F_U(y)$ 的 holonomy 映射, 并记 q_y 为它的 Jacobian. 由于 W 横截绝对连续, 故

$$\int_{F_U(y)} \mathbf{1}_A(y,z)\bar{\delta}_y(z)dm_{F(y)}(z) = \int_L \mathbf{1}_A(p_y(s))q_y(s)\bar{\delta}_y(p_y(s))dm_L(s).$$

将其代入 (3.1.2) 并交换积分次序, 知

$$m(A) = \int_L \int_{W_U(x)} \mathbf{1}_A(p_y(s))q_y(s)\bar{\delta}_y(p_y(s))dm_{W(x)}(y)dm_L(s). \tag{3.1.3}$$

再记 $\bar{p}_s$ 为沿着 F 的叶片从 $W_U(x)$ 到 $W_U(s), s \in L$ 的 holonomy 映射, $\bar{q}_s$ 为它的 Jacobian. 通过变量代换 $r = p_y(s), y = \bar{p}_s^{-1}(r)$, 我们将 $W_U(x)$ 上的积分换为 $W_U(s)$ 上的积分

$$\begin{aligned}&\int_{W_U(x)} \mathbf{1}_A(p_y(s))q_y(s)\bar{\delta}_y(p_y(s))dm_{W(x)}(y)\\ =&\int_{W_U(s)} \mathbf{1}_A(r)q_y(s)\bar{\delta}_y(r)\bar{q}_s^{-1}(r)dm_{W(s)}(r).\end{aligned}$$

结合上式与 (3.1.3), 知叶层 W 是绝对连续的. □

反过来, 绝对连续的叶层不一定是横截绝对连续的. 感兴趣的读者可以尝试找出这样的反例.

根据式 (3.1.1), 我们能得到绝对连续叶层的一些好的性质.

引理 3.1.2 *设 W 是黎曼流形 N 上的一个绝对连续的叶层, $f: N \to \mathbb{R}$ 是一个可测函数并且 mod 0(即忽略掉一个 m 零测集) 后在 W 的每个叶片上为常数.*

那么对 W 的任意一个横截 L, 都存在一个具有满 m_L 测度的可测子集 $\tilde{L} \subset L$ 满足下述性质: 对任意 $x \in \tilde{L}$, 存在一个满 $m_{W(x)}$ 测度的子集 $\tilde{W}(x) \subset W(x)$ 使得 f 在 $\tilde{W}(x)$ 上为常数.

证明 我们可以将横截 L 分割成有限多条小的横截 L_i, 并取邻域 U_i 如定义 3.1.2 中所示. 我们只需对每一个 L_i 证明引理即可. 设 Q 为 N 中的一个 m 零测集, 使得 f 限制在 $N \setminus Q$ 后在每一条 W 的叶片上是常数. 令 $Q_i = Q \cap U_i$. 根据 W 的绝对连续性 (式 (3.1.1)), 存在一个具有满 m_L 测度的可测子集 $\tilde{L} \subset L$ 使得对任意 $x \in \tilde{L}$, $\tilde{W}_{U_i}(x) := W_{U_i}(x) \setminus Q_i$ 在 $W_{U_i}(x)$ 中具有满 $m_{W(x)}$ 测度. 而 f 在 $\tilde{W}_{U_i}(x)$ 上为常数, 引理得证. □

下面的引理利用了两个横截的绝对连续叶层所形成的网状结构. 我们称叶层 W_1 和 W_2 为横截的, 如果对任意 $x \in N$, 有 $T_xW_1(x) \cap T_xW_2(x) = \{0\}$.

引理 3.1.3 设 W_1 和 W_2 为连通黎曼流形 N 上的两个横截的绝对连续叶层，并且它们的维数互补，即对任意 $x \in M$ 有 $T_xN = T_xW_1(x) \oplus T_xW_2(x)$. 设 $f: N \to \mathbb{R}$ 为一个可测函数，它 $\mod 0$ 后在 W_1 的每个叶片和在 W_2 的每个叶片上均为常数. 那么 $f \mod 0$ 后在 N 上为常数.

证明 令 $Q_i(i=1,2)$ 为 N 中的零测集，使得 f 限制在 $N_i := N \setminus Q_i$ 后在 W_i 的每个叶片上均为常数. 任取 $x \in N, U \ni x$ 为 x 的一个小邻域. 由于 W_1 为绝对连续叶层，根据引理 3.1.2, 存在 $y \in U$, $\tilde{W}_1(y) := W_{1,U}(y) \cap N_1$ 在 $W_U(y)$ 中具有满的 $m_{W_1(y)}$ 测度. 又由于 W_2 为绝对连续叶层，对几乎处处的 $z \in \tilde{W}_1(y)$, $W_{2,U}(z) \cap N_2$ 在 $W_{2,U}(z)$ 中具有满 $m_{W_2(z)}$ 测度. 最后由 W_1 的绝对连续性 (公式 (3.1.1)) 知，$f \mod 0$ 后在 U 中为常数. 由于 N 连通，故 $f \mod 0$ 后在 N 中为常数. □

我们称两个横截的 d_i 维叶层 $W_i(i=1,2)$ 可积并且它们的积分包 (integral hull) 为一个 d_1+d_2 维叶层 W, 如果对任意 $x \in N$ 有 $W(x) = \bigcup_{y \in W_1(x)} W_2(y) = \bigcup_{z \in W_2(x)} W_1(z)$.

引理 3.1.4 设 $W_i(i=1,2)$ 为两个横截并可积的叶层，W 为它们的积分包. 假设 W_1 为 C^1 叶层，W_2 为绝对连续叶层. 那么 W 是绝对连续的.

证明 设 L 是叶层 W 的一个横截. 取 N 中的一个小邻域 U 使得 $\tilde{L} := \bigcup_{x \in L} W_{1,U}(x)$ 是叶层 W_2 的一个局部横截. 由于 W_2 是绝对连续的，故对任意可测子集 $A \subset U$,

$$m(A) = \int_{\tilde{L}} \int_{W_{2,U}(y)} \mathbf{1}_A(y,z) \delta_y(z) dm_{W_2(y)}(z) dm_{\tilde{L}}(y).$$

$\tilde{L}$ 由 W_1 的叶片所形成，而 W_1 是 C^1 的，故

$$\int_{\tilde{L}} dm_{\tilde{L}}(x) = \int_L \int_{W_{1,U}(x)} j(x,y) dm_{W_1(x)}(y) dm_L(x),$$

这里 j 为一个正可测函数. 由上述两式即得 W 是绝对连续的. □

下面证明本小节中的主要结果.

定理 3.1.4 设 M 是一个紧致的黎曼流形，具有 C^3 黎曼度量和负曲率. 那么其上测地流的稳定和不稳定叶层 W^s 和 W^u 均为横截绝对连续的，并且具有有界的 Jacobian.

证明 我们只需要对 W^s 证明结论即可.W^u 的情形可通过考虑测地流的逆 φ_{-t}, 再结合 W^s 的结论来得到证明. 设 $L_i, i=1,2$ 为叶层 W^s 的两个横截，U_i 和 p 如定义 3.1.3 中所示. 我们定义 SM 上的一列新叶层 Σ_n 并用它们来逼近 W^s. Σ_n 的每个叶片是由 M 中一个半径为 n 的球面的单位内法向量所组成. 根据极限球的构造，我们知道 Σ_n 为一列逼近 W^s 的叶层. 取闭子集 $V_i \subset U_i, i=1,2$, 使得 $p(V_1) \subset V_2$. 当 n 充分大时，Σ_n 足够接近 W^s, 故可设 p_n 为沿着叶层 Σ_n 的从

$V_1 \subset L_1$ 到 $V_2 \subset L_2$ 上的 holonomy 映射. 从而当 $n \to \infty$ 时, $p_n \rightrightarrows p$. 我们断言 p_n 的 Jacobian q_n 一致有界.

下面证明上述断言. $p_n : V_1 \to V_2$ 有如下表示:

$$p_n = \varphi_{-n} \circ P_n \circ \varphi_n, \tag{3.1.4}$$

其中 φ_n 为限制在 V_1 上的测地流, $P_n : \varphi_n V_1 \to \varphi_n V_2$ 是一个沿着 $\pi : SM \to M$ 的竖直纤维的 Poincaré映射. 取 $v_i \in V_i (i = 1, 2)$ 满足 $p_n(v_1) = v_2$. 则 $\pi(\varphi_n v_1) = \pi(\varphi_n v_2)$ 并且 $P_n(\varphi_n v_1) = \varphi_n v_2$. 记 J_k^i 为测地流的时间 1 映射 φ_1 在点 $\varphi_k v_i \in \varphi_k L_i$ 处的、限制在 $T_k^i = T_{\varphi_k v_i} \varphi_k L_i$ 方向上的 Jacobian, 即 $J_k^i := |\det(d\varphi_1(\varphi_k v_i)|_{T_k^i})|$. 记 J_n 为 P_n 的 Jacobian, 则由 (3.1.4) 可得

$$q_n(v_1) = \prod_{k=0}^{n-1} (J_k^2)^{-1} \cdot J_n \cdot \prod_{k=0}^{n-1} (J_k^1) = J_n(\varphi_n v_1) \prod_{k=0}^{n-1} (J_k^1 / J_k^2). \tag{3.1.5}$$

根据引理 3.1.1, 当 n 充分大时, $T_{\varphi_n v_1} \varphi_n L_1$ 任意接近于 $E^{uo}(\varphi_n v_1)$, 从而一致 (对 v_1 而言) 横截于在点 $x = \pi(\varphi_n(v_1)) = \pi(\varphi_n(v_2))$ 处的单位切球面 $S_x M$. 故 $J_n(\varphi_n v_1)$ 对 v_1 有一致上界.

下面估计 (3.1.5) 的上界. 因为此时测地流为 Anosov 流, 故存在常数 $C > 0, 0 < \lambda < 0$ 使得

$$d(\varphi^k v_1, \varphi^k v_2) \leqslant C\lambda^k \cdot d(v_1, v_2).$$

根据命题 3.1.1,

$$\operatorname{dist}(E^{uo}(\varphi^k v_1), E^{uo}(\varphi^k v_2)) \leqslant \text{const} \cdot d(\varphi^k v_1, \varphi^k v_2)^\alpha \leqslant \text{const} \cdot \lambda^{k\alpha}.$$

再结合引理 3.1.1, 我们知存在一个 $0 < \beta < 1$ 使得

$$\operatorname{dist}(T_k^1, T_k^2) \leqslant \text{const} \cdot \beta^k.$$

由于黎曼度量是 C^3 的, 知 $v \mapsto d\varphi^1(v)$ 是 Lipschitz 连续的. 结合上式, 我们知道存在 $0 < \gamma < 1$ 使得

$$\|J_k^1 - J_k^2\| \leqslant \text{const} \cdot \gamma^k.$$

由黎曼流形 M 的紧性知 $\|J_k^i\|$ 一致远离于 0. 因而 (3.1.5) 中最后一个乘积对 n 和 v_1 有一致上界. 故 $q_n(v_1)$ 有一致上界. 又由于 p_n 一致收敛于 p, 不难证明 q 有上界. 同理我们可以考虑 holonomy 映射 $\tilde{p} : L_2 \to L_1$, 知 $1/q$ 有上界, 故 q 也有远离于 0 的下界. □

3.1.3 遍历性的证明

在本节中, 我们运用 Hopf 论证来证明负曲率流形上测地流的遍历性. 首先, 一个基本的观察是: 一个可测不变函数在测地流的稳定和不稳定流形上 mod 0 后为常数. 我们可以将这个观察抽象到更一般的测度空间上去.

设 $(X, \mathfrak{U}, \mu)$ 是一个有限测度空间, 其中 X 是一个距离函数为 d 的紧致度量空间, μ 是一个在开集上取正值的测度, $\mathfrak{U}$ 为 Borelσ 代数的一个 μ-完备化. 设 ϕ_t 为 X 上的一个连续流. 对于 $x \in X$, 我们可以定义 x 的*稳定集* $V^s(x)$ 和*不稳定集* $V^u(x)$:

$$V^s(x) := \{y \in X : d(\phi_t(x), \phi_t(y)) \to 0, \text{当 } t \to \infty \text{ 时}\},$$

$$V^u(x) := \{y \in X : d(\phi_t(x), \phi_t(y)) \to 0, \text{当 } t \to -\infty \text{ 时}\}.$$

命题 3.1.5 *设 ϕ 为一个紧致度量空间 X 上的连续流, μ 为一个在开集上取正值的有限测度并在 ϕ 的作用下不变. $f : X \to \mathbb{R}$ 为一个 ϕ-不变的可测函数.*

那么 f mod 0 后在任意一个稳定集和不稳定集上为常数: 存在 μ 测度为 0 的集合 N_s 和 N_u, 使得对任意的 $x, y \in X \setminus N_s, y \in V^s(x)$ 有 $f(y) = f(x)$; 对任意的 $x, z \in X \setminus N_u, z \in V^u(x)$ 有 $f(z) = f(x)$.

证明 我们只需对稳定集来证明结论即可. 通过考虑 ϕ 的逆, 可以推出不稳定集时的结论. 不妨假设 f 为非负的可测函数.

对 $C \in \mathbb{R}$, 令 $f_C(x) := \min(f(x), C)$. 显然 f_C 也是 ϕ-不变的. 我们只需要对 f_C 来证明结论即可, C 可为任意的实数. 对 $m \in \mathbb{N}$, 取连续函数 $h_m : X \to \mathbb{R}$ 使得 $\int_X |f_C - h_m| d\mu(x) < 1/m$. 根据 Birkhorff 遍历定理 (参考 [75]), 极限

$$h_m^+(x) = \lim_{T \to \infty} \frac{1}{T} \int_0^T h_m(\phi_t x) dt$$

对几乎处处的 $x \in X$ 都存在. 由 f_C 和 μ 的 ϕ-不变性, 对任意的 $t \in \mathbb{R}$ 有

$$\begin{aligned} \frac{1}{m} > \int_X |f_C(x) - h_m(x)| d\mu(x) &= \int_X |f_C(\phi_t y) - h_m(\phi_t y)| d\mu(y) \\ &= \int_X |f_C(y) - h_m(\phi_t y)| d\mu(y). \end{aligned}$$

因此

$$\int_X \left| f_C(y) - \frac{1}{T} \int_0^T h_m(\phi_t y) dt \right| d\mu(y) \leqslant \frac{1}{T} \int_0^T \int_X |f_C(y) - h_m(\phi_t y)| d\mu(y) dt < \frac{1}{m}.$$

注意到 $h_m^+(x)$ 存在, 并且由 h_m 的一致连续性知当 $y \in V^s(x)$ 时 $h_m^+(y) = h_m^+(x)$. 因此存在一个零测集 N_m 使得 h_m^+ 存在并且在 $X \setminus N_m$ 中的每个稳定集上

均为常数. 故 $f_C^+(x) = \lim_{m\to\infty} h_m^+(x)$ 在 $X \setminus (\cup N_m)$ 中的每个稳定集上均为常数. 另一方面 $f_C(x) = f_C^+(x) \mod 0$, 结论得证. □

下面的引理是绝对连续性的一个结论, 将在后文的证明中用到.

引理 3.1.5 *设 W 是流形 N 上的一个绝对连续叶层, $Q \subset N$ 为一个 m 零测集. 那么存在一个 m 零测集 Q_1 使得对任意 $x \in N \setminus Q_1$, $W(x) \cap Q$ 具有 $m_{W(x)}$ 零测度.*

证明 任取 W 的一个局部横截 L, U 如定义 3.1.2 中所示. 根据 W 的绝对连续性, 存在一个子集 $\tilde{L} \subset L$, 它在 L 中具有满的 m_L 测度, 并且对任意 $x \in \tilde{L}$ 都有 $m_{W_U(x)}(Q) = 0$. 由绝对连续性知 $\bigcup_{x\in\tilde{L}} W_U(x)$ 在 U 中具有满 m 测度. □

下面的定理是本节最主要的结果.

定理 3.1.6 *设 M 是一个紧致的黎曼流形, 具有 C^3 的黎曼度量并且曲率为负, 那么测地流 $\varphi_t : SM \to SM$ 关于 Liouville 测度 m 遍历.*

证明 根据定理 3.1.4, 我们知道测地流的不稳定叶层 W^u 是绝对连续的. 又因叶层 W^o 是光滑的, 根据引理 3.1.4, 叶层 W^{uo} 是绝对连续的. 设 $f : SM \to \mathbb{R}$ 是一个 φ_t-不变的可测函数. 根据命题 3.1.5, 存在一个 Liouville 测度为 0 的子集 Q_u 使得 f 在 $SM \setminus Q_u$ 中 W^u 的每一条叶片上为常数. 分别运用两次引理 3.1.5, 我们能得到一个 Liouville 测度为 0 的子集 Q_1, 使得对任意 $v \in SM \setminus Q_1$, Q_u 在 $W^u(v)$ 和 $W^{uo}(v)$ 中都具有零体积测度. 故 f 在 $W^u(v)$ 上为常数. 由于 f 为 φ_t-不变的, 故 f 在 $W^{uo}(v)$ 上为常数. 这表明 $f \mod 0$ 后在 W^{uo} 的每一条叶片上为常数. 而我们又知道 $f \mod 0$ 后在 W^s 的每一条叶片上为常数. 故由引理 3.1.3 和 SM 的连通性知 $f \mod 0$ 后在 SM 上为常数. 故 φ_t 是遍历的. □

Sinai 和 Anosov 将定理 3.1.6 的结果推广到一般的 Anosov 流中去, 即一个连通流形上的、保体积的 Anosov 流关于体积测度遍历. 实际上, 上述我们对测地流遍历性的证明可以几乎不变地直接用来证明 Anosov 流的遍历性. 当然在定理 3.1.4 的证明中我们用到了极限球可以由半径为 n 的球面逼近这个几何事实. 但实际上对一般的 Anosov 流的稳定叶层, 也不难找到一列光滑的叶层来逼近它, 因而上述定理的证明也可以几乎无困难地推广过来. 因此, 我们有下面更一般的定理.

定理 3.1.7 *设 $\varphi_t : N \to N$ 是一个紧致连通流形 N 上的 Anosov 流, N 上的体积测度 m_N 在 φ_t 作用下不变, 那么 φ_t 关于 m_N 遍历.*

3.2 测地流中的 Pesin 理论与遍历性猜想

在本节中, 我们考虑一个紧致连通的光滑流形 M, 它具有一个 C^∞ 的黎曼度量和非正 (截面) 曲率. 设 $\varphi_t : SM \to SM$ 为定义在单位切丛 SM 上的测地流. 在 3.1 节中, 我们证明了当 M 的曲率为严格负的时候, 测地流 φ_t 关于 Liouville 测度是遍历的. 一个自然的问题是: 当曲率为非正时, 测地流是否还是遍历的? 一个猜想是此时测地流是遍历的. 这个猜想从 20 世纪 80 年代以来一直公开至今, 是动力系统和黎曼几何领域内的一个著名公开问题. 由于 M 上的曲率可能为零, 这使得负曲率情形下测地流所拥有的一致双曲性可能遭到破坏, 从而我们不能直接应用 Hopf 论证. 因此一个核心的问题是: 在没有一致双曲性的情形下, 哪些测地流的轨道依然拥有某种程度的双曲性? 我们将这些轨道的集合称为测地流的正则子集, 这是我们在 3.2.1 小节的主要研究内容.

3.2.1 非正曲率流形上测地流的正则子集

首先回顾一下 2.2 节中的一些知识. 考虑一个 p 维紧致连通的光滑流形 M, 它具有一个 C^∞ 的黎曼度量和非正 (截面) 曲率. 设 $\varphi_t : SM \to SM$ 为定义在单位切从 SM 上的测地流. 我们回顾一下单位切从 SM 上的 Sasaki 度量. 记从切丛到底流形的标准投射为 $\pi : TM \to M, \theta = (x, v) \mapsto \pi\theta = x$, 又记 $K_\theta : T_\theta TM \to T_x M$ 为联络映射. Sasaki 度量定义为

$$g_S(\xi, \eta) = \langle \xi_h, \eta_h \rangle + \langle \xi_v, \eta_v \rangle = \langle d\pi_\theta \xi, d\pi_\theta \eta \rangle + \langle K_\theta \xi, K_\theta \eta \rangle.$$

通常我们也将 $g_S(\xi, \eta)$ 写成 $\langle\langle \xi, \eta \rangle\rangle$, 并记 $\|\xi\| = g_S(\xi, \xi)^{\frac{1}{2}}$.

在定义 2.2.6 中, 我们得到了稳定 Jacobi 张量 $S(t)$ 和不稳定 Jacobi 张量 $U(t)$. 由它们给出的 Jacobi 场分别称为稳定 Jacobi 场和不稳定 Jacobi 场. 由此可以定义向量 $v \in SM$ 的稳定和不稳定子空间:

$$E^+(v) = \{\xi \in T_v SM : g_S(\xi, V(v)) = 0 \text{ 且 } Y_\xi(t) = S(t) d_v \pi \xi\},$$
$$E^-(v) = \{\xi \in T_v SM : g_S(\xi, V(v)) = 0 \text{ 且 } Y_\xi(t) = U(t) d_v \pi \xi\},$$

这里的 $V(v) := \left.\dfrac{(d\varphi_t)v}{dt}\right|_{t=0}$ 为点 v 处切于测地流轨道的向量, $Y_\xi(t)$ 为沿着测地线 $\gamma_v(t)$ 的、满足 $Y_\xi(0) = d_v\pi\xi, Y_\xi'(0) = K_v\xi$ 条件的唯一的 Jacobi 场. 下面列出关于稳定和不稳定子空间 $E^+(v)$ 和 $E^-(v)$ 的一些基本性质. 读者可参考 [13].

命题 3.2.1 非正曲率流形上测地流的稳定和不稳定子空间 $E^+(v)$ 和 $E^-(v)$ 具有下述性质:

(1) $E^+(v)$ 和 $E^-(v)$ 是 $T_v SM$ 中的线性子空间;

(2) $\dim E^-(v) = \dim E^+(v) = p - 1$, 这里 $p = \dim M$;

(3) $d_v\pi E^-(v) = d_v\pi E^+(v) = \{w \in T_{\pi v} M : w \text{ 垂直于 } v\}$;

(4) $E^-(v)$ 和 $E^+(v)$ 在 $d_v\varphi_t$ 作用下不变, 即 $d_v\varphi_t E^-(v) = E^-(\varphi_t v), d_v\varphi_t E^+(v) = E^+(\varphi_t v)$;

(5) 定义映射 $\tau : SM \to SM, \tau(v) = -v$, 那么 $d_v\tau E^-(v) = E^+(-v), d_v\tau E^+(v) = E^-(-v)$;

(6) 如果截面曲率 $K_x(v_1, v_2) \geqslant -a^2$ 对于某个 $a > 0$ 和任意 $x \in M$ 成立, 那么 $\|K_v\xi\| \leqslant a\|d_v\pi\xi\|$ 对任意的 $\xi \in E^-(v)$ 和任意的 $\xi \in E^+(v)$ 都成立;

(7) 若 $\xi \in E^-(v)$ 或 $\xi \in E^+(v)$, 则对任意的 $t \in \mathbb{R}$ 有 $Y_\xi(t) \neq 0$;

(8) $\xi \in E^+(v)$(相应地, $\xi \in E^-(v)$) 当且仅当

$$g_S(\xi, V(v)) = 0, \text{ 且 } \|d_{\varphi_t v}\pi d_v\varphi_t\xi\| \leqslant c$$

对任意的 $t > 0$(相应地, $t < 0$) 和某个 $c > 0$ 成立;

(9) 若 $\xi \in E^+(v)$(相应地, $\xi \in E^-(v)$), 则函数 $t \to \|Y_\xi(t)\|$ 是非增的 (相应地, 非减的).

根据上述性质 (6) 和 (8), 若 $\xi \in E^+(v)$, 则 $\|d_v\varphi_t\xi\| \leqslant c$ 对某个 $c > 0$ 成立. 正是由于这一点和上述性质 (4), 我们分别称 $E^+(v)$ 和 $E^-(v)$ 为稳定和不稳定子空间. 但需要注意的是, 在非正曲率流形上, $V(v)$, $E^+(v)$ 和 $E^-(v)$ 并不一定能张成整个空间 T_vSM. Eberlein (参考 [50]) 证明了对任意 $v \in SM$, 它们都张成整个 T_vSM 当且仅当测地流是一个 Anosov 流. 例如, 当流形具有严格负曲率时, $T_vSM = V(v) \oplus E^+(v) \oplus E^-(v)$, 并且 $E^+(v) = E^s(v), E^-(v) = E^u(v)$.

对于非正曲率流形来说, 即使测地流不一定具有一致双曲性, 我们依然期待它具有非一致双曲性. 在动力系统的非一致双曲理论 (又称 Pesin 理论) 中, Lyapunov 指数的概念非常重要. 对 $v \in SM, \xi \in T_vSM$, 定义 v 处沿着 ξ 方向的Lyapunov 指数为

$$\chi(v, \xi) = \limsup_{t\to\infty} \frac{1}{t} \log \|d_v\varphi_t\xi\|. \tag{3.2.1}$$

下面定义一个子集 $\Delta \subset SM$. 在接下来的定理中, 我们证明限制在子集 Δ 上, 测地流具有非零 Lyapunov 指数. 定义

$$\Delta^\pm = \left\{v \in SM : \limsup_{t\to\pm\infty} \frac{1}{t} \int_0^t K_{\pi(\varphi^s v)}(\varphi^s v, Y_w^\pm(s))ds < 0,\ \forall w \in SM,\ w \perp v\right\}, \tag{3.2.2}$$

这里的 $Y_w^\pm(s)$ 为由 $\xi \in E^\pm(v), w = d\pi\xi$ 所给定的唯一的不稳定 (稳定)Jacobi 场. 最后我们令 $\Delta = \Delta^+ \cap \Delta^-$. 容易知道 $\Delta, \Delta^+, \Delta^-$ 均为 φ_t-不变的可测集. Pesin(见 [13]) 证明了下述定理.

定理 3.2.2　设 $v \in \Delta$, 则对任意的 $\xi \in E^+(v)$, 有 $\chi(v, \xi) < 0$; 对任意的 $\xi \in E^-(v)$, 有 $\chi(v, \xi) > 0$.

证明　设 $\psi: \mathbb{R}^+ \to \mathbb{R}$ 为一个连续函数. 记

$$
\begin{aligned}
\overline{\psi} &= \limsup_{t\to\infty} \frac{1}{t}\int_0^t \psi(\tau)d\tau,\\
\underline{\psi} &= \liminf_{t\to\infty} \frac{1}{t}\int_0^t \psi(\tau)d\tau,\\
\tilde{\psi} &= \liminf_{t\to\infty} \frac{1}{t}\int_0^t \psi(\tau)^2 d\tau.
\end{aligned}
$$

我们需要用到下面的引理.

引理 3.2.1 假设 $c=\sup_{t\geqslant 0}|\psi(t)|<\infty$. 那么

(1) 若对任意的 $t\geqslant 0$, 有 $\psi(t)\leqslant 0$ 且 $\tilde{\psi}>0$, 那么 $\overline{\psi}<0$;

(2) 若对任意的 $t\geqslant 0$, 有 $\psi(t)\geqslant 0$ 且 $\tilde{\psi}>0$, 那么 $\underline{\psi}>0$.

证明 假设对任意的 $t\geqslant 0$ 有 $\psi(t)\leqslant 0$. 那么 $\overline{\psi}\leqslant 0$. 显然 $c>0$, 那么

$$
-\frac{\overline{\psi}}{c} = \underline{\left|\frac{\psi}{c}\right|} \geqslant \widetilde{\left(\frac{\psi}{c}\right)} = \frac{\tilde{\psi}}{c^2} > 0.
$$

故 $\overline{\psi}<0$, 从而 (1) 得证. (2) 的证明与 (1) 类似. □

我们继续证明定理. 取定 $v\in\Delta^+$, $\xi\in E^+(v)$. 令 $\phi(t)=\dfrac{1}{2}\|Y_\xi(t)\|^2$, 其中 $Y_\xi(t)$ 为稳定 Jacobi 场. 根据 Jacobi 方程,

$$
\frac{d^2}{dt^2}\phi(t) = \frac{1}{2}\frac{d^2}{dt^2}\langle Y_\xi, Y_\xi\rangle = -K(t)\phi(t) + \|Y'_\xi(t)\|^2,
$$

其中 $K(t)=K_{\gamma_v(t)}(Y_\xi(t),w(t))$, $w(t)=\dot{\gamma}_v(t)$. 由命题 3.2.1 知, 对任意的 $t\in\mathbb{R}$, 有 $\phi(t)\neq 0$. 令 $z(t)=(\phi(t))^{-1}\dfrac{d}{dt}\phi(t)$. 则 $z(t)$ 满足下面的 Ricatti 方程:

$$
\frac{d}{dt}z(t) + z(t)^2 - (\phi(t))^{-1}\|Y'_\xi(t)\|^2 + K(t) = 0. \tag{3.2.3}
$$

根据命题 3.2.1,

$$
\begin{aligned}
\left|\frac{d}{dt}\phi(t)\right| &= \frac{1}{2}\left|\frac{d}{dt}\langle Y_\xi, Y_\xi\rangle\right| = |\langle Y_\xi, Y'_\xi\rangle|\\
&= |\langle d\pi d\varphi_t\xi, K_{\varphi_t(v)}d\varphi_t\xi\rangle| \leqslant a\|d\pi d\varphi_t\xi\|^2 = 2a\phi(t).
\end{aligned}
$$

从而知 $\sup_{t\geqslant 0}|z(t)|\leqslant 2a$. 对 Ricatti 方程 (3.2.3) 在 $[0,t]$ 上积分, 得到

$$
z(t)-z(0)+\int_0^t z(s)^2 ds = \int_0^t (\phi(s))^{-1}\|Y'_\xi(s)\|^2 ds - \int_0^t K(s)ds.
$$

故对 $v\in\Delta^+$,

$$
\liminf_{t\to\infty}\frac{1}{t}\int_0^t z(s)^2 ds \geqslant \liminf_{t\to\infty}\frac{1}{t}\int_0^t (\phi(s))^{-1}\|Y'_\xi(s)\|^2 ds - \limsup_{t\to\infty}\frac{1}{t}\int_0^t K(s)ds > 0.
$$

应用引理 3.2.1, 我们知道 $\limsup_{t\to\infty}\dfrac{1}{t}\displaystyle\int_0^t z(s)ds<0$. 再应用命题 3.2.1, 得到

$$
\begin{aligned}
\chi(v,\xi)&=\limsup_{t\to\infty}\frac{1}{t}\log\|d\varphi_t\xi\|=\limsup_{t\to\infty}\frac{1}{t}\log\|d\pi d\varphi_t\xi\|\\
&=\limsup_{t\to\infty}\frac{1}{t}\log\|Y_\xi(t)\|=\frac{1}{2}\limsup_{t\to\infty}\frac{1}{t}\int_0^t z(s)ds<0.
\end{aligned}
$$

因此定理的第一部分得证. 同理可证得定理的第二部分. □

设 m 为 SM 上的 Liouville 测度, μ 为 M 上的黎曼体积测度. 如果 $m(\Delta)>0$, 根据定理 3.2.2, 我们称 $\varphi_t|_\Delta$ 关于 $m|_\Delta$ 是非一致双曲的, 即其上的 Lyapunov 指数非零. 因此, 我们希望找到一些关于 M 的条件来保证 $m(\Delta)>0$. 首先考虑二维的情形.

命题 3.2.3　设 M 是一个二维光滑紧致曲面, 具有非正曲率 $K(x)$, 并且亏格大于 1, 那么 $m(\Delta)>0$.

证明　根据 Gauss-Bonnet 定理, 曲面 M 的欧拉示性数等于

$$\frac{1}{2\pi}\int_M K(x)d\mu(x).$$

再由 M 的亏格大于 1, 知上述积分小于 0, 即

$$\int_M K(x)d\mu(x)<0.$$

取两个相互垂直的 $v,w\in SM$. 在曲面上有

$$\limsup_{t\to\pm\infty}\frac{1}{t}\int_0^t K_{\pi(\varphi^s v)}(\varphi^s v,\varphi^s w)=\limsup_{t\to\pm\infty}\frac{1}{t}\int_0^t K(\pi(\varphi^s v))ds.$$

根据 Birkhoff 定理, 对 m 几乎处处的点 $v\in SM$, 下述极限

$$\lim_{t\to\pm\infty}\frac{1}{t}\int_0^t K(\pi(\varphi^s v))ds=\Phi(v)$$

存在并且

$$\int_{SM}\Phi(v)dm(v)=\int_M K(x)d\mu(x)<0.$$

故 $m(\Delta)>0$. □

我们再考虑高维的情形.

命题 3.2.4　设 M 是光滑紧致的黎曼流形, 具有非正曲率. 假设存在一点 $x\in M$ 及一个向量 $v\in S_xM$, 使得对任意垂直于 v 的向量 $w\in S_xM$ 都有

$$K_x(v,w)<0,$$

那么 $m(\Delta)>0$.

证明 我们定义连续函数 $\kappa : SM \to (-\infty, 0]$,

$$\kappa(v) := \max\{K_{\pi v}(v, w) : w \in S_x M \text{ 垂直于 } v\}.$$

取定 v 在 SM 中的一个小邻域 U, 那么由命题中的条件知在 U 上 $\kappa < 0$. 由 Birkhoff 遍历性定理, 对 m 几乎处处的点 $v \in SM$, 下述极限

$$\lim_{t \to \pm\infty} \frac{1}{t} \int_0^t \kappa(\varphi^s v) ds = \Phi(v)$$

存在并且

$$\int_{SM} \Phi(v) dm(v) = \int_{SM} \kappa(v) dm(v) \leqslant \int_U \kappa(v) dm(v) < 0.$$

故在一个 m-正测度集上有 $\Phi(v) < 0$. 此时

$$\limsup_{t \to \pm\infty} \frac{1}{t} \int_0^t K_{\pi(\varphi^s v)}(\varphi^s v, \varphi^s w) \leqslant \lim_{t \to \pm\infty} \frac{1}{t} \int_0^t \kappa(\varphi^s v) ds = \Phi(v) < 0.$$

性质得证. □

我们定义子集 $\tilde{\Delta} \subset SM$ 为那些具有非零 Lyapunov 指数的向量的集合:

$$\tilde{\Delta}^+ = \{v \in SM : \text{对任意的 } \xi \in E^+(v),\ \chi(v, \xi) < 0\},$$

$$\tilde{\Delta}^- = \{v \in SM : \text{对任意的 } \xi \in E^-(v),\ \chi(v, \xi) > 0\},$$

$$\tilde{\Delta} = \tilde{\Delta}^+ \cap \tilde{\Delta}^-.$$

称 $\tilde{\Delta}$ 为测地流的*正则子集*或*非一致双曲子集*. 由定理 3.2.2, 我们知道 $\Delta \subset \tilde{\Delta}$.

命题 3.2.5 *设 M 是光滑紧致的黎曼流形, 具有非正曲率. 假设 $m(\tilde{\Delta}) > 0$, 那么 $\tilde{\Delta}$ mod 0 后为一个开集, 并且处处稠密.*

证明 由于集合 $\tilde{\Delta}$ 具有正 Liouville 测度, 故对几乎处处的点 $v \in \tilde{\Delta}$, 都存在 $t > 0$ 使得

$$\|d\varphi_t | E^+(v)\| \leqslant \frac{1}{2} \text{ 且 } \|d\varphi_{-t} | E^-(v)\| \leqslant \frac{1}{2}.$$

由于分布 E^+ 和 E^- 连续, 故存在 v 在 SM 中的一个邻域 U, 使得对任意的 $w \in U$ 有

$$\|d\varphi_t | E^+(w)\| \leqslant \frac{3}{4} \text{ 且 } \|d\varphi_{-t} | E^-(w)\| \leqslant \frac{3}{4}.$$

我们称一个向量 $w \in SM$ 以正频率回复到 U 如果 $\liminf_{t \to \infty} \dfrac{|T_U(t)|}{t} > 0$, 这里

$$T_U(t) = \{\tau : 0 \leqslant \tau \leqslant t \text{ 且 } \varphi_\tau(w) \in U\},$$

而 $|T_U(t)|$ 表示 $T_U(t)$ 的 Lebesgue 测度. 记 $\mathcal{U} \subset SM$ 为所有以正频率回复到 U 的向量的集合. 由 Birkhoff 遍历定理知 $\mathcal{U}$ 非空且 mod 0 后为开集. 取定 $w \in \mathcal{U}$, 记 t_0 为轨道 $\varphi_t(w)$ 离开 $\overline{U}$ 的一个时刻. 由命题 3.2.1 知函数 $t \mapsto \|d\varphi_t|E^+(w)\|$ 上为非增的, 故当 $t \geqslant t_0$ 时有 $\|d\varphi_t|E^+(w)\| \leqslant \|d\varphi_{t_0}|E^+(w)\|$. 因此当 $\xi \in E^+(w)$ 时,

$$\chi(w,\xi) = \limsup_{t\to\infty} \frac{1}{t} \log \|d\varphi_t \xi\| \leqslant \liminf_{t\to\infty} \frac{|T_U(t)|}{t} \cdot \log \frac{3}{4} < 0.$$

同理可证明, 对任意的 $w \in \mathcal{U}, \eta \in E^-(w)$, Lyapunov 指数 $\chi(w,\eta) > 0$. 因此, 对于几乎处处的 $v \in \tilde{\Delta}$, v 的一个小邻域内几乎处处的点都包含在 $\tilde{\Delta}$ 中.

非正曲率流形上的测地流是拓扑传递的 (见 [13]). 以上我们已证 $\tilde{\Delta}$ mod 0 后为开集, 故由传递性知 $\tilde{\Delta}$ 为处处稠密的. 性质得证. □

3.2.2 Pesin 理论

Pesin 理论建立在对 Lyapunov 指数的应用之上. 下面的 Oseledec 定理是说那些 Lyapunov 指数存在的点 (Lyapunov-Perron 正则点) 在全空间中对任意不变测度来说都是满测的. 首先给出 Lyapunov-Perron 正则的定义.

定义 3.2.1 设 (M,g) 是 n 维紧致黎曼流形, 称点 $v \in SM$ 是测地流 φ_t 的 Lyapunov-Perron 正则点 (简称正则点), 若存在整数 $m = m(v)$, 实数

$$\chi_1(v) > \chi_2(v) > \cdots > \chi_m(v) \tag{3.2.4}$$

和分解

$$T_vSM = E_1(v) \oplus E_2(v) \oplus \cdots \oplus E_m(v), \tag{3.2.5}$$

使得对任意的 $0 \neq \xi \in E_j(v), j = 1, \cdots, m$, 有

$$\lim_{t\to\pm\infty} \frac{1}{t} \log \|(d\varphi_t)_v \xi\| = \chi_j(v). \tag{3.2.6}$$

此时, 我们称 $\chi_j(v)$ 是测地流 φ_t 的 Lyapunov 指数, 称 $E_j(v)$ 是 Lyapunov 指数 $\chi_j(v)$ 对应的 Oseledec 子空间.

注意到这与 (3.2.1) 中定义的 Lyapunov 指数有所不同: 这里的极限为 $\lim_{t\to\pm\infty}$. 后文中, 有时为了明确 $\chi(v)$ 是向量 ξ 对应的 Lyapunov 指数, 也常常将 $\chi(v)$ 记成 $\chi(v,\xi)$.

在给出了正则点的定义之后, 一个自然而然的问题就是: 正则点有多少? 一般而言, 从拓扑观点来看, 正则点常常是较为稀少的; 但是, 从测度的角度来看, 恰恰相反, 正则点又非常之多. 这就是著名的 Oseledec 定理.

定理 3.2.6 (Oseledec 定理) 设 (M,g) 是一个紧致黎曼流形, μ 是 SM 上的任意一个 φ_t-不变测度, 那么测地流 φ_t 的正则点构成 SM 中的一个 μ-满测度集.

在 3.2.1 小节中, 我们定义了测地流的正则子集 $\tilde{\Delta}$. 假设 $m(\tilde{\Delta}) > 0$. 在上一节中我们已经证明了在很多情形下这是正确的. 令 $\mu = \dfrac{m|_{\tilde{\Delta}}}{m(\tilde{\Delta})}$. 由 m 和 $\tilde{\Delta}$ 的不变性我们知道 μ 是一个 φ_t-不变的概率测度. 那么结合 Oseledec 定理, 我们知道

引理 3.2.2 存在一个 φ_t-不变的子集 $\Delta_0 \subset SM$, 具有满的 μ-测度, 使得对任意的 $v \in \Delta_0$,

$$E^+(v) = \bigoplus_{\lambda_i(v)<0} E_i(v) \text{ 且 } E^-(v) = \bigoplus_{\lambda_i(v)>0} E_i(v).$$

由于生成测地流的向量场 V 在 $d\varphi_t$ 作用下不变, 因此对任意切于测地流轨道的 $\xi \in T_vSM$, 有

$$\lim_{t\to\pm\infty} \frac{1}{t} \log \|(d\varphi_t)_v \xi\| = 0.$$

因此, 沿着轨道方向, Lyapunov 指数总为零. 由于测地流限制在 $\tilde{\Delta}$ 后, 在 Lyapunov-Perron 正则点上除轨道方向之外的任何方向上 Lyapunov 指数均非零, 因此我们也称 $\tilde{\Delta}$ 为测地流的非一致双曲子集. 下面的性质总结了上述讨论的主要结果.

命题 3.2.7 (非一致双曲性) $\varphi_t|_{\tilde{\Delta}}$ 是非一致双曲的: 在一个 φ_t-不变的 μ-全测集 Δ_0 上存在一个可测的 $d\varphi_t$-不变的分解

$$T_{\Delta_0}(SM) = E^+ \oplus E^0 \oplus E^-$$

使得对任意的 $v \in \Delta_0$ 有

(1) $E^0(v)$ 切于测地流的轨道;

(2) $E^+(v)$ 和 $E^-(v)$ 分别为垂直于 v 的稳定和不稳定 Jacobi 场张成的子空间, 即

$$E^+(v) = \{\xi \in T_vSM : g_S(\xi, V(v)) = 0 \text{ 且 } Y_\xi(t) = S(t)d_v\pi\xi\},$$
$$E^-(v) = \{\xi \in T_vSM : g_S(\xi, V(v)) = 0 \text{ 且 } Y_\xi(t) = U(t)d_v\pi\xi\};$$

(3) 对任意的 $\xi^+ \in E^+(v)$ 和 $\xi^- \in E^-(v)$, 有

$$\lim_{t\to\pm\infty} \frac{1}{t} \log \|(d\varphi_t)_v \xi^+\| < 0 \text{ 且 } \lim_{t\to\pm\infty} \frac{1}{t} \log \|(d\varphi_t)_v \xi^-\| > 0.$$

Pesin 理论中非常重要的一项工作是在非一致双曲集中几乎处处的点上构造了 Pesin 局部稳定和不稳定流形, 并证明了它们的绝对连续性. 详见 [13].

命题 3.2.8 (Pesin 局部稳定和不稳定流形的存在性和绝对连续性) 存在一个 φ_t-不变的 μ-满测度集合 $\Delta_1 \subset \Delta_0$, 一个可测函数 $r : \Delta_1 \to \mathbb{R}_+$ 和一族可测的 C^∞, $p-1$ 维 ($p = \dim M$) 的嵌入圆盘 $\{W^s_{\text{loc}}(v) : v \in \Delta_1\}$ 和 $\{W^u_{\text{loc}}(v) : v \in \Delta_1\}$ 满足下面的性质. 对任意的 $v \in \Delta_1$ 有

(1) $E^+(v)$ 切于 $W^s_{\rm loc}(v)$ 且 $E^-(v)$ 切于 $W^u_{\rm loc}(v)$;

(2) 对于任意 $t \geqslant 0$,

$$\varphi_t(W^s_{\rm loc}(v)) \subset W^s_{\rm loc}(\varphi_t(v)) \text{ 且 } \varphi_{-t}(W^u_{\rm loc}(v)) \subset W^u_{\rm loc}(\varphi_{-t}(v));$$

(3) $w \in W^s_{\rm loc}(v)$ 当且仅当 $d(v,w) < r(v)$ 且

$$\lim_{t\to\infty} d(\varphi_t(v),\varphi_t(w)) = 0;$$

(4) $w \in W^u_{\rm loc}(v)$ 当且仅当 $d(v,w) < r(v)$ 且

$$\lim_{t\to-\infty} d(\varphi_{-t}(v),\varphi_{-t}(w)) = 0.$$

进一步地, 我们知道 $W^*_{\rm loc}(* \in \{s,u\})$ 具有横截绝对连续性:

(1) 绝对连续性: 设 $Z \subset SM$ 具有零体积 $m(Z) = 0$, 那么对 m-几乎处处的 $v \in \Delta_1$, 集合 $Z \cap W^*_{\rm loc}$ 在 $W^*_{\rm loc}$ 中具有零体积.

(2) 横截绝对连续性: 设 $D \subset SM$ 为任一 C^1-嵌入, p 维的开圆盘, $B \subset D$ 在 D 中具有零体积, 记

$$\mathrm{Sat}^*_{\rm loc}(B) := \bigcup_{v\in\Delta_1, W^*_{\rm loc}(v)\cap B\neq\varnothing} W^*_{\rm loc}(v).$$

那么 $m(\mathrm{Sat}^*_{\rm loc}(B)) = 0$.

在非一致双曲系统中, Pesin 局部稳定流形和不稳定流形并不一定在每一点处都存在, 而只是在一个满测子集上存在. 并且 Pesin 局部稳定流形和不稳定流形的尺寸 $r : \Delta_1 \to \mathbb{R}_+$ 只是一个可测函数, 因而尺寸不一定具有一致的下界. 从而知 Pesin 局部稳定流形和不稳定流形以及轨道的叶层三者并不一定能张成一个开邻域. 这给我们利用 Pesin 局部稳定流形和不稳定流形族的绝对连续性来证明测地流的遍历性带来了本质上的困难 (回忆定理 3.1.6 的证明), 因为我们无法直接得到在任意一个点 $v \in \Delta_1$ 的开邻域内 f 几乎处处为常数.

受益于测地流的几何性质, 我们可以比较简便地克服上述困难. 与负曲率流形上的测地流类似, 我们可以在非正曲率流形 M 的万有提升 $\widetilde{M}$ 上构造 Buseman 函数 (详见定理 4.5.2 的证明). Busemann 函数是 C^∞ 的, 它的水平集被称为极限球 (horospheres). 对任一向量 $v \in S\widetilde{M}$, 基点 $\pi(v) \in \widetilde{M}$ 的极限球上的每一点 x 处都存在唯一一个向量 $w_v(x)$ 满足

$$d(\gamma_v(t), \gamma_{w_v(x)}(t)) \leqslant d(\pi(v), x), \quad \forall t \geqslant 0.$$

这些单位向量 $w_v(x)$ 构成了该极限球的一个法丛, 它是 $S\widetilde{M}$ 中的一个 C^∞ 子流形, 我们称它为 v 处的全局稳定子流形. 若 $p : \widetilde{M} \to M$ 为万有提升, 那么 $p(W^s(v))$ 被

称为 $p(v)$ 的全局稳定子流形, 并记为 $W^s(p(v))$. 全局稳定子流形可类似定义, 或者通过测地流的时间逆来定义. 由命题 3.2.8 中 Pesin 局部稳定和不稳定流形存在性的 (3) 和 (4), 以及全局稳定和不稳定流形的定义可知 $W^*_{\text{loc}}(v) \subset W^*(v), * \in \{s,u\}$ 对任意 $v \in \Delta_1$ 均成立. 对任意 $v \in SM, \delta > 0$ 充分小, 我们记 $W^*(v,\delta), * \in \{s,u\}$ 为 $W^*(v) \cap B(v,\delta)$ 中包含 v 的那个连通分支.

我们称一个全测地的等距嵌入 $r : \mathcal{R} \times [0,c] \to \widetilde{M}$ 为 $\widetilde{M}$ 上的一个平坦条纹, 这里 $\mathcal{R} \times [0,c]$ 是欧氏平面里的一个条纹. $\widetilde{M}$ 上的一个平坦条纹在 $p : \widetilde{M} \to M$ 下的投影也被称为 M 上的平坦条纹. 沿着平坦条纹的一条测地线上, 存在一个垂直于测地线的、长度为常数的 Jacobi 场, 我们称之为平行 Jacobi 场, 容易看出它同时为稳定和不稳定 Jacobi 场. 在由平行 Jacobi 场给出的方向上, 测地流显然具有零 Lyapunov 指数. 下面的引理是一个经典结果, 其证明可参考 [51].

引理 3.2.3 (平坦条纹引理, Eberlein-O'Neil) 如果 $\widetilde{M}$ 上的两条不同的测地线 $\tilde{\alpha}$ 和 $\tilde{\beta}$ 满足 $d(\tilde{\alpha}(t), \tilde{\beta}(t)) < C$ 对某个 $C > 0$ 和任意的 $\forall t \in \mathbb{R}$ 成立, 那么它们是某个平坦条纹的边界.

我们证明一个引理.

引理 3.2.4 假设 $w' \in W^s(w) \subset SM$ 并且 $\lim_{t\to\infty} d(\gamma_w(t), \gamma_{w'}(t)) = c > 0$, 那么 $\gamma_w(t)$ 和 $\gamma_{w'}(t)$ 收敛到一条宽为 c 的平坦条纹的边界.

证明 设 $\lim_{s_i\to\infty} \varphi^{s_i}(w) = v$ 和 $\lim_{s_i\to\infty} \varphi^{s_i}(w') = v'$. 那么 $v' \in W^s(v)$ 并且对任意的 $t \in \mathbb{R}$:

$$d(\gamma_v(t),\ \gamma_{v'}(t)) = \lim_{s_i\to\infty} d(\gamma_{w'}(t+s_i),\ \gamma_w(t+s_i)) = c.$$

故可以将 $\gamma_v(t), \gamma_{v'}(t)$ 提升到 $\widetilde{M}$ 上的两条测地线 $\tilde{\gamma}_{\tilde{v}}(t), \tilde{\gamma}_{\tilde{v}'}(t)$, 使得 $\tilde{v}' \in W^s(\tilde{v})$ 并且对任意的 $t \in \mathbb{R}$:

$$d(\tilde{\gamma}_{\tilde{v}}(t), \tilde{\gamma}_{\tilde{v}'}(t)) = c.$$

根据上述平坦条纹引理 (引理 3.2.3), 我们知道 $\tilde{\gamma}_{\tilde{v}}(t), \tilde{\gamma}_{\tilde{v}'}(t)$ 为一个宽为 c 的平坦条纹的两条边界. □

命题 3.2.9 (全局稳定和不稳定流形的绝对连续性) 设 $\delta > 0$ 充分小, 那么 $\{W^*(v,\delta) : v \in \Delta_1\}, * \in \{s,u\}$ 满足下面的性质. 对任意的 $v \in \Delta_1$, 有

(1) 绝对连续性: 设 $Z \subset SM$ 具有零体积 $m(Z) = 0$, 那么对 m-几乎处处的 $v \in \Delta_1$, 集合 $Z \cap W^*(v,\delta)$ 在 $W^*(v,\delta)$ 中具有零体积.

(2) 横截绝对连续性: 设 $D \subset SM$ 为任一 C^1-嵌入, n 维的开圆盘, $B \subset D$ 在 D 中具有零体积, 记

$$\text{Sat}^*(B,\delta) := \bigcup_{v\in\Delta_1, W^*(v,\delta)\cap B\neq\varnothing} W^*(v,\delta).$$

那么 $m(\mathrm{Sat}^*(B,\delta))=0$.

证明 我们只需对全局稳定流形来证明结论即可, 全局不稳定流形的结论类似可证. 我们断言对任意的 $v\in\Delta_1$, 存在一个整数 $k\geqslant 0$ 使得

$$\varphi_k(W^s(v,\delta))\subset W^s_{\mathrm{loc}}(\varphi_k(v)). \tag{3.2.7}$$

假设断言不成立. 那么唯一的可能性是存在一个 $w\in W^s(v,\delta)$ 使得 $d(\gamma_v(k),\gamma_w(k))\geqslant c'$ 对某个 $c'>0$ 和任意 $k\geqslant 0$ 成立. 由于 $d(\gamma_v(k),\gamma_w(k))$ 递减, 故对某个 $c>0$ 有

$$\lim_{t\to\infty} d(\gamma_v(k),\gamma_w(k))=c.$$

由引理 3.2.4 知 γ_v,γ_w 为一个平坦条纹的两条边界, 因而 γ_v 在垂直于轨道的一个方向具有零 Lyapunov 指数. 这与 $v\in\Delta_1$ 矛盾. 因此断言得证. 对某个 $k\geqslant 0$, 记 X_k 为满足 (3.2.7) 的 $v\in\Delta_1$ 的集合. 那么 $\Delta_1=\bigcup_{k\geqslant 0}X_k$.

设 $m(Z)=0$. 那么集合 $\hat{Z}=\bigcup_{k\geqslant 0}\varphi_k(Z)$ 也具有零体积. 根据命题 3.2.8, 对几乎处处的 $w\in\Delta_1$, $\hat{Z}$ 在 $W^s_{\mathrm{loc}}(w)$ 中具有零体积. 特别地, 对任意的 $k\geqslant 0$ 和几乎处处的 $v\in X_k$, $\varphi_k(Z)\subset\hat{Z}$ 在 $\varphi_k(W^s(v,\delta))\subset W^s_{\mathrm{loc}}(\varphi_k(v))$ 中具有零体积. 由于 φ_k 是微分同胚, 因此 Z 在 $W^s(v,\delta)$ 中的体积为零. (1) 得证.

设 $D\subset SM$ 是一个 C^1-嵌入的 n-维开圆盘, $B\subset D$ 在 D 中具有零体积, 记

$$B_k=B\cap\bigcup_{w\in X_k}W^s(w,\delta).$$

则

$$\mathrm{Sat}^s(B,\delta):=\bigcup_{k\geqslant 0}\mathrm{Sat}^s(B_k,\delta).$$

因此只需证明 $m(\mathrm{Sat}^s(B_k,\delta))=0$ 对任意的 $k\geqslant 0$ 成立.

固定 $k\geqslant 0$. 由于 φ_k 是一个微分同胚, $\varphi_k(B_k)$ 在 $\varphi_k(D)$ 中具有零体积. 根据命题 3.2.8, $m(\mathrm{Sat}^s_{\mathrm{loc}}(\varphi_k(B_k))=0$. 故

$$m(\varphi_{-k}(\mathrm{Sat}^s_{\mathrm{loc}}(\varphi_k(B_k))))=0.$$

根据 (3.2.7),

$$\mathrm{Sat}^s(B_k,\delta)\subset\varphi_{-k}(\mathrm{Sat}^s_{\mathrm{loc}}(\varphi_k(B_k))),$$

故 $m(\mathrm{Sat}^s(B_k,\delta))=0$. □

利用全局稳定和不稳定流形的绝对连续性, 重复定理 3.1.6 中的论证, 我们可证明在 $v\in\tilde{\Delta}$ 的一个开邻域内, φ_t-不变的可测函数 f 几乎处处为常数. 再由 SM 的连通性, 我们知道 f 在 $\tilde{\Delta}$ 中几乎处处为常数. 注意到我们记 $\mu=\dfrac{m|_{\tilde{\Delta}}}{m(\tilde{\Delta})}$. 因而证明了如下定理.

定理 3.2.10[13](Pesin 定理) 假设 $m(\tilde{\Delta})>0$. 那么 $\varphi_t|_{\tilde{\Delta}}$ 关于 μ 遍历.

3.2.3 非正曲率流形上测地流的遍历性猜想

在 Pesin 定理 (定理 3.2.10, 1978) 之后, 一个著名的公开问题就是非正曲率流形上的测地流在全空间上关于 Liouville 测度是否遍历. 如果 $m(\tilde{\Delta}) = 1$, 那么测地流在全空间上关于 m 遍历.

猜想 3.2.1 $m(\tilde{\Delta}) = 1$. *因此非正曲率流形上的测地流在全空间上关于 Liouville 测度遍历.*

问题的难点在于对非正则点集合 $SM \setminus \tilde{\Delta}$ 的描述. 这需要我们对非正则点的几何性质和动力系统性质进行研究. 上述猜想自 20 世纪 80 年代开始一直公开至今.

3.3 某类非正曲率曲面上测地流的遍历性

本节假设 M 是一个紧致的 C^∞ 曲面, 具有非正曲率 ($K \leqslant 0$), 并且它的亏格 $g \geqslant 2$. 我们证明在一个给定条件之下 SM 上的测地流关于 Liouville 测度遍历, 从而在该条件之下证明了猜想 3.2.1(参考 [132]). 注意到当亏格 $g = 1$ 时, 由 Gauss-Bonnet 公式以及曲率非正条件, 曲面 M 必为二维环面, 而此时的测地流显然不遍历. 因而我们只考虑 $g \geqslant 2$ 时的情形.

由 Pesin 定理 (定理 3.2.10), 我们只需要研究由非正则点构成的集合 $SM \setminus \tilde{\Delta}$. (3.2.2) 中定义的集合 Δ 在曲面的情形下可写为

$$\Delta = \left\{ x \in SM : \limsup_{t \to \pm\infty} \frac{1}{t} \int_0^t K(\gamma_x(s))ds < 0 \right\}.$$

在本节中我们研究一个更自然的、几何意义更明确的集合:

$$\Lambda = \{x \in SM : K(\gamma_x(t)) = 0, \forall t \in \mathbb{R}\}.$$

若 $x \in \Lambda$, 则称 γ_x 为一条*平坦测地线*. 显然有 $\Delta \subset \Lambda^c$. 事实上, 我们有如下引理.

引理 3.3.1 $m(\Lambda^c \setminus \Delta) = 0$.

证明 反设 $m(\Lambda^c \setminus \Delta) > 0$. 定义 $f(x) := \chi_{\Lambda^c \setminus \Delta}(x) \cdot K(\pi(x))$. 易知 $f(x) \leqslant 0$. 根据 Birkhoff 遍历定理, 对 m-几乎处处的 $x \in SM$ 有

$$\lim_{t \to \pm\infty} \frac{1}{t} \int_0^t f(\varphi_t(x))ds := \tilde{f}(x),$$

$$\int_{SM} \tilde{f}(x)dm(x) = \int_{SM} f(x)dm(x) \leqslant 0.$$

根据 Δ 的定义, $\tilde{f}(x) = 0$ 对 m-几乎处处的 $x \in SM$ 成立. 故 $\int_{SM} f(x)dm(x) = 0$, 从而 $f(x) = 0$ 对 m-几乎处处的 $x \in SM$ 成立. 因此 $K(\pi(x)) = 0$ 对 m-几乎处处

的 $x \in \Lambda^c \setminus \Delta$ 成立. 由于测地流的轨道叶层光滑, 故由 Fubini 定理知对 m-几乎处处的 $x \in \Lambda^c \setminus \Delta$ 有 $K(\pi(\varphi_t(x))) = 0$ 对几乎处处的 $t \in \mathbb{R}$ 成立. 根据曲率函数 K 的连续性即知 $K(\pi(\varphi_t(x))) = 0$ 对任意 $t \in \mathbb{R}$ 成立, 从而 $x \in \Lambda$. 这与 $x \in \Lambda^c \setminus \Delta$ 矛盾. 故 $m(\Lambda^c \setminus \Delta) = 0$. □

结合 Pesin 定理 (定理 3.2.10) 和上述引理, 只要证明 $m(\Lambda) = 0$, 即得测地流在全空间上的遍历性. 我们有下面的比遍历性更强的一个猜想.

猜想 3.3.1 *平坦测地线总是闭的, 并且它们包含在有限多个自由同伦类之中. 特别地, $m(\Lambda) = 0$, 因而测地流是遍历的.*

现在已知的非正曲率曲面上的测地流都满足上述猜想. 记 z 在 φ_t 下的轨道为 $\mathcal{O}(z)$, φ_t 下所有周期点的集合为 $\mathrm{Per}(\varphi_t)$. 我们先证明如下的二分法定理.

定理 3.3.1 (1) *如果 $\Lambda \subset \mathrm{Per}(\varphi_t)$, 即平坦测地线总是闭的, 那么至多只存在有限条孤立的闭平坦测地线和有限条平坦条纹.*

(2) *如果 $\Lambda \cap (\mathrm{Per}\ (\varphi_t))^c \neq \varnothing$, 那么存在 $y, z \in \Lambda$, $y \notin \mathcal{O}(z)$, 使得当 $t \to +\infty$ 时*

$$d(\varphi_t(y), \varphi_t(z)) \to 0.$$

下面对曲面 M 加一个较弱的条件 (所有已知例子都满足该条件), 使得上述二分法的第二种情形不可能发生.

定理 3.3.2 *设集合 $\{p \in M : K(p) < 0\}$ 具有有限多个连通分支, 那么 $\Lambda \subset \mathrm{Per}(\varphi_t)$. 特别地, 测地流是遍历的.*

在上述定理的证明过程中, 我们也证明了下述结果, 它本身也具有重要的意义.

定理 3.3.3 *$(\mathrm{Per}\ (\varphi_t))^c \cap \Lambda$ 是一个闭集.*

我们来证明上述三个定理. 考虑 M 的万有覆盖空间 $\widetilde{M}$, 由 Cartan-Hadamard 定理, $\widetilde{M}$ 微分同胚于平面上的单位圆盘. 我们总是将测地线 γ 在 $\widetilde{M}$ 上的一个提升记作 $\tilde{\gamma}$. $\widetilde{M}$ 是一个 Hadamard 流形, 它具有下述良好的性质. 对 $\widetilde{M}$ 上的任意两点, 都存在唯一的一条测地线将它们连接. 两条测地线 $\tilde{\gamma}_1$ 和 $\tilde{\gamma}_2$ 被称为**渐近的**, 如果存在 $C > 0$, 使得 $\forall t > 0$, 都有 $d(\tilde{\gamma}_1(t), \tilde{\gamma}_2(t)) \leqslant C$. 渐近关系是一个等价关系. 记 $\widetilde{M}(\infty)$ 是等价类的全体, 它可以同胚地映为单位圆盘的边界. 记 $\tilde{\gamma}(+\infty)$ 为 $\tilde{\gamma}$ 所在的等价类, $\tilde{\gamma}(-\infty)$ 为 $\tilde{\gamma}$ 的逆所在的等价类. 若 γ 为 M 上的闭测地线, $\tilde{\gamma}$ 是它在 $\widetilde{M}$ 上的一个提升, 则存在 $t_0 > 0$ 和 $\phi \in \pi_1(M)$,

$$\tilde{\gamma}(t + t_0) = \phi(\tilde{\gamma}(t)), \quad \forall t \in \mathbb{R}.$$

在这种情况下, 我们称 ϕ 固定 $\tilde{\gamma}$, 即 $\phi(\tilde{\gamma}) = \tilde{\gamma}$. ϕ 在 $\widetilde{M}(\infty)$ 上诱导了一个自然的作用, 并且有两个不动点: $\tilde{\gamma}(\infty)$ 和 $\tilde{\gamma}(-\infty)$. 对任意的 $\xi \in \widetilde{M}(\infty), \xi \neq \tilde{\gamma}(\pm\infty)$, 我们有 $\lim_{n\to+\infty} \phi^n(x) = \tilde{\gamma}(+\infty)$ 和 $\lim_{n\to-\infty} \phi^n(x) = \tilde{\gamma}(-\infty)$.

给定 $\xi,\eta,\zeta\in\widetilde{M}(\infty)$, 称从 ξ 到 η, η 到 ζ, ζ 到 ξ 的三条测地线在 $\widetilde{M}(\infty)$ 上界住的区域为一个以 ξ,η,ζ 为端点的**理想三角形**.

平坦测地线具有下述几何性质.

引理 3.3.2 (Ruggiero) 若 $K(\tilde{\gamma}(t))\equiv 0$ 对 $\forall t\in\mathbb{R}$ 都成立, 那么任意一个以 $\tilde{\gamma}(t)$ 为边的理想三角形都具有无穷的面积.

这是由于平坦测地线附近的稳定 Jacobi 场的长度随时间的衰减速度足够慢, 以至于理想三角形的面积为无穷. 具体证明可参考 [120].

猜想 3.3.1 的一个重要进展是下述由曹建国和 Xavier(详见 [38]) 证明的定理.

定理 3.3.4 M 中的平坦条纹由同一个自由同伦类中的闭平坦测地线所构成.

通过下面的两个引理, 我们可以证明定理 3.3.3.

引理 3.3.3 假设 $y\in\Lambda$, 且 ω-极限集 $\omega(y)=\mathcal{O}(z)$, 这里 $\mathcal{O}(z)$ 为一个周期轨道. 那么 $\mathcal{O}(y)=\mathcal{O}(z)$. 特别地,$\mathcal{O}(y)$ 是周期的.

证明 首先可以将测地线 $\gamma_z(t),\gamma_y(t)$ 提升到 $\widetilde{M}$ 上, 分别记为 $\tilde{\gamma}_0(t)$ 和 $\tilde{\gamma}(t)$, 使得 $\tilde{\gamma}_0(+\infty)=\tilde{\gamma}(+\infty)$. 由于 $\omega(y)=\mathcal{O}(z)$, 我们可以做到这一点. 另外可使得

$$\lim_{t\to+\infty} d(\tilde{\gamma}_0(t),\tilde{\gamma}(t))=0.$$

由于 $\gamma_z(t)$ 是一条闭测地线, 存在一个 $\widetilde{M}$ 上的等距 ϕ 使得 $\phi(\tilde{\gamma}_0(t))=\tilde{\gamma}_0(t+t_0)$. 在 $\widetilde{M}(\infty)$ 上,ϕ 固定两点 $\tilde{\gamma}_0(\pm\infty)$, 并且对任何其他的点 $a\in\widetilde{M}(\infty)$, $\lim_{n\to+\infty}\varphi^n(a)=\tilde{\gamma}_0(+\infty)$.

假设 $\tilde{\gamma}$ 在 ϕ 作用下不固定. 由于 $\phi(\tilde{\gamma})(+\infty)=\tilde{\gamma}(+\infty)$,$\tilde{\gamma}$ 和 $\phi(\tilde{\gamma})$ 不相交. 我们选取另外一条测地线 $\tilde{\alpha}$(图 3.1). 理想三角形 ABF 在 ϕ 下的像是理想三角形 CEF. 由于 ϕ 是一个等距, 它保持体积不变. 容易证出 $ABCD$ 的面积不小于 DEF 的面积. 又由于 $\tilde{\gamma}$ 是一条平坦测地线, 根据引理 3.3.2, DEF 的面积是无穷. 这与 $ABCD$ 面积有限矛盾. 故 $\phi(\tilde{\gamma})$ 与 $\tilde{\gamma}$ 重合.

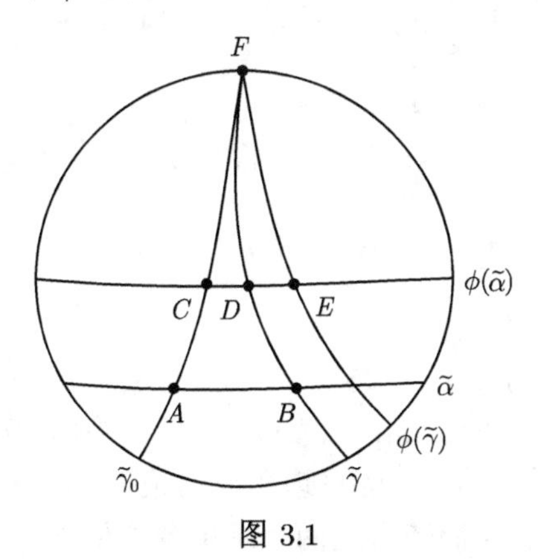

图 3.1

因此 $\tilde{\gamma}(\pm\infty)=\tilde{\gamma}_0(\pm\infty)$. 我们有两种情形: 要么根据引理 3.2.3 知 $\tilde{\gamma}(t)$ 和 $\tilde{\gamma}_0(t)$ 界住一个平坦条纹; 要么 $\tilde{\gamma}(t)=\tilde{\gamma}_0(t)$. 由于 $\lim_{t\to+\infty}d(\tilde{\gamma}(t),\tilde{\gamma}_0(t))=0$, 我们得到 $\tilde{\gamma}(t)=\tilde{\gamma}_0(t)$. 故 $\mathcal{O}(y)=\mathcal{O}(z)$. □

我们再证明一个比引理 3.3.3 更强的结果.

引理 3.3.4 *设 $y\in\Lambda$ 且 $z\in\omega(y)$, 这里 z 是周期点, 那么 $\mathcal{O}(y)=\mathcal{O}(z)$. 特别地, y 也是周期点.*

证明 假设存在 $s_k\to+\infty$ 使得 $\varphi^{s_k}(y)\to z$. 若 $\varphi^{s_k}(y)\in W^s(z)$ 对某个 k 成立, 那么 $\omega(y)=\mathcal{O}(z)$. 根据引理 3.3.3, 我们有 $\mathcal{O}(\varphi^{s_k}(y))=\mathcal{O}(z)$. 此时引理得证.

假设对任意 k, $\varphi^{s_k}(y)\notin W^s(z)$. 注意到若 $y\neq z$, 则 y 和 z 不能切于同一个平坦条纹. 因而对任意小的 $\varepsilon_0>0$ 和任意大的 k, 存在一列 $l_k\to+\infty$ 满足

$$d(\varphi^{l_k}(\varphi^{s_k}(y)),\varphi^{l_k}(z))=\varepsilon_0,$$

这里取 l_k 为满足上述条件的最小正数. 通过取一个子列, 不妨假设当 $k\to+\infty$ 时

$$\varphi^{l_k}(\varphi^{s_k}(y))\to y^+,\quad 且\ \varphi^{l_k}(z)\to z^+. \tag{3.3.1}$$

那么 z^+ 为周期的且 $d(y^+,z^+)=\varepsilon_0$. 对任意 $t>0$, 由于 $0<-t+l_k<l_k$ 对足够大的 k 都成立, 因此

$$d(\varphi_{-t}(y^+),\varphi_{-t}(z^+))=\lim_{k\to+\infty}d(\varphi^{-t+l_k+s_k}(y),\varphi^{-t+l_k}(z))\leqslant\varepsilon_0.$$

故 $-y^+\in W^s(-z^+)$. 将 y,z 分别替换为 $-y,-z$, 并且通过同样的论证, 我们能得到两点 y^-,z^- 使得 $-y^-\in W^s(-z^-)$,$d(y^-,z^-)=\varepsilon_0$,$y^-\in\omega(-y)$ 且 z^- 是周期的. 那么我们有下面三种不同的情形:

(1) $\lim_{t\to\infty}d(\varphi_t(-y^+),\varphi_t(-z^+))=0$. 根据引理 3.3.3,$-y^+$ 为周期的. 并且由

$$\lim_{t\to\infty}d(\varphi_t(-y^+),\varphi_t(-z^+))=0,$$

知 $-y^+=-z^+$. 这与 $d(y^+,z^+)=\varepsilon_0$ 矛盾.

(2) $\lim_{t\to\infty}d(\varphi_t(-y^-),\varphi_t(-z^-))=0$. 根据引理 3.3.3,$-y^-$ 为周期的. 并且由

$$\lim_{t\to\infty}d(\varphi_t(-y^-),\varphi_t(-z^-))=0$$

知 $-y^-=-z^-$. 这与 $d(y^-,z^-)=\varepsilon_0$ 矛盾.

(3) $\lim_{t\to\infty}d(\varphi_t(-y^+),\varphi_t(-z^+))=\delta_1$ 且 $\lim_{t\to\infty}d(\varphi_t(y^-),\varphi_t(z^-))=\delta_2$ 对某些 $\delta_1,\delta_2>0$ 成立. 根据引理 3.2.4, $-y^+$ 收敛到一个闭平坦测地线. 然后根据引理 3.3.3, γ_{y^+} 和 γ_z 是一个宽度为 δ_1 的平坦条纹的边界. 同理,γ_{y^-} 和 γ_z 是一个宽度为 δ_2 的平坦条纹的边界. 我们断言这两个平坦条纹位于 γ_z 的两侧. 事实上, 我们

取 ε_0 足够小, 并考虑闭测地线 γ_z 的 ε_0 邻域, 它包含位于 γ_z 两侧的那两个区域. 我们对 y 和 $-y$ 分别取 (3.3.1) 中的序列使得 y^+ 和 y^- 位于上述不同的两个区域内. 断言得证. 因而我们得到一个宽为 $\delta_1+\delta_2$ 的平坦条纹, 并且 z 切于它的内部. 注意到 $y^+\in\omega(y)$ 且 y^+ 为周期的, 可以将 y^+ 代替 z 并进行上述的论证. 要么我们像 (1) 和 (2) 那样得到矛盾; 要么得到一个宽大于 $\delta_1+\delta_2$ 的平坦条纹. 但是我们在一个紧致曲面 M 上不能一直不断地得到更宽的平坦条纹, 同样得到矛盾. 引理得证. □

定理 3.3.3 的证明 假设存在一个序列 $y_k\in\Lambda\cap(\mathrm{Per}\ (\varphi_t))^c$ 使得

$$\lim_{k\to+\infty} y_k = z$$

对某个 $z\in\Lambda\cap\mathrm{Per}\ (\varphi_t)$ 成立. 将 $\varphi^{s_k}(y)$ 替代成 y_k 后, 我们进行引理 3.3.4 中类似的论证即得矛盾. □

下面证明定理 3.3.1. 其中的构造依赖于动力系统中可扩性的概念.

定义 3.3.1 称 $x\in SM$ 具有可扩性, 如果存在一个 $\delta_0>0$, 使得如果 $d(\varphi_t(x),\varphi_t(y))<\delta_0$ 对 $\forall t\in\mathbb{R}$ 都成立, 那么存在 t_0 满足 $|t_0|<\delta_0$ 且 $y=\varphi^{t_0}(x)$.

引理 3.3.5 如果 x 不切于一个平坦条纹, 那么它具有可扩性.

证明 反设不然. 那么对任意小于 M 的单值半径的 $\varepsilon>0$, 都存在 $y\in SM$ 满足 $y\notin\mathcal{O}(x)$ 且 $d(\gamma_x(t),\gamma_y(t))<\varepsilon$ 对 $\forall t\in\mathbb{R}$ 都成立. 我们可以将 $\gamma_x(t)$ 和 $\gamma_y(t)$ 提升到 $\widetilde{M}$ 上使得对 $\forall t\in\mathbb{R}$ 有

$$d(\tilde{\gamma}_x(t),\tilde{\gamma}_y(t))<\varepsilon.$$

故根据引理 3.2.3, $\tilde{\gamma}_x(t)$ 和 $\tilde{\gamma}_y(t)$ 界住了一个平坦条纹. 故 x 切于一个平坦条纹, 矛盾. □

下面通过构造来证明定理 3.3.1 (2). 设 $\Lambda\cap(\mathrm{Per}\ \varphi_t)^c\neq\varnothing$, 即 Λ 中存在一个非周期轨道 $\mathcal{O}(x)$. 我们将从 $\mathcal{O}(x)$ 出发构造定理 3.3.1 (2) 中的 y,z. 首先在 $\mathcal{O}(x)$ 上能找到任意接近的两点:

引理 3.3.6 对任意的 $k\in\mathbb{N}$, 都存在两个序列 $t_k\to+\infty$ 和 $t_k'\to+\infty$ 使得 $t_k'-t_k\to+\infty$, 并且

$$d(x_k,x_k')<\frac{1}{k},\quad 其中\ x_k=\varphi^{t_k}(x),\ x_k'=\varphi^{t_k'}(x).$$

证明 对任意固定的 $k\in\mathbb{N}$, 取 $\varepsilon<\dfrac{1}{2k}$ 充分小. 我们取轨道 $\mathcal{O}(x)$ 上从 z_k 到 w_k 的长度为 T_k 一段, 记为 $[z_k,w_k]$. 记 X 为 SM 上切于测地流的向量场,$X^\perp$ 为 X 的正交补, 它是 SM 上一个光滑的二维分布. 对任一 $y\in[z_k,w_k]$ 定义 $D_\varepsilon(y):=\exp_y(X_\varepsilon^\perp(y))$, 其中 $X_\varepsilon^\perp(y)$ 表示 $X^\perp(y)$ 中以原点为中心的 ε-球.

假设对任意的 $z, w \in [z_k, w_k]$ 都有 $D_\varepsilon(z) \cap D_\varepsilon(w) = \varnothing$ 成立. 由于 SM 紧致且曲率有界, 有

$$C_0\varepsilon^2 T_k \leqslant \mathrm{Vol}\left(\bigcup_{y\in[z_k,w_k]} D_\varepsilon(y)\right) \leqslant \mathrm{Vol}(SM).$$

但如果我们取 T_k 充分大, 则上述不等式不可能成立. 故 $[z_k, w_k]$ 上存在两点, 记作 x_k, x_k' 使得 $D_\varepsilon(x_k) \cap D_\varepsilon(x_k') \neq \varnothing$, 因而有 $d(x_k, x_k') < 2\varepsilon < \dfrac{1}{k}$. 记 $x_k = \varphi^{t_k}(x)$,$x_k' = \varphi^{t_k'}(x)$, 并且我们可以使得当 $k \to +\infty$ 时 $t_k' - t_k \to +\infty$. □

命题 3.3.5　取定任意小的 $\varepsilon_0 > 0$. 则存在 $s_k \to +\infty$ 或者 $s_k \to -\infty$, 使得

$$d(\varphi^{s_k}(x_k), \varphi^{s_k}(x_k')) = \varepsilon_0,$$

$$d(\varphi^{s}(x_k), \varphi^{s}(x_k')) < \varepsilon_0, \quad \forall\, 0 \leqslant s < s_k \text{ 或者 } s_k < s \leqslant 0.$$

证明　反之, 则 x 不具有可扩性. 根据引理 3.3.5,x 切于一个平坦条纹. 再根据定理 3.3.4, x 为周期的. 矛盾. □

在后文中, 我们不妨假设 $s_k \to +\infty$. 如果 $s_k \to -\infty$, 下面所有的证明经过适当改动后依然成立.

命题 3.3.6　对任意小的 $\varepsilon_0 > 0$, 都存在 $a, b \in \Lambda \cap (\mathrm{Per}\ (\varphi_t))^c$ 使得

$$d(a, b) = \varepsilon_0, \tag{3.3.2}$$

$$d(\varphi_t(a), \varphi_t(b)) \leqslant \varepsilon_0 \quad \forall t < 0, \tag{3.3.3}$$

$$a \notin \mathcal{O}(b), \tag{3.3.4}$$

$$a \in W^u(b). \tag{3.3.5}$$

证明　我们应用命题 3.3.5. 取子列 $k_i \to +\infty$, 使得

$$\lim_{k_i\to+\infty} \varphi^{s_{k_i}}(x_{k_i}) = a,$$

且

$$\lim_{k_i\to+\infty} \varphi^{s_{k_i}}(x_{k_i}') = b.$$

那么 $d(a, b) = \lim_{k_i\to+\infty} d(\varphi^{s_{k_i}}(x_{k_i}), \varphi^{s_{k_i}}(x_{k_i}')) = \varepsilon_0$. (3.3.2) 得证.

对任意的 $t < 0$, 由于 $0 < s_{k_i} + t < s_{k_i}$ 对充分大的 k_i 成立, 我们有

$$d(\varphi_t(a), \varphi_t(b)) = \lim_{k_i\to+\infty} (d(\varphi^{s_{k_i}+t}(x_{k_i}), \varphi^{s_{k_i}+t}(x_{k_i}'))) \leqslant \varepsilon_0.$$

(3.3.3) 得证.

接下来反设 a 是周期的. 由于

$$\lim_{k_i\to+\infty}\varphi^{t_{k_i}+s_{k_i}}(x)=\lim_{k_i\to+\infty}\varphi^{s_{k_i}}(x_{k_i})=a,$$

因此根据引理 3.3.4,x 为周期的, 矛盾. 故 $a\in(\text{Per }(\varphi_t))^c$. 类似地可证 $b\in(\text{Per }(\varphi_t))^c$. 故 $a,b\in\Lambda\cap(\text{Per }(\varphi_t))^c$.

现在证明 (3.3.4), 即 $a\notin\mathcal{O}(b)$. 为了记号方便, 不妨假设

$$\lim_{k\to+\infty}\varphi^{s_k}(x_k)=a$$

且

$$\lim_{k\to+\infty}\varphi^{s_k}(x_k')=b.$$

我们可以将 $\gamma_{x_k}(t),\gamma_{x_k'}(t)$提升为 $\widetilde{M}$ 上的测地线 $\tilde{\gamma}_k,\tilde{\gamma}_k'$, 使得 $d(x_k,x_k')<\dfrac{1}{k}$, $d(y_k,y_k')=\varepsilon_0$, 其中 $y_k=\varphi^{s_k}(x_k)$,$y_k'=\varphi^{s_k}(x_k')$, 并且 $y_k\to a$,$y_k'\to b$. 那么 $\tilde{\gamma}_k$ 收敛到 $\tilde{\gamma}=\tilde{\gamma}_a$,$\tilde{\gamma}_k'$ 收敛到 $\tilde{\gamma}'=\tilde{\gamma}_b$, 且 $d(a,b)=\varepsilon_0$. 见图 3.2 (这里我们不妨将一个向量和它的基点记为相同的符号).

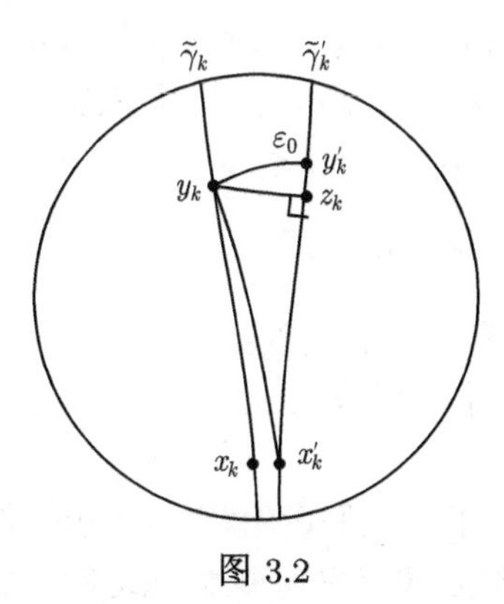

图 3.2

首先证明 $d(y_k,\tilde{\gamma}_k')$ 有一致远离 0 的下界. 记 $d_k:=d(y_k,\tilde{\gamma}_k')=d(y_k,z_k)$, $l_k:=d(y_k,x_k')$,$b_k:=d(x_k',z_k)$, 且 $b_k':=d(z_k,y_k')$. 我们已知 $d(x_k',y_k')=s_k$. 反设当 $k\to+\infty$ 时 $d_k\to 0$. 根据三角不等式, $\lim_{k\to+\infty}(l_k-b_k)=0$. 由于 $\lim_{k\to+\infty}(l_k-s_k)\leqslant\lim_{k\to+\infty}d(x_k,x_k')=0$, 有 $\lim_{k\to+\infty}b_k'=\lim_{k\to+\infty}|(l_k-b_k)-(l_k-s_k)|=0$. 但是根据三角不等式,$\varepsilon_0\leqslant d_k+b_k'\to 0$, 矛盾. 因此 $d(a,\tilde{\gamma}')=\lim_{k\to+\infty}d(y_k,\tilde{\gamma}_k')\geqslant d_0$ 对某个 $d_0>0$ 成立. 我们有 $\tilde{\gamma}\neq\tilde{\gamma}'$.

接下来假设存在一个 $\phi\in\pi_1(M)$ 使得 $\phi(\tilde{\gamma})=\tilde{\gamma}'$. 见图 3.3. 由

$$d(\varphi_t(a),\varphi_t(b))\leqslant\varepsilon_0,\quad\forall t<0,$$

知 $\tilde{\gamma}(-\infty)=\tilde{\gamma}'(-\infty)$. 取闭测地线 $\tilde{\gamma}_0$ 使得 $\phi(\tilde{\gamma}_0)=\tilde{\gamma}_0$ 成立. 那么 $\tilde{\gamma}(-\infty)=\tilde{\gamma}_0(-\infty)$. 根据引理 3.3.3, $\tilde{\gamma}$ 是闭测地线, 即 a 为周期点. 矛盾. 故对任意的 $\phi\in\pi_1(M)$, $\phi(\tilde{\gamma})\neq\tilde{\gamma}'$. 所以 $a\notin\mathcal{O}(b)$, (3.3.4) 得证.

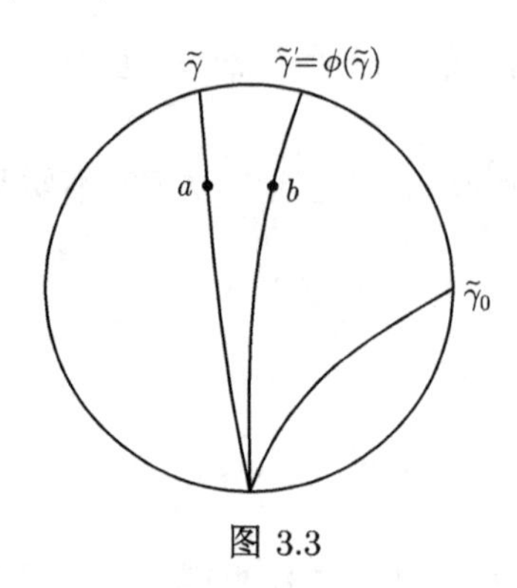

图 3.3

最后, 若 $a\notin W^u(b)$, 我们可将 a 替换成某个 $a'\in\mathcal{O}(a)$, b 替换成某个 $b'\in\mathcal{O}(b)$, 使得 $a'\in W^u(b')$ 并且上述三个性质取不同的 ε_0 后依然成立. (3.3.5) 得证. □

定理 3.3.1(2) 的证明 我们运用命题 3.3.6 来证明. 令 $y=-a,z=-b$, 则 $y,z\in\Lambda\cap(\text{Per }(\Phi))^c,d(\varphi_t(y),\varphi_t(z))\leqslant\varepsilon_0,\ \forall t>0,z\notin\mathcal{O}(y)$ 且 $y\in W^s(z)$.

若 ε_0 充分小, 我们可以将 $\gamma_y(t)$ 和 $\gamma_z(t)$ 分别提升为 $\widetilde{M}$ 上的测地线 $\tilde{\gamma}_y(t)$ 和 $\tilde{\gamma}_z(t)$, 使得 $y\in\tilde{W}^s(z)$ 且 $d(\tilde{\gamma}_y(t),\tilde{\gamma}_z(t))\leqslant\varepsilon_0$ 对任意的 $t>0$ 成立. 假设

$$\lim_{t\to+\infty}d(\tilde{\gamma}_y(t),\tilde{\gamma}_z(t))=\delta>0.$$

那么根据引理 3.2.4, $\tilde{\gamma}_y(t)$ 和 $\tilde{\gamma}_z(t)$ 收敛到一个平坦条纹的边界. 进而根据引理 3.3.3, y 和 z 是周期的. 矛盾. 故 $\lim_{t\to+\infty}d(\tilde{\gamma}_y(t),\tilde{\gamma}_z(t))=0$. 故当 $t\to+\infty$ 时 $d(\varphi_t(y),\varphi_t(z))\to 0$. □

定理 3.3.1(1) 的证明 下面我们运用相同的想法来证明. 设 $\Lambda\subset\text{Per }(\varphi_t)$. 如果 $x\in\Lambda$, 那么 x 切于一个孤立的闭平坦测地线或者一个平坦条纹.

反设不然. 那么存在一列彼此不同的向量 $x_k'\in\Lambda$, 使得对某个 $x\in\Lambda$, 有 $\lim_{k\to+\infty}x_k'=x$. 这里不同的 x_k' 是指它们切于不同的孤立闭平坦测地线或者平坦条纹. 那么 x 也切于一个孤立的闭平坦测地线或者一个平坦条纹. 对充分大的 k, 我们假设 $d(x_k',x)<\dfrac{1}{k}$. 固定一个任意小的 $\varepsilon_0>0$. 我们不可能有 $d(\varphi_t(x_k'),\varphi_t(x))\leqslant\varepsilon_0$ 对任意 $\forall t>0$ 成立. 否则,$\tilde{\gamma}_{x_k'}(t),\tilde{\gamma}_x(t)$ 为渐近的闭测地线, 根据引理 3.2.4 和引理 3.3.3, 它们必须切于一个共同的平坦条纹. 这不可能发生, 因为不同的 x_k' 切于不同的孤立闭平坦测地线或者平坦条纹. 因而存在一个序列 $s_k\to+\infty$ 使得

$$d(\varphi^{s_k}(x_k'),\varphi^{s_k}(x))=\varepsilon_0$$

且

$$d(\varphi^s(x'_k), \varphi^s(x)) \leqslant \varepsilon_0, \quad \forall 0 \leqslant s < s_k.$$

记 $y_k := \varphi^{s_k}(x)$ 且 $y'_k := \varphi^{s_k}(x'_k)$. 不失一般性, 假设 $y_k \to a$ 且 $y'_k \to b$. 类似于命题 3.3.6 的证明我们能得到 $d(a, b) = \varepsilon$, 且对 $\forall t \leqslant 0$ 有 $d(\varphi_t(a), \varphi_t(b)) \leqslant \varepsilon_0$. 如果将所有的测地线提升到 $\widetilde{M}$ 上 (与命题 3.3.6 证明中的记号相同), 可类似地证得 $\tilde{\gamma} \neq \tilde{\gamma}'$. 但这样我们就有两条平坦闭测地线 $\tilde{\gamma}$ 和 $\tilde{\gamma}'$, 它们负向渐近, 故由引理 3.3.3 知它们必须重合. 矛盾. □

最后证明定理 3.3.2. 我们将论证当 $\{p \in M : K(p) < 0\}$ 只有有限多个连通分支时, 定理 3.3.1 中的第二种情形不可能发生.

定理 3.3.2 的证明 设 $\Lambda \cap (\text{Per}\ (\varphi_t))^c \neq \varnothing$. 考虑定理 3.3.1 中第二种情形给出的两点 y 和 z. 我们将测地线 $\gamma_y(t)$ 和 $\gamma_z(t)$ 提升到万有覆盖 $\widetilde{M}$ 上, 并分别记作 $\tilde{\gamma}_1$ 和 $\tilde{\gamma}_2$.

考虑 $\{p \in \widetilde{M} : K(p) < 0\}$ 在 $\widetilde{M}$ 上的连通分支, 我们来看它们是如何分布在 $\tilde{\gamma}_1$ 和 $\tilde{\gamma}_2$ 界住的区域 (也称作理想三角形) 内的. 因为 $\tilde{\gamma}_1$ 和 $\tilde{\gamma}_2$ 为平坦测地线, 任何一个连通分支都不交于 $\tilde{\gamma}_1$ 和 $\tilde{\gamma}_2$. 我们断言这些连通分支内切圆的半径有一致远离零的下界. 反设断言不成立, 那么存在一个等距映射, 将一个具有充分小内切圆半径的连通分支映到 M 上 $\{p \in M : K(p) < 0\}$ 的一个连通分支. 由于 $\{p \in M : K(p) < 0\}$ 的连通分支只有有限多个, 从而它们的内切圆半径有远离零的下界, 故上述等距映射不可能存在. 断言得证. 但是当 $t \to +\infty$ 时 $d(\tilde{\gamma}_1(t), \tilde{\gamma}_2(t)) \to 0$, 故 $\{p \in \widetilde{M} : K(p) < 0\}$ 的连通分支不能逼近于理想三角形的端点 w. 见图 3.4.

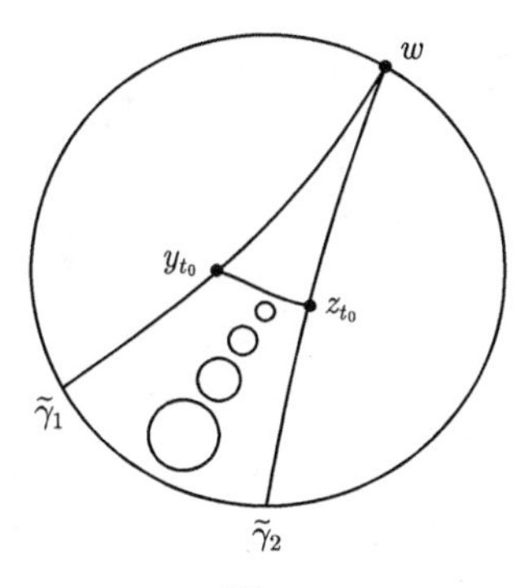

图 3.4

故存在 $t_0 > 0, y_{t_0} = \varphi^{t_0}(y), z_{t_0} = \varphi^{t_0}(z)$, 使得无穷三角形 $z_{t_0} y_{t_0} w$ 为一个平坦区域. 那么对任意 $t \geqslant t_0$ 有 $d(\varphi_t(y), \varphi_t(z)) \equiv d(y_{t_0}, z_{t_0})$. 如果我们构造一个 $\tilde{\gamma}_1$ 和 $\tilde{\gamma}_2$ 之间的测地变分, 那么由 $K \equiv 0$ 知所得到的 Jacobi 场为平行的. 故当 $t \geqslant t_0$ 时 $d(\tilde{\gamma}_1(t), \tilde{\gamma}_2(t))$ 为常数. 但根据定理 3.3.1, 当 $t \to +\infty$ 时 $d(\varphi_t(y), \varphi_t(z)) \to 0$, 矛盾.

最后我们得到 $\Lambda \subset \text{Per}\,(\varphi_t)$. 特别地, 测地流遍历. □

如果 $\{p \in M : K(p) < 0\}$ 具有无限多个连通分支, 那么在定理 3.3.2 的证明中, 我们不能再断言 $\{p \in \widetilde{M} : K(p) < 0\}$ 的连通分支的内切圆半径具有一致远离零的下界, 这是因为 $\{p \in M : K(p) < 0\}$ 的连通分支的内切圆半径可能任意小.

第 4 章　测地流的拓扑熵和测度熵

由于测地流完全被流形的黎曼度量所决定, 所以测地流的动力学性态 (比如双曲性、遍历性、可扩性、熵可扩性、Liouville 可积性等) 以及反映测地流的动力学的一些不变量 (比如拓扑熵、测度熵等) 与流形自身的几何 (如曲率、体积增长率、有无共轭点等)、拓扑 (如基本群的增长率等) 性质密切相关. 本章就来研究与此相关的一些问题. 4.1 节介绍由 A. Manning 首先给出的重要不等式, 该不等式建立了测地流的拓扑熵和底流形的体积熵之间的大小关系; 4.2 节介绍底流形的基本群的增长率和测地流的拓扑熵之间的关系, 给出著名的 Dinaburg 定理的完整证明; 4.3 节研究测地流关于 Liouville 测度的测度熵, 介绍 Pesin 熵公式; 4.4 节研究测地流的拓扑熵和 Liouville 测度熵之间的关系, 这就是 A. Katok 关于测地流的熵的刚性的著名猜想 (至今尚未完全解决); 4.5 节介绍我们关于无共轭点流形的测地流的熵可扩性的一些结果.

4.1　流形的几何与测地流的拓扑熵: Manning 不等式

我们先来回顾一些黎曼几何中的基本知识, 主要是黎曼万有覆盖流形.

定义 4.1.1　*称黎曼流形 $(\widetilde{M},\widetilde{g})$ 是黎曼流形 (M,g) 的万有覆盖流形, 若*

(1) $\widetilde{M}$ 是 M 的覆盖流形, 即存在覆盖映射

$$P:\widetilde{M}\to M;$$

(2) $\widetilde{M}$ 单连通;

(3) $\widetilde{g}=P^*g$, 即对 $\forall p\in\widetilde{M}$, 对 $\forall v,w\in T_p\widetilde{M}$, 有 $\widetilde{g}(v,w)=g(dPv,dPw)$.

定义 4.1.2　*设 $\widetilde{M}$ 是 M 的覆盖流形, $P:\widetilde{M}\to M$ 是覆盖映射.*

(1) 若 $P\circ\tau=P$, 则称同胚映射 $\tau:\widetilde{M}\to\widetilde{M}$ 是一个覆盖变换;

(2) 覆盖变换的全体在映射的复合运算下构成一个群, 称为 $\widetilde{M}$ 的覆盖变换群.

覆盖变换群与底流形 M 的基本群 $\pi_1(M)$ 有着紧密的联系.

固定 M 中一点 x 和 $\widetilde{M}$ 中一点 $\widetilde{x}\in P^{-1}(x)$. 任取 $\gamma\in\pi_1(M)$, 则存在 γ 的以 $\widetilde{x}$ 为起点的唯一的提升

$$\widetilde{\gamma}:[0,1]\to\widetilde{M},$$

满足

$$\widetilde{\gamma}(0)=\widetilde{x},\quad \widetilde{\gamma}(1)\in P^{-1}(x).$$

由此我们可以得到一个覆盖变换, 记为 τ_γ, 满足 $\tau_\gamma(\widetilde{x}) = \widetilde{\gamma}(1)$.

精确地讲, 有下述定理.

定理 4.1.1 设 $P: \widetilde{M} \to M$ 是 M 的万有覆盖, 记其覆盖变换群为 Γ, 则 Γ 与 $\pi_1(M)$ 同构.

A. Manning 首先研究了 $\widetilde{M}$ 中的球体的体积关于半径的指数增长率.

定理 4.1.2[96] 设 (M, g) 是一个紧致黎曼流形, 则对 $\forall x \in \widetilde{M}$, 极限

$$h(g) \triangleq \lim_{r\to\infty} \frac{1}{r} \log \mathrm{Vol}\ B(x, r)$$

存在, 且与 x 的选取无关.

证明 我们首先证明若上述极限存在, 则其值与 x 的选取无关.

取 $\widetilde{M}$ 的一个紧致基本域 K, 记 $k = \mathrm{diam}\ K$. 由于 $\widetilde{M} = \bigcup_{\tau\in\pi_1(M)} \tau(K)$, 故此 $\forall x', y' \in \widetilde{M}$, 存在 $\tau_1, \tau_2 \in \pi_1(M)$, 使得

$$\tau_1 x' \triangleq x \in K, \quad \tau_2 y' \triangleq y \in K.$$

由于 $\pi_1(M) \subseteq \mathrm{Isom}(\widetilde{M})$, $\forall r > 0$, 有

$$\tau_1 B(x', r) = B(x, r), \quad \tau_2 B(y', r) = B(y, r),$$

$$\mathrm{Vol}\ B(x', r) = \mathrm{Vol}\ B(x, r), \quad \mathrm{Vol}\ B(y', r) = \mathrm{Vol}\ B(y, r). \tag{4.1.1}$$

若 $r > k$, 还有

$$B(x, r-k) \subseteq B(y, r) \subseteq B(x, r+k). \tag{4.1.2}$$

由 (4.1.1), (4.1.2), $\forall x, y \in \widetilde{M}$, 有

$$\mathrm{Vol}\ B(x, r-k) \leqslant \mathrm{Vol}\ B(y, r) \leqslant \mathrm{Vol}\ B(x, r+k). \tag{4.1.3}$$

故此, 若 $\lim_{r\to\infty} \dfrac{1}{r} \log \mathrm{Vol}\ B(x, r)$ 存在, 则 $\lim_{r\to\infty} \dfrac{1}{r} \log \mathrm{Vol}\ B(y, r)$ 亦存在!

下面来证明极限存在.

固定 $x \in \widetilde{M}$, 对于 $r > 0$, $\varepsilon > 0$, 记 S_ε^r 为 $B(x, r)$ 的基数最大的 ε-分离集 (见定义 4.1.4), 则

$$\bigcup_{p\in S_\varepsilon^r} B\left(p, \frac{\varepsilon}{2}\right) \subseteq B\left(x, r + \frac{\varepsilon}{2}\right).$$

所以

$$\sharp S_\varepsilon^r \leqslant \frac{\mathrm{Vol}\ B\left(x, r + \dfrac{\varepsilon}{2}\right)}{\inf\limits_{p\in B(x,r)} \mathrm{Vol}\ B\left(p, \dfrac{\varepsilon}{2}\right)}. \tag{4.1.4}$$

为了使 (4.1.4) 有意义, 需证明 $\inf_{p\in B(x,r)} \mathrm{Vol}\, B\left(p,\dfrac{\varepsilon}{2}\right)>0$.

事实上, 记 $\varepsilon'=\min\left\{\dfrac{\varepsilon}{2},\mathrm{Inj}(M)\right\}$, 则由于覆盖映射 $P:\widetilde{M}\to M$ 是 Inj M-等距, 故

$$\mathrm{Vol}\, B\left(p,\frac{\varepsilon}{2}\right)\geqslant \mathrm{Vol}\, B(P(p),\varepsilon').$$

所以$\inf_{p\in B(x,r)} B\left(p,\dfrac{\varepsilon}{2}\right)\geqslant \inf_{z\in M} B(z,\varepsilon')$, 由于 M 紧, 可知 $\inf_{z\in M} B(z,\varepsilon')>0$. 因此, 若记 $\inf_{p\in B(x,r)} \mathrm{Vol}\, B\left(p,\dfrac{\varepsilon}{2}\right)=c_\varepsilon$, 则 $c_\varepsilon>0$.

由 S_ε^r 的基数的最大性知, $\forall y\in B(x,r)$, 总可以找到 $p\in S_\varepsilon^r$, 使得

$$y\in B(p,\varepsilon). \tag{4.1.5}$$

由此, $\forall\delta>0$, 有

$$B(x,r+\delta)\subseteq\bigcup_{p\in S_\varepsilon^r} B(p,\varepsilon+\delta). \tag{4.1.6}$$

由 (4.1.4)—(4.1.6), 有

$$\begin{aligned}\mathrm{Vol}\, B(x,r+\delta)&\leqslant\frac{1}{c_\varepsilon}\mathrm{Vol}\, B\left(x,r+\frac{\varepsilon}{2}\right)\cdot\max\mathrm{Vol}\, B(p,\varepsilon+\delta)\\&\leqslant\frac{1}{c_\varepsilon}\mathrm{Vol}\, B\left(x,r+\frac{\varepsilon}{2}\right)\mathrm{Vol}\, B(x,k+\varepsilon+\delta).\end{aligned}$$

记 $\dfrac{1}{c_\varepsilon}=\alpha_\varepsilon$, 则上式为

$$\mathrm{Vol}\, B(x,r+\delta)\leqslant\alpha_\varepsilon\cdot\mathrm{Vol}\, B\left(x,r+\frac{\varepsilon}{2}\right)\cdot\mathrm{Vol}\, B(x,k+\varepsilon+\delta),$$

即

$$\mathrm{Vol}\, B\left(x,\left(r+\frac{\varepsilon}{2}\right)+\left(\delta-\frac{\varepsilon}{2}\right)\right)\leqslant\alpha_\varepsilon\cdot\mathrm{Vol}\, B\left(x,r+\frac{\varepsilon}{2}\right)\cdot\mathrm{Vol}\, B\left(x,k+\frac{3}{2}\varepsilon+\left(\delta-\frac{\varepsilon}{2}\right)\right). \tag{4.1.7}$$

由于 δ 任意, 我们取 $\delta>\dfrac{\varepsilon}{2}$. 为了记号的方便, 记

$$r+\frac{\varepsilon}{2}\triangleq r,\quad k+\frac{3}{2}\varepsilon\triangleq A,\quad \delta-\frac{\varepsilon}{2}\triangleq\delta,$$

则 (4.1.7) 为

$$\mathrm{Vol}\, B(x,r+\delta)\leqslant\alpha_\varepsilon\cdot\mathrm{Vol}\, B(x,r)\cdot\mathrm{Vol}\, B(x,A+\delta).$$

现在固定 $\delta > 0, \forall r > 0$, 存在 $n \in \mathbb{N}$, 使得

$$n\delta \leqslant r < (n+1)\delta,$$

则

$$\begin{aligned}\text{Vol } B(x,r) &\leqslant \text{Vol } B(x,(n+1)\delta)\\ &\leqslant \alpha_\varepsilon \cdot \text{Vol } B(x,n\delta) \cdot \text{Vol } B(x,A+\delta)\\ &\leqslant \cdots\\ &\leqslant \alpha_\varepsilon^n \text{Vol } (B(x,\delta)) \cdot (\text{Vol } B(x,A+\delta))^n,\end{aligned}$$

所以

$$\frac{\log \text{Vol } B(x,r)}{r} \leqslant \frac{n}{r}\log \alpha_\varepsilon + \frac{\log \text{Vol } B(x,\delta)}{r} + \frac{n}{r}\log \text{Vol } B(x,A+\delta).$$

所以

$$\overline{\lim_{r\to\infty}}\frac{1}{r}\log \text{Vol } B(x,r) \leqslant \frac{1}{\delta}\log \alpha_\varepsilon + \frac{1}{\delta}\log \text{Vol } B(x,A+\delta).$$

令 $\delta \to \infty$, 则有

$$\begin{aligned}\overline{\lim_{r\to\infty}}\frac{1}{r}\log \text{Vol } B(x,r) &\leqslant \underline{\lim_{\delta\to\infty}}\left(\frac{1}{\delta}\log \alpha_\varepsilon + \frac{1}{\delta}\log \text{Vol } B(x,A+\delta)\right)\\ &= \underline{\lim_{r\to\infty}}\frac{1}{r}\log \text{Vol } B(x,r).\end{aligned}$$

□

定义 4.1.3 称 $h(g) = \lim_{r\to\infty}\dfrac{1}{r}\log \text{Vol } B(x,r)$ 为黎曼流形 (M,g) 的体积熵 (volume entropy).

紧接着, A. Manning 研究了体积熵和测地流的拓扑熵之间的关系. 为此, 我们首先给出拓扑熵的定义.

设 (X,d) 是一个紧致度量空间, $f : X \to X$ 是一个连续映射, 对于 $n \in \mathbb{N}$, 定义 X 上的一个新度量 d_n^f 如下:

$$\begin{aligned} d_n^f : X \times X &\to \mathbb{R}\\ (x,y) &\mapsto d_n^f(x,y) = \max_{0\leqslant i\leqslant n-1} d(f^i(x), f^i(y)),\end{aligned}$$

易见 (X, d_n^f) 亦为紧致度量空间, 且与原空间 (X,d) 同胚. 度量 d_n^f 衡量了两条轨道从 0 时刻到 $n-1$ 时刻的最大分离距离. 后文中, 在不引起混淆的前提下, 常常将 d_n^f 简记为 d_n.

定义 4.1.4 任取 $\varepsilon > 0$,

(1) 称 X 的子集 S 是一个 (n,ε)-分离集, 若 $\forall x, y \in S$, 有

$$d_n^f(x,y) \geqslant \varepsilon.$$

记

$$N^d(n,\varepsilon) := \max\{\sharp S | S \text{ 是 } (n,\varepsilon)\text{-分离集}\}.$$

(2) 称 X 的子集 S 是一个 (n,ε)-生成集, 若

$$X = \bigcup_{x \in S} B_{d_n^f}(x,\varepsilon),$$

其中 $B_{d_n^f}(x,\varepsilon)$ 表示在度量 d_n^f 下以 x 为中心, 以 ε 为半径的开球. 记

$$S^d(n,\varepsilon) := \min\{\sharp S | S \text{ 是 } (n,\varepsilon)\text{-生成集}\}.$$

(3) 称 X 的开子集族 $\mathfrak{A}$ 是 X 的一个 (n,ε)-覆盖集, 若 $\mathfrak{A}$ 是 X 的一个开覆盖且 $\mathfrak{A}$ 中每个元素 (即 X 的一个开子集) 在度量 d_n^f 下的直径均不超过 ε. 记

$$D^d(n,\varepsilon) := \min\{\sharp\mathfrak{A} | \mathfrak{A} \text{ 是 } X \text{ 的一个 } (n,\varepsilon)\text{-覆盖集}\}.$$

下面的两个引理给出了上面定义的三个量之间的关系.

引理 4.1.1

$$S^d(n,\varepsilon) \leqslant N^d(n,\varepsilon) \leqslant S^d\left(n, \frac{\varepsilon}{2}\right).$$

证明 (1) 若 E 是 X 的一个基数最大的 (n,ε)-分离集, 则 E 必是 X 的一个 (n,ε)-生成集. 否则, 必存在 $x_0 \in X \setminus E$, 使得 $\forall y \in E$, 有

$$d_n^f(x_0,y) \geqslant \varepsilon.$$

则 $\widetilde{E} := E \cup \{x_0\}$ 亦为 X 的一个 (n,ε)-分离集, 且其基数

$$\sharp\widetilde{E} = \sharp E + 1 > \sharp E.$$

这与 E 的基数最大矛盾! 故有

$$S^d(n,\varepsilon) \leqslant N^d(n,\varepsilon).$$

(2) 设 E 是 X 的一个基数最大的 (n,ε)-分离集, 设 F 是 X 的一个基数最小的 $\left(n, \frac{\varepsilon}{2}\right)$-生成集. 我们来证明 $\sharp E \leqslant \sharp F$. 为此, 构造映射

$$\psi : E \to F,$$

任取 $y \in E$, 由 F 的定义知, 必存在 $z \in F$, 使得

$$d_n^f(y,z) < \frac{\varepsilon}{2}.$$

定义 $\psi(y) = z$. 由 E 的定义容易推出 ψ 是单射, 故 $\sharp E \leqslant \sharp F$, 即

$$N^d(n,\varepsilon) \leqslant S^d\left(n, \frac{\varepsilon}{2}\right). \qquad \square$$

类似地, 可以证明下面的结论.

引理 4.1.2

$$D^d(n,2\varepsilon) \leqslant S^d(n,\varepsilon) \leqslant D^d(n,\varepsilon).$$

有了前面的准备工作, 下面给出拓扑熵的定义.

定义 4.1.5　称

$$h_{\text{top}}^d(f) := \lim_{\varepsilon\to 0} \overline{\lim_{n\to\infty}} \frac{\log S^d(n,\varepsilon)}{n}$$

为 f 的拓扑熵.

注 4.1.3　由引理 4.1.1 和引理 4.1.2 知

$$\begin{aligned} h_{\text{top}}^d(f) &= \lim_{\varepsilon\to 0} \overline{\lim_{n\to\infty}} \frac{\log S^d(n,\varepsilon)}{n} \\ &= \lim_{\varepsilon\to 0} \overline{\lim_{n\to\infty}} \frac{\log N^d(n,\varepsilon)}{n} \\ &= \lim_{\varepsilon\to 0} \overline{\lim_{n\to\infty}} \frac{\log D^d(n,\varepsilon)}{n}. \end{aligned}$$

注 4.1.4　易证

$$D^d(n+m,\varepsilon) \leqslant D^d(n,\varepsilon) \cdot D^d(m,\varepsilon).$$

故此

$$\lim_{n\to\infty} \frac{\log D^d(n,\varepsilon)}{n}$$

存在. 因此

$$h_{\text{top}}^d(f) = \lim_{\varepsilon\to 0} \lim_{n\to\infty} \frac{\log D^d(n,\varepsilon)}{n}.$$

注 4.1.5　若 $K \subset X$ 为 X 的一个紧致子集, 记 f 在 K 上的拓扑熵为 $h_{\text{top}}(f|K)$.

现在, 我们已给出了拓扑熵的定义, 由定义可看出, 大体而言, 拓扑熵描述了在充分小但有限的精度下, 本质上不同的轨道的个数随时间 (即轨道的长度) 的指数增长, 但拓扑熵这一名称仍稍显奇怪: 何来 "拓扑" 之有? 下面的引理回答了这个问题.

引理 4.1.3 若 d' 是 X 上的另一个度量, 且与 d 生成同样的拓扑, 则

$$h_{\mathrm{top}}^{d'}(f) = h_{\mathrm{top}}^{d}(f).$$

证明 定义 $X \times X$ 的一个子集 D_ε 如下:

$$D_\varepsilon = \{(x_1, x_2) \in X \times X | d(x_1, x_2) \geqslant \varepsilon\}.$$

在乘积拓扑下, 易得如下结论:

(1) D_ε 是 $X \times X$ 的一个紧子集;

(2) $d' : X \times X \to \mathbb{R}$ 连续. 因此, d' 在 D_ε 上取到最小值, 记为 $\delta(\varepsilon)$.

我们断言: $\delta(\varepsilon) > 0$.

若否, 则存在 $x_1 \neq x_2, x_1 \in D_\varepsilon \ni x_2$, 使得

$$d'(x_1, x_2) = 0.$$

这与 d' 是 X 上的度量矛盾! 因此, 只要 $d'(x_1, x_2) < \delta(\varepsilon)$, 就有 $d(x_1, x_2) < \varepsilon$, 所以 $\forall x \in X$, 有

$$B_{d'}(x, \delta(\varepsilon)) \subseteq B_d(x, \varepsilon),$$

其中 $B_{d'}(x, \delta(\varepsilon))$ 表示在距离 d' 的意义下以 x 为中心, 以 $\delta(\varepsilon)$ 为半径的开球; $B_d(x, \varepsilon)$ 表示在距离 d 的意义下以 x 为中心, 以 ε 为半径的开球.

类似地, $\forall x \in X, \forall n = 1, 2, \cdots$, 有

$$B_{d_n'^f}(x, \delta(\varepsilon)) \subseteq B_{d_n^f}(x, \varepsilon),$$

故此

$$S^{d'}(n, \delta(\varepsilon)) \geqslant S^d(n, \varepsilon).$$

所以

$$\overline{\lim_{n\to\infty}} \frac{\log S^{d'}(n, \delta(\varepsilon))}{n} \geqslant \overline{\lim_{n\to\infty}} \frac{\log S^d(n, \varepsilon)}{n},$$

由此, 得

$$h_{\mathrm{top}}^{d'}(f) \geqslant h_{\mathrm{top}}^{d}(f).$$

而 d' 与 d 的位置是对称的, 故亦有

$$h_{\mathrm{top}}^{d}(f) \geqslant h_{\mathrm{top}}^{d'}(f).$$

所以

$$h_{\mathrm{top}}^{d'}(f) = h_{\mathrm{top}}^{d}(f).$$

□

注 4.1.6　下文中, 为了记号的简便, 在不引起混乱的前提下, $N^d(n,\varepsilon)$, $S^d(n,\varepsilon)$, $D^d(n,\varepsilon)$ 和 $h^d_{\mathrm{top}}(f)$ 分别简记为 $N(n,\varepsilon)$, $S(n,\varepsilon)$, $D(n,\varepsilon)$ 和 $h_{\mathrm{top}}(f)$.

引理 4.1.4　若 $f: X \to X$ 是一个等距映射, 则 $h_{\mathrm{top}}(f)=0$.

证明　由于 f 是等距, 故 $\forall n=1,2,\cdots$, 有

$$d_n^f = d.$$

所以 $S(n,\varepsilon)=S(1,\varepsilon)$, 进而 $h_{\mathrm{top}}(f)=0$. □

定义 4.1.6 (测地流的拓扑熵)　我们定义测地流 $\varphi_t: SM \to SM$ 的拓扑熵为它的时间 -1 映射的拓扑熵 $h_{\mathrm{top}}(\varphi_1)$. 由于测地流完全被黎曼度量 g 决定, 因而, 我们记黎曼流形 (M,g) 的测地流的拓扑熵为 $h_{\mathrm{top}}(g)$.

定理 4.1.7[96]　$h_{\mathrm{top}}(g) \geqslant h(g)$.

证明　由定义, $h_{\mathrm{top}}(g) \geqslant 0$. 故若 $h(g)=0$, 已无须证明. 以下假设 $h(g)>0$.

由于

$$\lim_{r\to\infty} \frac{1}{r} \log \mathrm{Vol}\, B(x,r) = h(g) > 0,$$

所以 $\forall 0<\varepsilon<h(g)$, 存在 $r_0>0$, 使得 $\forall r \geqslant r_0$, 有

$$e^{(h(g)-\varepsilon)r} \leqslant \mathrm{Vol}\, B(x,r) \leqslant e^{(h(g)+\varepsilon)r}.$$

断言　对于给定的小 $\delta>0$, 必存在

$$\{r_n\} \subseteq \mathbb{R}^+, \quad \lim_{n\to\infty} r_n = \infty,$$

使得

$$\mathrm{Vol}\, B\left(x, r_n + \frac{\delta}{2}\right) - \mathrm{Vol}\, B(x, r_n) \geqslant e^{(h(g)-\varepsilon)r_n}.$$

断言的证明　采用反证法. 若否, 则存在 $R>r_0$, 使得 $\forall r>R$, 有

$$\mathrm{Vol}\, B\left(x, r+\frac{\delta}{2}\right) - \mathrm{Vol}\, B(x,r) < e^{(h(g)-\varepsilon)r},$$

$$\mathrm{Vol}\, B\left(x, r+2\cdot\frac{\delta}{2}\right) - \mathrm{Vol}\, B\left(x, r+\frac{\delta}{2}\right) < e^{(h(g)-\varepsilon)(r+\frac{\delta}{2})},$$

$$\cdots\cdots$$

$$\mathrm{Vol}\, B\left(x, r+N\frac{\delta}{2}\right) - \mathrm{Vol}\, B\left(x, r+(N-1)\frac{\delta}{2}\right) < e^{(h(g)-\varepsilon)(r+(N-1)\frac{\delta}{2})}.$$

所以

$$\mathrm{Vol}\, B\left(x, r+N\frac{\delta}{2}\right) < (e^{(h(g)-\varepsilon)r} + \cdots + e^{(h(g)-\varepsilon)(r+(N-1)\frac{\delta}{2})}) + \mathrm{Vol}\, B(x,r)$$

$$< Ae^{(h(g)-\varepsilon)(r+\frac{N-1}{2}\delta)} + e^{(h(g)+\varepsilon)r}, \tag{4.1.8}$$

其中 $A = 1 + e^{-(h(g)-\varepsilon)\frac{\delta}{2}} + \cdots + e^{-(h(g)-\varepsilon)\frac{n}{2}\delta} + \cdots < +\infty$.

由 (4.1.8) 知

$$\mathrm{Vol}\ B\left(x, r + \frac{N}{2}\delta\right) < 2Ae^{(h(g)-\varepsilon)(r+\frac{N}{2}\delta)}.$$

令 $N \to \infty$, 与 $\lim_{r\to\infty} \dfrac{1}{r} \log \mathrm{Vol}\ B(x,r) = h(g)$ 矛盾, 故断言成立.

因此存在数列 $\{r_n\}, \lim_{n\to\infty} r_n = +\infty$, 且

$$\mathrm{Vol}\ B\left(x, r_n + \frac{\delta}{2}\right) - \mathrm{Vol}\ B(x, r_n) \geqslant e^{(h(g)-\varepsilon)r_n}, \tag{4.1.9}$$

记 $A(r_n,\delta) \triangleq B\left(x, r_n + \dfrac{\delta}{2}\right) - B(x, r_n)$, 记 $Q(r_n,\delta)$ 为满足条件

$$\{p, q \in A(r_n,\delta) | d(p,q) > 2\delta\}$$

的基数最大的集合, 则 $\forall y \in A(r_n,\delta)$, 必存在 $p \in Q(r_n,\delta)$, 使得 $d(y,p) \leqslant 2\delta$, 否则与 $Q(r_n,\delta)$ 基数最大矛盾. 所以

$$A(r_n,\delta) \subseteq \bigcup_{p\in Q(r_n,\delta)} B(p, 2\delta).$$

所以

$$\sharp Q(r_n,\delta) \geqslant \frac{\mathrm{Vol}\ A(r_n,\delta)}{\sup\limits_{p\in A(r_n,\delta)} \mathrm{Vol}\ B(p,2\delta)}. \tag{4.1.10}$$

由于 δ 的任意性, 这里我们无妨取 $\delta < \dfrac{1}{2}\mathrm{Inj}\ M$.

由于覆盖映射 $P: \widetilde{M} \to M$ 是 Inj M-等距, 故

$$\mathrm{Vol}\ B(p, 2\delta) = \mathrm{Vol}\ B(P(p), 2\delta),$$

所以

$$\sup_{p\in A(r_n,\delta)} \mathrm{Vol}\ B(p,2\delta) \leqslant \sup_{y\in M} B(y,2\delta) \triangleq C_{2\delta}. \tag{4.1.11}$$

将 (4.1.9), (4.1.11) 代入 (4.1.10) 有

$$\sharp Q(r_n,\delta) \geqslant \frac{1}{C_{2\delta}} e^{(h(g)-\varepsilon)r_n}.$$

由于 M 紧致. 故 M 是一个完备黎曼流形, 其万有覆盖 $\widetilde{M}$ 亦完备, 所以 $\widetilde{M}$ 中任意两点间至少可被一条最短测地线连接, 故 $\forall p \in Q(r_n, \delta)$, 都至少存在一条连接 x 与 p 的最短测地线, 其长度介于 r_n 和 $r_n + \dfrac{\delta}{2}$ 之间, 记这条测地线为 γ_p, 则 $\forall p, q \in Q(r_n, \delta), \gamma_p(r_n) \in \partial B(x, r_n) \ni \gamma_q(r_n)$, 且

$$d(p, \gamma_p(r_n)) < \frac{\delta}{2}, \quad d(q, \gamma_q(r_n)) < \frac{\delta}{2}, \quad d(p, q) > 2\delta.$$

所以

$$\begin{aligned} d(\gamma_p(r_n), \gamma_q(r_n)) &\geqslant d(q, \gamma_p(r_n)) - d(q, \gamma_q(r_n)) \\ &\geqslant (d(p,q) - d(p, \gamma_p(r_n))) - d(q, \gamma_q(r_n)) \\ &> \left(2\delta - \frac{\delta}{2}\right) - \frac{\delta}{2} = \delta. \end{aligned} \tag{4.1.12}$$

记

$$Y(r_n, \delta) = \bigcup_{p \in Q(r_n, \delta)} (\gamma_p(0), \dot{\gamma}_p(0)) \subset S_x\widetilde{M} \subset S\widetilde{M}.$$

用 $d_{S\widetilde{M}}$ 来记 $S\widetilde{M}$ 上的 Sasaki 度量, 记

$$d^T_{S\widetilde{M}}((x, v), (y, w)) = \max_{0 \leqslant t \leqslant T} d_{S\widetilde{M}}((r_v(t), \dot{r}_v(t)), (r_w(t), \dot{r}_w(t))),$$

则由 (4.1.12) 知

$$d^{r_n}_{S\widetilde{M}}((x, \dot{r}_p(0)), (x, \dot{r}_q(0))) \geqslant d(r_p(t_n), r_q(t_n)) > \delta.$$

下面来说明$dPY(r_n, \delta) \subseteq S_{P(x)}M \subseteq SM$ 是 SM 中的一个 (r_n, δ')-分离集, 其中 $\delta' = \dfrac{1}{2}\min\{\delta, \mathrm{Inj}(M)\}$.

事实上,

(1) $\forall p, q \in Y(r_n, \delta),\ d(\gamma_p(0), \gamma_q(0)) = 0$;

(2) $d(\gamma_p(r_n), \gamma_q(r_n)) > \delta > \delta'$, 所以必存在 $0 < t < r_n$, 使得

$$d(\gamma_p(t), \gamma_q(t)) = \delta'.$$

而 P 为 Inj (M)-等距, 且 $\delta' < \mathrm{Inj}\ (M)$, 所以

$$d(P(\gamma_p(t)), P(\gamma_q(t))) = d(\gamma_p(t), \gamma_q(t)) = \delta',$$

故

$$d^{r_n}_{SM}((Px, dP_x\dot{r}_p(0)), (Px, dP_x\dot{r}_q(0))) \geqslant d(r_p(t), r_q(t)) = \delta'.$$

因此 $(dP(Y(r_n,\delta)))$ 为 SM 的一个 (r_n,δ')-分离集.

由上面可得

$$h_{\text{top}}(g) \geqslant \overline{\lim_{n\to\infty}} \frac{1}{r_n} \log \sharp dP(Y(r_n,\delta)) \geqslant h(g) - \varepsilon.$$

由 ε 的任意性, 得出 $h_{\text{top}}(g) \geqslant h(g)$. □

在同一篇论文中, A. Manning 还证明了下述结论.

定理 4.1.8[96] *若 (M,g) 是非正曲率的紧致黎曼流形, 则*

$$h_{\text{top}}(g) = h(g).$$

这个定理的证明与定理 4.1.7 的证明大同小异, 只是用到了非正曲率流形的距离函数的特性, 这里就不做介绍了, 有兴趣的读者可以直接查阅原始文献.

作为定理 4.1.8 的一个应用, 我们来计算常负曲率曲面的测地流的拓扑熵.

例　常负曲率 -1 的曲面的测地流的拓扑熵　设 $(\mathbb{D}, ds^2)$ 为赋予了黎曼度量

$$ds^2 = \frac{4}{(1-x^2-y^2)^2}(ds^2+dy^2)$$

的单位圆盘, 通常称为Poincaré 圆盘, 简单的计算表明其截面曲率为 -1. 设 (Σ, g) 是亏格不小于 2 的可定向闭曲面 (黎曼度量 g 对应的截面曲率为常数 -1), 则其以 $(\mathbb{D}, ds^2)$ 为万有覆盖流形. 由定理 4.1.8 知 (Σ, g) 的测地流的拓扑熵等于体积熵. 下面来计算 Poincaré 圆盘的体积熵.

采用极坐标. 令 $x = r\cos\theta$, $y = r\sin\theta$, 则黎曼度量变为

$$ds^2 = \frac{4}{(1-r^2)^2}(dr^2 + r^2 d\theta^2).$$

作坐标变换 $(r,\theta) \mapsto (\overline{r},\theta)$, $\overline{r}$ 表示原点到 (r,θ) 的双曲距离. 则

$$\overline{r} = \int_0^r \frac{2}{1-s^2} ds = \ln \frac{1+r}{1-r}.$$

所以

$$(r,\theta) \mapsto (\overline{r},\theta) = \left(\ln \frac{1+r}{1-r}, \theta \right),$$

$$(\overline{r},\theta) \mapsto (r,\theta) = \left(\frac{1-e^{\overline{r}}}{1+e^{\overline{r}}}, \theta \right).$$

因此 $dr = \dfrac{1-r^2}{2} d\overline{r}$, 故

$$(dr, d\theta) = (d\overline{r}, d\theta) \begin{pmatrix} \dfrac{1-r^2}{2} & \\ & 1 \end{pmatrix},$$

所以

$$
\begin{aligned}
ds^2 &= (dr, d\theta)\begin{pmatrix} \dfrac{4}{(1-r^2)^2} & \\ & \dfrac{4r^2}{(1-r^2)^2} \end{pmatrix}\begin{pmatrix} dr \\ d\theta \end{pmatrix} \\
&= (d\overline{r}, d\theta)\begin{pmatrix} \dfrac{1-r^2}{2} & \\ & 1 \end{pmatrix}\begin{pmatrix} \dfrac{4}{(1-r^2)^2} & \\ & \dfrac{4r^2}{(1-r^2)^2} \end{pmatrix} \\
&\quad \begin{pmatrix} \dfrac{1-r^2}{2} & \\ & 1 \end{pmatrix}\begin{pmatrix} d\overline{r} \\ d\theta \end{pmatrix} \\
&= (d\overline{r}, d\theta)\begin{pmatrix} 1 & \\ & \sinh^2 \overline{r} \end{pmatrix}\begin{pmatrix} d\overline{r} \\ d\theta \end{pmatrix}.
\end{aligned}
$$

因此得体积形式为 $\sinh \overline{r} d\overline{r} d\theta$, 所以

$$
\mathrm{Vol}\ B(o, \overline{r}) = \int_0^{2\pi}\int_0^{\overline{r}} \sinh s ds d\theta = \pi(e^s + e^{-s})|_0^{\overline{r}} = \pi(e^{\overline{r}} + e^{-\overline{r}} - 2),
$$

故

$$
h_{\mathrm{top}}(g) = h(g) = 1.
$$

类似地, 对于 n 维常负曲率 $-K$ 的黎曼流形, 其测地流的拓扑熵为

$$
h_{\mathrm{top}}(g) = h(g) = (n-1)\sqrt{K}.
$$

4.2 流形的拓扑与测地流的拓扑熵: Dinaburg 定理

本节中, 万有覆盖流形、覆盖变换群等概念的记号和上节相同, 不再特别说明.

定理 4.2.1 [44] 设 (M, g) 是一个紧致黎曼流形且其基本群 $\pi_1(M)$ 是指数增长的, 则

$$
h_{\mathrm{top}}(g) > 0.
$$

我们首先解释定理中出现的群的增长率这一概念.

设 G 是一个群, 称 G 是一个有限生成群, 若存在 G 的一个有限子集 $S = \{s_1, \cdots, s_k\}$, 使得 G 中任一元素 l 均可表示成 $S \cup S^{-1}$ 中元素的乘积的形式. 此时称 S(事实上是 $S \cup S^{-1}$) 是 G 的一个生成集. 由此可诱导出 G 上的一个范数 $|\cdot|_S$

如下:

$$|\cdot|_S : G \to \mathbb{R}^+,$$

$$l \mapsto |l|_S := \min\left\{\sum_{i=1}^{n}\sum_{j=1}^{k}|\varepsilon_{ij}| \middle| l = \prod_{i=1}^{n}\prod_{j=1}^{n} s_j^{\varepsilon_{ij}}\right\},$$

其中 $\varepsilon_{ij} = \pm 1, 0$. 这一范数诱导了 G 上的一个左不变度量 d_S,

$$d_S : G \times G \to \mathbb{R}^+,$$
$$(l, h) \mapsto d_S(l, h) = |l^{-1}h|_S.$$

引理 4.2.1 若 R 和 S 均为群 G 的有限生成集, 则 d_R 和 d_S 是等价度量, 亦即, 存在 $c > 0$, 使得

$$\frac{1}{c}d_R \leqslant d_S \leqslant c d_R.$$

证明 设 $R = \{r_1, \cdots, r_l\}, S = \{s_1, \cdots, s_k\}$. 记

$$C_1 = \max\{|s_1|_R, \cdots, |s_k|_R\},$$
$$C_2 = \max\{|r_1|_S, \cdots, |r_l|_S\}.$$

则 $\forall l, h \in G$, 有

$$d_R(l,h) = |l^{-1}h|_R \leqslant C_2|l^{-1}h|_S = C_2 d_S(l,h),$$
$$d_S(l,h) = |l^{-1}h|_S \leqslant C_1|l^{-1}h|_R = C_1 d_R(l,h).$$

故有

$$\frac{1}{C_1}d_R \leqslant d_S \leqslant C_2 d_R.$$

取 $c = C_1 + C_2 + 1$, 则有

$$\frac{1}{c}d_R \leqslant d_S \leqslant c d_R.$$

□

任取 $r > 0$, 记

$$B_S(l, r) := \{h \in G | d_S(l, h) \leqslant r\}, \quad \mathrm{Vol}_S(l, r) := \sharp B_S(l, r).$$

引理 4.2.2 (1) 若 R 与 S 均为群 G 的有限生成集, 则存在 $c > 0$, 使得对所有的 $l \in G$ 和任意的 $r > 0$, 均有

$$\mathrm{Vol}_R\left(l, \frac{r}{c}\right) \leqslant \mathrm{Vol}_S(l, r) \leqslant \mathrm{Vol}_R(l, cr).$$

(2) 极限

$$\lim_{r\to\infty}\frac{\log \mathrm{Vol}_S(l, r)}{r}$$

存在, 记其值为 λ, 则 λ 的符号 (即大于零还是等于零) 与 S 和 l 的选取无关!

证明　(1) 由引理 4.2.1 知, 有

$$B_R\left(l,\frac{r}{c}\right) \subseteq B_S(l,r) \subseteq B_R(l,cr),$$

故

$$\mathrm{Vol}_R\left(l,\frac{r}{c}\right) \leqslant \mathrm{Vol}_S(l,r) \leqslant \mathrm{Vol}_R(l,cr).$$

(2) 记 e 为群 G 的单位元, $\forall l \in G, \forall r > 0$, 有

$$B_S(l,r) = l \cdot B_S(e,r).$$

故

$$\mathrm{Vol}_S(l,r) = \mathrm{Vol}_S(e,r).$$

因此, 若极限

$$\lim_{r\to\infty} \frac{\log \mathrm{Vol}_S(l,r)}{r}$$

存在, 则其与 l 的选取无关.

由此, 下面只需考察 $l = e$ 的情形.

易见, $\forall g, h \in G$, 有

$$|gh|_S \leqslant |g|_S + |h|_S.$$

故若 $k \in B_S(e, r+j)$, 则 k 可写成 $k = gh$, 其中 $g \in B_S(e,r), h \in B_S(e,j)$. 因此, 有

$$\mathrm{Vol}_S(e,r+j) \leqslant \mathrm{Vol}_S(e,r) \cdot \mathrm{Vol}_S(e,j).$$

记 $a_r = \log \mathrm{Vol}\ (e,r)$, 则上式即为

$$a_{r+j} \leqslant a_r + a_j.$$

由分析学的基本知识知

$$\lim_{r\to\infty} \frac{a_r}{r}$$

存在, 记此极限为 λ_S.

若 R 是 G 的另一个生成集, 我们刚刚证明了

$$\frac{1}{c}\frac{\log \mathrm{Vol}_R\left(l,\frac{r}{c}\right)}{\frac{r}{c}} \leqslant \frac{\log \mathrm{Vol}_S(l,r)}{r} \leqslant c \cdot \frac{\log \mathrm{Vol}_R(l,cr)}{cr}.$$

令 $r \to \infty$, 得

$$\frac{1}{c}\lambda_R \leqslant \lambda_S \leqslant c\lambda_R.$$

因此, λ_S 的符号与生成集 S 的选取无关. □

定义 4.2.1 (1) 称有限生成群 G 是指数增长的, 若对某个 (进而可推出对任意一个) 有限生成集 S, 有

$$\lim_{r\to\infty}\frac{\log \mathrm{Vol}_S(e,r)}{r}>0.$$

(2) 称有限生成群 G 是多项式增长的, 若存在常数 d 和 C, 使得对任意的 $r\geqslant 1$, 有

$$\mathrm{Vol}_S(e,r)\leqslant C\cdot r^d.$$

引理 4.2.3 设 (M,g) 是一个紧致、光滑的黎曼流形, $P:\widetilde{M}\to M$ 是其万有覆盖黎曼流形. 取 $\widetilde{M}$ 的一个紧致基本域 $N\subset\widetilde{M}$, 记

$$S:=\{\gamma\in\Gamma|\gamma(N)\cap N\neq\varnothing\},$$

则 S 是 $\Gamma\cong\pi_1(M)$ 的一个有限生成集.

证明 记 $\widetilde{d}$ 为由 $\widetilde{M}$ 的度量 $\widetilde{g}$ 诱导的距离, $\mathrm{Vol}:=\mathrm{Vol}_{\widetilde{g}}$ 为由度量 $\widetilde{g}$ 诱导的体积函数. 由于 N 紧致, 故其直径 $R:=\mathrm{diam}\, N<+\infty$, 体积 $\mathrm{Vol}\, N<+\infty$.

取定一点 $x\in M$ 及 $\widetilde{x}\in P^{-1}(x)\cap N$.

设 $\gamma\in S$ 及 $y\in\gamma(N)$, 由于 $N\cap\gamma(N)\neq\varnothing$, 任取 $y'\in N\cap\gamma(N)$, 由三角不等式, 有

$$d(\widetilde{x},y)\leqslant d(\widetilde{x},y')+d(y',y).$$

由于 Γ 是 $\widetilde{M}$ 的等距群 $\mathrm{Isom}(\widetilde{M})$ 的子群, 故

$$d(\widetilde{x},y)\leqslant 2R.$$

故 $\gamma(N)\subseteq B(\widetilde{x},2R)$, 进而

$$\mathrm{Vol}\left(\bigcup_{\gamma\in S}\gamma(N)\right)\leqslant \mathrm{Vol}\,(B(\widetilde{x},2R))<+\infty.$$

而 $\Gamma\subseteq\mathrm{Isom}(\widetilde{M})$, 故有 $\mathrm{Vol}\,\gamma(N)=\mathrm{Vol}\,N$, 又 N 为基本域, 故只要 $\gamma\neq\delta$, 就有 $\mathrm{Vol}\,(\gamma(N)\cap\delta(N))=0$, 故而 $\sharp S<+\infty$. 记

$$C:=\overline{\widetilde{M}-\bigcup_{\gamma\in S}\gamma(N)},\quad b:=\inf_{y\in N,z\in C}\widetilde{d}(y,z).$$

由于 N 紧而 C 闭, 易得 $b>0$. 由此, 对于 $y\in N, z\in\widetilde{M}$, 若 $\widetilde{d}(y,z)<b$, 则存在 $\gamma\in S$, 使得 $z\in\gamma(N)$.

任取 $h \in \Gamma$, 记 $r = \widetilde{d}(\widetilde{x}, h(\widetilde{x}))$, 则存在 $k \geqslant 0$, 满足

$$kb \leqslant r < (k+1)b.$$

由黎曼几何中著名的 Hopf-Rinow 定理, 存在连接 $\widetilde{x}$ 和 $h(\widetilde{x})$ 的单位速度测地线

$$\xi : [0, r] \to \widetilde{M}.$$

取 ξ 上 $k+2$ 个点

$$y_1 = \xi(0) = \widetilde{x}, \cdots, y_{k+2} = \xi(r) = h(\widetilde{x}),$$

满足

$$\widetilde{d}(y_i, y_{i+1}) < b, \quad i = 1, \cdots, k+1.$$

由 b 的定义及 $\Gamma \subseteq \mathrm{Isom}(\widetilde{M})$ 知, 对于 $i = 1, 2, \cdots, k+2$, 均存在相应的 $g_i \in \Gamma$, 使得 $y_i \in g_i(N)$, 其中 $g_1 = e$, $g_{k+2} = h$. 因而, 存在唯一的 $x_i \in N$, 满足 $y_i = g_i(x_i)$. 记 $z_i = g_i^{-1}(y_{i+1})$, 由于 $g_i^{-1} \in \mathrm{Isom}(\widetilde{M})$, 故

$$\widetilde{d}(x_i, z_i) = \widetilde{d}(g_i^{-1}(y_i), g_i^{-1}(y_{i+1})) = \widetilde{d}(y_i, y_{i+1}) < b.$$

由于 $x_i \in N$, 故由 b 的定义, 知存在 $h_i \in S$, 使得

$$z_i \in h_i(N).$$

即存在 $v_i \in N$, 满足

$$z_i = h_i(v_i).$$

因而

$$y_{i+1} = g_i(z_i) = g_i h_i(v_i).$$

由定义, 有

$$y_{i+1} = g_{i+1}(x_{i+1}).$$

因为 $x_{i+1}, v_i \in N$, 由基本域的性质, 知

(1) $x_{i+1} = v_i$;

(2) $h_i = g_i^{-1} \cdot g_{i+1}$.

由定义, $h_i \in S$, 而

$$\begin{aligned} h = g_{k+2} &= (e^{-1} \cdot g_2) \cdot (g_2^{-1} \cdot g_3) \cdot \cdots \cdot (g_k^{-1} \cdot g_{k+1}) \cdot (g_{k+1}^{-1} \cdot g_{k+2}) \\ &= h_1 \cdot h_2 \cdot \cdots \cdot h_{k+1}. \end{aligned}$$

故而 h 可写成 S 中元素的乘积形式.

由 $h \in \Gamma$ 的任意性, 知 S 是 Γ 的有限生成集. □

由此, 易得下述结论.

推论 4.2.2 一切假设与上一引理相同, 则对于 $r>0$, 有

$$B(\widetilde{x},r)\subset\bigcup_{\gamma\in B_S(e,k+1)}\gamma(N)\subset B(\widetilde{x},(k+1)R),$$

其中 $R:=\operatorname{diam}N<+\infty$, $k\in\mathbb{N}$ 满足 $kb\leqslant r<(k+1)b, b$ 的定义见上一引理的证明.

定理 4.2.1 的证明 由 Manning 不等式 (定理 4.1.7) 和推论 4.2.2, 得

$$\begin{aligned}h_{\text{top}}(g)\geqslant h(g)&=\lim_{k\to\infty}\frac{1}{(k+1)R}\log\operatorname{Vol}B(\tilde{x},(k+1)R)\\&\geqslant\frac{1}{R}\lim_{k\to\infty}\frac{1}{k+1}\log\sharp B_S(e,k+1)\\&>0.\end{aligned}$$

□

下面给出 Dinaburg 定理的两个推论.

推论 4.2.3 设 Σ 是亏格 $p>1$ 的紧致闭曲面, 则对于 Σ 上任意一个黎曼度量 g, 都有 $h_{\text{top}}(g)>0$.

推论 4.2.4 设 (M,g_0) 是一个紧致、负曲率的黎曼流形, 则对于 M 上的任意一个黎曼度量 g, 都有 $h_{\text{top}}(g)>0$.

4.3 测地流的 Liouville 测度熵: Pesin 熵公式

本节研究由 Y. B. Pesin 给出的无共轭点黎曼流形的测地流的 Liouville 测度熵的公式. 这个公式用到了测地流的 Lyapunov 指数的概念 (见第 3 章).

从现在开始, 本节中, 除非特别说明, 我们均假设黎曼流形 (M,g) 为 n 维无共轭点流形, 其中 g 为 C^3 Hölder 的黎曼度量.

首先来看由 P. Eberlein 在 20 世纪 70 年代给出的几个重要结果.

采用第 2 章中的符号, 任取 $\theta=(x,v)\in SM$. 在第 2 章中已做过说明, 我们常用 v 代指 θ, 这并不会引起混乱, 因为每一个向量都自动地带着基点. 在这个约定下, (2.2.6) 可以写为

$$N(v)=\{\xi\in T_vSM\big|d\pi_v\xi\perp v\}.$$

我们在第 2 章中证明了下面这个命题.

命题 4.3.1[50] (1) 映射

$$\begin{aligned}\Psi_v:N(v)&\to v^{\perp}\oplus v^{\perp}\\\xi&\mapsto(d\pi_v\xi,K_v\xi)\end{aligned}$$

为等距同构.

(2) $d\pi\circ d\varphi_t\xi=J_\xi(t),\ K\circ d\varphi_t\xi=\dot{J}_\xi(t)$.

任取 $v \in SM$, $w \in v^{\perp}$, 用 $J(s,w,t)$ 表示 γ_v 上满足初值

$$J(s,w,0)=w,\quad J(s,w,s)=0$$

的 Jacobi 场 (事实上是法 Jacobi 场). 由于 M 无共轭点, 故 $J(s,w,t)$ 唯一.

命题 4.3.2[50] $\forall v \in SM$, $\forall w \perp v$, $\forall t>0$, 下述极限存在

$$\lim_{s\to\infty} J(s,w,t) \triangleq J(w,t),$$

$$\lim_{s\to\infty} \dot{J}(s,w,t) \triangleq \dot{J}(w,t).$$

极限向量场 $J(w,t)$ 为 γ_v 上满足初值 $J(w,0)=w$ 的法 Jacobi 场, 且

$$J(w,t) \neq 0,\quad t \in \mathbb{R}.$$

设 $v \in SM$, $\forall w \in v^{\perp}$, 存在唯一的 $\xi \triangleq \xi_w \in T_vSM$, 使得

$$J_{\xi}(t)=J(w,t),$$

即

$$d\pi_v\xi = w,\quad K_v\xi=\dot{J}(w,0).$$

记

$$X^{+}(v) \triangleq \{\xi_w | w \perp v\}.$$

容易看出, $X^{+}(v)$ 构成了 T_vSM 的一个线性子空间.

注 4.3.3 命题 4.3.2 对 $s \to -\infty$ 亦有相应结论成立. 由此可类似地定义 $X^{-}(v)$.

下面的结论在第 3 章中已经提过, 在本节中有重要的应用, 为了方便起见, 我们仍将其罗列出来.

命题 4.3.4[50] $X^{+}(v)$ 与 $X^{-}(v)$ 满足下述性质:

(1) $X^{+}(v)$ 与 $X^{-}(v)$ 均为 T_vSM 的 $(n-1)$ 维线性子空间;

(2) $d\pi X^{+}(v)=v^{\perp}=d\pi X^{-}(v)$;

(3) $d\varphi_t X^{-}(v)=X^{-}(\varphi_t(v))$, $d\varphi_t X^{+}(v)=X^{+}(\varphi_t v)$;

(4) 若 (M,g) 的截面曲率 $K \geqslant -a^2 (a>0)$, 则对任意的 $v \in SM$ 和 $t \geqslant 0$, 对任意的 $\xi \in X^{+}(v)$ 或者 $\xi \in X^{-}(v)$, 有

$$\|K \circ d\varphi_t\xi\| \leqslant a \cdot \|d\pi \circ d\varphi_t\xi\|;$$

(5)

$$\xi \in X^{+}(v) \Leftrightarrow d\pi_v\xi \perp v, \|d\pi \circ d\varphi_t\xi\| \leqslant \text{const}, \forall t \geqslant 0,$$

$$\xi \in X^{-}(v) \Leftrightarrow d\pi_v\xi \perp v, \|d\pi \circ d\varphi_t\xi\| \leqslant \text{const}, \forall t \leqslant 0.$$

$\forall v \in SM$, 定义线性映射

$$S_v : v^{\perp} \to v^{\perp},$$
$$w \mapsto S_v w = K\xi_w,$$

其中 $\xi_w \in X^+(v)$ 满足 $d\pi\xi_w = w$.

引理 4.3.1 S_v 是一个自伴线性算子.

推论 4.3.5 若 $J_1(t)$ 与 $J_2(t)$ 是命题 4.3.2 中的两个极限 Jacobi 场, 则

$$\langle \dot{J}_1(t), J_2(t)\rangle = \langle J_1(t), \dot{J}_2(t)\rangle.$$

证明 由引理 4.3.1 知

$$\langle S_{\dot{r}_v(t)} J_1(t), J_2(t)\rangle = \langle J_1(t), S_{\dot{r}_v(t)} J_2(t)\rangle.$$

由命题 4.3.1, 上式即

$$\langle \dot{J}_1(t), J_2(t)\rangle = \langle J_1(t), \dot{J}_2(t)\rangle.$$ □

由于 S_v 是自伴算子, 用

$$\{e_i(v) | i = 1, \cdots, n-1\}$$

表示 S_v 的一组单位正交特征向量; 用

$$\{K_i(v) | i = 1, \cdots, n-1\}$$

表示相应的特征值.

一般而言, $X^+(v), X^-(v), e_i(v), K_i(v)$ 关于 $v \in SM$ 只是可测的. 由命题 4.3.4 知

$$\|S_v w\| \leqslant a\|w\|,$$

故 $K_i(v)$ 均为有界函数, 所以 $K_i(v)$ 可积. 称 $K_i(v)$ 是点 $v \in SM$ 处的主曲率, 称 $e_i(v)$ 为主方向.

定理 4.3.6 测地流 φ_t 关于 Liouville 测度 λ_L 的测度熵为

$$h_{\lambda_L}(\varphi_1) = -\int_{SM} \sum_{i=1}^{n-1} K_i(v) d\lambda_L(v).$$

证明 任取 Lyapunov-Perron 正则点 $v \in SM$, 取 $X^+(v)$ 的一组正规 (normal) 基底

$$\{\xi_1(v), \cdots, \xi_{n-1}(v)\}.$$

考察由这组基底生成的平行多面体, 记为 $\Pi(v)$. 由 Lyapunov 指数的定义, 有

$$\chi^-(\Pi(v)) \triangleq \lim_{t\to+\infty}\frac{1}{t}\log \mathrm{Vol}\ (d\varphi_t\Pi(v)) = \sum_{i=1}^{s(v)} k_i(v)\chi_i^-(v),$$

其中 $\chi_i^-(v)(i=1,\cdots,s(v))$ 是 $X^+(v)$ 对应的取值不同的 Lyapunov 指数的全体, 其对应的重数为 $k_i(v)(i=1,\cdots,s(v))$, 所以有

$$\sum_{i=1}^{s(v)} k_i(v) = n-1.$$

由命题 4.3.4 知, $\forall\xi\in X^+(v)$, 有

$$\begin{aligned}\|d\varphi_t\xi\| &= \|(J_\xi(t),\dot J_\xi(t))\| = \sqrt{\|J_\xi(t)\|^2+\|\dot J_\xi(t)\|^2}\\ &\leqslant \sqrt{1+a^2}\|J_\xi(t)\|\\ &= \sqrt{1+a^2}\|d\pi\circ d\varphi_t\xi\|.\end{aligned}\tag{4.3.1}$$

由 (4.3.1), 可导出

$$\chi(v,\xi) = \lim_{t\to+\infty}\frac{1}{t}\log\|d\varphi_t\xi\| \leqslant \lim_{t\to+\infty}\frac{1}{t}\log\|d\pi\circ d\varphi_t\xi\|.$$

而同时又有

$$\begin{aligned}\chi(v,\xi) &= \lim_{t\to+\infty}\frac{1}{t}\log\|d\varphi_t\xi\|\\ &= \lim_{t\to+\infty}\frac{1}{t}\log\sqrt{\|d\pi\circ d\varphi_t\xi\|^2+\|K\circ d\varphi_t\xi\|^2}\\ &\geqslant \lim_{t\to+\infty}\frac{1}{t}\log\|d\pi\circ d\varphi_t\xi\|.\end{aligned}\tag{4.3.2}$$

(4.3.1) 与 (4.3.2) 表明, $\forall\xi\in X^+(v)$, 有

$$\chi(v,\xi) = \lim_{t\to+\infty}\frac{1}{t}\log\|d\pi\circ d\varphi_t\xi\|,$$

进而, 可得

$$\lim_{t\to+\infty}\frac{1}{t}\log \mathrm{Vol}\ (d\varphi_t\Pi(v)) = \lim_{t\to+\infty}\frac{1}{t}\log \mathrm{Vol}\ (d\pi\circ d\varphi_t\Pi(v)).$$

$\forall s>0$, 记

$$\lambda_s(v) = \frac{\mathrm{Vol}\ (d\pi\circ d\varphi_s\Pi(v))}{\mathrm{Vol}\ (d\pi\circ\Pi(v))},$$

则 $\lambda_s(v)$ 为 $v^\perp$ 上的体积增长率, 即线性映射

$$d\pi \circ d\varphi_s|_{X^+(v)}$$

的雅可比行列式.

由熵公式

$$h_{\lambda_L}(\varphi_s) = -\int_{SM} \sum_{i=1}^{s(v)} k_i(v) \cdot s \cdot \chi_i^-(v) d\lambda_L(v) = -s \int_{SM} \chi^-(\Pi(v)) d\lambda_L(v)$$

和 Birkhorff 遍历定理, 有

$$\begin{aligned}
h_{\lambda_L}(\varphi_s) &= -\int_{SM} \lim_{n\to+\infty} \frac{1}{n} \log \mathrm{Vol}\ (d\varphi_{sn}\Pi(v)) d\lambda_L(v) \\
&= -\int_{SM} \lim_{n\to+\infty} \frac{1}{n} \log \mathrm{Vol}\ (d\pi \circ d\varphi_{sn}\Pi(v)) d\lambda_L(v) \\
&= -\int_{SM} \lim_{n\to+\infty} \frac{1}{n} \sum_{i=0}^{n-1} \log \lambda_s(\varphi_{si}(v)) d\lambda_L(v) \\
&= -\int_{SM} \log \lambda_s(v) d\lambda_L(v).
\end{aligned}$$

上式中最后一个等号用到了 Birkhorff 遍历定理.

当 $s > 0$ 时, 由公式 $h_{\lambda_L}(\varphi_s) = s \cdot h_{\lambda_L}(\varphi_1)$, 得

$$\begin{aligned}
h_{\lambda_L}(\varphi_1) &= \frac{1}{s} h_{\lambda_L}(\varphi_s) \\
&= \lim_{s\to 0^+} \frac{1}{s} h_{\lambda_L}(\varphi_s) \\
&= -\int_{SM} \lim_{s\to 0^+} \frac{1}{s} \log \lambda_s(v) d\lambda_L(v).
\end{aligned}$$

下面计算上式中出现的 $\log \lambda_s(v)$.

取 $X^+(v)$ 的基底 $\{\xi_1(v), \cdots, \xi_{n-1}(v)\}$, 使得

$$d\pi \xi_i(v) = e_i(v), \quad i = 1, \cdots, n-1,$$

其中 $e_i(v)$ 是长度为 1 的主方向向量, 这样选取的基底并不影响前面已有的结论.

由黎曼几何学的知识, 有

$$
\begin{aligned}
&\mathrm{Vol}\,(d\pi\circ d\varphi_s\Pi(v))\\
=&\sqrt{\det\begin{pmatrix}\langle d\pi\circ d\varphi_s\xi_1, d\pi\circ d\varphi_s\xi_1\rangle & \cdots & \langle d\pi\circ d\varphi_s\xi_1, d\pi\circ d\varphi_s\xi_{n-1}\rangle\\ \vdots & \ddots & \vdots\\ \langle d\pi\circ d\varphi_s\xi_{n-1}, d\pi\circ d\varphi_s\xi_1\rangle & \cdots & \langle d\pi\circ d\varphi_s\xi_{n-1}, d\pi\circ d\varphi_s\xi_{n-1}\rangle\end{pmatrix}}\\
=&\sqrt{\det\begin{pmatrix}\langle J_{\xi_1}(s), J_{\xi_1}(s)\rangle & \cdots & \langle J_{\xi_1}(s), J_{\xi_{n-1}}(s)\rangle\\ \vdots & \ddots & \vdots\\ \langle J_{\xi_{n-1}}(s), J_{\xi_1}(s)\rangle & \cdots & \langle J_{\xi_{n-1}}(s), J_{\xi_{n-1}}(s)\rangle\end{pmatrix}}. \qquad (4.3.3)
\end{aligned}
$$

因此, 转而计算

$$\langle J_{\xi_i}(s), J_{\xi_j}(s)\rangle.$$

事实上, 有

$$
\begin{aligned}
\langle J_{\xi_i}(s), J_{\xi_j}(s)\rangle &= \langle J_{\xi_i}(0), J_{\xi_j}(0)\rangle + \int_0^s \langle J_{\xi_i}(u), J_{\xi_j}(u)\rangle' du\\
&= \langle e_i(v), e_j(v)\rangle + \int_0^s [\langle \dot{J}_{\xi_i}(u), J_{\xi_j}(u)\rangle + \langle J_{\xi_i}(u), \dot{J}_{\xi_j}(u)\rangle] du.
\end{aligned}
$$

令矩阵 $A(s) \triangleq (a_{ij}(s))_{(n-1)\times(n-1)}$, 其中

$$a_{ij}(s) = \frac{1}{s}\int_0^s [\langle \dot{J}_{\xi_i}(u), J_{\xi_j}(u)\rangle + \langle J_{\xi_i}(u), \dot{J}_{\xi_j}(u)\rangle] du.$$

由 L'Hospital 法则推得

$$
\begin{aligned}
a_{ij}(0) &= \langle \dot{J}_{\xi_i}(0), J_{\xi_j}(0)\rangle + \langle J_{\xi_i}(0), \dot{J}_{\xi_j}(0)\rangle\\
&= \langle S_v e_i(v), e_j(v)\rangle + \langle e_i(v), S_v e_j(v)\rangle\\
&= (K_i(v) + K_j(v))\delta_{ij}.
\end{aligned}
$$

由此知

$$\langle J_{\xi_i}(s), J_{\xi_j}(s)\rangle = \delta_{ij} + s a_{ij}(s).$$

代入 (4.3.3), 有

$$\mathrm{Vol}\,(d\pi\circ d\varphi_s\Pi(v)) = \sqrt{\det(I + sA(s))} = 1 + \frac{1}{2}s\cdot \mathrm{Tr}\ A(s) + O(s^2),$$

故有

$$\lim_{s\to 0}\frac{1}{s}\log\lambda_s(v) = \frac{1}{2}\mathrm{Tr}\ A(0) = \sum_{i=1}^{n-1} K_i(v),$$

所以

$$h_{\lambda_L}(\varphi_1) = -\int_{SM}\sum_{i=1}^{n-1} K_i(v)\,d\lambda_L(v).$$

□

4.4 测地流的熵的刚性: Katok 熵猜想

本节介绍著名数学家 Anatole Katok 关于测地流的熵的刚性的猜想 (Katok's entropy rigidity conjecture). 由于要对同一个流形赋予不同的黎曼度量, 所以我们有必要约定一些记号, 以区别不同度量所对应的相同意义的概念.

(1) M: 紧致、连通的闭光滑流形.

(2) g: M 上的 C^2 黎曼度量.

(3) d_g: M 上由 g 诱导的距离.

(4) v_g: M 上由 g 诱导的体积形式.

(5) $v_g(M)$: (M,g) 的体积.

(6) μ_g: 由 v_g 诱导的概率黎曼体积测度, 即 $\forall A \subseteq M, \mu_g(A) = \dfrac{v_g(A)}{v_g(M)}$.

(7) $L_g(\alpha)$: 曲线 α 在度量 g 下的长度.

(8) S^gM: (M,g) 的单位切丛.

(9) D_g: 由 S^gM 上的 Sasaki 度量诱导的距离函数.

(10) λ_g: S^gM 上的概率 Liouville 测度.

(11) $\pi_g : S^gM \to M$, 标准的投射, 易见

$$\pi_g^*\mu_g = \lambda_g, \text{ i.e., } \forall A \subset S^gM,$$

$$\lambda_g(A) = \pi_g^*\mu_g(A) = \mu_g(\pi_g A).$$

(12) $h_\mu(g)$: 测地流 φ^g 关于不变测度 μ 的测度熵.

(13) $\varphi^g = \{\varphi_t^g\}_{t\in\mathbb{R}}$: S^gM 上的测地流.

(14) $D_g^t(v_1,v_2) = \max_{0\leqslant s\leqslant t} D_g(\phi_s^g v_1, \phi_s^g v_2)$.

(15) $\Pi(M)$: M 上的所有非零伦闭曲线的自由同伦类构成的集合.

(16) 对于 $\Gamma \in \Pi(M)$, 记

$$L_g(\Gamma) = \inf_{\alpha\in\Gamma} L_g(\alpha).$$

(17) $\mathcal{P}_g(T)$: M 中所有长度 $\leqslant T$ 的闭测地线集.

(18) $P_g(T) = \sharp\mathcal{P}_g(T)$.

(19) $P_g^s(T) = \sharp\{\Gamma \in \Pi(M) | L_g(\Gamma) \leqslant T\}$, 易见 $P_g^s(T) \leqslant P_g(T)$.

(20) $P_g = \underline{\lim}_{T\to\infty} \dfrac{1}{T} \log P_g(T)$.

(21) $P_g^s = \underline{\lim}_{T\to\infty} \dfrac{1}{T} \log P_g^s(T)$.

(22) $[g_1; g_2] = \int_{S^{g_1}M} \|v\|_{g_2} d\lambda_{g_1}(v)$.

定理 4.4.1[73]　设 g_1 是 M 上的一个负曲率黎曼度量, 则对于 M 上的任一黎曼度量 g_2, 有

$$P_{g_2}^s \geqslant \frac{1}{\int_{S^{g_1}M} \|v\|_{g_2} d\lambda_{g_1}(v)} h_{\lambda_{g_1}}(g_1).$$

定理 4.4.2[73]　记 Σ 是欧拉示性数为 $E<0$ 的紧致闭曲面, 则对于 Σ 的任一黎曼度量 g, 有

$$P_g \geqslant h_{\rm top}(g) \geqslant P_g^s \geqslant \sqrt{\frac{-2\pi E}{v_g(M)}},$$

且对任一不是常负曲率的度量, 最后一个“$\geqslant$”取“$>$”.

另外, 若 g 为无焦点度量, 则有

$$\sqrt{\frac{-2\pi E}{v_g(M)}} \geqslant h_{\lambda_g}(g),$$

同样地, 对不是常负曲率的度量, 上式取“$>$”.

现在罗列出如下几个我们需要的事实.

事实 1　任一 $\Gamma \in \Pi(M)$ 都包含一条长度最短的闭曲线且该闭曲线是一条闭测地线.

事实 2　若 (M,g) 为负曲率流形, $\forall e \neq \Gamma \in \Pi(M)$, Γ 中只含有唯一一条闭测地线.

事实 3　Anosov 封闭引理[2].

设 (M,g) 是紧致、负曲率的黎曼流形, 则 $\forall \varepsilon > 0$, 存在 $\delta = \delta(\varepsilon, g)$, 使得 $\forall v \in S^gM$, 只要

$$D_g(v, \varphi_t^g v) < \delta,$$

就存在 $w \in S^gM$ 和 $t' \in \mathbb{R}$, 满足 $|t-t'| < \varepsilon$, 且

$$\begin{cases} D_g(\varphi_s^g v, \varphi_s^g w) < \varepsilon, & 0 \leqslant s \leqslant t, \\ \varphi_{t'}^g w = w. \end{cases}$$

事实 4[97−99]　若 (M,g) 为紧致负曲率黎曼流形, 则

$$\lim_{T\to\infty} \frac{1}{T} \log P_g(T) = h_{\rm top}(g).$$

事实 5

$$\underline{\lim}_{T\to\infty} \frac{1}{T} \log P_g^s(T) = P_g^s \leqslant h_{\rm top}(g).$$

设 (X,d) 是一个紧致度量空间, $f=\{f_t\}_{t\in\mathbb{R}}$ 是 X 上的连续流. μ 是 X 上的概率测度, 且关于 f 遍历. $\forall T>0$, 定义

$$d_T^f(x,y)=\max_{0\leqslant t\leqslant T} d(f_t x, f_t y),$$

对于 $T>0,\varepsilon>0,\ 0<\delta<1$, 用 $N_f^\mu(T,\varepsilon,\delta)$ 表示用度量 d_T^f 意义下的 ε-球来覆盖一个测度不小于 $1-\delta$ 的集合需要的 ε-球的最小个数.

事实 6 对任意的 $\delta(0<\delta<1)$, 有

$$h_\mu(f)=\lim_{\varepsilon\to 0}\varliminf_{T\to\infty}\frac{\log N_f^\mu(T,\varepsilon,\delta)}{T}=\lim_{\varepsilon\to 0}\varlimsup_{T\to\infty}\frac{\log N_f^\mu(T,\varepsilon,\delta)}{T}.$$

事实 7 设 Σ 是一个欧拉示性数小于零的 2 维可定向闭曲面. 设 g_0 是 Σ 上的一个常负曲率黎曼度量, 则对 Σ 上任意的黎曼度量 g, 相应地存在 Σ 上的唯一的一个取值为正的函数 ρ, 使得 $g=\rho g_0$, 且两者体积相等.

事实 8 对于曲面上任一 $C^{2+\delta}(\delta>0)$ 黎曼度量 g, 有

$$P_g\geqslant h_{\mathrm{top}}(g).$$

我们先来证明下面的定理.

定理 4.4.3 设 (M,g_1) 是紧致、负曲率黎曼流形, ω 是测地流 φ^{g_1} 的不变概率 Borel 测度. 对 M 上的任一黎曼度量 g_2, 记

$$\omega_{(g_1,g_2)}=\int_{S^{g_1}M}\|v\|_{g_2}d\omega(v),$$

则

$$P_{g_2}^s\geqslant\frac{1}{\omega_{(g_1,g_2)}}h_\omega(g_1).$$

证明 若 g 是正函数, f 是非负函数 (均为某个测度空间 X 上函数), 则

$$\frac{\displaystyle\int_X f d\mu}{\displaystyle\int_X g d\mu}\leqslant\sup_{x\in X}\frac{f(x)}{g(x)}. \tag{4.4.1}$$

由遍历分解定理, 知

$$h_\omega(g_1)=\int_{m'\in\mathrm{Merg}} h_{m'}(g_1)d\mu_\omega(m'), \tag{4.4.2}$$

$$\omega_{(g_1,g_2)}=\int_{m'\in\mathrm{Merg}}\left(\int_{S^{g_1}M}\|v\|_{g_2}dm'(v)\right)d\mu_\omega(m'), \tag{4.4.3}$$

其中 Merg 表示 X 上的全体遍历测度构成的集合. 由 (4.4.1)—(4.4.3) 知, 为了证明本定理, 只需对 ω 是遍历测度的情形证明即可, 故以下都假设 $\omega \in \text{Merg}$.

对于 $T > 0, \varepsilon > 0$, 记

$$A_{\varepsilon,T} = \left\{ v \in S^{g_1}M \middle| \left| \frac{1}{T}\int_0^T \|\varphi_t^{g_1}v\|dt - \omega_{(g_1,g_2)} \right| < \varepsilon \right\}.$$

$$B_{\varepsilon,T} = \{v \in S^{g_1}M \big| \exists t, T \leqslant t \leqslant (1+\varepsilon)T, D_{g_1}(v, \varphi_t^{g_1}v) < \varepsilon\}.$$

由于测地流 φ^{g_1} 关于 ω 遍历, 故 $\forall \varepsilon > 0$, 由 Birkhorff 遍历定理可推得

$$\omega(A_{\varepsilon,T}) \to 1, \quad T \to \infty. \tag{4.4.4}$$

下面, 我们想讲清楚 $\forall \varepsilon > 0$, 有

$$\omega(B_{\varepsilon,T}) \to 1, \quad T \to \infty. \tag{4.4.5}$$

令 ξ 是 $S^{g_1}M$ 的一个有限可测划分, 该划分的每一片的直径都不超过 ε. $\forall C \in \xi$, 由于 φ^{g_1} 遍历, 则对 ω-a.e.$v \in C$, 有

$$\lim_{T\to\infty} \frac{1}{T}\int_0^T \chi_C(\varphi_t^{g_1}v)dt = \omega(C) = \int_{S^{g_1}M} \chi_C(v)d\omega(v),$$

故对充分大的 T, 有

$$\int_0^T \chi_C(\varphi_t^{g_1}v)dt < \int_0^{(1+\varepsilon)T} \chi_C(\varphi_t^{g_1}v)dt,$$

因此, 存在 t', 满足 $T < t' \leqslant (1+\varepsilon)T$, 使得 $\varphi_{t'}^{g_1}v \in C$. 故 $D_{g_1}(v, \varphi_{t'}^{g_1}v) < \varepsilon$.

对每个 $C \in \xi$ 用上述论证, 得 (4.4.5).

由 (4.4.4) 和 (4.4.5) 可知: 存在 $T > 1$, 使得 $\forall t > T$, 有

$$\omega(A_{\varepsilon,t} \cap B_{\delta(\varepsilon,g_1),t}) > \frac{1}{2}, \tag{4.4.6}$$

其中 $\delta = \delta(\varepsilon, g_1)$ 为 Anosov 封闭引理事实 3 里的 δ.

记 $\Lambda_{t,\varepsilon}$ 是集合 $A_{\varepsilon,t} \cap B_{\delta(\varepsilon,g_1),t} \triangleq A$ 中具有最大基数的 $(t, 3\varepsilon)$-分离集, 则

$$A \subset \bigcup_{p\in\Lambda_{t,\varepsilon}} B_{D_{g_1}^t}(p, 3\varepsilon).$$

(若否, 则与 $\Lambda_{t,\varepsilon}$ 的最大性矛盾).

由 (4.4.6), 知

$$\sharp\Lambda_{t,\varepsilon} \geqslant N_{\varphi^{g_1}}^{\omega}(t, 3\varepsilon, 1 - w(A)) \geqslant N_{\varphi^{g_1}}^{\omega}\left(t, 3\varepsilon, \frac{1}{2}\right). \tag{4.4.7}$$

由 Anosov 封闭引理, 知 $\forall v \in \Lambda_{t,\varepsilon}$, 存在一条周期在 $t' \in (t-\varepsilon, (1+\varepsilon)t+\varepsilon)$ 的闭测地线, 且该闭测地线与 γ_v 在 $[0,t]$ 内都 ε-接近. 记该闭测地线为 $\gamma_{w(v)}$, 则有

$$D_{g_1}^t(v, w(v)) < \varepsilon.$$

任取 $v_1, v_2 \in \Lambda_{t,\varepsilon}$, 有

$$\begin{aligned} D_{g_1}^t(w(v_1), w(v_2)) &\geqslant D_{g_1}^t(v_1, v_2) - D_{g_1}^t(v_1, w(v_1)) - D_{g_1}^t(v_2, w(v_2)) \\ &> 3\varepsilon - \varepsilon - \varepsilon = \varepsilon. \end{aligned}$$

因此, 若 $\gamma_{w(v_1)}$ 与 $\gamma_{w(v_2)}$ 是同一条闭测地线, 则向量 $w(v_1)$ 与 $w(v_2)$ 满足

$$d_{g_1}(\pi w(v_1), \pi w(v_2)) > \varepsilon.$$

因此, 这样的向量 $w(v_1)$ 的个数必不超过 $\dfrac{(1+\varepsilon)t+\varepsilon}{\varepsilon}$, 故形如 $\gamma_{w(v)}$ 的不同的闭测地线至少有

$$\frac{\sharp\Lambda_{t,\varepsilon}}{\dfrac{(1+\varepsilon)t+\varepsilon}{\varepsilon}} = \frac{\varepsilon}{(1+\varepsilon)t+\varepsilon}\sharp\Lambda_{t,\varepsilon} \geqslant \frac{\varepsilon}{(1+\varepsilon)t+\varepsilon} N_{\varphi^{g_1}}^{\omega}\left(t, 3\varepsilon, \frac{1}{2}\right). \tag{4.4.8}$$

由事实 2 知, 这些闭测地线分属于不同的自由同伦类.

下面来估计我们刚刚得到的测地线 $\gamma_{w(v)}$ 在黎曼度量 g_2 下的长度. 存在 $n \in \mathbb{N}^+$, 使得 $\dfrac{t'}{n}$ 是闭测地线 $\gamma_{w(v)}$ 的最小正周期, 则

$$\begin{aligned} L_{g_2}(\gamma_{w(v)}) &= \int_0^{\frac{t'}{n}} \|\varphi_s^{g_1} w(v)\|_{g_2} ds \\ &\leqslant \int_0^{t'} \|\varphi_s^{g_1} w(v)\|_{g_2} ds \\ &= \int_0^{t} \|\varphi_s^{g_1} w(v)\|_{g_2} ds + \int_t^{t'} \|\varphi_s^{g_1} w(v)\|_{g_2} ds \\ &\leqslant \int_0^{t} \|\varphi_s^{g_1} v\|_{g_2} ds + \int_0^{t} \Big| \|\varphi_s^{g_1} w(v)\|_{g_2} - \|\varphi_s^{g_1} v\|_{g_2} \Big| ds \\ &\quad + (t+1)\varepsilon \cdot \max_{v \in S^{g_1}M} \|v\|_{g_2} \\ &\leqslant t(w_{(g_1,g_2)} + \varepsilon) + tk\varepsilon + (t+1)\varepsilon K \\ &\leqslant t w_{(g_1,g_2)} + (t+1)\varepsilon(k+K+1), \\ &\leqslant (t+1) w_{(g_1,g_2)} + (t+1)\varepsilon \widetilde{K}, \quad \widetilde{K} = k+K+1, \\ &= (t+1)(w_(g_1, g_2) + \varepsilon\widetilde{K}). \end{aligned}$$

上式中出现的 k 满足 $\Big| \|\varphi_s^{g_1} w(v)\|_{g_2} - \|\varphi_s^{g_1} v\|_{g_2} \Big| \leqslant k\varepsilon$. 由连续性知, 这样的 k 存在.

记 $\Gamma \in \Pi(M)$ 表示包含 $\gamma_{w(v)}$ 的自由同伦类. 由事实 1 知, 在 Γ 中存在关于度量 g_2 最短的一条闭曲线 α, 且该闭曲线是 g_2-闭测地线. 因此得

$$L_{g_2}(\alpha) \leqslant L_{g_2}(\gamma_{w(v)}) \leqslant (t+1)(w_{(g_1,g_2)} + \varepsilon \widetilde{K}). \tag{4.4.9}$$

由 (4.4.8) 和 (4.4.9) 知

$$P_{g_2}^s((t+1)(w_{(g_1,g_2)} + \varepsilon \widetilde{K})) \geqslant \frac{\varepsilon}{(1+\varepsilon)t+\varepsilon} N_{\varphi^{g_1}}^{\omega}\left(t, 3\varepsilon, \frac{1}{2}\right).$$

所以

$$\frac{\log P_{g_2}^s((t+1)(w_{(g_1,g_2)} + \varepsilon \widetilde{K}))}{(t+1)(w_{(g_1,g_2)} + \varepsilon \widetilde{K})} \geqslant \frac{\log N_{\varphi^{g_1}}^{\omega}\left(t, 3\varepsilon, \frac{1}{2}\right) + \log \varepsilon - \log((1+\varepsilon)t+\varepsilon)}{(t+1)(w_{(g_1,g_2)} + \varepsilon \widetilde{K})}.$$

进而

$$P_{g_2}^s \geqslant \frac{1}{w_{(g_1,g_2)} + \varepsilon \widetilde{K}} \varliminf_{t\to\infty} \frac{\log N_{\varphi^{g_1}}^{\omega}\left(t, 3\varepsilon, \frac{1}{2}\right)}{t} = \frac{1}{w_{(g_1,g_2)} + \varepsilon \widetilde{K}} h_w(g_1).$$

由 ε 的任意性, 推得

$$P_{g_2}^s \geqslant \frac{1}{w_{(g_1,g_2)}} h_w(g_1). \qquad \square$$

定理 4.4.1 的证明　在定理 4.4.3 取 $w = \lambda_{g_1}$, 即得定理 4.4.1. $\square$

推论 4.4.4　*在定理 4.4.3 的假设下, 由事实 5, 有*

$$h_{\text{top}}(g_2) \geqslant \frac{1}{w(g_1,g_2)} h_w(g_1).$$

由定理 4.4.1 及事实 4, 得

推论 4.4.5　*若 g_1 为负曲率的黎曼度量且 $h_{\lambda_{g_1}}(g_1) = h_{\text{top}}(g_1)$, 则对任意黎曼度量 g_2, 有*

$$P_{g_2}^s \geqslant \frac{1}{[g_1,g_2]} P_{g_1} = \frac{1}{[g_1,g_2]} h_{\text{top}}(g_1).$$

注 4.4.6　定理 4.4.3 建立了同一个流形 M 上不同的黎曼度量所诱导的测地流的测度熵和闭测线的指数增长率的关系. 似乎在本定理出现之前还没有这方面的工作. 大体的思路可梳理如下:

首先, 由于 (M, g_1) 是负曲率黎曼流形, 所以可由 Anosov 封闭引理导出闭测地线, 这引导我们引入集合 $B_{\delta(\varepsilon,g_1),t}$.

其次, 由 Katok 关于测度熵的分离集定义, 在集合 $A_{\varepsilon,t}\cap B_{\delta(\varepsilon,g_1),t}$ 中考察分离集 $\Lambda_{\varepsilon,t}$ 对于 $v\in\Lambda_{\varepsilon,t}$, 应用 Anosov 封闭引理, 可得相应的闭测地线 $\gamma_{w(v)}$. 进而估计 $\sharp\{\gamma_{w(v)}|v\in\Lambda_{\varepsilon,t}\}$ 的下界.

再次, 由于 (M,g_1) 负曲率, 这 $\sharp\{\gamma_{w(v)}|v\in\Lambda_{\varepsilon,t}\}$ 个不同的测地线属于不同的自由同伦类, 而自由同伦类是拓扑量, 与度量无关, 因此在 (M,g_2) 中亦属于不同的自由同伦类.

最后, 估计所有的 $\gamma_{w(v)}$ 在 g_2 下的长度的上界. 由定义, 可得 $P^s_{g_2}$ 的下界估计, 进而导出结论.

下面考虑共形等价的黎曼度量, 即 $g_2=\rho g_1$, 其中 $\rho:M\to\mathbb{R}^+$ 是光滑函数.

$\forall v\in S^{g_1}M$, 计算

$$\|v\|_{g_2}=\sqrt{\langle v,v\rangle_{g_2}}=\sqrt{\rho\langle v,v\rangle_{g_1}}=\rho^{\frac{1}{2}}\|v\|_{g_1}.$$

所以

$$[g_1;g_2]=\int_{S^{g_1}M}\|v\|_{g_2}d\lambda_{g_1}(v)=\int_{S^{g_1}M}\rho^{\frac{1}{2}}d\lambda_{g_1}=\int_M\rho^{\frac{1}{2}}d\mu_{g_1}. \tag{4.4.10}$$

若 $\dim M=n$, 则对任意可测集 $A\subset M$, 有

$$\begin{aligned}\mu_{g_2}(A)&=\int_A\chi_A(x)d\mu_{g_2}(x)\\&=\frac{1}{v_{g_2}(M)}\int_A\chi_A(x)dv_{g_2}(x)\\&=\frac{1}{v_{g_2}(M)}\int_A\chi_A(x)\rho^{\frac{n}{2}}(x)dv_{g_1}(x)\\&=\frac{v_{g_1}(M)}{v_{g_2}(M)}\int_A\chi_A(x)\rho^{\frac{n}{2}}(x)d\mu_{g_1}(x).\end{aligned}$$

所以

$$\mu_{g_2}=\frac{v_{g_1}(M)}{v_{g_2}(M)}\rho^{\frac{n}{2}}\mu_{g_1},$$

进而, 得

$$1=\mu_{g_2}(M)=\frac{v_{g_1}(M)}{v_{g_2}(M)}\int_M\rho^{\frac{n}{2}}d\mu_{g_1},$$

即

$$\int_M\rho^{\frac{n}{2}}(x)d\mu_{g_1}=\frac{v_{g_2}(M)}{v_{g_1}(M)}. \tag{4.4.11}$$

因而, 有

$$v_{g_2}(M)=v_{g_1}(M)\Leftrightarrow\int_M\rho^{\frac{n}{2}}d\mu_{g_1}=1. \tag{4.4.12}$$

进而, 由 Jensen 不等式, 得

$$\int_M \rho^{\frac{1}{2}} d\mu_{g_1} \leqslant \left(\frac{v_{g_2}(M)}{v_{g_1}(M)}\right)^{\frac{1}{n}}. \tag{4.4.13}$$

若 ρ 不恒为常数, 则上述不等式严格.

由定理 4.4.1 及事实 5 及 (4.4.10)—(4.4.13), 易推得如下结论.

推论 4.4.7　设 (M, g_1) 为 n 维紧致负曲率黎曼流形, $g_2 = \rho g_1$, 则

$$h_{\mathrm{top}}(g_2) \geqslant P_{g_2}^s \geqslant \frac{1}{\displaystyle\int_M \rho^{\frac{1}{2}} d\mu_{g_1}} h_{\lambda_{g_1}}(g_1) \geqslant \left(\frac{v_{g_1}(M)}{v_{g_2}(M)}\right)^{\frac{1}{n}} h_{\lambda_{g_1}}(g_1).$$

若 ρ 不恒为常数, 则最后一个不等式严格.

推论 4.4.8　设 (M, g_1) 为 n 维紧致负曲率黎曼流形, 若 $h_{\mathrm{top}}(g_1) = h_{\lambda_{g_1}}(g_1)$, 则在集合

$$\{g | g = \rho g_1,\ v_{g_1}(M) = v_g(M)\}$$

上, 函数 P_g, P_g^s 及 $h_{\mathrm{top}}(g)$ 都在点 $g = g_1$ 处取得严格最小值!

下面来研究在一些更宽泛的条件下推论 (4.4.4) 是否仍然成立.

定理 4.4.9　设 (M, g_1) 是紧黎曼流形, 对 $\forall \varepsilon > 0$, 若存在 $k = k(\varepsilon, g_1) > 0$, 对于黎曼万有覆盖流形 $(\widetilde{M}, \widetilde{g_1})$ 中任意两条长度均为 τ 的测地线 (单位速度测地线) γ_1 和 γ_2, 只要

$$d_{\widetilde{g_1}}(\gamma_1(0), \gamma_2(0)) < k, \quad d_{\widetilde{g_1}}(\gamma_1(\tau), \gamma_2(\tau)) < k,$$

就有

$$d_{\widetilde{g_1}}(\gamma_1(t), \gamma_2(t)) < \varepsilon, \quad 0 \leqslant t \leqslant \tau.$$

则对 M 上的任意黎曼度量 g_2 及 ϕ^{g_1}-不变测度 ω, 有

$$h_{\mathrm{top}}(g_2) \geqslant \frac{1}{w_{(g_1,g_2)}} h_w(g_1) = \frac{1}{\displaystyle\int_{S^{g_1}M} \|v\|_{g_2} dw(v)} h_w(g_1).$$

证明　本证明与定理 4.4.3 的证明颇多类似.

由遍历分解定理, 我们只要对 ω 是遍历测度的情形证明即可.

由 (4.4.4), 对固定的 $\varepsilon > 0$ 和足够大的 $t > 0$, 有

$$\omega(A_{\varepsilon,t}) > \frac{1}{2}.$$

对于 $\delta > 0$ 记 $\Lambda_{t,\delta}$ 为 $A_{\varepsilon,t}$ 的基数最大 (t, δ)-分离集, 由 (4.4.7), 得

$$\sharp\Lambda_{t,\delta} \geqslant N_{\varphi^{g_1}}(t, \delta, 1 - \omega(A_{\varepsilon,t})) \geqslant N_{\varphi^{g_1}}\left(t, \delta, \frac{1}{2}\right). \tag{4.4.14}$$

记 $P:\widetilde{M}\to M$ 为万有覆盖, $M_0\subset\widetilde{M}$ 是一个紧致基本域. $\forall v\in\Lambda_{t,\delta},\widetilde{M}$ 中相应地有测地线

$$\gamma_{\widetilde{v}}:[-1,t+1]\to\widetilde{M},$$

其中 $\gamma_{\widetilde{v}}(s)=\pi_{\widetilde{g}_1}\varphi_s^{\widetilde{g}_1}\widetilde{v}$, 这里 $\pi_{\widetilde{g}_1}:S^{\widetilde{g}_1}\widetilde{M}\to\widetilde{M}$ 是标准的投射, $\widetilde{v}\in S^{\widetilde{g}_1}\widetilde{M}$ 是 $v\in S^{g_1}M$ 的一个满足下列条件的提升

$$\begin{cases} dP\widetilde{v}=v, \\ \gamma_{\widetilde{v}}(-1)=\pi_{\widetilde{g}_1}\varphi_{-1}^{\widetilde{g}_1}\widetilde{v}\in M_0. \end{cases}\tag{4.4.15}$$

在继续前进之前, 我们对 (4.4.15) 式做一点解释.

情况 I 若 $\pi_{\widetilde{g}_1}\widetilde{v}\in M_0$, 且 $\gamma_{\widetilde{v}}(-1)\in M_0$, 直接满足 (4.4.15);

情况 II 记 v 在 M_0 中的 (唯一) 提升为 v', 但 $\gamma_{v'}(-1)\notin M_0$, 则在离散点集

$$C\triangleq P^{-1}(\pi_{g_1}v)-\{\pi_{\widetilde{g}_1}v'\}\subset\widetilde{M}$$

中, 必存在 $p\in C$, 记 v 在点 p 的提升为 $\widetilde{v}$, 使得

$$\gamma_{\widetilde{v}}(-1)\in M_0.$$

因此, 满足 (4.4.15) 中的 $\widetilde{v}$ 一定存在.

由 Sasaki 度量的定义知, $\forall v_1,v_2\in\Lambda_{t,\delta}$, 有

$$\max_{0\leqslant s\leqslant t}D_{\widetilde{g}_1}(\varphi_s^{\widetilde{g}_1}\widetilde{v_1},\varphi_s^{\widetilde{g}_1}\widetilde{v_2})\geqslant\delta.$$

进而, 存在 $\delta_1>0$, 使得

$$\max_{-1\leqslant s\leqslant t+1}d_{\widetilde{g}_1}(\gamma_{\widetilde{v_1}}(s),\gamma_{\widetilde{v_2}}(s))\geqslant\delta_1.$$

由此, 对长度均为 $t+2$ 的两条测地线 $\gamma_{\widetilde{v_1}}|_{[-1,t+1]}$ 与 $\gamma_{\widetilde{v_2}}|_{[-1,t+1]}$, 由题设中 $\widetilde{M}$ 的性质, 下列两式

$$\begin{aligned} &d_{\widetilde{g}_1}(\gamma_{\widetilde{v_1}}(-1),\gamma_{\widetilde{v_2}}(-1))>k(\delta_1,g_1)\triangleq\delta_2, \\ &d_{\widetilde{g}_1}(\gamma_{\widetilde{v_1}}(t+1),\gamma_{\widetilde{v_2}}(t+1))>\delta_2 \end{aligned}\tag{4.4.16}$$

至少有一个成立. 记 $M_1\subset M_0$ 是直径为 $\dfrac{\delta_2}{2}$ 的子集, 且包含最多个数的 $\gamma_{\widetilde{v}}(-1)$, 其中 $v\in\Lambda_{t,\delta}$, $\widetilde{v}$ 是 v 满足 (4.4.15) 的提升. 记

$$\Lambda'=\{v\in\Lambda_{t,\delta}|\gamma_{\widetilde{v}}(-1)\in M_1\}.$$

则 $\forall v_1,v_2\in\Lambda'$, (4.4.16) 必成立. 由 M_1 的最大性, 存在与 t 无关的 C_1, 使得

$$\sharp\Lambda'\geqslant C_1\cdot\sharp\Lambda_{t,\varepsilon}.\tag{4.4.17}$$

现在估计 $\gamma_{\widetilde{v}}$ 在黎曼度量 $\widetilde{g}_2$ 下的长度, 记

$$\max_{v\in S^{g_1}M}\|v\|_{g_2}=L^+,\quad \min_{v\in S^{g_1}M}\|v\|_{g_2}=L^-.$$

则 $\forall v\in\Lambda_{t,\delta}$,

$$\begin{aligned}d_{\widetilde{g}_2}(\gamma_{\widetilde{v}}(-1),\gamma_{\widetilde{v}}(t+1))&\leqslant L_{\widetilde{g}_2}(\gamma_{\widetilde{v}}|_{[-1,t+1]})\\&=\int_{-1}^{t+1}\|\varphi_s^{\widetilde{g}_1}\widetilde{v}\|_{\widetilde{g}_2}ds\\&\leqslant 2L^++\int_0^t\|\varphi_s^{\widetilde{g}_1}\widetilde{v}\|_{\widetilde{g}_2}ds\\&\leqslant 2L^++t(\omega_{(g_1,g_2)}+\varepsilon).\end{aligned}$$

因此, 知 $\forall v\in\Lambda_{t,\delta},\forall x\in M_0,\gamma_{\widetilde{v}}(t+1)$ 都在以 x 为球心, g_2-半径为

$$t'=\mathrm{diam}_{\widetilde{g}_2}M_0+2L^++t(\omega_{(g_1,g_2)}+\varepsilon)$$

的开球中! 所以, 该开球包含了 $\sharp\Lambda'$ 个两两距离均大于某一固定数值的点. 这表明存在 $C_2>0$, 使得

$$\mathrm{Vol}_{\widetilde{g}_2}(x,t')>C_2\cdot\sharp\Lambda'.$$

由 (4.4.16) 和 (4.4.15) 知

$$\mathrm{Vol}_{\widetilde{g}_2}(x,t')\geqslant C_1C_2\sharp\Lambda_{t,\delta}\geqslant C_1C_2N_{\varphi^{g_2}}\left(t,\delta,\frac{1}{2}\right).$$

则

$$\begin{aligned}h_{\mathrm{top}}(g_2)&\geqslant\lim_{t'\to\infty}\frac{\mathrm{Vol}_{\widetilde{g}_2}(x,t')}{t'}\\&\geqslant\varliminf_{t\to\infty}\frac{t}{t'}\frac{\log N_{\phi^{g_2}}\left(t,\delta,\dfrac{1}{2}\right)}{t}\\&=\frac{1}{\omega_{(g_1,g_2)}+\varepsilon}(h_w(g_1)-\alpha(\delta)).\end{aligned}$$

由事实 6 知 $\lim_{\delta\to 0}\alpha(\delta)=0$. 由 ε 的任意性, 定理得证. □

由无焦点流形的性质, 容易推出下述命题.

命题 4.4.10 设 (M,g) 是紧致、无焦点流形, $\gamma_1,\gamma_2:[0,\tau]\to\widetilde{M}$ 是 $\widetilde{M}$ 中两条长度为 τ 的单位速度测地线, 则 $\forall 0\leqslant t\leqslant\tau$, 有

$$d_{\widetilde{g}}(\gamma_1(t),\gamma_2(t))\leqslant d_{\widetilde{g}}(\gamma_1(0),\gamma_2(0))+d_{\widetilde{g}}(\gamma_1(\tau),\gamma_2(\tau)).$$

由定理 4.4.9 和命题 4.4.10, 可得下述结论.

推论 4.4.11 若 (M,g) 是紧致无焦点流形, 则对任意的黎曼度量 g_2 及 φ^{g_1}-不变测度 w, 有

$$h_{\text{top}}(g_2) \geqslant \frac{1}{w_{(g_1,g_2)}} h_w(g_1).$$

当 $w=\lambda_{g_1}$ 时, 有

$$h_{\text{top}}(g_2) \geqslant \frac{1}{[g_1;g_2]} h_{\lambda_{g_1}}(g_1).$$

下面研究在定理 4.4.9 的证明中提到过的一种测地伸缩 (geodesic stretch).

$\forall v \in S^{g_1}M$, 记 $\widetilde{v}$ 为 v 在 $S^{\widetilde{g_1}}\widetilde{M}$ 上的任一提升. 对于 $t>0$, 定义

$$d_{g_1,g_2}(v,t) \triangleq d_{\widetilde{g_2}}(\pi_{\widetilde{g_1}}\widetilde{v}, \pi_{\widetilde{g_1}}\varphi_t^{\widetilde{g_1}}\widetilde{v}),$$

其中

$$\pi_{g_1}: S^{\widetilde{g_1}}\widetilde{M} \to \widetilde{M}$$

是标准的投射.

易见

$$d_{g_1,g_2}(v,t) \leqslant L_{g_1,g_2}(v,t) \triangleq \int_0^t \|\varphi_s^{\widetilde{g_1}}\widetilde{v}\|_{\widetilde{g_2}} ds = \int_0^t \|\varphi_s^{g_1}v\|_{g_2} ds, \tag{4.4.18}$$

$$d_{g_1,g_2}(v,t_1+t_2) \leqslant d_{g_1,g_2}(v,t_1) + d_{g_1,g_2}(\varphi_{t_1}^{g_1}v,t_2), \quad t_1,t_2 \in \mathbb{R}. \tag{4.4.19}$$

由 $d_{g_1,g_2}(v,t)$ 关于 t 的次可加性 (4.4.19) 及 Kingman 次可加定理 (见 [129] 的 231 页), 可推出以下结论.

推论 4.4.12 记 μ 为关于 φ^{g_1}-不变的概率测度, 则

$$d_{g_1,g_2}^{\mu}(v) \triangleq \lim_{t\to\infty} \frac{1}{t} d_{g_1,g_2}(v,t)$$

对 μ-a.e.$v \in S^{g_1}M$ 存在, 且 d_{g_1,g_2}^{μ} 是 $S^{g_1}M$ 上 φ^{g_1}-不变的 μ-可积函数, 并且

$$\begin{aligned}\int_{S^{g_1}M} d_{g_1,g_2}^{\mu}(v)d\mu(v) &= \lim_{t\to\infty} \frac{1}{t}\int_{S^{g_1}M} d_{g_1,g_2}(v,t)d\mu(v)\\ &= \inf_{t>0} \frac{1}{t}\int_{S^{g_1}M} d_{g_1,g_2}(v,t)d\mu(v).\end{aligned}$$

记

$$d_{g_1,g_2}^{\mu} \triangleq \int_{S^{g_1}M} d_{g_1,g_2}^{\mu}(v)d\mu(v).$$

下面我们只考虑 $\mu=\lambda_{g_1}$ 的情形.

定理 4.4.13　若 φ^{g_1} 关于 λ_{g_1} 遍历, 则对 λ_{g_1}-a.e. $v\in S^{g_1}M$, 有

$$d_{g_1,g_2}^{\lambda_{g_1}}(v)\triangleq\lim_{t\to\infty}\frac{1}{t}d_{g_1,g_2}(v,t)\leqslant[g_1;g_2]=\int_{S^{g_1}M}\|v\|_{g_2}d\lambda_{g_1}(v).$$

证明　由推论 4.4.12 知, $d_{g_1,g_2}^{\lambda_{g_1}}$ 是 $S^{g_1}M$ 上的 φ^{g_1}-不变的 λ_{g_1}-可积函数. 所以对 λ_{g_1}-a.e. $v\in S^{g_1}M$, 有

$$d_{g_1,g_2}^{\lambda_{g_1}}(v)=d_{g_1,g_2}^{\lambda_{g_1}}(\varphi_s^{g_1}v),\quad s\in\mathbb{R}.$$

所以对 λ_{g_1}-a.e. $v\in S^{g_1}M$, 有

$$d_{g_1,g_2}^{\lambda_{g_1}}(v)=\frac{1}{t}\int_0^t d_{g_1,g_2}^{\lambda_{g_1}}(\varphi_s^{g_1}v)ds.\tag{4.4.20}$$

又 φ^{g_1} 关于 λ_{g_1} 遍历. 所以由 Birkhorff 遍历定理, 对 λ_{g_1}-a.e. $v\in S^{g_1}M$, 有

$$\lim_{t\to\infty}=\frac{1}{t}\int_0^t d_{g_1,g_2}^{\lambda_{g_1}}(\varphi_s^{g_1}v)ds=\int_{S^{g_1}M}d_{g_1,g_2}^{\lambda_{g_1}}(v)d\lambda_{g_1}.\tag{4.4.21}$$

由 (4.4.17) 和 (4.4.21), 对 λ_{g_1}-a.e. $v\in S^{g_1}M$, 有

$$d_{g_1,g_2}^{\lambda_{g_1}}(v)=\int_{S^{g_1}M}d_{g_1,g_2}^{\lambda_{g_1}}(v)d\lambda_{g_1}(v)=d_{g_1,g_2}^{\lambda_{g_1}}.\tag{4.4.22}$$

由 (4.4.18) 知

$$d_{g_1,g_2}(v,t)\leqslant\int_0^t\|\varphi_s^{g_1}v\|_{g_2}ds.$$

由推论 4.4.12 及 Fubini 定理知

$$\begin{aligned}d_{g_1,g_2}^{\lambda_{g_1}}&\leqslant\frac{1}{t}\int_{S^{g_1}M}d_{g_1,g_2}(v,t)d\lambda_{g_1}\leqslant\frac{1}{t}\int_{S^{g_1}M}\int_0^t\|\varphi_s^{g_1}v\|_{g_2}dsd\lambda_{g_1}(v)\\&=\frac{1}{t}\int_0^t\int_{S^{g_1}M}\|\varphi_s^{g_1}v\|_{g_2}d\lambda_{g_1}(v)ds=\int_{S^{g_1}M}\|v\|_{g_2}d\lambda_{g_1}=[g_1;g_2].\end{aligned}\tag{4.4.23}$$

由 (4.4.22) 和 (4.4.23), 对 λ_{g_1}-a.e. $v\in S^{g_1}M$, 有

$$d_{g_1,g_2}^{\lambda_{g_1}}(v)\leqslant[g_1;g_2].$$

□

下面考虑曲面的情形. 本节自现在起, 用 Σ 表示欧拉示性数 $\chi(\Sigma)<0$ 的紧致、可定向的闭曲面.

首先, 我们来介绍著名的共形等价定理.

定理 4.4.14　设 Σ 是一个可定向的紧致闭曲面, 欧拉示性数 $\chi(\Sigma)<0$, 则对 Σ 上任意的黎曼度量 g, 存在唯一的正函数 $\rho:\Sigma\to\mathbb{R}^+$, 使得度量 $g_0=\dfrac{1}{\rho}g$ 是常负曲率黎曼度量, 且 $v_g(\Sigma)=v_{g_0}(\Sigma)$.

易见, $v_g(\Sigma) = v_{g_0}(\Sigma) \Leftrightarrow \int_\Sigma \rho d\mu_{g_0} = 1$.

记共形常数

$$\rho_g \triangleq [g_0; g] = \int_\Sigma \rho^{\frac{1}{2}} d\mu_{g_0}. \tag{4.4.24}$$

由 Jensen 不等式可得

$$\rho_g \leqslant \left(\int_\Sigma \rho d\mu_{g_0}\right)^{\frac{1}{2}} = 1.$$

当 $v_{g_0}(\Sigma) = v_g(\Sigma)$ 时, 有

$$[g_0; g] = \int_\Sigma \rho^{\frac{1}{2}} d\mu_{g_0} = \int_\Sigma \rho^{-\frac{1}{2}} \rho d\mu_{g_0} = \int_\Sigma \rho^{-\frac{1}{2}} d\mu_g = \int_\Sigma (\rho^{-1})^{\frac{1}{2}} d\mu_g = [g; g_0]. \tag{4.4.25}$$

设 (Σ, g_0) 的曲率为 $-K^2$, 则由 Causs-Bonnet-Chern 公式, 有

$$\frac{1}{2\pi} \int_\Sigma (-K^2) dv_{g_0} = \chi(\Sigma),$$

即

$$\frac{-K^2}{2\pi} \cdot v_{g_0}(\Sigma) = \chi(\Sigma),$$

即

$$-K^2 = \frac{2\pi\chi(\Sigma)}{v_{g_0}(\Sigma)}.$$

由事实 2 和事实 4 知

$$P_{g_0}^s = P_{g_0} = h_{top}(g_0) = h_{\lambda_{g_0}}(\lambda_{g_0}) = K = \sqrt{\frac{-2\pi\chi(\Sigma)}{v_{g_0}(\Sigma)}}. \tag{4.4.26}$$

由推论 4.4.5, 事实 8, (4.4.25) 和 (4.4.26), 有

定理 4.4.15 设 Σ, g, g_0 如上, 若 $v_g(\Sigma) = v_{g_0}(\Sigma)$, 则

$$P_g \geqslant h_{\text{top}}(g) \geqslant P_g^s \geqslant \frac{1}{[g_0; g]} \sqrt{\frac{-2\pi\chi(\Sigma)}{v_{g_0}(\Sigma)}} \geqslant \sqrt{\frac{-2\pi\chi(\Sigma)}{v_{g_0}(\Sigma)}}.$$

当 g 不是常负曲率的黎曼度量时, 最后一个不等式严格.

定理 4.4.16 一切假设同上一定理, 若 g 是无焦点度量, 则

$$h_{\lambda_g}(g) \leqslant \rho_g \sqrt{\frac{-2\pi\chi(\Sigma)}{v_{g_0}(\Sigma)}} \leqslant \sqrt{\frac{-2\pi\chi(\Sigma)}{v_{g_0}(\Sigma)}}.$$

当 g 不是常负曲率的黎曼度量时, 两个不等式均严格.

证明 由共形等价定理及定理 4.4.9, 知

$$\sqrt{\frac{-2\pi\chi(\Sigma)}{v_{g_0}(\Sigma)}} = h_{\mathrm{top}}(g_0) \geqslant \frac{1}{[g;g_0]} h_{\lambda_g}(g) = \frac{1}{[g_0;g]} h_{\lambda_g}(g) = \frac{1}{\rho_g} h_{\lambda_g}(g).$$

若 g 不是常曲率黎曼度量, 则 ρ 不是常值函数, 故

$$\rho_g < \left(\int_\Sigma \rho d\mu_{g_0} \right)^{\frac{1}{2}} = 1,$$

因此

$$h_{\lambda_g}(g) \leqslant \rho_g \sqrt{\frac{-2\pi\chi(\Sigma)}{v_{g_0}(\Sigma)}} \leqslant \sqrt{\frac{-2\pi\chi(\Sigma)}{v_{g_0}(\Sigma)}}. \qquad \square$$

定理 4.4.2 的证明 由定理 4.4.15 和定理 4.4.16, 立得定理 4.4.2. $\square$

推论 4.4.17 *设 Σ 是欧拉示性数小于零的紧致可定向的闭曲面, 若 (Σ, g) 无焦点, 且*

$$h_{\mathrm{top}}(g) = h_{\lambda_g}(g),$$

则 g 是常负曲率的黎曼度量.

注 4.4.18 *这表明: 在无焦点流形 M 上的所有固定体积的黎曼度量构成的集合中, 常负曲率度量使得 Liouville 测度熵取得最大值, 而拓扑熵取得最小值, 在该情形下两者相等, 其他情形下两者严格分开.*

由此, Anatole Katok 提出了著名的 Katok 熵猜想.

Katok 熵猜想[73] 紧致黎曼流形 (M, g) 的 Liouville 测度是最大熵测度当且仅当 (M, g) 是局部对称空间, 亦即只有在这种情况下, 测地流的拓扑熵等于 Liouville 测度熵.

4.5 测地流的熵可扩性

本节研究测地流的另一种性质: 熵可扩性.

熵可扩这一概念最早由 R. Bowen 给出.

设 (M, d) 是一个度量空间, $f : M \to M$ 是一个同胚, $K \subseteq M$ 是 f 的一个不变集. 设 $E, F \subset K$, 任取 $n \in \mathbb{N}$ 和 $\delta > 0$, 称 F 是由 E *(n, δ)-生成的*, 若对任意的 $y \in F$, 总存在 $x \in E$, 使得 $\max_{0 \leqslant j \leqslant n-1} d(f^j(x), f^j(y)) \leqslant \delta$. 用 $r_n(\delta, F)$ 表示 F 的所有 (n, δ)-生成集的最小基数, 由于 K 紧致, 对于任意的 $n \in \mathbb{N}$, 均有 $r_n(\delta, F) < \infty$. 定义

$$h(f, \delta, F) := \limsup_{n \to \infty} \frac{1}{n} \log r_n(\delta, F),$$

$$h(f,F):=\lim_{\delta\to 0}h(f,\delta,F).$$

任取 $x\in K$, 定义

$$\Gamma_\varepsilon(x):=\{y\in M\big|d(f^n(x),f^n(y))\leqslant\varepsilon,\forall n\in\mathbb{Z}\}.$$

称 $f\big|_K$ 是熵可扩的, 若存在 $\varepsilon>0$, 使得

$$h_f^*(\varepsilon):=\sup_{x\in K}h(f,\Gamma_\varepsilon(x))=0.$$

称一个流是熵可扩的, 若其时间 -1 映射是熵可扩的.

为了研究测地流 $\varphi_t:SM\to SM$ 的熵可扩性, 我们首先来定义单位切丛 SM 上的度量.

对任意的 $T>0$, 定义

$$d_T(w,v):=\max\{d(\gamma_w(t),\gamma_v(t))\big|t\in[0,T]\},$$

其中 $v,w\in SM$, γ_w,γ_v 分别是以 v,w 为初始切向量的测地线, d 表示 M 上由黎曼度量 g 诱导的距离函数.

我们用 φ_1 表示测地流的时间 -1 映射. 任取 $v\in SM,\varepsilon>0$, 定义

$$\begin{aligned}\Gamma_\varepsilon(v)&:=\{w\in SM\big|d_1(\varphi_n(v),\varphi_n(w))\leqslant\varepsilon,\forall n\in\mathbb{Z}\}\\&=\{w\in SM\big|d(\gamma_v(t),\gamma_w(t))\leqslant\varepsilon,\forall t\in\mathbb{R}\}.\end{aligned}$$

因此, 我们要研究彼此间对应时刻距离有界的单位速度测地线. 这种测地线被称为渐近测地线.

我们用 $(\widetilde{M},\widetilde{g})$ 表示 (M,g) 的万有覆盖流形. 设 α 和 β 是 $\widetilde{M}$ 中两条单位速度测地线. 称 α 和 β 是正向渐近的(positively asymptotic), 若存在常数 $c>0$, 使得

$$\widetilde{d}(\alpha(t),\beta(t))\leqslant c,\quad t\geqslant 0,\tag{4.5.1}$$

其中 $\widetilde{d}$ 表示由 $\widetilde{g}$ 诱导的距离函数. 类似地, 称 α 和 β 是负向渐近的(negatively asymptotic), 若 (4.5.1) 对所有的 $t\leqslant 0$ 都成立. 称 α 和 β 是渐近的(asymptotic), 若 (4.5.1) 对所有的 $t\in\mathbb{R}$ 都成立.

G. Knieper 在 [79] 中证明了非正曲率流形的测地流都是熵可扩的. 我们知道, 非正曲率流形都是无焦点流形 (见注 1.1.25), 我们下面的结果表明: 无焦点流形的测地流都是熵可扩的.

定理 4.5.1 设 (M,g) 是无焦点的闭流形 (所谓闭流形, 是指紧致、无边界的流形), 则其测地流 $\varphi_t:SM\to SM$ 是熵可扩的.

为了证明这个定理, 我们需要下面的结论.

引理 4.5.1 (O'Sullivan) 设 $\widetilde{M}$ 是一个无焦点的单连通黎曼流形, 设 α,β 是两条单位速度的正向渐近测地线, 则其距离函数 $d(\alpha(t),\beta(t))$ 关于 $t\in\mathbb{R}$ 是一个不增函数.

证明 取 $\varepsilon=\dfrac{\text{Inj }(M)}{4}$, 其中 $0<\text{Inj }(M)<+\infty$ 是 (M,g) 的单一半径.

任取 $w_1,w_2\in\Gamma_\varepsilon(v)$. 分别记 $\widetilde{v},\widetilde{w_1},\widetilde{w_2}\in S\widetilde{M}$ 为 v,w_1 和 w_2 在 $S\widetilde{M}$ 中的提升向量, 并且 $\pi\widetilde{v},\pi\widetilde{w_1},\pi\widetilde{w_2}$ 位于 $\widetilde{M}$ 的同一个基本域内, 这里 $\pi:S\widetilde{M}\to\widetilde{M}$ 是标准的投射. 由于 $d(\gamma_{w_1}(t),\gamma_{w_2}(t))\leqslant 2\varepsilon=\dfrac{1}{2}\text{Inj }(M)<\text{Inj }(M)$, 而覆盖映射 $P:\widetilde{M}\to M$ 是 Inj (M)-等距 (见 [40]), 所以

$$\widetilde{d}(\gamma_{\widetilde{w_1}}(t),\gamma_{\widetilde{w_2}}(t))=d(\gamma_{w_1}(t),\gamma_{w_2}(t))\leqslant 2\varepsilon,\quad \forall t\in\mathbb{R}. \tag{4.5.2}$$

因此 $\gamma_{\widetilde{w_1}}$ 和 $\gamma_{\widetilde{w_2}}$ 既正向渐近, 又负向渐近.

因为 $\gamma_{\widetilde{w_1}}$ 与 $\gamma_{\widetilde{w_2}}$ 正向渐近, 由引理 4.5.1, 有

$$\widetilde{d}(\gamma_{\widetilde{w_1}}(t),\gamma_{\widetilde{w_2}}(t))\leqslant\widetilde{d}(\gamma_{\widetilde{w_1}}(0),\gamma_{\widetilde{w_2}}(0))\leqslant\widetilde{d}(\gamma_{\widetilde{w_1}}(s),\gamma_{\widetilde{w_2}}(s)),\ \forall t\geqslant 0,s\leqslant 0. \tag{4.5.3}$$

类似地, 因为 $\gamma_{\widetilde{w_1}}$ 与 $\gamma_{\widetilde{w_2}}$ 负向渐近, 即 $\gamma_{-\widetilde{w_1}}$ 与 $\gamma_{-\widetilde{w_2}}$ 正向渐近, 由引理 4.5.1 及 $\gamma_{-\widetilde{w_1}}(t)=\gamma_{\widetilde{w_1}}(-t)$, $\gamma_{-\widetilde{w_2}}(t)=\gamma_{\widetilde{w_2}}(-t)$, 有

$$\widetilde{d}(\gamma_{\widetilde{w_1}}(t),\gamma_{\widetilde{w_2}}(t))\geqslant\widetilde{d}(\gamma_{\widetilde{w_1}}(0),\gamma_{\widetilde{w_2}}(0))\geqslant\widetilde{d}(\gamma_{\widetilde{w_1}}(s),\gamma_{\widetilde{w_2}}(s)),\quad \forall t\geqslant 0,\ s\leqslant 0. \tag{4.5.4}$$

不等式 (4.5.3) 和 (4.5.4) 表明

$$\widetilde{d}(\gamma_{\widetilde{w_1}}(t),\gamma_{\widetilde{w_2}}(t))=\widetilde{d}(\gamma_{\widetilde{w_1}}(0),\gamma_{\widetilde{w_2}}(0)),\quad \forall t\in\mathbb{R}. \tag{4.5.5}$$

由 (4.5.2) 和 (4.5.5), 得

$$d(\gamma_{w_1}(t),\gamma_{w_2}(t))=d(\gamma_{w_1}(0),\gamma_{w_2}(0))\leqslant 2\varepsilon,\quad \forall t\in\mathbb{R}. \tag{4.5.6}$$

因此, 对任意的 $n\in\mathbb{N}$, $\Gamma_\varepsilon(v)$ 的一个 $(1,\delta)$-生成集同时也是一个 (n,δ)-生成集, 所以

$$r_n(\delta,\Gamma_\varepsilon(v))=r_1(\delta,\Gamma_\varepsilon(v)). \tag{4.5.7}$$

进而

$$h^*_{\phi_1}(\varepsilon)=0.$$ □

下面研究有界渐近流形的测地流的熵可扩性, 这是比无焦点流形更广泛的一种流形.

回忆一下, 我们在第 2 章中给出了稳定 Jacobi 场的概念 (见定义 2.2.6). 称一个无共轭点流形是*有界渐近的*(bounded asymptote), 若存在常数 $C>0$, 使得对于任意一条测地线 γ 和 γ 上的任意一个稳定法 Jacobi 场 J (命题 4.3.2), 有

$$\|J(t)\| \leqslant C\|J(0)\|, \quad \forall t \geqslant 0.$$

众所周知, 无焦点流形都是有界渐近流形 (见 [121]).

由有界渐近流形的定义, 易推得下面的结论.

引理 4.5.2 设 M 是一个有界渐近流形, 则对于 $\widetilde{M}$ 中任意一条测地线 γ 和任意一点 $x \in \widetilde{M}$, 存在唯一一条过点 x 的测地线 β, 使得 β 与 γ 正向渐近.

关于有界渐近流形的测地流, 我们有如下结论.

定理 4.5.2 设 (M,g) 是一个有界渐近的闭流形, 则其测地流是熵可扩的.

在证明本定理之前, 我们要做一些准备.

任取 $v \in S\widetilde{M}$, 定义Busemann 函数 $f_v: \widetilde{M} \to \mathbb{R}$ 为

$$f_v(p) = \lim_{t\to\infty}(d(p,\gamma_v(t)) - t).$$

称 Busemann 函数 f_v 的水平集为*极限球*, 记为 $H_v(t)$, 这里参数 t 表示 $H_v(t)$ 是包含 $\gamma_v(t)$ 的那个水平集. 易见 $\gamma_v(t)$ 与 f_v 的每一个水平集 (即极限球)$H_v(t)$ 都垂直相交于一点, 且有

$$f_v(H_v(s)) = -s, \quad \forall s \in \mathbb{R}. \tag{4.5.8}$$

设 M 是一个有界渐近流形, 由引理 4.5.2, 任取点 $p \in \widetilde{M}$ 和 $v \in S_p\widetilde{M}$, 对任意点 $q \in \widetilde{M}$, 存在唯一一个向量 $v_q \in S_q\widetilde{M}$, 使得 γ_{v_q} 正向渐近于 γ_v. 事实上, 有 $\text{grad } f_v(q) = -v_q$. 因此 $f_v - f_{v_q}$ 是 $\widetilde{M}$ 上的一个常值函数. 所以 $H_v(t)$ 也是 f_{v_q} 的一个极限球. 由三角不等式, 得 $\forall x,y \in \widetilde{M}, |f_v(x) - f_v(y)| \leqslant \widetilde{d}(x,y)$. 因此, 对任意的 $q \in B(p,\delta)$ 和 $v \in S_p\widetilde{M}$, 有 $|f_{v_q}(p)| = |f_v(q)| \leqslant d(p,q) < \delta$, 其中 $B(p,\delta)$ 是以 p 为中心, 以 δ 为半径的开球. 我们已经知道 $H_v(t)$ 是 f_{v_q} 的一个极限球, 再由 (4.5.8), 则必存在 $t_q \in (-\delta,\delta)$, 使得 γ_{v_q} 与 $H_v(0)$ 在 $\gamma_{v_q}(t_q)$ 处正交. 这表明 $\gamma_{v_q}(t_q) \in B(p,2\delta) \cap H_v(0)$, 即 $H_v(0) = H_{v_q}(t_q)$.

事实上, 极限球被 $(\widetilde{M},\widetilde{g})$ 的等距保持. 更进一步, 若我们固定 $(\widetilde{M},\widetilde{g})$ 的一个紧致基本域 Ω, 则对于任意一个极限球 H, 存在等距变换 ϕ, 使得 $\phi(H) \cap \Omega \neq \varnothing$. 由上述事实, 可得下述结论.

引理 4.5.3 若 M 是一个有界渐近的闭流形, 则存在常数 $K>0$, 使得下述性质成立: 任取 $v \in S\widetilde{M}$, 设测地线 α 和 β 均与 γ_v 正向渐近, 且满足条件

$$\alpha(0) \in H_v(0) \ni \beta(0), \quad \widetilde{d}(\alpha(0),\beta(0)) \leqslant \text{Inj }(M).$$

则对 $t \geqslant 0$, 有 $\widetilde{d}(\alpha(t),\beta(t)) \leqslant K \cdot \widetilde{d}(\alpha(0),\beta(0))$.

定理 4.5.2 的证明 与定理 4.5.1 的证明采用相同的记号, 记 φ_1 是测地流的时间 -1 映射. 取 $\varepsilon = \dfrac{\text{Inj }(M)}{4}$, 任取 $v \in SM$, 考察

$$\begin{aligned}\Gamma_\varepsilon(v) &:= \{w \in SM \big| d_1(\varphi_n(v), \varphi_n(w)) \leqslant \varepsilon, \forall n \in \mathbb{Z}\} \\ &= \{w \in SM \big| d(\gamma_v(t), \gamma_w(t)) \leqslant \varepsilon, \forall t \in \mathbb{R}\}.\end{aligned}$$

任取 $w_1, w_2 \in \Gamma_\varepsilon(v)$. 分别记 $\widetilde{v}, \widetilde{w_1}, \widetilde{w_2} \in S\widetilde{M}$ 为 v, w_1 和 w_2 在 $S\widetilde{M}$ 中的提升向量, 并且 $\pi\widetilde{v}, \pi\widetilde{w_1}, \pi\widetilde{w_2}$ 位于 $\widetilde{M}$ 的同一个基本域内.

由定理 4.5.1 的证明过程, 知

$$\widetilde{d}(\gamma_{\widetilde{w_1}}(t), \gamma_{\widetilde{w_2}}(t)) = d(\gamma_{w_1}(t), \gamma_{w_2}(t)) \leqslant 2\varepsilon, \quad \forall t \in \mathbb{R}. \tag{4.5.9}$$

因此 $\gamma_{\widetilde{w_1}}$ 和 $\gamma_{\widetilde{w_2}}$ 既正向渐近, 又负向渐近.

任取满足 (4.5.9) 的 $\widetilde{w_1}, \widetilde{w_2} \in S\widetilde{M}$, 且 $\pi\widetilde{w_2} \in B\left(\pi\widetilde{w_1}, \delta = \dfrac{1}{K+1}\dfrac{\delta_0}{16}\right)$, 其中 $\delta_0 < \dfrac{\text{Inj }(M)}{4}$ 是任意一个大于零的常数, K 是引理 4.5.3 中的常数. 由于 $f_{\widetilde{w_1}} - f_{\widetilde{w_2}}$ 是 $\widetilde{M}$ 上的常值函数, 利用 (4.5.8) 知, 存在 $t_1 \in (-\delta, \delta)$, 使得 $\gamma_{\widetilde{w_2}}$ 与 $H_{\widetilde{w_1}}(0)$ 在点 $\gamma_{\widetilde{w_2}}(t_1)$ 正交, 其中 $\gamma_{\widetilde{w_2}}(t_1) \in B(\pi\widetilde{w_1}, 2\delta) \cap H_{\widetilde{w_1}}(0)$.

对于任意的 $t > 0$,

$$\widetilde{d}(\gamma_{\widetilde{w_1}}(t), \gamma_{\widetilde{w_2}}(t)) \leqslant \widetilde{d}(\gamma_{\widetilde{w_1}}(t), \gamma_{\widetilde{w_2}}(t+t_1)) + \text{Length }(\gamma_{\widetilde{w_2}}|_{[t,t+t_1]}). \tag{4.5.10}$$

若 $t_1 \in (-\delta, 0)$, 我们将 (4.5.10) 中的项 Length $(\gamma_{\widetilde{w_2}}|_{[t,t+t_1]})$ 换成 Length $(\gamma_{\widetilde{w_2}}|_{[t+t_1,t]})$.

由于 γ_{w_2} 是单位速度测地线, 得

$$\text{Length }(\gamma_{\widetilde{w_2}}|_{[t,t+t_1]}) = |t_1| < \delta. \tag{4.5.11}$$

由引理 4.5.3, 有

$$\widetilde{d}(\gamma_{\widetilde{w_1}}(t), \gamma_{\widetilde{w_2}}(t+t_1)) \leqslant K \cdot \widetilde{d}(\gamma_{\widetilde{w_1}}(0), \gamma_{\widetilde{w_2}}(t_1)). \tag{4.5.12}$$

对任意的 $t > 0$, 由 (4.5.10)—(4.5.12) 可推出

$$\widetilde{d}(\gamma_{\widetilde{w_1}}(t), \gamma_{\widetilde{w_2}}(t)) < 2(K+1)\delta = \frac{\delta_0}{8} < \varepsilon = \frac{\text{Inj }(M)}{4}, \tag{4.5.13}$$

而 (4.5.13) 和 (4.5.14) 表明

$$d(\gamma_{w_1}(t), \gamma_{w_2}(t)) < 2(K+1)\delta. \tag{4.5.14}$$

易见

$$\pi\Gamma_\varepsilon(v) \subseteq \bigcup_{w\in\Gamma_\varepsilon(v)} B\left(\pi w, \frac{\delta}{2(K+1)}\right), \tag{4.5.15}$$

其中$B\left(\pi w, \dfrac{\delta}{2(K+1)}\right)$表示以 πw 为中心, 以 $\dfrac{\delta}{2(K+1)}$ 为半径的开球. 由 (4.5.15) 及 $\pi\Gamma_\varepsilon(v) \subset B(\pi v, 2\varepsilon)$, 可推知必存在 $\pi\Gamma_\varepsilon(v)$ 的有限子覆盖. 设

$$\bigcup_{i=1}^{D(\delta,\varepsilon,v)} B\left(\pi w^i, \frac{\delta}{2(K+1)}\right) \supseteq \pi\Gamma_\varepsilon(v)$$

是一个基数 $D(\delta,\varepsilon,v) < \infty$ 最小的这种的子覆盖. 由 (4.5.14) 知, 对任意的 $n \in \mathbb{N}$, 点集 $\{w^1, w^2, \cdots, w^{D(\delta,\varepsilon,v)}\}$ 是 $\Gamma_\varepsilon(v)$ 的一个 (n,δ)-生成集. 因此

$$r_n(\delta, \Gamma_\varepsilon(v)) \leqslant D(\delta,\varepsilon,v) < \infty, \quad \forall n \in \mathbb{N}. \tag{4.5.16}$$

(4.5.16) 表明

$$h(\varphi_1, \delta, \Gamma_\varepsilon(v)) = \limsup_{n\to\infty} \frac{1}{n}\log r_n(\delta, \Gamma_\varepsilon(v)) = 0,$$

由 δ_0 的任意性, 得

$$h^*_{\varphi_1}(\varepsilon) = 0. \qquad \square$$

下面考虑曲面上的测地流的熵可扩性. 我们得到了如下的结果.

定理 4.5.3 设 (Σ, g) 是一个无共轭点的可定向闭曲面, 则其测地流是熵可扩的.

注 4.5.4 若 (Σ, g) 是一个无共轭点的可定向闭曲面, 则其亏格必不小于 1.

事实上, S^2 上没有无共轭点的黎曼度量. 这是因为如果一个 n 维流形上至少有一个无共轭点的黎曼度量, 则其万有覆盖流形必微分同胚于 $\mathbb{R}^n$.

当 Σ 的亏格是 1 时, 亦即 $\Sigma \cong \mathbb{T}^2$, 由著名的 Hopf 定理可知环面上仅有的无共轭点的黎曼度量是平坦度量. 此时测地流自然是熵可扩的.

综上所述, 对这个定理, 我们只需对亏格不小于 2 的可定向闭曲面来证明即可.

为了证明这个定理, 首先要研究无共轭点流形的测地线的一些性质.

我们称一条测地线是**极小测地线**(minimal geodesic), 若这条测地线上任意两点间的距离恰好等于这两点间的测地线的长度. 下面的结果在几何学界是众所周知的.

引理 4.5.4 设 (M, g) 是一个完备的无共轭点流形, $(\widetilde{M}, \widetilde{g})$ 是其万有覆盖流形, 则 $(\widetilde{M}, \widetilde{g})$ 上的任意一条测地线都是极小测地线.

下面的引理在定理 4.5.3 的证明中起到了关键性的作用.

引理 4.5.5　设 (Σ, g) 是一个无共轭点的可定向闭曲面, $(\widetilde{\Sigma}, \widetilde{g})$ 是其万有覆盖流形, 设 α 和 β 是 $\widetilde{\Sigma}$ 中的两条不同的单位速度测地线, 且不相交. 假设存在 $T>0$, $\delta>0$, 使得

$$\widetilde{d}(\alpha(t), \beta(t)) \leqslant \delta, \quad \forall t \in [0, T],$$

若 γ 是一条界于 α 和 β 之间的单位速度测地线, 且满足

$$\widetilde{d}(\gamma(0), \alpha(0)) \leqslant \delta,$$

则有

$$\widetilde{d}(\gamma(t), \alpha(t)) \leqslant 3\delta, \quad \forall t \in [0, T].$$

证明　对于任意的 $t \in [0, T]$, 必存在 $t'>0$, 使得

$$\widetilde{d}(\gamma(t), \alpha) = \widetilde{d}(\gamma(t), \alpha(t')). \tag{4.5.17}$$

由于 γ 界于 α 与 β 之间, 由已知条件易得

$$\widetilde{d}(\gamma(t), \alpha(t')) \leqslant \delta. \tag{4.5.18}$$

由引理 4.5.4, α 和 γ 均为极小测地线, 所以

$$\widetilde{d}(\alpha(0), \alpha(t')) = t', \quad \widetilde{d}(\gamma(0), \gamma(t)) = t. \tag{4.5.19}$$

由三角不等式, 得

$$\widetilde{d}(\gamma(0), \alpha(0)) + t' + \widetilde{d}(\alpha(t'), \gamma(t)) \geqslant t, \tag{4.5.20}$$

$$\widetilde{d}(\alpha(0), \gamma(0)) + t + \widetilde{d}(\gamma(t), \alpha(t')) \geqslant t'. \tag{4.5.21}$$

所以

$$|t-t'| \leqslant \widetilde{d}(\gamma(0), \alpha(0)) + \widetilde{d}(\gamma(t), \alpha(t')) \leqslant 2\delta. \tag{4.5.22}$$

因此

$$\widetilde{d}(\alpha(t), \alpha(t')) = |t-t'| \leqslant 2\delta. \tag{4.5.23}$$

故

$$\widetilde{d}(\alpha(t), \gamma(t)) \leqslant \widetilde{d}(\gamma(t), \alpha(t')) + \widetilde{d}(\alpha(t), \alpha(t')) \leqslant 3\delta.$$

□

注 4.5.5　我们注意到, 引理 4.5.5 依赖于流形的维数等于 2 这一条件.

Green 在文献 [62] 中证明了在无共轭点的高亏格曲面的万有覆盖流形上, 从同一点出发的测地线一致地发散. 在亏格是 1, 亦即环面的情形, 由 Hopf 定理[71] 知, 无共轭点的环面 $\mathbb{T}^2$ 是平坦的. 总结这两条结论, 便得下述引理.

引理 4.5.6 (Green 和 Hopf)　设 (Σ, g) 是一个无共轭点的可定向闭曲面, $(\widetilde{\Sigma}, \widetilde{g})$ 是其万有覆盖流形. 若 $\alpha(0)=\beta(0) \in \widetilde{M}$, 则 $\widetilde{d}(t) := \widetilde{d}(\alpha(t), \beta(t))$ 是 $\mathbb{R}$ 上的无界函数.

由引理 4.5.6, 易得下述推论.

推论 4.5.6 设 (Σ, g) 是一个无共轭点的可定向闭曲面, $(\widetilde{\Sigma}, \widetilde{g})$ 是其万有覆盖流形, 则 $(\widetilde{\Sigma}, \widetilde{g})$ 的任意两条不同的渐近测地线必不相交.

注 4.5.7 尽管引理 4.5.6 对目前已知的高维无共轭点流形的例子都是正确的, 但是只有曲面的情形被严格证明了.

定理 4.5.3 的证明 任取 $v \in S\Sigma$ 及一个小常数 $\varepsilon \leqslant \dfrac{\min\{\mathrm{Inj}(\Sigma), 1\}}{10}$. 同前面一样, 考察集合

$$\begin{aligned}\Gamma_\varepsilon(v) &= \{w \in S\Sigma \big| d_1(\phi_n(v), \phi_n(w)) \leqslant \varepsilon, \forall n \in \mathbb{Z}\}\\ &= \{w \in S\Sigma \big| d(\gamma_v(t), \gamma_w(t)) \leqslant \varepsilon, \forall t \in \mathbb{R}\}.\end{aligned}$$

对任意的 $w_1, w_2 \in \Gamma_\varepsilon(v)$, 记 $\widetilde{v}, \widetilde{w_1}, \widetilde{w_2} \in S\widetilde{\Sigma}$ 分别为 v, w_1, w_2 的提升, 且 $\pi\widetilde{v}$, $\pi\widetilde{w_1}$ 和 $\pi\widetilde{w_2}$ 都在 $\widetilde{\Sigma}$ 的同一个基本域内. 与定理 4.5.1 的证明中相同的理由, 得

$$\widetilde{d}(\gamma_{\widetilde{w_1}}(t), \gamma_{\widetilde{w_2}}(t)) = d(\gamma_{w_1}(t), \gamma_{w_2}(t)) \leqslant 2\varepsilon, \quad \forall t \in \mathbb{R}. \tag{4.5.24}$$

由推论 4.5.6 知, $\gamma_{\widetilde{w_1}}$ 与 $\gamma_{\widetilde{w_2}}$ 不相交 (除非其中一条是另外一条的重新参数化).

记 $T \subset S\Sigma$ 是 $S\Sigma$ 中的一个 2 维小圆盘, 对于 $w \in \Gamma_\varepsilon(v)$, 它与测地流的轨线 $(\gamma_w, \gamma'_w)|_{[-2\varepsilon, 2\varepsilon]}$ 只横截相交于一点. 这里 γ_w 表示 Σ 中满足初值条件 $\gamma'(0) = w$ 的测地线. 记

$$E = T \cap \Gamma_\varepsilon(v),$$

记 $E' = \pi(E) \subset M$. 容易验证下述结论成立.

(1) 记 $U(\varepsilon, v) = \bigcup_{t \in (-2\varepsilon, 2\varepsilon)} \varphi_t(E)$, 则

$$U(\varepsilon, v) \supset \Gamma_\varepsilon(v); \tag{4.5.25}$$

(2) E 是一个闭集 (因此 E' 亦为闭集);

(3) 投射 $\pi: S\Sigma \to \Sigma$ 在 E 上是单射;

(4) 由引理 4.5.6, E' 是 M 中一条曲线 l 的子集 (所以是一个有序集).

由于

$$h(\varphi_1, E) = h(\varphi_1, \varphi_t(E)) = h(\varphi_1, U(\varepsilon, v)) \geqslant h(\varphi_1, \Gamma_\varepsilon(v)), \tag{4.5.26}$$

因此, 为了证明定理 4.5.3, 只需证明:

$$h(\varphi_1, E) = 0. \tag{4.5.27}$$

设 $\delta \ll \varepsilon$ 是一个正的常数. 我们来考察 E 的 (n, δ)-生成集, 我们将证明

$$r_n(\delta, E) \leqslant 3n \cdot m(\delta), \tag{4.5.28}$$

其中 $m(\delta)\in\mathbb{Z}^+$ 是一个只依赖与 δ 的常数. 易见这将导出 (4.5.27).

我们在万有覆盖流形 $\widetilde{\Sigma}$ 上来考虑这个问题. 设 $\widetilde{E}\subset S\widetilde{M}$ 是 E 的一个满足 $\widetilde{v}\in\widetilde{E}$ 的提升, 记 $\widetilde{E}'=\pi(\widetilde{E})\subset\widetilde{M}$. 易见 $\widetilde{E}$ 与 $\widetilde{E}'$ 均为闭集. 考察 $\widetilde{E}$ 的 (n,δ)-生成集. 容易验证

$$r_n(\delta,E)=r_n(\delta,\widetilde{E}). \tag{4.5.29}$$

另外, 我们将 l 提升至 $\widetilde{E}'$ 所在的基本域, 记为 $\widetilde{l}$, 选取 $\widetilde{l}$ 的一个定向 (定向是任意选取的, 但一经选定, 就固定不动了). 对于曲线 $\widetilde{l}$ 内部的一点 x, 用 $\widetilde{l}_x^{\pm}$ 来分别表示 $\widetilde{l}-\{x\}$ 的正向部分和负向部分.

记

$$G(\widetilde{E})=\{\gamma_{\widetilde{w}}\subset\widetilde{M}\mid\widetilde{w}\subset\widetilde{E}\}.$$

容易验证, 在一致拓扑下, $G(\widetilde{E})$ 是由 $\widetilde{\Sigma}$ 的全体测地线构成的拓扑空间的一个闭子集. 引理 4.5.6 表明: 对任意的 $\gamma_1,\gamma_2\in G(\widetilde{E})$, γ_1 与 γ_2 永不相交. 因此 $G(\widetilde{E})$ 在下述意义下是一个有序集: 任取 $\gamma\in G(\widetilde{E})$,

$$\widetilde{M}\setminus\gamma=\widetilde{M}_\gamma^+\cup\widetilde{M}_\gamma^-,$$

其中 $\widetilde{M}_\gamma^{\pm}$ 是分别包含 $\widetilde{l}_{\gamma(0)}^{\pm}$ 的开子集. 此时, 对任意一条测地线 $\gamma\neq\alpha\in G(\widetilde{E})$, 其位置就只有两种可能: 或者 $\alpha\subset\widetilde{M}_\gamma^+$, 或者 $\alpha\subset\widetilde{M}_\gamma^-$. 因此, 我们可以定义 $G(\widetilde{E})$ 上的一个序关系 “>” 如下: 对任意的 $\gamma_1,\gamma_2\in G(\widetilde{E})$, 若 $\gamma_2\subset\widetilde{M}_{\gamma_1}^-$, 则我们就称 $\gamma_1>\gamma_2$. 容易验证 $>$ 是定义良好的, 并且诱导了 $\widetilde{E}$ 及其在测地流 φ_t 下的像上的序关系, 仍记为 $>$.

现在考察 $\widetilde{E}$ 的 (n,δ)-生成集. 记

$$\delta_0=\frac{1}{18}\delta,$$

记

$$m(\delta)=\max_{v\in SM}\{r_1(\delta_0,\Gamma_\varepsilon(v))\}.$$

由 M 的紧性, 易见 $m(\delta)<\infty$, 并且只依赖于 δ. 现在我们来计算 $r_1(\delta_0,\widetilde{E})$. 从上面的讨论, 可知

$$r_1(\delta_0,\ \widetilde{E})\leqslant r_1(\delta_0,\ \Gamma_\varepsilon(\widetilde{v}))=r_1(\delta_0,\ \Gamma_\varepsilon(v))\leqslant m(\delta). \tag{4.5.30}$$

明显地,

$$r_1(\delta_0,\ \varphi_k(\widetilde{E}))\leqslant m(\delta),\quad \forall k=0,1,2,\cdots. \tag{4.5.31}$$

设 R_k 是 $\varphi_k(\widetilde{E})$ 的一个 $(1,\delta_0)$-生成集, $k=0,1,2,\cdots$. 对每一个 $w\in R_k$, 总能找到 $w^+,w^-\in\phi_k(\widetilde{E})$, 其中 $w^\pm$ 分别是 $\varphi_k(\widetilde{E})$ 在序关系 $<$ 下的最大元和最小元, 并且

$$\widetilde{d}_1(w^\pm,w)=\max\{\widetilde{d}(\gamma_{w^\pm}(t),\gamma_w(t))\mid t\in[0,1]\}\leqslant\delta_0.$$

由于 $\varphi_k(\widetilde{E})$ 是闭集, $w^\pm$ 总是存在的. 记

$$\mathcal{R}_k=\{w,w^+,w^-\mid w\in R_k\},$$

记

$$\mathcal{R}(n)=\bigcup_{k=0,\cdots,n-1}\varphi_{-k}(\mathcal{R}_k).$$

则有

$$\#(\mathcal{R}(n))\leqslant\sum_{k=0,\cdots,n-1}\#(\mathcal{R}_k)\leqslant 3n\cdot m(\delta).\tag{4.5.32}$$

下面我们来证明 $\mathcal{R}(n)$ 是 $\widetilde{E}$ 的一个 (n,δ)-生成集.

设 $\mathcal{R}(n)=\{w_1,\cdots,w_N\}$, 满足序关系 $w_1>w_2>\cdots>w_N$ (这里 $N=\#(\mathcal{R}_n)$). 由于 $\mathcal{R}_0\subset\mathcal{R}(n)$, 故有

$$\widetilde{d}_1(w_i,w_{i+1})\leqslant\delta_0,\quad\forall i=1,\cdots,N-1.\tag{4.5.33}$$

并且, 对任意的 $w\in\widetilde{E}$ 且 $w\neq w_i, i=1,\cdots,N$, 则只有三种情况可能发生: $w>w_1$, 或者 $w_N>w$, 或者存在 $i\in\{1,\cdots,N-1\}$, 使得 $w_i>w>w_{i+1}$.

情形 I $w>w_1$. 我们知道, 对任意的 $k\in\{1,\cdots,N-1\}$, $\varphi_k(E)$ 的最大元必包含在集合 $\mathcal{R}_k$ 中 (事实上, 就是满足 $w\in R_k$ 的最大的那个 w 所对应的 w^+). 由于 $G(\widetilde{E})$ 中的测地线是有序的 ($G(\widetilde{E})$ 中的测地线两两不交), 则 w_1 即 $\widetilde{E}$ 的最大元. 因而 $w>w_1$ 这种情形不会发生.

情形 II $w_N>w$. 经由与情形 I 中类似的讨论, 可知此种情形亦不会发生.

情形 III 存在 $i\in\{1,\cdots,N-1\}$, 使得 $w_i>w>w_{i+1}$. 这表明 w_i 与 w_{i+1} 是 $\mathcal{R}(n)$ 中与 w 最为接近的元素. 由引理 4.5.6 知, 测地线 γ_w 位于由测地线 γ_{w_i} 和测地线 $\gamma_{w_{i+1}}$ 所界住的带子中. 由 $\mathcal{R}(n)$ 的构造易知, 对 $k=0,\cdots,n-1$, 总存在 $w_{j(k)},w_{l(k)}\in\mathcal{R}(n)$, 使得

$$w_{j(k)}>w>w_{l(k)},\quad\widetilde{d}_1(\varphi_k(w_{j(k)}),\varphi_k(w_{l(k)}))\leqslant\delta_0.\tag{4.5.34}$$

由于 w_i 与 w_{i+1} 是 $\mathcal{R}(n)$ 中与 w 最为接近的元素, 则

$$w_{j(k)}\geqslant w_i>w>w_{i+1}\geqslant w_{l(k)},\quad\forall k=0,\cdots n-1.$$

进一步, 有

$$\widetilde{d}(\gamma_{w_i}(k),\gamma_{w_{j(k)}}(k))\leqslant\delta_0,\quad \widetilde{d}(\gamma_{w_{i+1}}(k),\gamma_{w_{j(k)}}(k))\leqslant\delta_0.$$

因此, 由 4.5.5, 对任意的 $k=0,\cdots,n-1$, 有

$$\widetilde{d}_1(\varphi_k(w_i),\varphi_k(w_{i+1}))\leqslant\widetilde{d}_1(\varphi_k(w_{j(k)}),\varphi_k(w_i))+\widetilde{d}_1(\varphi_k(w_{j(k)}),\varphi_k(w_{i+1}))\leqslant 6\delta_0.$$

这表明

$$\widetilde{d}_n(w_i,w_{i+1})\leqslant 6\delta_0. \tag{4.5.35}$$

由于 γ_w 位于由 γ_{w_i} 与 $\gamma_{w_{i+1}}$ 界住的带子上, 由引理 4.5.5 和 (4.5.35) 可推出

$$\widetilde{d}_n(w_i,w)\leqslant 18\delta_0=\delta. \tag{4.5.36}$$

这就说明了 $\mathcal{R}(n)$ 是 $\widetilde{E}$ 的一个 (n,δ)- 生成集.

由上面的讨论, 我们有

$$r_n(\delta,E)=r_n(\delta,\widetilde{E})\leqslant\#(\mathcal{R}(n))\leqslant 3n\cdot m(\delta),\quad \forall n=0,1,2,\cdots. \tag{4.5.37}$$

因而

$$h(\varphi_1,\delta,E)=\limsup_{n\to\infty}\frac{1}{n}\log r_n(\delta,E)\leqslant\limsup_{n\to\infty}\frac{1}{n}\log 3n\cdot m(\delta)=0,\quad \forall v\in SM. \tag{4.5.38}$$

所以

$$h(\varphi_1,\Gamma_\varepsilon(v))\leqslant h(\varphi_1,E)=\lim_{3\delta\to 0}h(\varphi_1,3\delta,E)=0,\quad \forall v\in SM. \tag{4.5.39}$$

这说明

$$h^*_{\varphi_1}(\varepsilon)=\sup h(\varphi_1,\Gamma_\varepsilon(v))=0,$$

所以测地流 φ_t 是熵可扩的. □

第 5 章　测地流的 Liouville 可积性

本章研究测地流作为哈密顿流的 Liouville 可积性等动力学性质, 俄罗斯 (苏联) 学派在这个领域的研究处于国际领先的地位. 5.1 节介绍曲面上的 Liouville 可积测地流的两类例子; 5.2 节研究测地流的 Liouville 可积性的拓扑障碍; 5.3 节研究在什么情况下 Liouville 可积的测地流的拓扑熵为零; 5.4 节给出一个颇令人惊讶的例子: 构造了一个拓扑熵大于零的光滑 Liouville 可积的测地流的例子, 也就是所谓的光滑可积混沌现象 (smooth integrable chaos). 5.5 节给出自然哈密顿系统 (Jacobi 度量下的测地流) 存在异宿轨道的充分条件.

5.1　Liouville 可积测地流的两个例子

第 1 章已经给出了 Liouville 可积性的定义. 现在, 我们给出 Liouville 可积测地流的两个例子.

例　旋转面　记 $M^2 \subseteq \mathbb{R}^3$ 为 2 维旋转面, 坐标如下

$$\begin{cases} x = r(z)\cos\theta, \\ y = r(z)\sin\theta, \\ z = z \end{cases} \Rightarrow ds^2 = dx^2 + dy^2 + dz^2 = (1 + r'^2(z))dz^2 + r^2(z)d\theta^2.$$

用 $\gamma(t) = (z(t), \theta(t))$ 表示 M^2 上的测地线, 记 $\Psi(t)$ 为 $\gamma'(t)$ 与纬线 (平行环) 的夹角, 即

$$\Psi(t) \triangleq \angle_{(z(t),\theta(t))}((z'(t), \theta'(t)), (0, 1)).$$

定理 5.1.1 (A. Clairaut)　(1) M^2 上的测地流 Liouville 可积, $r(z)\cos\Psi$ 即是其一个首次积分;

(2) 测地线方程有如下形式:

$$\frac{d\theta}{dz} = \frac{c\sqrt{1 + (r'(z))^2}}{r\sqrt{r^2(z) - c^2}}, \text{ 其中 } c \text{ 为一个常数}.$$

证明　黎曼度量在此坐标系下的矩阵形式为

$$g(z, \theta) = \begin{pmatrix} 1 + r'^2(z) & 0 \\ 0 & r^2(z) \end{pmatrix},$$

相应的哈密顿函数为

$$H(z,\theta,p_z,p_\theta)=\frac{1}{2}\left(\frac{1}{1+r'^2(z)}p_z^2+\frac{1}{r^2(z)}p_\theta^2\right).$$

由于 H 与 θ 无关, 即 $H=H(z,p_z,p_\theta)$, 知 $F=p_\theta$ 是测地流的一个首次积分.

为了弄清 F 的几何意义, 我们将研究 $F=p_\theta$ 在切丛上的表达式. 由 Legendre 变换

$$\begin{aligned}L:T_{(z,\theta)}M&\to T^*_{(z,\theta)}M,\\ v&\mapsto\langle v,\cdot\rangle\end{aligned}$$

可知

$$(p_z,p_\theta)=(z'(t),\theta'(t))\begin{pmatrix}1+r'^2(z)&0\\0&r^2(z)\end{pmatrix},$$

故 $F=p_\theta=r^2(z)\theta'(t)$. 这里, 记 $\gamma(t)=(z(t),\theta(t))$ 为过点 (z,θ), 且满足 $\gamma'(0)=v$ 的测地线. 而根据定义,

$$\begin{aligned}\cos\Psi(t)&=\frac{\langle\gamma'(t),(0,1)\rangle}{\|\gamma'(t)\|\cdot\|(0,1)\|}\\&=\frac{r^2(z)\theta'(t)}{r(z)\|\gamma'(t)\|}\\&=\frac{r(z)\theta'(t)}{\|\gamma'(t)\|}.\end{aligned}$$

由于 $\gamma(t)$ 为测地线, 故 $\|\gamma'(t)\|\equiv C$, 故

$$\cos\Psi(t)=\frac{\gamma(z)\theta'(t)}{C},$$

于是

$$F=p_\theta=r^2(z)\varphi'(t)=C\cdot r(z)\cos\Psi(t),$$

所以 $r(z)\cos\Psi(t)$ 亦为首次积分. 因此

$$r(z(t))\cos\Psi(t)\equiv\text{const}\triangleq c,$$

故

$$\frac{r^2(z(t))\theta'(t)}{\sqrt{(1+r'^2(z))z'^2(t)+r^2(z)\theta'^2(t)}}\equiv c,$$

进而推得

$$\frac{d\theta}{dz}=\frac{c\sqrt{1+(r'(z))^2}}{r\sqrt{r^2(z)-c^2}}.$$ □

下面介绍第二个例子.

例 Liouville 曲面

定义 5.1.1 二维曲面 M^2 称为 Liouville 曲面, 若存在局部坐标系 (x, y), 使得

$$ds^2 = (f(x) + g(y))(dx^2 + dy^2),$$

其中 $f(x)$ 和 $g(y)$ 是正值光滑函数. 此时, 称 ds^2 是一个 Liouville 度量.

定理 5.1.2 (1) Liouville 度量对应的测地流 Liouville 可积;

(2) Liouville 度量对应的测地线满足方程

$$\frac{dx}{dy} = \pm\frac{\sqrt{f(x) + a}}{\sqrt{g(y) - a}}.$$

证明 由 Liouville 度量的形式知, 哈密顿函数为

$$H(x, y; P_x, P_y) = \frac{1}{2}\frac{1}{f(x) + g(y)}(p_x^2 + p_y^2).$$

由此易得

$$2fH + 2gH = p_x^2 + p_y^2.$$

进而推出

$$p_x^2 - 2f(x)H = -(p_y^2 - 2g(y)H).$$

$$F(x, y, p_x, p_y) = p_x^2 - 2f(x)H(a, y, p_x, p_y) = \frac{g(y)p_x^2 - f(x)p_y^2}{f(x) + g(y)}.$$

易验证 F 是首次积分.

由 Legendre 变换, 有

$$p_x = (f(x) + g(y))\dot{x}(t),$$

故

$$\begin{aligned}
&\frac{F}{H} = \frac{p_x^2}{H} - 2f(x) \equiv c \\
\Rightarrow &\frac{(f+g)^2\dot{x}^2(t)}{\frac{1}{2}(f+g)(\dot{x}^2(t) + \dot{y}^2(t))} - 2f(x) \equiv c \\
\Rightarrow &(f+g)\frac{\left(\dfrac{dx}{dy}\right)^2}{1 + \left(\dfrac{dx}{dy}\right)^2} - f \equiv \frac{1}{2}c \triangleq a.
\end{aligned}$$

由此, 可推得结论. □

5.2　测地流 Liouville 可积的拓扑障碍

我们知道, 可积系统在哈密顿系统理论中占有重要的地位. 对于测地流, 一个自然的问题是: 任给一个微分流形 M, 是否存在黎曼度量 g, 使得 g 对应的测地流是 Liouville 可积的?

这是个有很大难度的问题. 迄今人们能够构造出 Liouville 可积测地流的流形都具有某种程度的对称性, 比如 Lie 群、对称空间等.

另一方面, 由于可积系统是非常稀疏的, 从直观上看, 应该会有很多流形, 在它们上面不存在 Liouville 可积的测地流. 这就是本节要介绍的主题: Liouville 可积性的拓扑障碍.

这方面的第一个结果属于俄罗斯数学家 V. V. Kozlov.

在介绍 Kozlov 的结果之前, 我们先要引入一个概念: Bott 函数. 它是 Morse 函数的一种推广.

定义 5.2.1　设 $f: M \to \mathbb{R}$ 是光滑流形 M 上的一个光滑函数, 称 $x \in M$ 是 f 的临界点 (critical point), 若 $df\,|_x = 0$. f 的全体临界点集记为 $\mathrm{crit}(f)$. 若 $x \in M$ 是 f 的临界点, 定义 f 在点 x 处的 Hessian 矩阵

$$
\begin{aligned}
d^2 f: T_xM \times T_xM &\to \mathbb{R},\\
(u,v) \mapsto d^2 f(u,v) &= U(V(f))(x),
\end{aligned}
$$

其中 U, V 分别是 u, v 在点 x 的一个小邻域上的光滑延拓向量场.

容易验证, Hessian 矩阵是定义良好的.

定义 5.2.2　称光滑函数 $f: M \to \mathbb{R}$ 是一个 Bott 函数, 若

(1) $\mathrm{crit}(f)$ 是 M 的一些光滑连通嵌入子流形的不交并;

(2) 对任意的 $x \in \mathrm{crit}(f)$, $d^2 f$ 限制在 $T_x\mathrm{crit}(f)$ 的 (某一个, 进而也是所有的) 横截子空间上是非退化的.

上述第二个条件说明 f 在临界子流形的横截子流形上是 Morse 函数.

定理 5.2.1[83]　设 (Σ, g) 是 2 维紧致闭曲面, 设黎曼度量 g 对应的测地流 φ_t 是 Liouville 可积的, 即存在一个首次积分 $f: T^*\Sigma \to \mathbb{R}$ 与测地流对应的哈密顿函数 $H = \dfrac{1}{2} g^{ij} p_i p_j$ 函数独立, 若 $f|_{S^*\Sigma}$ 是 Bott 函数, 则 Σ 必同胚于以下 4 种曲面之一: $\mathbb{S}^2$, $\mathbb{T}^2$, $\mathbb{K}^2$, $\mathbb{RP}^2$.

证明　记

$$
S^*\Sigma = \left\{ (x,p) \in T^*\Sigma \,\middle|\, H(x,p) = \frac{1}{2} \right\}.
$$

由于 Σ 紧, 故 $S^*\Sigma$ 亦紧, 由于 $f|_{S^*\Sigma} \triangleq F$ 是 Bott 函数, 故 $\mathrm{crit}(F)$ 必可写成有限个维数为 $0,1,2,3$ 的紧子流形的不交并. 事实上, $\mathrm{crit}(F)$ 是紧流形 $S^*\Sigma$ 的闭子集, 故 $\mathrm{crit}(F)$ 亦为 S^*M 的紧子集, 又 $\mathrm{crit}(F)$ 可写成一些维数为 $0,1,2,3$ 的子流形的不交并, 故每个维数为 $0,1,2,3$ 的连通子流形均是闭集, 所以每个连通的子流形都是紧子流形, 且只有有限个这样的子流形!

$\forall x \in \mathrm{crit}(F)$, 易知过 x 的整根轨道都属于 $\mathrm{crit}(F)$, 而测地流在 S^*M 上无不动点, 故可知 $\mathrm{crit}(F)$ 不含 0 维临界子流形.

设 $V \subseteq \mathrm{crit}(F)$ 是一个 3 维连通临界子流形, 则 V 是 $S^*\Sigma$ 的一个 3 维紧致嵌入子流形. 因此 V 是 $S^*\Sigma$ 的一个连通分支, 而 $S^*\Sigma$ 本身就是一个连通的 3 维紧流形, 所以 $V = S^*M$. 因此 F 在 S^*M 上是一个常数, 故 F 没有非退化的 Hessian 矩阵, 故 $\mathrm{crit}(F)$ 不包含 3 维的临界子流形.

设 V^2 是 $\mathrm{crit}(F)$ 的一个 2 维连通临界子流形, 易知 V^2 在测地流下不变, 这表明 V^2 上有一个处处非零的光滑切向量场. 故其欧拉示性数必为 0, 故 $V^2 \cong \mathbb{T}^2$ 或者 $V^2 \cong \mathbb{K}^2$(Klein 瓶).

设 V^1 是 $\mathrm{crit}(F)$ 的一个 1 维连通临界子流形, 由于 V^1 是紧子流形, 故 $V^1 \cong \mathbb{S}^1$.

由 Liouville-Arnold 定理及线段的可缩性知, 若线段 $I \subset \mathbb{R}$ 上的点均为 F 的正则值, 则 $F^{-1}(I)$ 的任一连通分支同胚于 $\mathbb{T}^2 \times I$. 由于 S^*M 紧, 故 $F^{-1}(I)$ 同胚于有限个 $\mathbb{T}^2 \times I$ 的不交并.

若 c 是临界值, 则 $F^{-1}(c) - \mathrm{crit}(F) \cap F^{-1}(c)$ 是 S^*M 的嵌入子流形, 且在测地流下不变, 故其任一连通分支要么是 $\varnothing$, 要么同胚于 $\mathbb{R}^2, \mathbb{R} \times \mathbb{S}^1, \mathbb{T}^2$. 由于 S^*M 紧, 故只有有限多个这样的子流形.

综上所述, S^*M 可写成不交并

$$S^*M = L \amalg \mathrm{crit}(f) \amalg S,$$

其中 $L = \bigcup_{i=1}^n L_i$ 是有限个 Liouville 邻域 $L_i \cong \mathbb{T}^2 \times (c_i, c_{i+1})$ 的并, 而 $S = \bigcup_{i=1}^m S_i$, 其中 S_i 是 $f^{-1}(c) - \mathrm{crit}(f) \cap f^{-1}(c)$ 的连通分支, c 是某个临界值.

记 $\pi : S^*M \to M$ 为投射, $j_i : L_i \hookrightarrow S^*M, j : \mathrm{crit}(f) \hookrightarrow S^*M, s_i : S_i \hookrightarrow S^*M$ 均为包含映射.

众所周知, 在任一非平凡自由同伦类中均包含一条闭测地线. 因此, $\forall 0 \neq \gamma \in \mathrm{H}_1(M,\mathbb{Z})$, 存在一条闭测地线与 γ 同调, 此闭测地线是 S^*M 上的测地流的一条闭轨道在投射 π 下的像, 由此可知

$$\mathrm{H}_1(M,\mathbb{Z}) = \left\{ \bigcup_{i=1}^n \pi_* j_{i,*} \mathrm{H}_1(L_i,\mathbb{Z}) \right\} \cup \{\pi_* j_* \mathrm{H}_1(\mathrm{crit}(f),\mathbb{Z})\} \cup \left\{ \bigcup_{i=1}^m \pi_* s_{i,*} \mathrm{H}_1(S_i,\mathbb{Z}) \right\},$$

“=” 的右侧由有限个 Able 群的并构成, 并且每个 Able 群的秩均不超过 2.

为了证明本定理, 需要用到下述结论.

引理 5.2.2　设 A 是 Able 群, $A_1, \cdots, A_k$ 均为 A 的秩有限的子群, 且 $A = \bigcup_{i=1}^k A_i$, 则

$$\text{Rank } A = \max_{1 \leqslant i \leqslant k} \text{Rank } A_i.$$

证明　记 $\text{Tor } G = \{g \in G | \exists n < +\infty, g^n = e\}$. 则 Able 群 G 的秩 Rank G 等于自由 Able 群 $G/\text{Tor } G$ 的秩.

不失一般性, 设 A 为自由 Able 群, 故 $A_1, \cdots, A_k$ 亦为自由 Able 群. 记 A 的秩为 r, 记 A_i 的秩为 r_i, 则

$$A \cong \mathbb{Z}^r, \quad A_i \cong \phi_i(\mathbb{Z}^r), \quad i = 1, 2, \cdots, k,$$

其中 ϕ_i 是 $r \times r$ 的整数矩阵且秩为 r_i.

记

$$A(R) \triangleq \{a \in A \mid d(a, e) < R\}.$$

$$A_i(R) \triangleq \{a \in A_i \mid d(a, e) < R\}, \quad i = 1, \cdots, k.$$

由代数学的知识知, 存在常数 c 和 c_i, 使得

$$\lim_{R \to \infty} \frac{\sharp A(R)}{cR^r} = 1, \quad \lim_{R \to \infty} \frac{\sharp A_i(R)}{c_i R^{r_i}} = 1.$$

一方面, 由于 $A = \bigcup_{i=1}^k A_i$, 故 $\forall \varepsilon > 0$, 存在 $R_0 > 0$, 使得 $\forall R > R_0$, 有

$$cR^r \leqslant c_1 R^{r_1} + \cdots + c_k R^{r_k} + \varepsilon.$$

另一方面, 存在 $R_1 > 0$, 使得 $\forall R > R_1$, 有

$$cR^r \geqslant c_i R^{r_i} - \varepsilon, \quad i = 1, \cdots, k.$$

这表明

$$\lim_{R \to \infty} \frac{cR^r}{c_1 R^{r_1} + \cdots + c_k R^{r_k}} = C > 0.$$

由此可推出 $r = \max r_i$. 本引理证毕. □

下面回到定理的证明. 由上述引理可推知 Rank $H_1(\Sigma, \mathbb{Z}) \leqslant 2$. 由拓扑学知识知, Σ 必同胚于以下 4 种曲面之一: $\mathbb{S}^2$, $\mathbb{T}^2$, $\mathbb{K}^2$, $\mathbb{RP}^2$. □

Kozlov 定理的高维推广由 I. A. Taimanov 给出. 下面就来介绍 Taimanov 的相关工作.

下文中, 我们用 $\mathbb{D}^k \triangleq \{x \in \mathbb{R}^k | |x| < 1\}$ 来表示 k 维单位开球体.

定义 5.2.3 (几何简单的测地流) 设 (M,g) 是 n 维完备黎曼流形, 称其测地流是几何简单的 (geometrically simple), 若存在 SM 的子集 Γ, L, 使得 $\Gamma \cup L = SM, L \cap \Gamma = \varnothing, L = \bigcup_{\alpha\in A} L_\alpha$, 且

(1) Γ 是关于测地流不变的闭子集, 而 L 在 SM 中稠密;

(2) $\forall \alpha \in A, L_\alpha \cong \mathbb{T}^k \times \mathbb{D}^{2n-k-1}, k = k_\alpha, 0 \leqslant k \leqslant n$; L_α 在测地流下不变, 且 $L_\alpha \cap L_\beta \neq \varnothing \Leftrightarrow L_\alpha = L_\beta$;

(3) $\forall v \in SM$ 及 v 在 SM 中任一邻域 W, 均存在 v 的一个开邻域 $v \in U \subseteq W$, 使得 $U \cap L$ 只含有有限个道路连通分支.

定理 5.2.3 [125,126] 设 (M,g) 是 n 维完备的连通的黎曼流形, 其测地流几何简单. 则有以下结论成立:

(1) $\pi_1(M)$ 含有一个指标有限的 Able 子群;

(2) 若记 $d = \dim H_1(M,\mathbb{Q})$, 则 M 的上同调环有一子环, 此子环同 $\mathbb{T}^d$ 的上同调环同构;

(3) 若 $\dim H_1(M,\mathbb{Q}) = \dim M = n$, 则 M 的上同调环与 $\mathbb{T}^n$ 的上同调环同构.

下面的定理说明实解析可积的测地流都是几何简单的.

定理 5.2.4 [125,126] 设 (M^n,g) 为紧致、连通实解析的黎曼流形, 其测地流解析 Liouville 可积, 则测地流几何简单.

若 (M,g) 是负曲率的闭流形, 由 Preissmann 定理, $\pi_1(M)$ 不是 Able 群, 且 $\pi_1(M)$ 的任一 Able 子群均同构于 $\mathbb{Z}$. 因此 $\pi_1(M)$ 不可能包含一个有限指标的 Able 子群, 故有下述推论.

推论 5.2.5 [125] 若 (M,g) 是负曲率的闭流形, 则 M 的任意实解析度量的测地流都不实解析可积.

5.3 拓扑熵为零的光滑 Liouville 可积测地流

设 M 是一个 n 维光滑流形,X 是 M 上的一个光滑向量场, 则 X 可视为光滑映射

$$\begin{aligned} X: M &\to TM, \\ m &\mapsto X(m) \in T_m M. \end{aligned}$$

若 $m \in M$ 是向量场的奇点, 即 $X(m) = 0$, 这说明向量场在 m 点处是退化的, 因此, 我们研究其线性化, 这就引出了下面的定义.

定义 5.3.1 设 $m \in M$ 是光滑向量场 X 的奇点, 定义 X 在点 m 处的线性化向量场 (linearized vector field) 为

$$DX : T_mM \to T_mM,$$
$$v \mapsto DX(v) \triangleq [V, X](m) = (VX - XV)(m),$$

其中 V 是 v 在点 m 处的一个小邻域上的任一光滑延拓, 即 V 是定义在 m 的一个小邻域上的一个光滑向量场, 且满足 $V(m) = v$.

注 5.3.1 容易证明上述定义不依赖于 V, 因此 DX 是定义良好的

注 5.3.2 取点 m 处的一个局部坐标系 $(x_1, \cdots, x_n)$, 此时,

$$X = \sum_{i=1}^{n} X^i \frac{\partial}{\partial x_i}, \quad V = \sum_{i=1}^{n} V^i \frac{\partial}{\partial x_i},$$

并且满足 $X^i(m) = 0,\ V^i(m) = v_i,\ i = 1, \cdots, n$, 其中

$$v = \sum_{i=1}^{n} v_i \frac{\partial}{\partial x_i},$$

由 DX 的定义, 有

$$\begin{aligned} DX(v) &= [V, X](m) = (VX - XV)(m) \\ &= \sum_{i,j=1}^{n} \left(V^j(m) \frac{\partial X^i}{\partial x_j}(m) - X^j(m) \frac{\partial V^i}{\partial x_j}(m) \right) \frac{\partial}{\partial x_i} \\ &= \sum_{i,j=1}^{n} v^j \frac{\partial X^i}{\partial x_j} \frac{\partial}{\partial x_i}. \end{aligned}$$

因此, 用局部坐标来写, 有

$$DX = \left(\frac{\partial X^i}{\partial x_j} \right)_{n \times n}. \tag{5.3.1}$$

由微分几何学的知识, 我们知道 $[V, X](m)$ 恰是向量场 X 关于 V 的 Lie 导数 (Lie derivative)$L_V X$ 在点 m 处的值. 记 ϕ_t 和 ψ_t 分别为向量场 V 和 X 生成的流, 由 Lie 导数的定义, 有

$$(L_V X)(m) = \frac{d}{dt}\Big|_{t=0} d(\phi_{-t})_{\phi_t m} X(\phi_t m) = -\frac{d}{dt}\Big|_{t=0} d(\psi_{-t})_{\psi_t(m)} V(\psi_t m).$$

由于 m 是向量场 X 的奇点, 故

$$\psi_t(m) = m, \quad t \in \mathbb{R},$$

因此, 有

$$(L_V X)(m) = \frac{d}{dt}\Big|_{t=0} d(\psi_t)_m V(m).$$

由上述分析, 知

$$DX(v) = \frac{d}{dt}\Big|_{t=0} d(\psi_t)_m V(m),$$

其中, 向量场 V 满足 $V(m) = v$. 记 $v(t) \triangleq d(\psi_t)_m v$, 则 $v(t)$ 满足

$$\begin{cases} \dot{v} = DX(v), \\ v(0) = v. \end{cases}$$

故此得 $d(\psi_t)_m = e^{tDX}$.

下面设 (M,ω) 是一个辛流形. 设向量场 X 保持辛结构 ω, 即 $L_X\omega = 0$, 并且 $X(m) = 0$, 则对任意的 $u, v \in T_mM$, 记 U 与 V 为向量 u 与 v 在 m 的一个小邻域上的光滑延拓向量场, 则有

$$0 = L_X\omega(U,V)|_m = \omega(DX(u), v) + \omega(u, DX(v)),$$

这表明

$$e^{tDX} \in \mathrm{Sp}(T_mM, \omega_m), \quad DX \in \mathrm{Lie}(\mathrm{Sp}(T_mM, \omega_m)) = \mathrm{Sp}(T_mM, \omega_m).$$

下面, 我们想讲清楚 DX 实际上是 T_mM 上的一个哈密顿向量场.

为此, 要找出其对应的哈密顿函数, 定义函数

$$f : T_mM \to \mathbb{R},$$
$$v \mapsto f(v) = \frac{1}{2}\omega(v, DX(v)).$$

由命题 1.2.22 知, 存在近复结构 J 和黎曼度量 $\langle\cdot,\cdot\rangle$, 使得

$$f(v) = \frac{1}{2}\omega(v, DX(v)) = -\frac{1}{2}\langle v, JDX(v)\rangle.$$

由此可知, $f(v)$ 是关于 v 的一个二次型. 我们来求 f 所对应的哈密顿向量场 X_f. 下面, 我们分别用 $(\omega)_{2n\times 2n}, (J)_{2n\times 2n}, (g)_{2n\times 2n}$ 来记辛形式 ω、近复结构 J 和黎曼度量 $\langle\cdot,\cdot\rangle$ 在同一个局部坐标系下的矩阵形式, 则由哈密顿向量场的定义有

$$X_f = (\omega)^{-1}_{2n\times 2n} df,$$

而

$$df = -\frac{1}{2}((g)_{2n\times 2n}(J)_{2n\times 2n}DX + (DX)^{\mathrm{T}}(J)^{\mathrm{T}}_{2n\times 2n}(g)^{\mathrm{T}}_{2n\times 2n})(v),$$

利用

$$(\omega)_{2n\times 2n}(J)_{2n\times 2n} = (g)_{2n\times 2n},$$
$$(J)^{\mathrm{T}}_{2n\times 2n}(\omega)_{2n\times 2n}(J)_{2n\times 2n} = (\omega)_{2n\times 2n},$$
$$(DX)^{\mathrm{T}}(\omega)_{2n\times 2n} + (\omega)_{2n\times 2n}DX = 0$$

可推得

$$X_f(v) = DX(v).$$

所以 DX 确实是 T_mM 上的一个哈密顿向量场.

因为 $L_X\omega = 0$, 由 Poincaré 引理知, 在 m 的一个可缩邻域内, X 是一个哈密顿向量场, 记其哈密顿函数为 H, 即 $i_X\omega = -dH$. 由于 $X(m) = 0$, 故 $dH(m) = 0$, 因此可定义 H 在点 m 处的 Hessian 矩阵

$$\begin{aligned} d^2H : T_mM \times T_mM \to \mathbb{R}, \\ (u, v) \mapsto d^2H(u, v) = U(V(H))(m), \end{aligned}$$

其中 U, V 分别是 u, v 在点 m 的一个小邻域上的光滑延拓向量场. 由此, 定义函数

$$\begin{aligned} h : T_mM \to \mathbb{R}, \\ v \mapsto h(v) = \frac{1}{2}d^2H(v, v). \end{aligned}$$

引理 5.3.1

$$h = f.$$

证明　由 Darboux 定理, 可得 (T_mM, ω_m) 视为标准的辛空间 $(\mathbb{R}^{2n}[x, y], \sum_{i=1}^n dy_i \wedge dx_i)$, 而 $\langle\cdot,\cdot\rangle$ 是 $\mathbb{R}^{2n}$ 上标准的欧氏内积, J 为 $\mathbb{R}^{2n}$ 上标准的近复结构. 此时, 向量场 $X = (H_y, -H_x)$, 故

$$DX = \begin{pmatrix} H_{yx} & H_{yy} \\ -H_{xx} & -H_{xy} \end{pmatrix},$$

而

$$JDX = \begin{pmatrix} 0 & -I \\ I & 0 \end{pmatrix} \begin{pmatrix} H_{yx} & H_{yy} \\ -H_{xx} & -H_{xy} \end{pmatrix} = \begin{pmatrix} H_{xx} & H_{xy} \\ H_{yx} & H_{yy} \end{pmatrix} = d^2H.$$

由于 h 与 f 均为二次型知, $h = f$. □

容易看出, 引理 5.3.1 的证明中蕴含了下面的结论.

引理 5.3.2　设 (V, ω) 为有限维辛向量空间, 用 $S^2(V)^*$ 来表示 V 上的二次函数关于 Poisson 括号构成的 Lie 代数, 则有 Lie 代数同构

$$\begin{aligned} \mathrm{Sp}(V, \omega) \to S^2(V)^*, \\ A \mapsto f_A(v) \triangleq \frac{1}{2}\omega(v, Av). \end{aligned}$$

设 $X_1,\cdots,X_k$ 是 M 上的 k 个以 m 为奇点的可交换的向量场, 即 $\forall 1\leqslant i,j\leqslant k$, 均有 $[X_i,X_j]=0$, 则 $DX_1,\cdots,DX_k$ 是 T_mM 上可交换的自同态. 事实上, 任取 $v\in T_mM$,

$$\begin{aligned}&DX_i(DX_j(v))-DX_j(DX_i(v))\\=&[DX_j(V),X_i]-[DX_i(V),X_j]\\=&[[V,X_j],X_i]-[[V,X_i],X_j]\\=&[[V,X_j],X_i]+[[X_j,X_i],V]+[[X_i,V],X_j]\\=&0.\end{aligned}$$

因此,

$$DX_i\cdot DX_j=DX_j\cdot DX_i.$$

若 $X_1,\cdots,X_k$ 均为辛向量场, 即 $L_{X_i}\omega=0$ $(i=1,\cdots,k)$, 则存在局部定义的哈密顿函数 $H_1,\cdots,H_k$, 进而得到 T_mM 上的 k 个对合的二次函数 $h_1,\cdots,h_k$, 其中,

$$h_i(v)=\frac{1}{2}\omega(v,DX_i(v))=\frac{1}{2}d^2H_i(v),\quad i=1,\cdots,n.$$

定义 5.3.2 设 L 是一个 Lie 代数, 称 L 的一个子代数 C 为 Cartan 子代数, 若 C 是 L 的一个极大交换子代数.

下面考察 Liouville 可积的哈密顿向量场 X_H, 其 n 个对合的首次积分分别为 $H=F_1$, $F_2,\cdots,F_n$. 对于 $i=1,2,\cdots,n$, 用 φ_t^i 表示哈密顿向量场 X_{F_i} 生成的流. 由于 $[X_{F_i},X_{F_j}]=0$, 知 $\varphi_s^i\cdot\varphi_t^j=\varphi_t^j\cdot\varphi_s^i$. 因此可定义 M 上的一个 $\mathbb{R}^n$-作用

$$\begin{aligned}&\mathbb{R}^n\times M\to M,\\&((t_1,\cdots,t_n),x)\mapsto\varphi_{t_1}^1\circ\varphi_{t_2}^2\circ\cdots\circ\varphi_{t_n}^n(x).\end{aligned}$$

记

$$\mathrm{Orb}(x)\triangleq\{\varphi_{t_1}^1\circ\varphi_{t_2}^2\circ\cdots\circ\varphi_{t_n}^n(x)|(t_1,\cdots,t_n)\in\mathbb{R}^n\},$$

$$F\triangleq(F_1,\cdots,F_n):M\to\mathbb{R}^n,$$

$$\mathrm{Ker}\ dF_x\triangleq\{v\in T_xM|v(F_1)=\cdots=v(F_n)=0\},$$

记

$$T_x\mathrm{Orb}\ (x)^\omega\triangleq\{v\in T_xM|\omega(X_{F_1},v)=\cdots=\omega(X_{F_n},v)=0\}$$

为轨道 $\mathrm{Orb}(x)$ 在点 x 处切空间的辛正交补空间.

由于

$$\omega(X_{F_i},v)=-v(F_i),\quad i=1,\cdots,n,$$

故有

$$\text{Ker } dF_x = T_x\text{Orb}(x)^\omega.$$

由于 $T_x\text{Orb}(x) \subseteq T_x\text{Orb}(x)^\omega$, 作商空间

$$R_x \triangleq \text{Ker } dF_x / T_x\text{Orb}(x).$$

ω_x 在 R_x 上诱导了一个自然的辛结构.

设 $f \in \text{Span}\{F_1, \cdots, F_n\}$ 且 $df(x) = 0$, 则对任意的 $v \in \text{Ker } dF_x$ 和任意的 $u \in T_x\text{Orb}(x) = \text{Span}\{X_{F_1}, \cdots, X_{F_n}\}$, 有

$$d^2 f(u, v) = v(U(f)) = 0,$$

其中 U 是向量 u 的一个满足与 F 是水平集相切的光滑延拓向量场. 用 H_x 来记 R_x 上的由这种可交换的二次型所生成的 Lie 代数.

定义 5.3.3 (1) 称轨道 $\text{Orb}(x)$ 是非退化的 (non-degenerate), 若 H_x 是 $S^2(R_x)^* \cong \text{Sp}(R_x)$ 的一个 Cartan 子代数;

(2) 称 Liouville 可积的哈密顿系统 X_H 是非退化的, 若存在一个由 n 个可交换的首次积分诱导的 $\mathbb{R}^n$-作用, 使得该 $\mathbb{R}^n$ 作用的所有轨道都是非退化的.

注 5.3.3 若 $x \in M$ 是矩映射 F 的正则点, 则

$$\dim \text{Span}\{X_{F_1}, \cdots, X_{F_n}\} = n,$$

由辛结构 ω 的非退化性, 可得

$$\text{Ker } dF_x = \text{Span}\{X_{F_1}, \cdots, X_{F_n}\} = T_x\text{Orb}(x).$$

因此, $R_x = 0$. 所以非退化性是奇异点集的性质.

下面的引理表明, 在奇异点集上, 非退化性这个条件保证了奇异点集 “长得” 并不太奇异.

引理 5.3.3 设 $H : M^{2n} \to \mathbb{R}$ 是一个光滑函数, X_H 是一个非退化的 Liouville 可积的哈密顿向量场, 记其矩映射为 F. 对于 $0 \leqslant k \leqslant n$, 记

$$\Sigma_k \triangleq \{x \in M | \text{Rank } dF_x = k\},$$

则 Σ_k 是 M 的一个 $2k$ 维辛子流形.

证明 记 $\mathcal{F} = \text{Span}\{F_1, \cdots, F_n\}$.

先考察 Σ_n. 由 Liouville-Arnold 定理知, Σ_n 是一个 $2n$ 维辛流形.

再考察 Σ_0. 此时 $\text{Ker } dF_x = T_xM$, $\text{Orb}(x) = \{x\}$. 故 $R_x \simeq T_xM$. 系统的非退化性表明 $d^2F_1, \cdots, d^2F_n$ 生成了 $S^2(T_xM)^*$ 的一个 n 维可交换的子代数, 由引理

5.3.2 知, 存在一个函数 $f \in \mathcal{F}$, 使得 $d^2 f$ 是 T_xM 上的非退化二次型, 即 f 是一个 Mores 函数. 而 Morse 函数的奇点是孤立的. 因而 Σ_0 是 M 的一个平凡 0 维辛子流形.

最后来考察 $\Sigma_k, 1 \leqslant k \leqslant n-1$. 任取 $x \in \Sigma_k$. 由 Σ_k 的定义, 可对 $\{F_1, \cdots, F_n\}$ 进行适当的线性变换. 为了不引入更多的符号, 仍记变换后的函数组为 $\{F_1, \cdots, F_n\}$. 此时, $\{F_1, \cdots, F_n\}$ 满足

(1) $dF_1, \cdots, dF_k$ 在 x 的一个小邻域内函数无关;

(2) 在 $\mathrm{Orb}(x)$ 上,$dF_{k+1} = \cdots = dF_n = 0$.

记

$$H = \mathrm{Span}\{F_1, \cdots, F_n\}/\mathrm{Span}\{F_1, \cdots, F_k\},$$

记 H_x 为 H 中元素在 R_x 上的 Hessian 矩阵所生成的线性空间.

下面给出两个断言.

断言 I 存在 $f \in H$, 使得

$$V^{2k} \triangleq \{y \in M | df(y) + \mathrm{Span}\{dF_1, \cdots, dF_k\}(y) = 0\}$$

是包含 x 的一个 $2k$ 维辛子流形.

断言 I 的证明 由 Darboux 定理, 在 x 的一个小邻域 $U \subset M$ 上存在 Darboux 坐标系 (u, v, ξ, η), 满足

(1) $x = (0, 0, 0, 0)$;

(2) $\omega = \sum_{i=1}^{k} dv^i \wedge du_i + \sum_{i=1}^{n-k} d\xi^i \wedge d\eta_i$;

(3) $dF_i = du_i, \ i = 1, \cdots, k$.

在此坐标系下, 容易看出, 有下述结论成立.

(4) $\mathrm{Orb}(x) \cap U = \{(0, v, 0, 0) | v \in D \subseteq \mathbb{R}^k\}$, 其中 D 是 $\mathbb{R}^k$ 中包含原点的一个区域;

(5) $f = f(u, \xi, \eta)$, 即 f 是与 v 无关的函数, 这可由 $\{f, F_i\} = 0 \ (i = 1, \cdots, k)$ 得出;

(6)

$$R_x \simeq \mathrm{Span}\left\{\frac{\partial}{\partial \xi^1}, \cdots, \frac{\partial}{\partial \xi^{n-k}}, \frac{\partial}{\partial \eta_1}, \cdots, \frac{\partial}{\partial \eta_{n-k}}\right\};$$

(7) H_x 可视为 T_xM 上的二次型构成的线性空间的一个子空间.

由引理 5.3.2, 存在 $f = f(u, \xi, \eta) \in H$, 其 Hessian 矩阵 $d^2 f_x$ 在 R_x 非退化. 由 H 的定义知, 若 $g \in H$, 则 $dg(x) = 0$, 更进一步, 有 $dg|_{\mathrm{Orb}(x)} = 0$. 而在 $\mathrm{Orb}(x) \cap U$ 上, 易见

$$\frac{\partial f}{\partial \xi} = 0 = \frac{\partial f}{\partial \eta},$$

故有等式

$$\{y \in U | df|_{R_y} = 0\} = \left\{ y \in U \middle| \frac{\partial f}{\partial \xi^1} = \cdots = \frac{\partial f}{\partial \xi^{n-k}} = \frac{\partial f}{\partial \eta_1} = \cdots = \frac{\partial f}{\partial \eta_{n-k}} = 0 \right\}.$$

由于 $d^2 f_x|_{R_x}$ 非退化, 可推知上面的点集构成一个包含 x 的 $2k$ 维子流形, 记为 V^{2k}, 并且 $T_x V^{2k}$ 与 R_x 横截相交, 因而 $T_x V^{2k}$ 是 $T_x M$ 的一个辛子空间, 进而由 ω 的连续性知 V^{2k} 是一个辛子流形, 并且对于任意的 $y \in V^{2k}, d^2 f_y|_{R_y}$ 非退化.

由此, 断言 I 证毕.

下面给出第二个断言.

断言 II 存在 x 的一个开邻域 W, 满足

$$\Sigma_k \cap W = V^{2k} \cap W.$$

断言 II 的证明 取 W 足够小, 可使

$$V^{2k} = V^{2k} \cap W.$$

(1) 由 $d^2 f_y|_{R_y}$ 非退化及连续性可知

$$\mathrm{Rank}(d^2 f|_{R_y}) = \dim R_y = 2(n-k), \quad y \in V^{2k}.$$

(2) 在断言 I 中给出的局部坐标系下, 有 $dF_1 = du_1, \cdots, dF_k = du_k$.

上述两点表明, 对任意的 $y \in V^{2k}, dF_{k+1}, \cdots, dF_n$ 均与 $dF_1, \cdots, dF_k$ 函数相关. 因而 $V^{2k} \subset \Sigma_k \cap W$; 而另一方面, 若 $z \in \Sigma_k \cap W$, 则 $dF_1, \cdots, dF_k$ 在 W 上函数无关, 故 df_z 与 $dF_1, \cdots, dF_k$ 在点 z 线性相关. 故 $z \in V^{2k}$.

断言 II 证毕.

由此, Σ_k 是一个辛子流形, $1 \leqslant k \leqslant n-1$. □

推论 5.3.4 哈密顿系统 $X_H|_{\Sigma_k}$ 是非退化的 Liouville 可积哈密顿系统, $0 \leqslant k \leqslant n$.

定理 5.3.5 若 $H: M^{2k} \to \mathbb{R}$ 是一个非退化的 Liouville 可积哈密顿系统, 则有

$$h_{\mathrm{top}}(X_H) = 0.$$

证明 由于该可积哈密顿系统非退化, 故

$$M = \bigcup_{k=0}^{n} \Sigma_k,$$

并且 $\Sigma_0, \cdots, \Sigma_n$ 均为该系统的不变集, 由拓扑熵的性质, 知

$$h_{\mathrm{top}}(X_H) = \max_{0 \leqslant k \leqslant n} h_{\mathrm{top}}(X_H|_{\Sigma_k}).$$

由推论 5.3.4 和 Liouville-Arnold 定理知, $X_H|_{\Sigma_k}$ 的流拓扑共轭于 $\mathbb{T}^k \times \mathbb{D}^k$ 或 $\mathbb{T}^s \times \mathbb{R}^{k-s} \times \mathbb{D}^k$ 上的线性流, 易得 $h_{\text{top}}(X_H|_{\Sigma_k}) = 0$, 进而 $h_{\text{top}}(X_H) = 0$. □

5.4 拓扑熵为正的光滑 Liouville 可积测地流

在研究者的传统观念里, Liouville 可积的哈密顿系统的动力学是相对简单的, 大家倾向于认为不会有特别复杂的动力学发生. 这种观念在 2000 年前后才被打破, 两位俄罗斯数学家 A. V. Bolsinov 和 I. A. Taimanov 在文献 [22] 中构造了一个三维黎曼流形, 其基本群指数增长, 测地流光滑 Liouville 可积. 由第 4 章介绍的 Dinaburg 定理, 可知测地流的拓扑熵大于零. 这说明 Liouville 可积的哈密顿系统也可以有非常复杂的动力学, 这就是后来所谓的光滑可积混沌现象 (smooth integrable chaos). 本节就来介绍 Bolsinov 和 Taimanov 的这个著名的例子.

令

$$A = \begin{pmatrix} 2 & 1 \\ 1 & 1 \end{pmatrix},$$

由 A 可以诱导出 2 维环面 $\mathbb{T}^2$ 上的线性变换:

$$(x, y)\text{mod}\mathbb{Z}^2 \longrightarrow (2x + y, x + y)\text{mod}\mathbb{Z}^2 = XA\text{mod}\mathbb{Z}^2, \quad X = (x, y).$$

在 $\mathbb{T}^2 \times [0, 1]$ 上定义等价关系 $\sim$ 如下:

$$(X, 0) \sim (X_A, 1).$$

记

$$M_A = \mathbb{T}^2 \times [0, 1]/\sim.$$

现在定义 M_A 上的黎曼度量如下:

$$ds^2 = dw^2 + g_{11}(w)dx^2 + 2g_{12}(w)dxdy + g_{22}(w)dy^2, \tag{5.4.1}$$

其中,

$$G(w) = \begin{pmatrix} g_{11} & g_{12} \\ g_{21} = g_{12} & g_{22} \end{pmatrix} = \exp(-wG_0^{\mathrm{T}})\exp(-wG_0), \quad \exp G_0 = A.$$

事实上, 上面定义的度量同时也定义了柱面 $\mathfrak{C} = \mathbb{T}^2 \times \mathbb{R}$ 上的一个黎曼度量, 这个度量关于由

$$(x, y, w) \to F(x, y, w) = (2x + y, x + y, w + 1)$$

所生成的 $\mathbb{Z}$-作用不变.

命题 5.4.1　在无限柱面 $\mathfrak{C} = \mathbb{T}^2 \times R$ 上, 由 (5.4.1) 确定的度量所决定的测地流在子集 $\{p_w \neq 0\}$ 上容许 3 个函数独立的首次积分.

证明　记 $\mathfrak{C}$ 的余切丛 $T^*\mathfrak{C}$ 上的局部坐标为 (x, y, w, p_x, p_y, p_w). 令

$$F_3 = H = \frac{1}{2}\left(p_w^2 + g^{11}(w)p_x^2 + 2g^{12}(w)p_xp_y + g^{22}(w)p_y^2\right).$$

很容易计算得

$$X_H = \left(g^{11}p_x + g^{12}p_y, g^{22}p_y + g^{12}p_x, p_w, 0, 0, -\frac{\partial H}{\partial w}\right).$$

取

$$F_1 = p_x,\ \ F_2 = p_y.$$

则

$$\nabla F_1 \cdot X_H = \nabla F_2 \cdot X_H = 0.$$

因此 F_1, F_2, F_3 都是首次积分. 又

$$\begin{pmatrix} \nabla F_1 \\ \nabla F_2 \\ \nabla F_3 \end{pmatrix} = \begin{pmatrix} 0 & 0 & 0 & 0 & 1 & 0 & 0 & 0 \\ 0 & 0 & 0 & 0 & 0 & 1 & 0 & 0 \\ * & * & * & * & * & * & * & p_w \end{pmatrix},$$

所以 F_1, F_2, F_3 在 $\{p_w \neq 0\}$ 上函数独立. □

因为 $F(x, y, w) = (2x + y, x + y, w + 1)$, 所以

$$(dF)^{-1} = \begin{pmatrix} 1 & -1 & 0 \\ -1 & 2 & 0 \\ 0 & 0 & 1 \end{pmatrix},$$

其特征值为

$$\frac{3+\sqrt{5}}{2}, \frac{3-\sqrt{5}}{2}, 1,$$

对应的特征向量分别为

$$\left(1, -\frac{1+\sqrt{5}}{2}, 0\right), \left(1, -\frac{1-\sqrt{5}}{2}, 0\right), (0, 0, 1).$$

现在要寻找在变换 F 下不变的首次积分. 之所以要这样, 是因为我们最终考虑的流形是 M_A, 不是 $\mathfrak{C}$.

令

$$I_1 = \left(p_x - \frac{1+\sqrt{5}}{2}p_y\right)\left(p_x - \frac{1-\sqrt{5}}{2}p_y\right),$$

$$I_2 = f(I_1)\sin\left(2\pi\frac{\log\left|p_x - \dfrac{1+\sqrt{5}}{2}p_y\right|}{\log\lambda}\right), \quad f(\omega) = e^{-\frac{1}{\omega^2}}, \quad \lambda = \frac{3+\sqrt{5}}{2},$$

$$I_3 = \frac{1}{2}(p_x, p_y, p_w)\begin{pmatrix} g^{11} & g^{12} & 0 \\ g^{21} & g^{22} & 0 \\ 0 & 0 & 1 \end{pmatrix}\begin{pmatrix} p_x \\ p_y \\ p_w \end{pmatrix}.$$

在 $\mathbb{T}^2$ 上建立新的坐标系, 使得在新的坐标系下, M_A 的黎曼度量的矩阵是对角的. 作变量替换

$$\begin{aligned}
u &= \sqrt{\frac{5+\sqrt{5}}{2}}\left(\frac{\sqrt{5}-1}{2\sqrt{5}}x - \frac{1}{\sqrt{5}}y\right), \\
v &= \sqrt{\frac{5-\sqrt{5}}{2}}\left(\frac{\sqrt{5}+1}{2\sqrt{5}}x + \frac{1}{\sqrt{5}}y\right), \\
w &= w.
\end{aligned}$$

我们有

$$\begin{aligned}
p_u &= \sqrt{\frac{5-\sqrt{5}}{10}}\left(p_x - \frac{1+\sqrt{5}}{2}p_y\right), \\
p_v &= \sqrt{\frac{5+\sqrt{5}}{10}}\left(p_x - \frac{1-\sqrt{5}}{2}p_y\right), \\
p_w &= p_w.
\end{aligned}$$

则在新的坐标系 (u,v,w) 下, M_A 的黎曼度量的表达式为

$$ds^2 = dw^2 + e^{2w\log\lambda}du^2 + e^{-2w\log\lambda}dv^2.$$

辛形式 Ω 的表达式为

$$\Omega_{(u,v,w)} = du \wedge dp_u + dv \wedge dp_v + dw \wedge dp_w.$$

三个首次积分的表达式为

$$
\begin{aligned}
I_1 &= p_u p_v, \\
I_2 &= e^{-\frac{1}{p_u^2 p_v^2}} \sin\left(2\pi \frac{\log p_u}{\log \lambda}\right), \\
I_3 &= \frac{1}{2}\left(p_w^2 + p_z^2 + e^{-2w\log\lambda} p_u^2 + e^{2w\log\lambda} p_v^2\right).
\end{aligned}
$$

容易验证, I_1, I_2, 和 I_3 两两对合, 并且在一全测度子集上函数独立. 因此, 我们得到下面的命题.

命题 5.4.2 函数 I_1, I_2 和 I_3 都是 M_A 上测地流的 C^∞ 光滑的首次积分, 它们两两对合并且在 M_A 的单位余切丛 S^*M_A 的一个全测度子集上函数独立. 因此 M_A 上的测地流是 C^∞-Liouville 可积的.

命题 5.4.3 假设 N 是 M_A 的单位余切丛 S^*M_A 的由下面的点的全体组成的子集:

$$
w = 0, \quad p_x = p_y = 0, \quad p_w = 1,
$$

则 N 与 $\mathbb{T}^2$ 微分同胚, 记测地流

$$
\varphi_t : T^*M_A \to T^*M_A,
$$

则 $\varphi_1 N = N$, 并且 $\varphi_1 |_N = A^{-1}$.

证明 由定义可看出无限柱面 $\mathfrak{C} = T^2 \times \mathbb{R}$ 是 M_A 的覆盖流形, 因此 M_A 的测地流同样将被 $\mathfrak{C}$ 的测地流覆盖. 由命题 5.4.1 知, $F_1 = p_x, F_2 = p_y$ 都是 $\mathfrak{C}$ 的测地流的首次积分, 所以 F_1 和 F_2 沿着测地流的每一条轨线的值都不变, 亦即 p_x 和 p_y 的值不变.

同样地,

$$
F_3 = H = \frac{1}{2}\left(p_w^2 + g^{11}(w)p_x^2 + 2g^{12}(w)p_x p_y + g^{22}(w)p_y^2\right)
$$

也是测地流的首次积分, 其值沿轨线亦不变. 因为 $p_x = p_y = 0$, 所以 $F_3 \equiv \frac{1}{2}$, 所以 $p_w \equiv 1$.

我们知道, $\mathfrak{C}$ 的测地流方程为

$$
\begin{aligned}
\dot{x} &= \frac{\partial H}{\partial p_x}, \quad \dot{p_x} = -\frac{\partial H}{\partial x}, \\
\dot{y} &= \frac{\partial H}{\partial p_y}, \quad \dot{p_y} = -\frac{\partial H}{\partial y}, \\
\dot{w} &= \frac{\partial H}{\partial p_w}, \quad \dot{p_w} = -\frac{\partial H}{\partial w}.
\end{aligned}
$$

经计算得

$$
\dot{x} \equiv 0, \quad \dot{y} \equiv 0, \quad \dot{w} \equiv 1.
$$

所以沿着 N 中的点出发的轨线 x 和 y 的值不变, 而 w 则匀速前进: $w(t) = t + w_0$. 因此, 我们有

$$F_t|_N(x, y, w, p_x, p_y, p_w) = F_t(x, y, 0, 0, 0, 1) = (x, y, t, 0, 0, 1).$$

所以

$$\begin{aligned}\varphi_1|_N(x, y, w, p_x, p_y, p_w) &= (x, y, 1, 0, 0, 1),\\ (x, y, 0) = (X, 0) \to (x, y, 1) &= (X, 1) \sim (XA^{-1}, 0).\end{aligned}$$

即 φ_1 把 N 映射到它自身, 且 $\varphi_1 |_N = A^{-1}$. □

命题 5.4.4 M_A 的基本群 $\pi_1(M_A)$ 是指数增长的.

证明 首先, 容易看出 R^3 是 M_A 的万有覆盖流形, 覆盖变换群的生成元有三个: $a, b, d : \mathbb{R}^3 \to \mathbb{R}^3$, 定义如下:

$$\begin{aligned}a &: (x, y, w) \to (x + 1, y, w),\\ b &: (x, y, w) \to (x, y + 1, w),\\ d &: (x, y, w) \to (2x + y, x + y, w + 1).\end{aligned}$$

因此有

$$\begin{aligned}[a, b] &= a \circ b \circ a^{-1} \circ b^{-1} = e,\\ [d, a] &= d \circ a \circ d^{-1} \circ a^{-1} = ab,\\ [d, b] &= d \circ b \circ d^{-1} \circ b^{-1} = a.\end{aligned}$$

由上述关系, 可知

$$d \circ a \neq a \circ d.$$

因此, 字

$$d \circ a^{\varepsilon_1} \circ d \circ a^{\varepsilon_2} \circ \cdots \circ d \circ a^{\varepsilon_k},$$

当

$$\varepsilon_j = 0, 1$$

变化时是不同的. 所以, 如果用 $\Sigma(m)$ 来表示长度不超过 m 的字的个数, 则有

$$\Sigma(2k) \geqslant 2^k.$$

所以, M_A 的覆盖变换群指数增长. 由定理 4.1.1 知, M_A 的基本群亦指数增长. □

定理 5.4.5　我们有下列结论成立:

(i) S^*M_A 存在一个微分同胚于 $\mathbb{T}^2$ 的子流形 N, 测地流的时间 -1 映射 φ_1 在 N 上的作用等价于 A^{-1};

(ii) M_A 的测地流 C^∞ 光滑可积, 但不解析可积;

(iii) M_A 的由 (5.4.1) 确定的测地流的拓扑熵是正的.

证明　(i) 已由由命题 5.4.3 证明.

(ii) 假设 M_A 的测地流解析可积, 则由 [125] 知 $\pi_1(M_A)$ 多项式增长, 这与命题 5.4.4 矛盾. 因此 M_A 的测地流不解析可积.

(iii) 由命题 5.4.4 和 Dinaburg 定理立得. □

5.5　自然哈密顿系统的异宿轨道

设 (M,g) 是一 n 维光滑连通的完备黎曼流形. 我们考察 M 的余切丛 T^*M 上的非自治自然哈密顿系统

$$H=\frac{1}{2}g^{ij}(q)p_ip_j+V(t,q), \tag{5.5.1}$$

其中, $(g^{ij}(q))$ 是黎曼度量 $g=(g_{ij}(q))$ 的逆矩阵, V 是一 C^1 光滑势能函数. 我们注意到 (5.5.1) 已被很多学者所研究, 可参看文献 [19]. 在 Darboux 坐标系下, (5.5.1) 可以写成如下形式的系统:

$$\begin{cases} \dot{q}_i=\dfrac{\partial H}{\partial p_i}=g^{ij}(q)p_j, \\ \dot{p}_i=-\dfrac{\partial H}{\partial q_i}=-\dfrac{1}{2}\dfrac{\partial g^{kl}}{\partial q_i}p_kp_l-\dfrac{\partial V}{\partial q_i}, \end{cases} \quad i=1,\cdots,n \tag{5.5.2}$$

在上式中, 我们用了 Einstein 求和记号. Einstein 求和记号是对相应的上下标之间求和, 而在后文中, 还会经常出现 $g_{ij}(q)\dot{q}_i\dot{q}_j$ 之类的求和式, 并不满足 Einstein 求和记号的要求, 应该填上一个求和符号, 但为方便起见, 我们也认为这样的式子是对指标 i,j 分别求和, 以后对此将不再说明.

假设

(a) $V\in C^1(\mathbb{R}\times M,\mathbb{R})$, 且在 $\mathbb{R}\times M$ 上 $V(t,q)\leqslant 0$.

(b) 记 $V_0=\{q\in M: V(t,q)=0, 对任意的 t\in\mathbb{R}\}$, 且有

(b_1) $\#V_0\geqslant 2$, $\sigma=\dfrac{1}{3}\min\{\rho(x,y): x,y\in V_0, x\neq y\}>0$, 其中 $\rho(\cdot,\cdot)$ 表示由黎曼度量所诱导的流形 M 上两点之间的距离;

(b_2) 若 $q\notin V_0$, 则对所有的 $t\in\mathbb{R}$ 有 $V(t,q)\neq 0$;

(c) 对 $M \setminus V_0$ 中的任一紧致子集 C, 若 $q \in C$, 则 $\int_0^{\infty} V(t,q)dt = -\infty = \int_{-\infty}^{0} V(t,q)dt$; 并且, 对任意的 $\varepsilon > 0$, 有 $\alpha_\varepsilon > 0$, 其中,

$$\alpha_\varepsilon := \inf\{-V(t,q);\, t \in \mathbb{R},\, q \in M \setminus B_\varepsilon(V_0)\}.$$

(d_1) 对 $M \setminus V_0$ 中的任一紧致子集 C, 若 $q \in C$, 则当 $|t| \to \infty$ 时, 有 $-V(t,q) \to \infty$;

(d_2) 对任意的 $\varepsilon > 0$, 总存在一 $\delta > 0$, 使得如果 $q \in B_\delta(V_0)$, 则 $-V(t,q) \leqslant \varepsilon$.

定理 5.5.1 [91] 假设对自然 Hamilton 系统 (5.5.2), 条件 (a), (b), (c) 都满足, 且条件 (d_1) 和 (d_2) 之一满足, 则对任意的 $x \in V_0$, 都存在 $V_0 \setminus \{x\}$ 中的一点 y, 使得自然哈密顿系统 (5.5.2) 有一连接 x 和 y 的异宿轨道. 换言之, 存在自然哈密顿系统 (5.5.2) 的一个解 $q(t)$, 满足

$$q(-\infty) := \lim_{t \to -\infty} q(t) = x, \quad q(\infty) := \lim_{t \to \infty} q(t) = y.$$

注 5.5.2 条件 (a) 要求 $V(t,q) \leqslant 0$ 并不是本质的, 只要 V 有上界即可; 条件 (b_1) 要求 V_0 是一个至少包含两个点的离散点集, 这是异宿轨道存在的必要条件; (c), (d_1) 和 (d_2) 是一些技术性条件.

我们知道, 通过 Legendre 变换, 自然哈密顿系统 (5.5.2) 等价于如下的拉格朗日系统:

$$\frac{d}{dt}\frac{\partial L}{\partial \dot{q}_i} = \frac{\partial L}{\partial q_i}, \quad L(t,q,\dot{q}) = \frac{1}{2}g_{ij}(q)\dot{q}_i\dot{q}_j - V(t,q), \quad i = 1, \cdots, n. \tag{5.5.3}$$

而拉格朗日系统 (5.5.2) 的解是如下的泛函:

$$I(q) := \int_{-\infty}^{\infty} \left(\frac{1}{2}g_{ij}(q(t))\dot{q}_i(t)\dot{q}_j(t) - V(t,q(t))\right) dt \tag{5.5.4}$$

在范数为

$$\|q\|^2 = |q(0)|^2 + \int_{-\infty}^{\infty} |\dot{q}|_1^2 dt \tag{5.5.5}$$

的 Hilbert 空间

$$\mathcal{H} := \left\{q \in W^{1,2}_{\mathrm{loc}}(\mathbb{R}, M);\, \int_{-\infty}^{\infty} |\dot{q}|_1^2 dt < \infty\right\}$$

中的一个临界点, 其中

$$|\dot{q}|_1^2 = g_{ij}(q)\dot{q}_i\dot{q}_j.$$

$|\cdot|$ 是某个不小于 $2n^2 + n$ 维的欧氏空间中的由标准的平直度量所诱导的欧氏范数, 这里我们已经应用了著名的 Nash 嵌入定理, 把 (M, g) 嵌入到高维欧氏空间中去,

否则 $|q(0)|$ 将没有意义, 因为一般地, 流形上没有坐标系. 我们用 C 来记那些 $\mathbb{R}$ 中的闭包紧致的子集的全体构成的集合, 则

$$W_{\text{loc}}^{1,2}(\mathbb{R}, M) = \{W^{1,2}(J, M) \mid J \subset \mathbb{R}, J \in C\}.$$

我们注意到, 如果 $q \in \mathcal{H}$, 则 $q \in C(\mathbb{R}, M)$, 其中 $C(\mathbb{R}, M)$ 表示从 $\mathbb{R}$ 到 M 的连续映射的全体构成的集合, 也可以看成 M 上的连续曲线的全体构成的集合. 在下文中, 我们用记号 $\rightarrow_w$ 表示 $\mathcal{H}$ 中的序列在由范数诱导的弱拓扑下的收敛性; 用记号 $\rightarrow$ 表示 $\mathcal{H}$ 中的序列在空间 $L^\infty(\mathbb{R}, M)$ 的本性范数 ——L^∞ 范数所诱导的强拓扑下的收敛性, 其中, $L^\infty(\mathbb{R}, M)$ 表示从 $\mathbb{R}$ 到 M 的有界映射的全体在 L^∞ 范数下构成的 Banach 空间.

接下来, 我们将试图寻找泛函 $I(q)$ 在 Hilbert 空间 $\mathcal{H}$ 中的一种临界点：最小值点. 我们将证明一系列的引理. 这些引理将文献 [117] 和 [72] 的某些想法拓展到了我们现在所要研究的自然哈密顿系统中.

回忆条件 (c), 对于 $\varepsilon > 0$, 记

$$\alpha_\varepsilon := \inf\{-V(t, q); t \in \mathbb{R}, q \in M \setminus B_\varepsilon(V_0)\}.$$

则由条件 (c) 知: 对任意的 $\varepsilon > 0$, 有 $\alpha_\varepsilon > 0$.

引理 5.5.1 对 $0 < \varepsilon < \sigma$, 假设 $q \in \mathcal{H}$, 并且当 $t \in \bigcup_{i=1}^k [a_i, b_i]$ 时, 有 $q(t) \in M \setminus B_\varepsilon(V_0)$, 其中 $k \in \mathbb{N}$. 如果 $i \neq j$, 有 $[a_i, b_i] \cap [a_j, b_j] = \varnothing$, 则

$$I(q) \geqslant \sqrt{2\alpha_\varepsilon} \sum_{i=1}^k l(q[a_i, b_i]),$$

其中 $l(q[a_i, b_i])$ 表示曲线段 $\{q(t) \mid t \in [a_i, b_i]\}$ 的长度.

证明 由黎曼流形上曲线长度的定义, 通过直接计算得

$$l := \sum_{i=1}^k l(q[a_i, b_i]) = \int_{\cup_{i=1}^k [a_i, b_i]} |\dot{q}(t)|_1 dt \leqslant s^{1/2} \left(\int_{\cup_{i=1}^k [a_i, b_i]} |\dot{q}(t)|_1^2 dt \right)^{1/2},$$

其中 $s = \sum_{i=1}^k (b_i - a_i)$, 在上式中我们运用了 Cauchy-Schwarz 不等式, 进而可得

$$I(q) \geqslant \int_{\cup_{i=1}^k [a_i, b_i]} \left(\frac{1}{2} |\dot{q}(t)|_1^2 - V(t, q) \right) dt \geqslant \frac{l^2}{2s} + \alpha_\varepsilon s \geqslant l\sqrt{2\alpha_\varepsilon}.$$ □

因为 $\rho(q(a_i), q(b_i)) \leqslant l(q[a_i, b_i])$, 应用引理 5.5.1, 易得

$$I(q) \geqslant \sqrt{2\alpha_\varepsilon} \sum_{i=1}^k \rho(q(a_i), q(b_i)). \tag{5.5.6}$$

引理 5.5.2 对任意的 $q \in \mathcal{H}$ 和任意的实数 $a < b$, 有

$$(l(q[a,b]))^2 \leqslant 2(b-a)I(q).$$

证明 由 $I(q)$ 和 $l(q[a,b])$ 的定义, 分别有

$$I(q) \geqslant \int_{-\infty}^{\infty} \frac{1}{2}|\dot{q}(t)|_1^2 dt \geqslant \int_a^b \frac{1}{2}|\dot{q}(t)|_1^2 dt$$

和

$$(l(q[a,b]))^2 = \left(\int_a^b |\dot{q}(t)|_1 dt\right)^2 \leqslant (b-a)\int_a^b |\dot{q}(t)|_1^2 dt.$$

因此, 由上面两式得

$$(l(q[a,b]))^2 \leqslant 2(b-a)I(q). \qquad \square$$

在下文中, 为了记号方便起见, 在不会引起混乱的情况下, 我们将直接用 $q(a,b)$ 来表示曲线段 $\{q(t); t \in (a,b)\}$, 其中, $a, b \in \mathbb{R}, a < b$.

引理 5.5.3 如果 $q \in \mathcal{H}$, 并且 $I(q) < \infty$, 则有 $q \in L^\infty(\mathbb{R}, M)$.

证明 如果 M 是一有界流形 (注意: 这里我们运用 Nash 嵌入定理, 将该黎曼流形 (M, g) 嵌入到高维欧氏空间中, 所谓的有界是在其所嵌入的欧氏空间中而言的), 则由 $L^\infty(\mathbb{R}, M)$ 的定义知 $q \in L^\infty(\mathbb{R}, M)$.

下面, 我们来证明 M 是一无界流形的情形.

首先, 我们断言: 集合 $\{x \in V_0 \mid \partial B_\sigma(x) \cap q(\mathbb{R}) \neq \varnothing\}$ 是一有限点集.

否则, 就会存在序列 $a_1 < b_2 \leqslant a_2 < \cdots < b_n \leqslant a_n < b_{n+1} \leqslant a_{n+1} < \cdots$, 以及 $\{\xi_i\} \subset V_0$, 使得当 $i \neq j$ 时, 有 $\xi_i \neq \xi_j$, 并且 $q(a_{i-1}, b_i) \cap \overline{B}_\sigma(V_0) = \varnothing$, 其中 $q(b_i), q(a_i) \in \partial B_\sigma(\xi_i)$. 由引理 5.5.1 中的 (5.5.6) 知, 对任意的 $m \in \mathbb{N}$, 有下式成立

$$I(q) \geqslant \sqrt{2\alpha_\sigma} \sum_{i=1}^{m} \rho(q(a_i), q(b_{i+1})) \geqslant m\sigma\sqrt{2\alpha_\sigma}.$$

而这意味着 $I(q) = \infty$, 与已知矛盾. 因此, 断言成立.

现在, 我们采用反证法. 假设 $q \notin L^\infty(\mathbb{R}, M)$. 取 M 中一点, 记为 q_0, 使得存在 $R > 0$, 满足 $q(\mathbb{R}) \cap B_R(q_0) \neq \varnothing$, 并且 $q(t_1, \infty) \cap \overline{B}_\sigma(V_0) = \varnothing$, 其中 $t_1 := \sup\{q(t) \in \partial \overline{B_\sigma(V_0)}\}$.

这样的点 q_0 是存在的. 由上面的断言知, $q(\mathbb{R})$ 只与集合 $\{\partial B_\sigma(x); x \in V_0\}$ 中的有限个元素相交, 不妨记最后一个与 $q(\mathbb{R})$ 相交的元素为 $\{\partial B_\sigma(\xi)\}$, 记 $t_0 := \sup\{q(t) \in \partial B_\sigma(\xi)\}$, 我们先前的假设 $q \notin L^\infty(\mathbb{R}, M)$ 保证了 $t_0 \neq \infty$. 取 $q_0 = \xi$, $R = \sigma$ 即可满足上述要求.

因为 $q \notin L^\infty(\mathbb{R}, M)$, 所以对任意的 $n \in \mathbb{N}$, 必存在 $t_n \in \mathbb{R}$, 使得 $\rho(q(t_n), q(t_1)) > n$, $t_1 < t_n < t_{n+1}$, 并且当 $n \to \infty$ 时, 有 $t_n \to \infty$. 由引理 5.5.1 和 (5.5.6) 知

$$I(q) \geqslant \sqrt{2\alpha_\sigma}\, l(q[t_1, t_n]) \geqslant \sqrt{2\alpha_\sigma}\rho(q(t_1), q(t_n)), \quad n \in \mathbb{N}.$$

这意味着 $I(q) = \infty$, 与已知 $I(q) < \infty$ 矛盾. 因此, 假设 $q \notin L^\infty(\mathbb{R}, M)$ 不成立, 所以 $q \in L^\infty(\mathbb{R}, M)$. □

引理 5.5.4 *如果 $q \in \mathcal{H}$, 并且 $I(q) < \infty$, 则存在 $\xi, \eta \in V_0$, 使得 $q(-\infty) = \xi, q(\infty) = \eta$.*

证明 我们首先定义 q 的 α-极限集 $\alpha(q)$ 和 ω-极限集 $\omega(q)$, 定义如下:

$$\alpha(q) := \left\{\alpha \in M; \exists\{t_n\} \subset \mathbb{R}, t_n \to -\infty, n \to \infty \text{ 使得 } \lim_{n\to\infty} q(t_n) = \alpha\right\},$$
$$\omega(q) := \left\{\omega \in M; \exists\{t_n\} \subset \mathbb{R}, t_n \to \infty, n \to \infty \text{ 使得 } \lim_{n\to\infty} q(t_n) = \omega\right\}.$$

因为 $I(q) < \infty$, 由引理 5.5.3 知 q 的轨道 $q(\mathbb{R})$ 有界, 因此, $\alpha(q) \neq \varnothing$, $\omega(q) \neq \varnothing$. 现在, 我们要证明:

$$\omega(q) \subset V_0, \ \alpha(q) \subset V_0, \ \sharp\omega(q) = 1 = \sharp\alpha(q).$$

也就是说, $\omega(q)$ 和 $\alpha(q)$ 都只含有 V_0 中唯一的一个点.

我们只对 $\omega(q)$ 来证明上述结论, $\alpha(q)$ 的情形可类似证明.

采用反证法. 假设 $\omega(q) \not\subset V_0$, 则必存在一点 $\zeta \in \omega(q)$, 但 $\zeta \notin V_0$. 因此, 存在 $\varepsilon > 0$ 和序列 $\{t_n\} \subset \mathbb{R}$, 使得 $B_\varepsilon(\zeta) \cap B_\varepsilon(V_0) = \varnothing$, $\lim_{n\to\infty} q(t_n) = \zeta$. 其中, $t_n \to \infty$, $n \to \infty$. 这表明存在 $N > 0$, 使得当 $n > N$ 时, 有 $q(t_n) \in B_\varepsilon(\zeta)$. 记 $\mathcal{D}_\zeta := \{t \in [t_{N+1}, \infty); q(t) \in B_{\varepsilon/2}(V_0)\}$, $T_\zeta := \sup \mathcal{D}_\zeta$. 当 $\mathcal{D}_\zeta = \varnothing$ 时, 令 $T_\zeta = t_{N+1}$.

由 T_ζ 的定义可知, 如果 $B_{\varepsilon/2}(V_0)$ 只与曲线段集 $\{q[t_n, t_{n+1}]; n = N+1, N+2, \cdots\}$ 中的有限个相交, 则 $T_\zeta < \infty$, 因此, 由条件 (c) 知

$$I(q) \geqslant \int_{T_\zeta}^{\infty} -V(t, q(t))dt = \infty,$$

这与已知 $I(q) < \infty$ 矛盾.

如果 $B_{\varepsilon/2}(V_0)$ 与曲线段集 $\{q[t_n, t_{n+1}]; n = N+1, N+2, \cdots\}$ 中无限条曲线段相交, 则存在 $[a_{n_k}, b_{n_k}] \subset [t_{n_k}, t_{n_k+1}]$, $k = 1, 2, \cdots$, 其中

$$q(a_{n_k}) \in \partial B_\varepsilon(\zeta), \quad q(b_{n_k}) \in \partial B_{\varepsilon/2}(V_0), \quad q(a_{n_k}, b_{n_k}) \cap B_{\varepsilon/2}(V_0) = \varnothing.$$

由引理 5.5.1 可知, 对任意的 $k \in \mathbb{N}$, 有

$$I(q) \geqslant \frac{\varepsilon}{2} k\sqrt{2\alpha_{\varepsilon/2}}.$$

而这意味着 $I(q)=\infty$, 与已知 $I(q)<\infty$ 矛盾.

由以上两段, 我们可得出结论: 假设 $\omega(q)\not\subseteq V_0$ 不成立. 所以, $\omega(q)\subset V_0$.

现在, 我们只需证明 $\omega(q)$ 只含 V_0 中的一个点.

仍采用反证法. 假设 $\xi,\eta\in\omega(q)$, $\xi\neq\eta$. 则对 $0<\varepsilon\leqslant\sigma$, 必存在 $[a_n,b_n]\subset\mathbb{R}$, $n=1,2,\cdots$, 当 $i\neq j$ 时, $[a_i,b_i]\cap[a_j,b_j]=\varnothing$, 使得 $q(a_n)\in\partial B_\varepsilon(\xi)$, $q(b_n)\in\partial B_\varepsilon(\eta)$, $q(a_n,\,b_n)\cap B_\varepsilon(V_0)=\varnothing$, 则用上面的论证, 可类似地得出 $I(q)=\infty$, 与已知 $I(q)<\infty$ 矛盾.

因此, $\omega(q)$ 只含 V_0 中的一个点.

后文中, 我们将用 $q(\infty)$ 表示 q 的 ω-极限集 $\omega(q)$ 中唯一的极限点; 用 $q(-\infty)$ 表示 q 的 α-极限集 $\alpha(q)$ 中唯一的极限点. 我们已经证明了: $q(\infty)$, $q(-\infty)\in V_0$. □

对任意给定的 $0<\varepsilon\leqslant\sigma$, 固定 $x\in V_0$, 对任意的 $y\in V_0\setminus\{x\}$, 记

$$\mathcal{H}_\varepsilon(y):=\{q(t)\in\mathcal{H};\,q(-\infty)=x,\,q(\infty)=y,\,q(\mathbb{R})\cap B_\varepsilon(V_0\setminus\{x,y\})=\varnothing\}.$$

容易知道集合 $\mathcal{H}_\varepsilon(y)$ 非空. 这是因为 $\mathcal{H}_\varepsilon(y)$ 至少包含下面这条曲线:

$$q(t)=\begin{cases}x, & t\in(-\infty,\,0),\\ g(t), & t\in[0,1],\\ y, & t\in(1,\,\infty),\end{cases}\tag{5.5.7}$$

其中, $g([0,1])$ 是连接 x 和 y 的满足 $g([0,1])\cap B_\varepsilon(V_0\setminus\{x,y\})=\varnothing$ 的长度有限的分段光滑曲线.

记

$$\mu_\varepsilon(y):=\inf_{q\in\mathcal{H}_\varepsilon(y)}I(q).\tag{5.5.8}$$

则 $0<\mu_\varepsilon(y)<\infty$, 并且, $\mu_\varepsilon(y)\to\infty$, $y\to\infty$.

引理 5.5.5 *存在 $q_{\varepsilon,y}\in\mathcal{H}_\varepsilon(y)$, 使得 $I(q_{\varepsilon,y})=\mu_\varepsilon(y)$, 并且 $q_{\varepsilon,y}$ 是系统 (5.5.2) 在 $\mathbb{R}\setminus R(\varepsilon,y)$ 中的 C^2 光滑解, 其中 $R(\varepsilon,y)=\{t\in\mathbb{R};\,q_{\varepsilon,y}(t)\in\partial B_\varepsilon(V_0\setminus\{x,y\})\}$.*

证明 我们定义一个新的集合

$$\mathcal{H}_{1,\varepsilon}(y):=\{q\in\mathcal{H}_\varepsilon(y);\,I(q)\leqslant\mu_\varepsilon(y)+1\}.$$

首先, 我们断言: $\mathcal{H}_{1,\varepsilon}(y)$ 是 $\mathcal{H}$ 的有界子集. 更进一步地, 对任意的 $q\in\mathcal{H}_{1,\varepsilon}(y)$,

$$\mu_\varepsilon(y)+1\geqslant I(q)\geqslant\int_{-\infty}^{\infty}\frac{1}{2}|\dot{q}(t)|_1^2dt.$$

并且存在 $c>0$ 使得对任意的 $q\in\mathcal{H}_{1,\varepsilon}(y)$, 有 $\rho(q(0),x)\leqslant c$.

我们用反证法来证明上述断言.

假设不然, 则对任意的 $k \in \mathbb{N}$, 都存在 $q_k \in \mathcal{H}_{1,\varepsilon}(y)$, 使得 $\rho(q_k(0), x) \geqslant k$. 记

$$t_k := \max\{t < 0;\ q_k(t) \in \partial B_\varepsilon(x)\}.$$

应用引理 5.5.1 和 (5.5.6), 可得

$$I(q_k) \geqslant \sqrt{2\alpha_\varepsilon}\rho(q_k(0), q_k(t_k)) \to \infty, \quad k \to \infty.$$

这与 $I(q) \leqslant \mu_\varepsilon(y) + 1$ 矛盾. 因此存在 $c > 0$, 使得对任意的 $q \in \mathcal{H}_{1,\varepsilon}(y)$, 有 $\rho(q(0), x) \leqslant c$. 进而, 存在一 c^* 使得对任意的 $q \in \mathcal{H}_{1,\varepsilon}$, 有 $|q(0)|^2 \leqslant c^*$.

综上所述以及利用 (5.5.5), 可得

$$\|q\|^2 \leqslant 2(\mu_\varepsilon(y) + 1) + c^* := M_1.$$

因此, 断言得证.

接下来, 我们证明: $\mathcal{H}_{1,\varepsilon}(y)$ 在强拓扑 (范数为: $\|q - x\|_{L^\infty} := \max\{\rho(q(t), x), t \in \mathbb{R}\}$) 下是一有界集. 更进一步地, 有

$$\rho(q(t),\, x) \leqslant \frac{I(q)}{\sqrt{2\alpha_\varepsilon}} + \varepsilon + \rho(x, y).$$

现在, 我们来证明上面的不等式.

如果 $q(t) \in \overline{B}_\varepsilon(x)$, 则

$$\rho(q(t),\, x) \leqslant \varepsilon;$$

如果 $q(t) \in \overline{B}_\varepsilon(y)$, 则

$$\rho(q(t),\, x) \leqslant \varepsilon + \rho(x, y);$$

如果 $q(t) \notin \overline{B}_\varepsilon(x) \cup \overline{B}_\varepsilon(y)$, $\{q(s), s \leqslant t\} \cap \overline{B}_\varepsilon(y) = \varnothing$, 则

$$\rho(q(t),\, x) \leqslant \rho(q(t),\, q(t_x)) + \rho(q(t_x),\, x) \leqslant \frac{I(q)}{\sqrt{2\alpha_\varepsilon}} + \varepsilon,$$

其中, $t_x = \max\{s < t;\ q(s) \in \partial B_\varepsilon(x)\}$;

如果 $q(t) \notin \overline{B}_\varepsilon(x) \cup \overline{B}_\varepsilon(y)$, $\{q(s), s \leqslant t\} \cap \overline{B}_\varepsilon(y) \neq \varnothing$, 则

$$\rho(q(t),\, x) \leqslant \rho(q(t), q(t_y)) + \rho(q(t_y), y) + \rho(x, y) \leqslant \frac{I(q)}{\sqrt{2\alpha_\varepsilon}} + \varepsilon + \rho(x, y),$$

其中, $t_y = \max\{s < t;\ q(s) \in \partial B_\varepsilon(y)\}$.

因此, 不等式得证.

我们给出第三个断言: $\mathcal{H}_{1,\varepsilon}(y)$ 中的任一序列都等度连续.

事实上, 对任意的 $q \in \mathcal{H}_{1,\varepsilon}(y)$, 任取 $r, s \in \mathbb{R}$, 由引理 5.5.2 知

$$\rho(q(s),\, q(r)) \leqslant \sqrt{2I(q)|s-r|} \leqslant \sqrt{2(\mu_\varepsilon(y)+1)}\sqrt{|s-r|}.$$

因而, 断言得证.

设 $\{q_m\}$ 是 (5.5.8) 的最小化序列, 即 $\lim_{m\to\infty} I(q_m) = \mu_\varepsilon(y)$. 由 $H_{1,\varepsilon}(y)$ 的定义, 不失一般性, 我们不妨假设 $\{q_m\} \subset \mathcal{H}_{1,\varepsilon}(y)$ (否则取一个子序列即可), 这样, 上面的第一个断言表明: $\{q_m\}$ 是 Hilbert 空间 $\mathcal{H}$ 中的一个有界序列. 因此, 在 $\mathcal{H}$ 的弱拓扑下, $\{q_m\}$ 必存在一弱收敛的子序列, 记其极限元为 $q_{\varepsilon,y}$. 不失一般性, 同时也是为了记号的方便起见, 不妨假设 $q_m \to_w q_{\varepsilon,y}$(否则取 $\{q_m\}$ 的一个子序列即可). 由上面第二个和第三个断言, 可知: 序列 $\{q_m\}$ 一致有界并且等度连续, 则由 Arzela-Ascoli 定理可得: 在空间 $L^\infty_{\mathrm{loc}}(\mathbb{R},\, M)$ 中, 有 $q_m \to q_{\varepsilon,y}$.

然后, 我们来证明:

$$I(q_{\varepsilon,y}) \leqslant \mu_\varepsilon(y).$$

对固定的实数 $a, b \in \mathbb{R}, a < b$, 定义

$$I_{a,b}(q) := \int_a^b \left(\frac{1}{2}|\dot{q}(t)|_1^2 - V(t, q(t))\right) dt. \tag{5.5.9}$$

由后面的引理 5.5.9 可知: $I_{a,b}(q)$ 在 $\mathcal{H}$ 的弱拓扑下是下半连续的. 由于

$$I_{a,b}(q_m) \leqslant I(q_m) \leqslant \mu_\varepsilon(y) + 1,$$

因此, 我们有

$$I_{a,b}(q_{\varepsilon,y}) \leqslant \liminf_{m\to\infty} I_{a,b}(q_m) \leqslant \lim_{m\to\infty} I(q_m) = \mu_\varepsilon(y) \leqslant \mu_\varepsilon(y) + 1.$$

因为 $q_{\varepsilon,y} \in \mathcal{H}$, 所以其在 $\mathbb{R}$ 上连续. 由 $a, b \in \mathbb{R}$ 的任意性, 令 $a \to -\infty, b \to \infty$, 可得出 $I(q_{\varepsilon,y}) \leqslant \mu_\varepsilon(y)$.

最后, 我们来证明

$$q_{\varepsilon,y} \in \mathcal{H}_\varepsilon(y).$$

我们给出本引理证明中的第四个断言: $q_{\varepsilon,y}(\mathbb{R}) \cap B_\varepsilon(V_0 \setminus \{x, y\}) = \varnothing$.

采用反证法来证明该断言. 若断言不成立, 则必存在 $\xi \in V_0 \setminus \{x, y\}$, $t_0 \in \mathbb{R}$ 使得 $q_{\varepsilon,y}(t_0) \in B_\varepsilon(\xi)$. 因为在 t_0 的邻域内, 在强拓扑下, q_m 一致地收敛到 $q_{\varepsilon,y}$, $q_m \to q_{\varepsilon,y}$, 所以, 存在充分大的正整数 N, 使得当 $m > N$ 时, $q_m(t_0) \in B_\varepsilon(\xi)$. 这与 $q_m \in \mathcal{H}_\varepsilon(y)$ 矛盾, 因此, 假设不成立, 断言得证.

接下来, 我们只需证明 $q_{\varepsilon,y}(-\infty) = x$, $q_{\varepsilon,y}(\infty) = y$ 即可.

引理 5.5.4 表明：$q_{\varepsilon,y}(-\infty) \in V_0 \ni q_{\varepsilon,y}(\infty)$. 另外, 由上面的第四个断言可得：$q_{\varepsilon,y}(-\infty), q_{\varepsilon,y}(\infty) \in \{x, y\}$.

我们仍采用反证法. 假设 $q_{\varepsilon,y}(\infty) = x$, 下面要分情况讨论.

情况 1 V 满足条件 (d_1). 因为 $q_{\varepsilon,y}(\infty) = x$, 所以存在实数 $t_* \in \mathbb{R}$ 使得若 $t \geqslant t_*$, 就有 $q_{\varepsilon,y}(t) \in B_{\varepsilon/2}(x)$. 对于任意的 $s > t_*$, 因为在区间 $[t_*, s]$ 上, 序列 $\{q_m\}$ 在强拓扑下一致地收敛到 $q_{\varepsilon,y}$, $q_m \to q_{\varepsilon,y}$, 所以存在 $N(s) > 0$, 使得当 $m > N(s)$, $t \in [t_*, s]$ 时, 有 $q_m(t) \in B_\varepsilon(x)$. 我们任选一个这样的 m, 记为 $m(s)$. 由 $H_\varepsilon(y)$ 的定义, 知 $q_{m(s)}(\infty) = y$, 因此, 记 $t_1(s) = \max\{t \in \mathbb{R}; q_{m(s)}(t) \in \partial B_\varepsilon(x)\}$, $t_2(s) = \min\{t \in \mathbb{R}; q_{m(s)}(t) \in \partial B_\varepsilon(y)\}$. 易知 $s < t_1(s) < t_2(s)$. 由此, 我们可得

$$t_2(s) - t_1(s) \geqslant \frac{(l(q[t_1(s), t_2(s)]))^2}{2\,(\mu_\varepsilon(y) + 1)} \geqslant \frac{\sigma^2}{2\,(\mu_\varepsilon(y) + 1)} := c > 0,$$

第一个不等号是由于引理 5.5.2 和 $I(q_m) \leqslant \mu_{\varepsilon,y} + 1$, 而第二个不等号则用到了条件 (b_1).

因此, 由积分的中值定理可得

$$\begin{aligned} I(q_{m(s)}) &\geqslant \int_{t_1(s)}^{t_2(s)} -V(t, q_{m(s)}(t))dt \\ &= -V(t_s, q_{m(s)}(t_s))(t_2(s) - t_1(s)) \geqslant -cV(t_s, q_{m(s)}(t_s)), \end{aligned}$$

其中 $t_s \in [t_1(s), t_2(s)]$. 由于 $q_{m(s)}(t_s) \notin B_\varepsilon(\mathcal{V})$, $t_s > s$ 和 $\{q_m\} \subset \mathcal{H}_{1,\varepsilon}$ 在强拓扑下的一致有界性, 利用条件 (d_1), 可得 $I(q_{m(s)}) \to \infty$ $(s \to \infty)$, 这与 $I(q_m) \leqslant \mu_{\varepsilon,y} + 1$, $m \in \mathbb{N}$ 矛盾. 因此, 假设 $q_{\varepsilon,y}(\infty) = x$ 不成立, 所以, $q_{\varepsilon,y}(-\infty) = x$. 类似地, 可以证明 $q_{\varepsilon,y}(\infty) = y$.

情况 2 V 满足条件 (d_2). 首先容易看出, $q_{\varepsilon,y}(t) \equiv x$ 这种情况是不会发生的. 这是因为每一个 q_m 都连接 x 和 y, 并且在 $\mathcal{H}$ 中, 有 $q_m \to_w q_{\varepsilon,y}$. 因此, 存在实数 t_0, 使得 $q_{\varepsilon,y}(t_0) \neq x$. 这样, 必存在 $k \in \mathbb{N}$, $k \geqslant 2$, $t_1^* \in \mathbb{R}$ 使得 $q_{\varepsilon,y}(t_1^*) \in \partial B_{\varepsilon/(k-1)}(x)$. 由条件 (d_2) 知：对于 $\frac{\varepsilon}{4k}\sqrt{\alpha_{\varepsilon/(2k)}}$, 存在一个 δ, 使得

$$\max_{\rho(q,x) \leqslant 2\delta} (-V(t, q)) < \frac{\varepsilon}{4k}\sqrt{\alpha_{\varepsilon/(2k)}}.$$

然后, 取 $\delta < \varepsilon/(4k)$ 充分小, 使得

$$2\delta^2 < \frac{\varepsilon}{4k}\sqrt{\alpha_{\varepsilon/(2k)}}(\sqrt{2} - 1).$$

则此时

$$2\delta^2 + \max_{\rho(q,x) \leqslant 2\delta} (-V(t, q)) < \frac{\varepsilon}{4k}\sqrt{2\alpha_{\varepsilon/(2k)}}. \tag{5.5.10}$$

因为 $q_{\varepsilon,y}(\infty)=x$, 所以存在 $t_2^*>t_1^*$, 使得对一切 $t\geqslant t_2^*$, 均有 $q_{\varepsilon,y}(t)\in B_\delta(x)$. 因为在闭区间 $[t_1^*,t_2^*]$ 上, 序列 $\{q_m\}$ 在强拓扑下一致地趋向于 $q_{\varepsilon,y}$, 所以存在实数 N, 使得对任意的 $m>N$, 有 $q_m(t_1^*)\in M\setminus B_{\varepsilon/k}(x)$, $q_m(t_2^*)\in B_{2\delta}(x)$. 因此, 对于 $m>N$, 有

$$I(q_m)\geqslant\sqrt{2\alpha_{\varepsilon/(2k)}}\frac{\varepsilon}{2k}+\int_{t_2^*}^{\infty}L(t,q_m(t),\dot q_m(t))dt.$$

令

$$Q_m(t)=\begin{cases}x, & t<t_2^*-1,\\ g_m(t), & t\in[t_2^*-1,t_2^*],\\ q_m(t), & t>t_2^*,\end{cases}$$

其中 $g_m(t)$ 是连接 x 和 $q_m(t_2^*)$ 的最短测地线, 当 δ 充分小时, 由 [104] 中的推论 10.8 知这样的测地线总是存在的. 很明显, $Q_m\in\mathcal{H}_\varepsilon(y)$. 因为 $|\dot g_m(t)|$ 恒为常数, $\rho(q_m(t_2^*),x)<2\delta$, 可得

$$\int_{t_2^*-1}^{t_2^*}g_{ij}(g_m(t))\dot g_m^i(t)\dot g_m^j(t)dt\leqslant(2\delta)^2.$$

由于在区间 $(-\infty,t_2^*-1]$ 上 $L(t,Q_m,\dot Q_m)\equiv 0$, 易知下式成立

$$\begin{aligned}I(Q_m)&=\int_{t_2^*-1}^{t_2^*}\left(\frac{1}{2}g_{ij}(g_m(t))\dot g_m^i(t)\dot g_m^j(t)-V(t,g_m(t))\right)dt+\int_{t_2^*}^{\infty}L(t,q_m(t),\dot q_m(t))dt\\&\leqslant\frac{1}{2}(2\delta)^2+\max_{\rho(q,x)\leqslant 2\delta}\{-V(t,q)\}+I(q_m)-\sqrt{2\alpha_{\varepsilon/(2k)}}\frac{\varepsilon}{2k}\\&\leqslant I(q_m)-\frac{\varepsilon}{4k}\sqrt{2\alpha_{\varepsilon/(2k)}}.\end{aligned}$$

这意味着

$$\begin{aligned}\inf\nolimits_{q\in\mathcal{H}_\varepsilon(y)}I(q)&\leqslant\liminf_{m\to\infty}I(Q_m)\leqslant\lim_{m\to\infty}I(q_m)-\frac{\varepsilon}{4k}\sqrt{2\alpha_{\varepsilon/(2k)}}\\&=\inf_{q\in\mathcal{H}_\varepsilon(y)}I(q)-\frac{\varepsilon}{4k}\sqrt{2\alpha_{\varepsilon/(2k)}},\end{aligned}$$

矛盾! 因此, $q_{\varepsilon,y}(\infty)=y$.

综上所述, 我们得到 $q_{\varepsilon,y}\in\mathcal{H}_{1,\varepsilon}\subset\mathcal{H}_\varepsilon$, $I(q_{\varepsilon,y})=\mu_\varepsilon(y)$, 这证明了 $q_{\varepsilon,y}$ 是泛函 I 在 $\mathcal{H}_\varepsilon(y)$ 中的最小值点.

对上面得到的 $q_{\varepsilon,y}$ 和任意区间段 $(r,s)\subset\mathbb{R}\setminus R(\varepsilon,y)$, 由标准的变分方法, 易得泛函 $I(q)$ 在 $q_{\varepsilon,y}$ 处的一阶变分 (first variation) 为零, 因而 $q_{\varepsilon,y}$ 是泛函 I 的一个临界点, 进而有

$$L_{\dot q}(t,q_{\varepsilon,y},\dot q_{\varepsilon,y})=\int_r^t L_q(\nu,q_{\varepsilon,y},\dot q_{\varepsilon,y})d\nu-c,\quad t\in[r,s],\tag{5.5.11}$$

其中 $L(t,q,\dot{q})$ 的定义见 (5.5.3), c 是积分常数, 上式称为欧拉积分方程. 容易验证等式 (5.5.11) 右边的函数是绝对连续的. 因为 $L_{\dot{q}\dot{q}}$ 正定, 由隐函数定理可知 $\dot{q}_{\varepsilon,y}(t)$ 在 $[r,s]$ 上是 C^0 的, 因而 $q_{\varepsilon,y}\in C^1[r,s]$, 所以等式 (5.5.11) 右边的函数也是 C^1 的. 再次应用隐函数定理, 可得 $\dot{q}_{\varepsilon,y}\in C^1[r,s]$, 因而 $q_{\varepsilon,y}\in C^2[r,s]$.

由欧拉积分方程和哈密顿方程之间的关系, 我们得出 $q_{\varepsilon,y}$ 是系统 (5.5.2) 在区间 $[r,s]$ 上的 C^2 光滑解, 因而也是 $\mathbb{R}\setminus R(\varepsilon,y)$ 上的 C^2 光滑解. □

引理 5.5.6　对任意的 $A>0$ 和 $y\in V_0\setminus\{x\}$, 如果 $q\in\{q\in\mathcal{H};q(-\infty)=x,q(\infty)=y,I(q)\leqslant A\}$, 则存在被 A,σ,α_σ 确定的常数 $\mathcal{K}$, 使得

$$\rho(q(t),x))\leqslant\mathcal{K}:=\frac{3A}{\sqrt{2\alpha_\sigma}}+3\sigma.$$

证明　对任意给定的实数 $t\in\mathbb{R}$, 不失一般性, 我们不妨假设 $q(t)\notin\overline{B_\sigma(V_0)}$. 若不然, 则由于 $q\in\{q\in\mathcal{H};q(-\infty)=x,q(\infty)=y,I(q)\leqslant A\}$ 和条件 (b_1), 易知, 必存在一实数 $\tau\in\mathbb{R}$, 使得 $q(\tau)\notin\overline{B_\sigma(V_0)}$, $\rho(q(t),q(\tau))\leqslant 2\sigma$. 由于有关系 $\rho(q(t),x)\leqslant\rho(q(\tau),x)+2\sigma$, 则在下文的证明中, 用 τ 代替 t 即可.

记 $t_0=\max\{s\in\mathbb{R};q(s)\in\partial B_\sigma(x),q(-\infty,s)\cap\overline{B_\sigma(V_0\setminus\{x\})}=\varnothing\}$.

如果 $t_0>t$, 则必存在一实数 s_0, 满足条件 $t<s_0\leqslant t_0$, 使得 $s_0\in\partial B_\sigma(x)$, $q[t,s_0]\cap B_\sigma(x)=\varnothing$. 由引理 5.5.1 知

$$A\geqslant I(q)\geqslant\sqrt{2\alpha_\sigma}\rho(q(t),q(s_0)).$$

因此, 我们得到

$$\rho(q(t),x)\leqslant\rho(q(t),q(s_0))+\sigma\leqslant A/\sqrt{2\alpha_\sigma}+\sigma.$$

如果 $t_0<t$, 由 q 的连续性并且由引理 5.5.3: $q\in L^\infty(\mathbb{R},M)$, 我们可得出 $q[t_0,s]\subset M$ 是紧致的. 由条件 (b_1) 可知 V_0 中的点都是离散的, 因此, 至多只能存在有限多个 (可能一个都没有) 点, 记为 $s_0=t_0<s_1\leqslant t_1<s_2\leqslant t_2<\cdots<s_{k-1}\leqslant t_{k-1}<s_k=t$, $1\leqslant k\in\mathbb{N}$, $\xi_i\in V_0$, 满足条件 $\xi_i\neq\xi_j$, $1\leqslant i\neq j\leqslant k-1$, 使得 $q(s_i),q(t_i)\in\partial B_\sigma(\xi_i)$, $i=1,\cdots,k-1$; $q(t_i,s_{i+1})\cap B_\sigma(V_0)=\varnothing$, $k=0,1,\cdots,k-1$. 由引理 5.5.1 知

$$I(q)\geqslant\sqrt{2\alpha_\sigma}\sum_{i=1}^{k}\rho(q(t_{i-1}),q(s_i))\geqslant\sqrt{2\alpha_\sigma}(k-1)\sigma.$$

这表明

$$\sum_{i=1}^{k}\rho(q(t_{i-1}),q(s_i))\leqslant\frac{A}{\sqrt{2\alpha_\sigma}},\quad k\leqslant\frac{A}{\sigma\sqrt{2\alpha_\sigma}}+1.$$

运用三角不等式, 可得

$$\rho(q(t),x)\leqslant\sum_{i=1}^{k}\rho(q(t_{i-1}),q(s_i))+(2k-1)\sigma\leqslant\frac{3A}{\sqrt{2\alpha_\sigma}}+\sigma.$$

又注意到本引理证明中第一段的注解, 可知本引理得证. □

我们注意到, 在引理 5.5.6 的证明中, 常数 $\mathcal{K}$ 与点 y 的选取无关.

引理 5.5.7 对于 $0<\varepsilon\leqslant\sigma$, 记

$$\mu_\varepsilon=\inf\{\mu_\varepsilon(y);\,y\in V_0\setminus\{x\}\}.$$

则存在 $y\in V_0\setminus\{x\}$ 和序列 $\{\varepsilon_j\}$, 使得 $I(q_{\varepsilon_j,y})=\mu_{\varepsilon_j}(y)=\mu_{\varepsilon_j}$, 其中, $0<\varepsilon_{j+1}<\varepsilon_j\leqslant\sigma$, 并且, 当 $j\to\infty$ 时, 有 $\varepsilon_j\to 0$.

证明 由于 $0<\mu_\varepsilon$ 是一常数, 并且满足条件: 当 $\rho(x,y)\to\infty$ 时, 有 $\mu_\varepsilon(y)\to\infty$. 而 V_0 中都是一致离散点, 因此, 存在一常数 $R_\varepsilon>0$ 和一点 $y_\varepsilon\in B_{R_\varepsilon}(x)\cap(V_0\setminus\{x\})$ 使得 $\mu_\varepsilon=\mu_\varepsilon(y_\varepsilon)$, 其中, $\mu_\varepsilon(y)$ 的定义见 (5.5.8).

取一序列 $\{\varepsilon_j\}$, 使得 $\varepsilon_1\leqslant\sigma$, $\varepsilon_j>\varepsilon_{j+1}$; 并且, 当 $j\to\infty$ 时, 有 $\varepsilon_j\to 0$. 由于 $\mu_{\varepsilon_j}(y)\geqslant\mu_{\varepsilon_{j+1}}(y)$, 所以 $\mu_{\varepsilon_j}\geqslant\mu_{\varepsilon_{j+1}}$, 并且存在 $y_{\varepsilon_j}\in V_0\setminus\{x\}$ 使得 $\mu_{\varepsilon_j}=\mu_{\varepsilon_j}(y_{\varepsilon_j})$. 由引理 5.5.5 知: 存在 $\mathcal{H}_{\varepsilon_j}(y_{\varepsilon_j})$ 中的元素, 记为 $q_{\varepsilon_j,y_{\varepsilon_j}}$, 使得 $I(q_{\varepsilon_j,y_{\varepsilon_j}})=\mu_{\varepsilon_j}(y_{\varepsilon_j})$. 因为对一切 $j\in\mathbb{N}$, 都有 $I(q_{\varepsilon_j,y_{\varepsilon_j}})\leqslant\mu_{\varepsilon_1}$ 成立, 则由引理 5.5.6 知: 序列 $\{q_{\varepsilon_j,y_{\varepsilon_j}}\}_{j=1}^{\infty}$ 一致有界. 进而, 序列 $\{y_{\varepsilon_j}\}\subset V_0\setminus\{x\}$ 也有界. 由于 V_0 中所含之点都是一致离散的, 因而, 其必包含一常子序列. 不失一般性, 为方便起见, 不妨取 $\{q_{\varepsilon_j,y_{\varepsilon_j}}\}_{j=1}^{\infty}$ 本身就是一个常序列, 即对任意的 j, 都有 $y_{\varepsilon_j}=y\in V_0\setminus\{x\}$. 因而

$$I(q_{\varepsilon_j,y})=\mu_{\varepsilon_j}(y)=\mu_{\varepsilon_j}.$$

□

引理 5.5.8 对于充分大的 $j\in\mathbb{N}$, $q_{\varepsilon_j,y}$ 是系统 (5.5.2) 连接 x 和 y 的异宿解.

证明 在下面的证明中, 为了记号的方便起见, 我们令 $q_j:=q_{\varepsilon_j,y}$.

为了证明本引理, 根据引理 5.5.5, 我们只需证明对充分大的 $j\gg 1$, 有 $q_j(\mathbb{R})\cap\partial B_{\varepsilon_j}(V_0\setminus\{x,y\})=\varnothing$ 即可.

采用反证法. 假设不然, 则必存在 $\{j\}_{j=1}^{\infty}$ 的一个子序列 $\{j_m\}$, 一个时间序列 $\{t_{j_m}\}$ 及一个点列 $\{\eta_{j_m}\}\subset V_0\setminus\{x,y\}$, 使得

$$q_{j_m}(t_{j_m})\in\partial B_{\varepsilon_{j_m}}(\eta_{j_m}),$$

$$q_{j_m}(-\infty,t_{j_m})\cap\partial B_{\varepsilon_{j_m}}(V_0\setminus\{x,y\})=\varnothing,$$

其中, 当 $m\to\infty$ 时, $j_m\to\infty$. 因为 $I(q_{j_m})=\mu_{\varepsilon_{j_m}}\leqslant\mu_{\varepsilon_1}$, 由引理 5.5.1 知 $\{\eta_{j_m}\}$ 是一有界序列. 否则, 就会得到 $\limsup_{m\to\infty}I(q_{j_m})=\infty$, 与 $I(q_{j_m})=\mu_{\varepsilon_{j_m}}\leqslant\mu_{\varepsilon_1}$

矛盾. 由于 V_0 中所含的点都是一致离散的, 因而, $\{\eta_{j_m}\}$ 必包含一常子序列. 不失一般性, 为方便起见, 直接取 $\{\eta_{j_m}\}$ 本身就是一常序列即可, 故此, 可令 $\eta_{j_m}=\eta$, $m\in\mathbb{N}$.

下面我们分两种情况来讨论:

情况 1 存在 $\{j_m\}$ 的一个子序列, 为记号方便起见, 仍记为 $\{j_m\}$, 使得对一切 $t<t_{j_m}$, 都有 $q_{j_m}(t)\notin\partial B_{\varepsilon_{j_m}}(y)$ 成立;

情况 2 存在 $K\in\mathbb{N}$, 对任意的 $m>K$, 存在相应的 $\tau_{j_m}<t_{j_m}$, 使得 $q_{j_m}(\tau_{j_m})\in\partial B_{\varepsilon_{j_m}}(y)$.

不失一般性, 我们假设 $q_{j_m}(-\infty,\tau_{j_m})\cap\partial B_{\varepsilon_{j_m}}(V_0\setminus\{x\})=\varnothing$.

对情况 1, 当 m 充分大时, 令

$$Q_{j_m}=\begin{cases}q_{j_m}(t), & t\leqslant t_{j_m},\\ g_{j_m}(t), & t_{j_m}<t\leqslant t_{j_m}+\varepsilon_{j_m},\\ \eta, & t>t_{j_m}+\varepsilon_{j_m},\end{cases}$$

其中 g_{j_m} 表示连接 η 和 $q_{j_m}(t_{j_m})$ 的最短测地线, 由于当 $m\to\infty$ 时, $\varepsilon_{j_m}\to0$, 而 $q_{j_m}(t_{j_m})\in\partial B_{\varepsilon_{j_m}}(\eta)$, 因此, 由 [104] 中的推论 10.8 知, 这样的测地线总是存在的. 现在 $Q_{j_m}\in\mathcal{H}_{\varepsilon_{j_m}}(\eta)$, 更进一步地, 有

$$\begin{aligned}&I(q_{j_m})-I(Q_{j_m})\\ =&\int_{t_{j_m}}^{\infty}L(t,q_{j_m},\dot q_{j_m})dt-\int_{t_{j_m}}^{t_{j_m}+\varepsilon_{j_m}}\left[\frac12|\dot Q_{j_m}(t)|_1^2-V(t,Q_{j_m}(t))\right]dt\\ \geqslant&\sigma\sqrt{2\alpha_\sigma}-\int_{t_{j_m}}^{t_{j_m}+\varepsilon_{j_m}}\frac12|\dot g_{j_m}(t)|_1^2dt+\int_{t_{j_m}}^{t_{j_m}+\varepsilon_{j_m}}V(t,g_{j_m}(t))dt,\end{aligned}\tag{5.5.12}$$

其中, 不等号后的第一项应用了引理 5.5.1 和 q_{j_m} 连接了 $\partial B_\sigma(y)$ 和 $\partial B_\sigma(\eta)$ 的事实. 由于在 $t\in[t_{j_m},t_{j_m}+\varepsilon_{j_m}]$ 上, $|\dot g_{j_m}(t)|_1$ 恒为常数, 并且当 $m\to\infty$ 时, 有 $\varepsilon_{j_m}\to0$, 因此, 易知 (5.5.12) 中的第二项当 $m\to\infty$ 时趋向于 0. 现在, 我们来证明 (5.5.12) 中的第三项当 $m\to\infty$ 时也趋向于 0.

如果 V 满足条件 (d_2), 由于测地线段 $g_{j_m}[t_{j_m},t_{j_m}+\varepsilon_{j_m}]\subset\overline{B}_{\varepsilon_{j_m}}(\eta)$, 应用积分中值定理知, 当 $m\to\infty$ 时, $\displaystyle\int_{t_{j_m}}^{t_{j_m}+\varepsilon_{j_m}}V(t,g_{j_m}(t))dt\to0$.

如果 V 满足条件 (d_1), 我们首先来证明序列 $\{t_{j_m}\}$ 有界. 假若不然, 不失一般性, 假设它没有下界. 记 $s_{j_m}=\max\{t\in\mathbb{R};\,q_{j_m}(t)\in\partial B_\sigma(x)\}$, $r_{j_m}=\min\{t>s_{j_m};\,q_{j_m}(t)\in\partial B_\sigma(\eta)\}$, 则 $s_{j_m}<r_{j_m}\leqslant t_{j_m}$. 由引理 5.5.2 可得

$$r_{j_m}-s_{j_m}\geqslant\sigma^2/(2\mu_{j_m})\geqslant\sigma^2/(2\mu_{j_1}):=c>0.$$

另外,

$$\begin{aligned}\mu_{j_1} \geqslant \mu_{j_m} = I(q_{j_m}) &\geqslant \int_{s_{j_m}}^{r_{j_m}} -V(t, q_{j_m}(t))dt \\ &= -V(t_{j_m}^*, q_{j_m}(t_{j_m}^*))(r_{j_m} - s_{j_m}) \\ &\geqslant -cV(t_{j_m}^*, q_{j_m}(t_{j_m}^*)),\end{aligned}$$

上式中应用了积分中值定理, $t_{j_m}^* \in [s_{j_m}, r_{j_m}]$. 由引理 5.5.6, $\{q_{j_m}\}$ 有界. 由于 $q_{j_m}(t_{j_m}^*) \notin B_{\varepsilon_{j_m}}(V_0)$ 和 V 满足条件 (d_1), 我们得出

$$\mu_{j_1} \geqslant \limsup_{m\to\infty} \left(-cV(t_{j_m}^*, q_{j_m}(t_{j_m}^*))\right) = \infty,$$

矛盾. 上式中我们应用了反证中的假设 $\liminf_{m\to\infty} t_{j_m}^* = -\infty$. 因此假设不成立, 所以 $\{t_{j_m}\}$ 有界.

由于序列 $\{q_{j_m}(t)\}$ 和 $\{t_{j_m}\}$ 都有界, 则由 $V(t,q)$ 的连续性可知 $\{V(t, q_{j_m}(t));$ $t \in [t_{j_m}, t_{j_m} + \varepsilon_{j_m}], m \in \mathbb{N}\}$ 一致有界, 这意味着 $\int_{t_{j_m}}^{t_{j_m}+\varepsilon_{j_m}} V(t, g_{j_m}(t))dt \to 0.$

上面的证明表明对所有的充分大的 m, 都有 $I(Q_{j_m}) < I(q_{j_m}) = \mu_{\varepsilon_{j_m}}$. 但是, 由于 $Q_{j_m} \in \mathcal{H}_{\varepsilon_{j_m}}(\eta)$, 应用引理 5.5.7 可得 $I(Q_{j_m}) \geqslant \mu_{\varepsilon_{j_m}}(\eta) \geqslant \mu_{\varepsilon_{j_m}} = I(q_{j_m})$. 矛盾.

对情况 2, 和情况 1 的情形类似, 我们可以定义序列 $\{Q_{j_m}(t)\}$, 只不过要用 τ_{j_m} 来取代 t_{j_m}, 用 y 来取代 η. 运用类似的论证可得出：当 m 足够大时, 有 $I(Q_{j_m}) < I(q_{j_m}) = \mu_{\varepsilon_{j_m}}$. 矛盾! 我们注意到此时 $\{Q_{j_m}(t)\} \subset \mathcal{H}_{\varepsilon_{j_m}}(y)$.

综上所述, 我们得出当 j 充分大时, $q_j(\mathbb{R}) \cap \partial B_{\varepsilon_j}(V_0 \setminus \{x, y\}) = \varnothing$. 由本引理证明中开始部分的注解知, 本引理得证. □

定理 5.5.1 的证明 由引理 5.5.7 和引理 5.5.8, 定理 5.5.1 得证. □

现在, 我们证明 (5.5.9) 的下半连续性.

引理 5.5.9 对于任意给定的实数 $a < b$, (5.5.9) 中定义的泛函 $I_{a,b}(q)$ 限制在 $\mathcal{H}_{1,\varepsilon}$ 中, 在弱拓扑下是下半连续的.

证明 我们断言: 如果 $\{q_m\} \subset \mathcal{H}_{1,\varepsilon}$, 并且, 当 $m \to \infty$ 时, 在 $\mathcal{H}$ 中, 有 $q_m \to_w q$, 则有

$$\int_a^b \phi(q_m - q)dt \to 0, \text{ 对任意的 } \phi \in L[a,b],$$

$$\int_a^b \phi(\dot{q}_m - \dot{q})dt \to 0, \text{ 对任意的 } \phi \in L^2[a,b].$$

首先, 在 $C[a,b]$ 中, $q_m \to q$. 事实上, 由引理 5.5.5 的证明可知：序列 $\{q_m\}$ 在 $C[a,b]$ 中一致有界并且等度连续. 由假设 $q_m \to_w q$, 应用 Arzela-Ascoli 定理, 可知在 $C[a,b]$ 上, $q_m \to q$(一致收敛).

现在, 由于当 $m\to\infty$ 时, $\|q_m-q\|_{L^\infty}\to 0$(一致收敛), 因此上述第一个断言可由下式立得,

$$\left|\int_a^b \phi(q_m-q)dt\right|\leqslant \|q_m-q\|_{L^\infty}\left|\int_a^b |\phi|dt\right|.$$

如果 $\phi\in C^1[a,b]$, 则运用分部积分运算法则、Cauchy-Schwarz 不等式及在 $C[a,b]$ 中 $q_m\to q$ (一致收敛) 的事实, 很容易推出第二个断言. 由于 $C^1[a,b]$ 在 $L^2[a,b]$ 中稠密, 因此, 对任意的 $\varepsilon>0$, 总存在 $\psi\in C^1[a,b]$, 使得 $\|\phi-\psi\|_{L^2}<\varepsilon$. 进而, 我们有

$$\left|\int_a^b \phi(\dot q_m-\dot q)dt\right|\leqslant\left|\int_a^b \psi(\dot q_m-\dot q)dt\right|+4\varepsilon(\mu_\varepsilon(y)+1),$$

上式中, 我们用到了 $q_m,\ q\in\mathcal{H}_{1,\varepsilon}$ 和 Cauchy-Schwarz 不等式. 对上面的不等式取上极限, 则由 ε 的任意性, 可得出第二个断言.

现在, $L(t,q,\dot q)=\dfrac{1}{2}g_{ij}(q)\dot q_i\dot q_j-V(t,q)$, 由中值定理和度量矩阵 $(g_{ij})_{n\times n}$ 的正定性, 易得

$$\begin{aligned}&L(t,q,\tilde p_1)-L(t,q,\tilde p_2)-L_p(t,q,\tilde p_2)(\tilde p_1-\tilde p_2)\\=&\frac{1}{2}\sum_{i,j=1}^n L_{p_ip_j}(t,q,\overline{p})(\tilde p_{1,i}-\tilde p_{2,i})(\tilde p_{1,j}-\tilde p_{2,j})\geqslant 0,\end{aligned}$$

其中 $\overline{p}$ 在 $\tilde p_1$ 和 $\tilde p_2$ 之间 (等号左边的 $L(t,q,\tilde p_1)-L(t,q,\tilde p_2)-L_p(t,q,\tilde p_2)(\tilde p_1-\tilde p_2)$ 也被称为 Weierstrass 超出函数 (Weierstrass excess function), 更详尽的材料可参见文献 [106] 的第一章第四节). 这表明

$$\begin{aligned}I_{a,b}(q_m)-I_{a,b}(q)=&\int_a^b\left(L(t,q_m,\dot q_m)-L(t,q,\dot q_m)+L(t,q,\dot q_m)-L(t,q,\dot q)\right)dt\\\geqslant&\int_a^b L_q(t,\tilde q,\dot q_m)(q_m-q)dt+\int_a^b L_{\dot q}(t,q,\dot q)(\dot q_m-\dot q)dt,\end{aligned}$$

其中 $\tilde q(t)$ 在 $q_m(t)$ 和 $q(t)$ 之间. 根据我们的假设和 L 的形式, 易知存在 $c>0$, 使得在区间 $[a,b]$ 上, 有 $|L_q|\leqslant c\left(1+|\dot q|^2\right)$, $|L_{\dot q}|\leqslant c\left(1+|\dot q|\right)$. 这表明 $L_q\in L^1[a,b]$, $L_{\dot q}\in L^2[a,b]$. 因此, 由本引理证明开始时的断言, 我们得到

$$\liminf_{m\to\infty}(I_{a,b}(q_m)-I_{a,b}(q))\geqslant 0.$$

因而, 本引理得证. □

第 6 章 极小测地线与测地流的 Mather 理论

本章将从另一个角度探讨测地流的动力学性态. 我们在第 1 章里就已经讲过, 完备的黎曼流形 (M,g) 上连接任意两点的最短曲线一定是测地线; 并且, 对任意一条测地线 $\gamma: I \to M$, 存在常数 $\delta > 0$, 使得对任意 $a,b \in I$, $|b-a| < \delta$, $\gamma|_{[a,b]}$ 一定是连接 $\gamma(a)$ 和 $\gamma(b)$ 的最短曲线段. 因而我们常说: 测地线有"长度最短性质". 在这一章里, 我们就要利用"长度最短"这个性质去研究测地线并进而研究测地流的动力学性质. 本章中讲述的关于测地流的几乎所有的结论都是直接的或间接地从长度最短这一性质推导出来的.

6.1 极小测地线

在本章中, 如无特殊说明, 我们始终假定紧致黎曼流形 (M,g) 是完备的. 所谓完备, 就是指所有的测地线都可以定义在整个 $\mathbb{R}$ 上. 首先, 我们需要进一步明确前面提到的所谓长度最短性质. 假定 $\gamma: \mathbb{R} \to M$ 是流形 (M,g) 上的一条测地线. 我们已经说过, 在比较小的局部中, γ 始终是连接其自身上两点的长度最短的曲线. 但是在较大的尺度下, 这一性质则未必成立. 比如, 对于紧流形 M, 如果 $|b-a| > \mathrm{diam}(M)$, 则 $\gamma|_{[a,b]}$ 一定不是连接 $\gamma(a)$ 和 $\gamma(b)$ 的最短曲线段. 与此相对应的是, 我们也很容易举出一个非紧黎曼流形的例子, 在这个流形上的每一条测地线都是连接其自身上任意两点的最短路径. 这个例子就是我们在前面的章节里多次提到的有常负曲率的 Poincaré 圆盘. 在这个流形上, 过任意两点有且仅有一条测地线, 那么每条测地线必然都是连接这条线上任意两点的 (唯一的) 最短路径. 这样的性质我们称为"全局的长度最短性质". 当然, 很容易看到, 这样的全局长度最短性质只可能在非紧的流形上成立.

我们主要关注的对象是紧致黎曼流形上的测地流. 为了能利用"长度最短"这一性质来研究测地线, 如同在前几章里面对的很多问题处理方法一样, 我们把紧致流形上的测地流提升到一个非紧的覆盖空间上去. 万有覆盖空间是最常考虑的覆盖空间, 而事实上我们还经常考虑另一个覆盖空间: 阿贝尔覆盖空间 (Abelian covering space). 万有覆盖空间的概念在前面的章节已经多次讲到过, 我们称流形 $\widetilde{M}$ 是流形 M 的万有覆盖空间, 如果 $\widetilde{M}$ 是流形 M 的一个覆盖空间, 且基本群 $\pi_1(\widetilde{M},\tilde{x})$ 是平凡群. 由 $\pi_1(\widetilde{M},\tilde{x})$ 是平凡群我们知道万有覆盖空间 $\widetilde{M}$ 的覆盖变换 (deck transformation) 群 Γ 同构于底流形 M 的基本群 $\pi_1(M,x)$. 例如, 我们知道全

平面 $\mathbb{R}^2$ 是环面 $\mathbb{T}^2=\mathbb{S}^1\times\mathbb{S}^1$ 的万有覆盖空间, 此时覆盖变换群同构于 $\mathbb{Z}^2$; 而球面 $\mathbb{S}^2$ 的万有覆盖空间就是它自身, 因为 $\pi_1(\mathbb{S}^2,x)$ 是平凡群 (这个万有覆盖空间是紧的). 对于具有常负曲率的高亏格曲面, 我们知道单位圆盘即它的一个万有覆盖空间. M 的阿贝尔覆盖空间 $\overline{M}$ 是满足基本群 $\pi_1(\overline{M},\bar{x})$ 同构于 $\mathrm{Ker}(\mathcal{H}:\pi_1(M,x)\to H_1(M,\mathbb{R}))$ 的覆盖空间, 其中 $\mathcal{H}:\pi_1(M,x)\to H_1(M,\mathbb{R})$ 是 Hurwitz 同态. 关于阿贝尔覆盖空间的性质我们会在后面专门讲解, 这里要特别注意以下的基本性质: 万有覆盖空间 $\widetilde{M}$ 是阿贝尔覆盖空间 $\overline{M}$ 的一个覆盖空间; 当 $H_1(M)\neq\{e\}$ 时, 阿贝尔覆盖空间 $\overline{M}$ 是一个非紧空间; 而当 $\pi_1(M,x)$ 是一个无挠的交换群时, 万有覆盖空间就是阿贝尔覆盖空间. 以下, 我们始终用符号 $\widetilde{M}$ 表示 M 的万有覆盖空间, 用符号 $\overline{M}$ 表示 M 的阿贝尔覆盖空间.

设 (M,g) 是一个完备的紧致黎曼流形, g 为黎曼度量. 又设 $\widehat{M}$ 是 M 的任意一个覆盖空间, 相应的覆盖映射为 $p:\widehat{M}\to M$. 通过覆盖映射 p, 我们可以把度量 g 拉回 (pull-back) 或者叫提升到 $\widehat{M}$ 上, 使之成为 $\widehat{M}$ 上的一个黎曼度量 $\hat{g}$. 很容易看到, 对于 (M,g) 上的一条测地线 γ, 其在 $\widehat{M}$ 上的任意一个提升都必然是 $(\widehat{M},\hat{g})$ 上的一条测地线. 反之对于 $(\widehat{M},\hat{g})$ 上的任意一条测地线 $\hat{\gamma}$, 其在 M 上的投影 $p\circ\hat{\gamma}$ 也必然是 (M,g) 上的一条测地线. 这一点很容易从测地线的定义去验证.

下面, 我们考虑覆盖空间 $(\widehat{M},\hat{g})$ 上满足全局最短性质的测地线. 我们知道, 覆盖空间上的任何一条测地线都是底空间里的某一条测地线的一个提升. 设 $\widehat{M}$ 是紧流形 M 的任意的一个非紧的覆盖空间. 当我们把流形 (M,g) 上的一条测地线 γ 提升到覆盖空间 $(\widehat{M},\hat{g})$ 上之后, 通常会得到一组测地线 $\hat{\gamma}_1,\hat{\gamma}_2,\cdots$. 不难看出: 如果其中一条测地线 $\hat{\gamma}_1$ 满足 $(\widehat{M},\hat{g})$ 上的全局最短性质, 则其他所有的 $\hat{\gamma}_k$ 都一定满足 $(\widehat{M},\hat{g})$ 上的全局最短性质.(反之, 如果其中一条测地线 $\hat{\gamma}_1$ 不满足 $(\widehat{M},\hat{g})$ 上的全局最短性质, 则其他所有的 $\hat{\gamma}_k$ 都不会满足 $(\widehat{M},\hat{g})$ 上的全局最短性质.) 我们把这一类 M 上的测地线称为 $\widehat{M}$-极小测地线. 我们通常所说的紧流形 M 上的“极小测地线”就是指 $\widetilde{M}$-极小测地线, 其中 $\widetilde{M}$ 是 M 的万有覆盖空间.

定义 6.1.1 (极小测地线)　*设 (M,g) 是一个完备的紧致黎曼流形, $(\widehat{M},\hat{g})$ 是 (M,g) 的一个非紧的覆盖空间, $\hat{g}$ 是度量 g 在 $\widehat{M}$ 上的提升. 我们称 M 上的一条测地线 $\gamma:\mathbb{R}\to M$ 是 $\widehat{M}$-极小测地线, 如果 γ 在 $\widehat{M}$ 中的一个提升 $\hat{\gamma}$ 满足 $\widehat{M}$ 上的全局最短性质. 即对 $\forall\, a,b\in\mathbb{R}$, $a<b$, 有*

$$\begin{aligned}L(\hat{\gamma}|_{[a,b]})&=d_{\hat{g}}(\hat{\gamma}(a),\hat{\gamma}(b))\\&=\inf\{L(\hat{l})\mid \hat{l}:[a,b]\to\widehat{M},\ \hat{l}(a)=\hat{\gamma}(a),\ \hat{l}(b)=\hat{\gamma}(b)\}.\end{aligned}$$

在以上定义中, 当 $\widehat{M}=\widetilde{M}$ 是 M 的万有覆盖空间时, 我们称 γ 为 M 上的极小测地线.

注意: 在不产生歧义的情况下, 我们也称以上定义中的 $\hat{\gamma}:\mathbb{R}\to\widehat{M}$ 为一条

$\widehat{M}$-极小测地线. 此外, 容易验证, 紧流形 M 上的 ($\widetilde{M}$-) 极小测地线的一个等价定义是: 我们称 M 上的一条测地线 $\gamma:\mathbb{R}\to M$ 是极小测地线, 如果对 $\forall a,b\in\mathbb{R}$, $a<b$ 有

$$L(\gamma|_{[a,b]})=\inf\{L(l)\mid l:[a,b]\to M,\ l(a)=\gamma(a),\ l(b)=\gamma(b),\ l\ \text{同伦于}\ \gamma\}.$$

我们最关心的两类极小测地线是 $\widetilde{M}$-极小测地线以及 $\overline{M}$-极小测地线. 然而也可以看到, 极小测地线乃至 $\overline{M}$-极小测地线并不一定始终存在, 它的存在性与流形 M 的几何、拓扑性质紧密相关. 例如, 球面 $\mathbb{S}^2$ 上就是没有极小测地线的, 因为它的万有覆盖空间就是它本身, 这是一个紧流形, 任何长度超过其直径的测地线段都不是极小测地线段. 一般地, 对于一个紧流形 M 而言, 它上面存在极小测地线当且仅当它的基本群是一个无限群. 事实上, Bangert 在 [12] 中证明了以下的定理.

定理 6.1.1 (Bangert) *如果 $\dim H_1(M,\mathbb{R})=k>0$, 则 M 上至少有 k 条极小测地线.*

Bangert 对于这个定理的证明本质上是在论证: 如果 $\dim H_1(M,\mathbb{R})=k>0$, 则 M 上至少有 k 条 $\overline{M}$-极小测地线. 我们注意到: 对一个紧流形 M 而言, 它的 $\overline{M}$-极小测地线一定是 $\widetilde{M}$-极小测地线. 故而如果能证明 M 上至少有 k 条 $\overline{M}$-极小测地线, 则极小测地线的数量也不会少于 k 条. 我们会在 6.3 节中运用测地流的 Mather 理论证明确实存在至少 k 条 $\overline{M}$-极小测地线, 证明的本质思想与 Bangert 在 [12] 中的思路是一致的, 只是表述方式略有不同而已.

Bangert 定理用紧流形 M 的拓扑性质推导出了极小测地线的存在性并给出了 M 上极小测地线数量的下界, 因而提示了我们极小测地线数量的多寡则与流形的拓扑结构和几何性质都有密切的关系. 众所周知, Hedlund 在 [66] 中构造过一个三维环面 $\mathbb{T}^3$ 上的特殊的黎曼度量, 在这个度量下, $\mathbb{T}^3$ 上仅有 3 条极小测地线. 这说明极小测地线的数量可能会很少, Bangert 定理中给出的极小测地线数量的下界就是下确界. 但是另一方面, 极小测地线也可以很丰富. 比如说具有负曲率的曲面上, 所有的测地线都是极小测地线, 因而极小测地线有不可数无穷多条. 在后面我们还会提到很多这样的例子. 一个很明显的事实是, 如果 g 是一个无共轭点的黎曼度量, $\widetilde{M}$ 上所有的测地线都是极小测地线, 因为 $\widetilde{M}$ 上任意两点有且仅有一条测地线相连. 对于那些有着较丰富的极小测地线的黎曼流形, 我们往往可以通过对极小测地线的研究掌握测地流系统的很多重要的动力学的信息. 我们将会在后面的几节里继续展开对极小测地线的探讨.

6.2 闭测地线及极小闭测地线

测地线的长度极小性也是我们研究闭测地线的有效的工具. 在这一节里, 我们

就要利用这个性质来研究紧流形 M 上光滑闭测地线的存在性. 首先, 需要澄清一下在这一节里讲的“闭测地线”这个词的意思. 一条测地线段 $\gamma:[a,b]\to M$ 称为闭测地线, 如果满足 $\gamma(a)=\gamma(b)$. 但是在本书前面章节的讨论中, 我们常说的闭测地线是指在端点也有光滑性 (即 $\gamma'_+(a)=\gamma'_-(b)$) 的闭测地线, 也就是说, 它是某个具有周期性的测地线 $c:\mathbb{R}\to M$ 的一个周期长度的一段. 在这一节里面, 我们主要讨论的仍然是在端点上也有光滑性的闭测地线. 但是因为在讨论中也需要涉及端点处不具有光滑性的闭测地线, 为了不导致意义混淆, 我们称端点上具有光滑性的闭测地线为光滑闭测地线.

我们知道万有覆盖空间 $\widetilde{M}$ 上的覆盖变换群 $\Gamma\subset \mathrm{Isom}(\widetilde{M})$ 同构于底流形 M 的基本群 $\pi_1(M,x)$. 这一节里, 我们始终假设基本群 $\pi_1(M,x)$ 是一个无挠的无限群, 因而万有覆盖空间 $\widetilde{M}$ 是非紧的. 如同在前面的章节的处理方法一样, 我们在不产生歧义的情况下把 Γ 和 $\pi_1(M,x)$ 视作同一个群, 因而基本群中的任何一个元素都视为万有覆盖空间上的一个相应的覆盖变换. 对任意一个等距同构 $\phi\in \mathrm{Isom}(\widetilde{M})$, 我们可以定义一个函数 $d_\phi:\widetilde{M}\to\mathbb{R}$,

$$d_\phi(\tilde{x}):=d(\tilde{x},\phi(\tilde{x})),\quad \forall \tilde{x}\in\widetilde{M}.$$

很容易看到, 对任意的 $\phi\in\mathrm{Isom}(\widetilde{M})$, $\tilde{x}\in\widetilde{M}$ 都有 $d_\phi(\tilde{x})\geqslant 0$. 因而可以定义函数 $|\cdot|:\mathrm{Isom}(\widetilde{M})\to\mathbb{R}^+\cup\{0\}$ 如下:

$$|\phi|:=\inf_{\tilde{x}\in\widetilde{M}}\{d_\phi(\tilde{x})\}=\inf_{\tilde{x}\in\widetilde{M}}\{d(\tilde{x},\phi(\tilde{x}))\}.$$

下面, 我们定义一个非常重要的概念: $\mathrm{Isom}(\widetilde{M})$ 中的轴元素 (axial elements).

定义 6.2.1 我们称等距同构 ϕ 是 $\mathrm{Isom}(\widetilde{M})$ 中的一个轴元素, 如果存在一点 $\tilde{p}\in\widetilde{M}$ 使得

$$d_\phi(\tilde{p})=|\phi|=\inf_{\tilde{x}\in\widetilde{M}}\{d_\phi(\tilde{x})\}.$$

下面的引理告诉我们, 任何的覆盖变换都一定是万有覆盖空间的等距同构群 $\mathrm{Isom}(\widetilde{M})$ 中的轴元素.

引理 6.2.1 设 $G\subset\mathrm{Isom}(\widetilde{M})$ 是 $\mathrm{Isom}(\widetilde{M})$ 的一个离散子群, 并且满足 $M'=\widetilde{M}/G$ 是一个紧流形, 则 G 中的每一个元素都是轴元素. 特别地, $\widetilde{M}$ 上的覆盖变换群 Γ 中的每一个元素都是轴元素.

引理的证明可参考命题 6.2.1 中的讨论, 也可参见文献 [41] 中引理 2.1.

由引理 6.2.1 可以知道, 覆盖变换群 Γ 中每一个元素都是轴元素. 下面我们要进一步说明, 对任意的非平凡元素 $\gamma\in\Gamma$, 都能找到至少一条测地线 $\tilde{c}:\mathbb{R}\to\widetilde{M}$ 满足 $\gamma(\tilde{c})=\tilde{c}$ (这里 $\gamma(\tilde{c})=\tilde{c}$ 的意思实际是指存在一个常数 $T\in\mathbb{R}$, 使得 $\gamma(\tilde{c})(t)=\tilde{c}(t+T)$). 这样的测地线 $\tilde{c}:\mathbb{R}\to\widetilde{M}$ 称为覆盖变换 $\gamma\in\Gamma$ 的一个轴 (axis).

定义 6.2.2 我们称测地线 $\tilde{c}:\mathbb{R}\to\widetilde{M}$ 是覆盖变换 $\gamma\in\Gamma$ 的一个轴, 如果 $\gamma(\tilde{c})=\tilde{c}$.

容易看到, 如果测地线 $\tilde{c}:\mathbb{R}\to\widetilde{M}$ 是某个非平凡的覆盖变换 γ 的一个轴, 则它在底空间上的投影 $c:=p\circ\tilde{c}:\mathbb{R}\to\widetilde{M}$ 一定是 M 上的一条周期闭测地线. 因而我们如果能找到一个轴, 那么相应地就能找到一条闭测地线. 下面就来证明, 对于无共轭点流形, 每一个非平凡的覆盖变换都有至少一个轴. 这样, 当基本群 $\pi_1(M,x)$ 非平凡时, 就始终能在 M 找到光滑闭测地线. 首先, 我们要陈述一个简单的事实:

引理 6.2.2 若测地线 $\tilde{c}:\mathbb{R}\to\widetilde{M}$ 是覆盖变换 γ 的一个轴, 则对任意的覆盖变换 α, 测地线 $\alpha(\tilde{c})$ 是覆盖变换 $\alpha\gamma\alpha^{-1}$ 的轴.

证明 因为测地线 $\tilde{c}$ 是覆盖变换 γ 的一个轴, 我们有 $\gamma(\tilde{c})=\tilde{c}$. 故而

$$\alpha\gamma\alpha^{-1}(\alpha(\tilde{c}))=\alpha\gamma(\tilde{c})=\alpha(\tilde{c}).$$

所以 $\alpha(\tilde{c})$ 是 $\alpha\gamma\alpha^{-1}$ 的轴. □

由上面的引理可以知道: 在覆盖变换群 Γ 的一个共轭等价类中, 如果有一个覆盖变换有轴, 则该等价类中的其他覆盖变换也都有轴. 因此, 我们只需要证明覆盖变换群 Γ 的每一个非平凡共轭等价类中, 都有一个覆盖变换有轴即可. 由于 Γ 的共轭等价类与流形上的自由同伦类有天然的对应关系, 所以先研究自由同伦类里的光滑闭曲线. 下面证明紧致流形上任意的非平凡自由同伦类中都有一条长度最短的闭曲线. 容易看到这条闭曲线必然是条光滑闭测地线, 而且它的一个提升一定是某一个覆盖变换的轴.

命题 6.2.1 如果紧致黎曼流形 (M,g) 的基本群 $\pi_1(M,x)$ 是非平凡的, 则任意非平凡的自由同伦类 $[\gamma]\in\Pi(M)$ 中都能找到一条长度最短的闭曲线, 并且这条曲线是一条光滑闭测地线. 进一步, 如果 (M,g) 是一个负曲率流形, 则不计重新参数化, 每一个非平凡的自由同伦类 $[\gamma]\in\Pi(M)$ 中都只含有一条长度最短的闭测地线.

证明 在讨论如何寻找长度最短的光滑闭测地线之前, 我们先回顾一下什么是自由同伦类. 设 $l:[0,1]\to M$ 是 M 上的一条闭曲线 $(l(0)=l(1))$. 在这里的讨论中, 我们把两条相差一个保向的参数化 (即它们在 M 上的像重合, 正方向也一致) 的闭曲线视为同一条闭曲线. 称 M 上所有与 l 同伦的闭曲线构成的集合为 l 所在的自由同伦类. 这样, M 上的每一条闭曲线都被归入了某个自由同伦类中.

由于万有覆盖空间 $\widetilde{M}$ 上的覆盖变换群 Γ 同构于底流形 M 的基本群 $\pi_1(M,x)$, 以下在不产生歧义的情况下, 我们就把它们视为同一个群. 定义 Γ(也即 $\pi_1(M,x)$) 中的一个等价关系 $\sim$ 如下:

$$\gamma_1\sim\gamma_2,\ \text{如果}\ \exists\ \eta\in\Gamma,\ \text{s.t.}\ \gamma_1=\eta\gamma_2\eta^{-1}.$$

把 Γ 中元素在这个等价关系下形成的等价类的集合记为 $\Pi(M)$. 可以证明, 集合 $\Pi(M)$ 与 M 上自由同伦类的集合存在着一个一一对应. 因此, 我们把两者视为同一个集合, 记 M 上自由同伦类的集合为 $\Pi(M)$. 注意, 这个集合没有遗传 Γ 的群性质, 它不是一个群.

我们考虑 $\widetilde{M}$ 上的一个闭的基本域 N. 对于任意一点 $\tilde{x} \in N$, 考虑连接 $\tilde{x}$ 和 $\gamma(\tilde{x})$ 的极小测地线段 $\tilde{\xi}_{\tilde{x},\gamma}$. 由 Hopf-Rinow 定理, 这样的极小测地线段一定存在. 记 $\tilde{\xi}_{\tilde{x},\gamma}$ 的长度为 $L_\gamma(\tilde{x})$. 很显然, $L_\gamma(\tilde{x})$ 是关于 $\tilde{x}$ 的连续函数 (事实上, $L_\gamma(\tilde{x})$ 是关于 $\tilde{x}$ Lipschitz 连续的, 读者可以自行证明这一点). 这样, 我们就得到了一个定义在紧致集 N 上的连续函数 $L_\gamma(\tilde{x})$, 因而必然存在一个点 $\tilde{x}_\gamma \in N$, 使得 $L_\gamma(\tilde{x})$ 在 $\tilde{x}_\gamma$ 上取到最小值, 记这个最小值为 $d(\gamma)$.

对共轭类 $[\gamma]$ 中的每一个元素 α, 我们都可以用以上方式在基本域 N 上找到相应的 $\tilde{x}_\alpha$ 以及 $d(\alpha)$. 由于 $\{d(\alpha) \mid \alpha \in [\gamma]\}$ 显然有下界 0, 故而有下确界 $T = \inf\{d(\alpha) \mid \alpha \in [\gamma]\}$. 又由于 N 的 $2T$ 邻域至多只与有限多个 $\alpha(N)$ 相交, 因此至多只有有限多个 $\alpha \in [\gamma]$ 能够满足 $d(\alpha) \leqslant 2T$. 这样我们就知道存在一个覆盖变换 $\gamma_0 \in [\gamma]$ 满足

$$d(\gamma_0) = T.$$

设 $\tilde{x}_0 \in N$ 是一个满足 $L_{\gamma_0}(\tilde{x}) = T$ 的点, $\tilde{\xi}_{\tilde{x}_0} : [0, T] \to \widetilde{M}$ 是连接 $\tilde{x_0}$ 和 $\gamma_0(\tilde{x_0})$ 的极小测地线段.

取 $\widetilde{M}$ 上的任意一个点 $\tilde{x}$, 以及共轭类 $[\gamma]$ 中任意一个元素 α, 记 $d_{\tilde{x},\alpha} = d(\tilde{x}, \alpha(\tilde{x}))$. 下证:

$$d_{\tilde{x},\alpha} \geqslant T, \quad \forall \tilde{x} \in \widetilde{M}, \quad \alpha \in [\gamma].$$

我们考虑等距同构 $\beta \in \Gamma$ 使得 $\tilde{x}' = \beta(\tilde{x}) \in N$, 则 $\beta(\alpha(\tilde{x})) = \beta\alpha\beta^{-1}(\tilde{x}')$. 由于 β 是等距同构, 我们知道

$$d(\tilde{x}', \beta\alpha\beta^{-1}(\tilde{x}')) = d(\beta(\tilde{x}), \beta(\alpha(\tilde{x}))) = d(\tilde{x}, \alpha(\tilde{x})) = d_{\tilde{x},\alpha}.$$

由以上的讨论我们得到: $d_{\tilde{x},\alpha} = d(\tilde{x}', \beta\alpha\beta^{-1}(\tilde{x}')) \geqslant d(\beta\alpha\beta^{-1}) \geqslant T$. 由此得到下面的等式:

$$T = \min\{d(\tilde{x}, \alpha(\tilde{x})) \mid x \in \widetilde{M},\ \alpha \in [\gamma]\}. \tag{6.2.1}$$

把 $\tilde{\xi}_{\tilde{x}_0} : [0, T] \to \widetilde{M}$ 投影到底空间上, 得一条闭曲线 $\xi : [0, T] \to M$, 这条曲线通过点

$$x_0 = \xi(0) = \xi(1) = \pi(\tilde{x}_0).$$

由 (M, g) 的完备性, 我们知道 $\tilde{\xi}_{\tilde{x}_0} : [0, T] \to \widetilde{M}$ 是某一条过 $\tilde{x}_0$ 的测地线 $\tilde{c} : \mathbb{R} \to \widetilde{M}$ 的一段, 即

$$\tilde{c}(t) = \tilde{\xi}_{\tilde{x}_0}(t), \quad \forall t \in [0, T].$$

记 $c = \pi(\tilde{c})$, 则显然也有

$$c(t) = \xi(t), \quad \forall t \in [0, T].$$

这里 $c : \mathbb{R} \to M$ 作为万有覆盖空间上测地线 $\tilde{c}$ 的投影, 它自然也是 M 上的测地线.

下面证明 ξ 是一条光滑闭测地线, 也就是说 c 是一条周期测地线, 满足

$$c(t + nT) = \xi(t), \quad \forall n \in \mathbb{Z}, \quad t \in [0, T].$$

注意到由于 ξ 是测地线段 $\tilde{\xi}_{\tilde{x}_0}$ 的投影, 故而限制在任何闭区间 $[0, b]$ 或 $[a, T]$ 上 $(a, b \in (0, T))$, ξ_{x_0} 都是测地线段. 定义曲线段: $\eta : [T - \varepsilon, T + \varepsilon] \to M$ 满足

$$\eta(t) = \begin{cases} \xi(t), & t \in [T - \varepsilon, T], \\ \xi(t - T), & t \in [T, T + \varepsilon]. \end{cases}$$

记

$$x_{-\varepsilon} = \xi(T - \varepsilon), \quad x_{\varepsilon} = \xi(T + \varepsilon).$$

显然, 当我们把 ε 取得充分小时, 这两个点的距离非常近. 如果 η 不是一条测地线段, 那么它就不是连接 $x_{-\varepsilon}$, x_{ε} 的最短曲线. 那么一定有一条测地线段 $\zeta : [-\varepsilon', \varepsilon'] \to M$ 连接 $x_{-\varepsilon}$, x_{ε}. 记

$$\delta := L(\eta) - L(\zeta) = 2\varepsilon - 2\varepsilon' > 0.$$

定义闭曲线:

$$l(t) = \begin{cases} \zeta(t), & t \in [0, \varepsilon'], \\ \xi\left(t + \dfrac{\delta}{2}\right), & t \in [\varepsilon', T - \delta - \varepsilon'], \\ \zeta(t), & t \in [T - \delta - \varepsilon', T - \delta]. \end{cases}$$

则显然有

$$L(\xi) - L(l) = \delta > 0.$$

并且 ξ 与 l 同伦. 设 $y = l(0)$. 考虑 l 在万有覆盖空间上的一个提升 $\tilde{l}$, 满足 $\tilde{y}_0 = \tilde{l}(0) \in N$. 则由同伦提升定理我们知道, 存在 $\alpha \in [\gamma_0] = [\gamma]$ 使得

$$\tilde{y}(T - \delta) = \alpha(\tilde{y}_0).$$

因而

$$L_{\alpha}(\tilde{y}_0) = d(\tilde{y}_0, \alpha(\tilde{y}_0)) \leqslant L(l) = T - \delta < T,$$

这与等式 (6.2.1) 矛盾.

回溯矛盾出现的根源, 我们知道 η 必定是一条测地线段, 也就是说 ξ 必定是光滑闭测地线, 即 $c:\mathbb{R}\to M$ 是一条以 T 为周期的闭测地线. 此时, 光滑闭测地线 ξ 即自由同伦类 $[\gamma]$ 的一个长度最短的代表元. 我们的第一个结论得证.

以下假定 (M,g) 是一个负曲率流形. 首先, 我们来证明: 自由同伦类 $[\gamma]$ 的所有光滑闭测地线代表元都有相同的长度, 因而都是 $[\gamma]$ 的长度最短的代表元. 假设 $[\gamma]$ 的光滑闭测地线代表元集合中有两条光滑闭测地线 $\xi_1:[0,T_1]\to M$, $\xi_2:[0,T_2]\to M$. 记 ξ_1, ξ_2 的长度分别为 T_1, T_2, 不失一般性, 我们设 $T_1<T_2$. 令

$$\delta_1=T_2-T_1>0.$$

相应地, 在万有覆盖空间 $\widetilde{M}$ 上, 有两条 γ 不变的测地线

$$\tilde{c}_i:\mathbb{R}\to\widetilde{M},\ \tilde{c}_i|_{[nT_i,(n+1)T_i]}=\gamma^n(\tilde{\xi}_i),\quad i=1,2.$$

这里 $\tilde{\xi}_1$, $\tilde{\xi}_2$ 分别为 ξ_1, ξ_2 的某个提升. 由于 $\widetilde{M}$ 是负曲率流形, 故 $\widetilde{M}$ 上没有共轭点, 即过 $\widetilde{M}$ 上任何两点有且仅有一条测地线. 从而所有的测地线都是极小测地线. 设 $\tilde{l}_1$ 为连接 $\tilde{c}_2(0)$ 和 $\tilde{c}_1(T_1)$ 的测地线段, $\tilde{l}_2$ 为连接 $\tilde{c}_1(0)$ 和 $\tilde{c}_2(T_2)$ 的测地线段. 则对任意的 $n\in\mathbb{Z}$, $\gamma^n(\tilde{l}_2)$ 为连接 $\tilde{c}_1(nT_1)$ 和 $\tilde{c}_2((n+1)T_2)$ 的测地线段. 记

$$A=|L(\tilde{l}_1)-T_2|+|L(\tilde{l}_2)-T_2|<+\infty.$$

当 $n>\dfrac{A}{\delta_1}+1$ 时, 定义曲线连接 $\tilde{c}_2(0)$ 和 $\tilde{c}_2((n+1)T_2)$ 的曲线 $\tilde{\sigma}$ 如下:

$$\tilde{\sigma}(t)=\begin{cases}\tilde{l}_1(t), & t\in[0,L(\tilde{l}_1)],\\ \tilde{c}_1(t+T_1-L(\tilde{l}_1)), & t\in[L(\tilde{l}_1),(n-1)T_1+L(\tilde{l}_1)],\\ \tilde{l}_2(t-((n-1)T_1+L(\tilde{l}_1))), & t\in[(n-1)T_1+L(\tilde{l}_1),(n-1)T_1+L(\tilde{l}_1)+L(\tilde{l}_2)].\end{cases}$$

$\tilde{\sigma}$ 实际上就是把 $\gamma^n(\tilde{l}_2)$, $\tilde{c}_1|_{[T_1,nT_1]}$ 和 $\tilde{l}_1$ 连接起来所构成的曲线. 显然有

$$L(\tilde{c}_2|_{[0,(n+1)T_2]})-L(\tilde{\sigma})\geqslant(n-1)\delta_1-A>0.$$

这与 $\tilde{c}_2$ 是极小测地线矛盾. 故而我们知道: δ_1 必须为 0, 即 $T_1=T_2$.

记

$$B=\max_{t\in[0,T]}d(\tilde{\xi}_1(t),\tilde{\xi}_2(t)).$$

则易见

$$d(\tilde{c}_1(t+nT),\tilde{c}_2(t+nT))=d(\gamma^n(\tilde{\xi}_1(t)),\gamma^n(\tilde{\xi}_2(t)))\leqslant B,\quad\forall t\in[0,T],\ n\in\mathbb{Z}.$$

故 $\tilde{c}_1$ 和 $\tilde{c}_2$ 的对应时刻的距离一致有界. 由平坦条纹定理 (flat strip theorem, 参见 [37]), 我们知道 $\widetilde{M}$ 上在 $\tilde{c}_1$ 和 $\tilde{c}_2$ 之间有一个平坦条纹, 这与负曲率流形上没有

平坦条纹矛盾. 因而 $\tilde{c}_1$ 和 $\tilde{c}_2$ 重合, 故任何 γ 的代表元中只有一条 (长度最短的) 闭测地线. □

进一步, 还可以看到, 我们构造的 $\tilde{c}$ 是闭测地线 c 在万有覆盖空间 $\widetilde{M}$ 上过 $\tilde{x}_0$ 点的提升, 满足

$$\tilde{c}|_{[nT,(n+1)T]} = \gamma_0^n(\tilde{\xi}), \quad \forall n \in \mathbb{Z} \text{ 且 } \gamma_0(\tilde{c}) = \tilde{c},$$

即测地线 $\tilde{c}$ 是在 γ_0 下不变的, 也就是说 $\tilde{c}$ 是 γ_0 的轴. 根据引理 6.2.2, 对任意的 $\alpha = \beta\gamma_0\beta^{-1} \in [\gamma]$, $\beta(\tilde{c})$ 是 α 的轴. 因此上面的证明也说明了, 每一个覆盖变换 $\gamma \in \Gamma$, 我们都能找到它的一个轴 $\tilde{c}_\gamma$. 并且 $\tilde{c}_\gamma$ 在底空间 M 上的投影是周期测地线.

显然 γ 的轴一定是 γ^n 的轴, $n \geqslant 1$. 进一步, 我们知道, 如果 (M,g) 是无共轭点的流形, 则找到的这些轴都是极小测地线. 并且, 还可以证明, 当 $\dim(M) = 2$ 时, 如果 $\tilde{c}_{\gamma^n}$ 是 $\gamma^n \in \Pi$ 的一个轴, 则必然也是 γ 的轴.

定理 6.2.2 设 (M,g) 是无共轭点的紧致黎曼流形, $\dim(M) = 2$. 对任意的 $\gamma \in \Pi$, $\gamma \neq 0$, 以及任意的 $n \in \mathbb{Z}^+$, 如果 $\tilde{c}_{\gamma^n} : \mathbb{R} \to \widetilde{M}$ 是 γ^n 的一个轴, 则它也是 γ 的一个轴.

证明 因为 M 是无共轭点的, 显然 $M \neq \mathbb{S}^2$. 如果 $M = \mathbb{T}^2$, 则 Hopf 证明了 M 一定是一个平坦环面 (flat torus, 参见 [71]), 上面的所有测地线都是直线, 定理的结论显然成立. 因此以下我们设 M 是一个高亏格曲面, 其万有覆盖空间 $\widetilde{M}$ 是 Poincaré 圆盘.

设 $\tilde{c}_{\gamma^n}$ 是 γ^n 的一个轴, 并且它不是 γ 的轴, 即: $\gamma(\tilde{c}_{\gamma^n}) \neq \tilde{c}_{\gamma^n}$. 考虑 $\tilde{c}_{\gamma^n}$ 在 γ 下的像

$$\tilde{c}_k := \gamma^k(\tilde{c}_{\gamma^n}), \quad k = 0, \cdots, n.$$

这里 $\tilde{c}_0 = \tilde{c}_{\gamma^n}$, 而 $\tilde{c}_n = \gamma^n(\tilde{c}_{\gamma^n}) = \tilde{c}_{\gamma^n}$, $\tilde{c}_k$ 与 $\tilde{c}_{k+1}$ 不重合, $\forall k = 0, \cdots, n-1$. 我们断言: $\tilde{c}_{\gamma^n}$ 与 $\tilde{c}_1$ 不相交, 因而 $\tilde{c}_k$ 与 $\tilde{c}_{k+1}$ 不相交, $k = 1, \cdots, n-1$.

假设 $\tilde{c}_{\gamma^n}$ 与 $\tilde{c}_1$ 在某一点上相交, Green 证明了在无共轭点曲面上, 这两条测地线在会逐渐远离 (参见 [62]), 特别地,

$$d(\tilde{c}_{\gamma^n}(t), \tilde{c}_1(t)) \to +\infty, \quad t \to +\infty.$$

但是, 由于 $\tilde{c}_1 = \gamma(\tilde{c}_{\gamma^n})$, 必定存在一个常数 $K > 0$ 使得

$$d(\tilde{c}_{\gamma^n}(t), \tilde{c}_1(t)) < K,$$

这与上式矛盾. 因此 $\tilde{c}_{\gamma^n}$ 与 $\tilde{c}_1$ 不相交. 从而 $\tilde{c}_k$ 与 $\tilde{c}_{k+1}$ 不相交, $k = 1, \cdots, n-1$. 断言得证.

因为 $\tilde{c}_{\gamma^n}$ 与 $\tilde{c}_1$ 不相交, 则 $\tilde{c}_1$ 必然在 $\tilde{c}_{\gamma^n}$ 的某一侧. 测地线 $\tilde{c}_{\gamma^n}$ 把 $\widetilde{M}$ 分割成不相交的两个部分, 我们分别把它们称为 $\tilde{c}_{\gamma^n}$ 的左侧跟右侧. 设 $\tilde{c}_1$ 在 $\tilde{c}_{\gamma^n}$ 的左侧, 则由于 $\tilde{c}_2$ 和 $\tilde{c}_1$ 分别是 $\tilde{c}_1$ 和 $\tilde{c}_{\gamma^n}$ 在等距同构 γ 下的像, $\tilde{c}_2$ 必然在 $\tilde{c}_1$ 的左侧. 同理, 对任意的 $k = 1, \cdots, n-1$, $\tilde{c}_k$ 必然在 $\tilde{c}_{k+1}$ 左侧. 但是

$$\tilde{c}_n = \gamma^n(\tilde{c}_{\gamma^n}),$$

它在 $\tilde{c}_{n-1}$ 的右侧, 这导出了矛盾, 因而这种情况是不可能发生的. □

综上, 对每一个元素 $\gamma \in \Gamma \cong \pi_1(M, x)$, 由命题 6.2.1, 都存在 γ 的轴 $\tilde{c}_\gamma$, 它的投影 c_γ 是 M 上的周期闭测地线. 注意, 不同的两个元素 $\gamma_1, \gamma_2 \in \pi_1(M)$, 它们这样得到的 c_{γ_1} 和 c_{γ_2} 有可能是同一条闭测地线. 这有两个可能：首先, 如果 $\gamma_1^n = \gamma_2^m$, m, $n \in \mathbb{Z}$, c_{γ_1} 和 c_{γ_2} 有可能重合, 并且我们知道, 在负曲率曲面上它们必然重合. 其次, 如果 γ_1 与 γ_2 共轭, c_{γ_1} 和 c_{γ_2} 也有可能是同一条闭测地线. 我们定义 $\pi_1(M, x)$ 中这样的等价类的集合 $\Omega = \pi_1(M, x)/\sim$：

$$\gamma_1 \sim \gamma_2, \text{ 如果存在 } \eta \in \pi_1(M, x),\ m, n \in \mathbb{Z} \text{ 使得 } \gamma_1^n = \eta\gamma_2^m\eta^{-1}.$$

则当 γ_1 与 γ_2 不等价时, $c_{\gamma_1} \neq c_{\gamma_2}$. 由流形的基本群与一阶同调群的关系, 我们很容易知道：当流形 M 的实系数一阶同调群的维数大于等于 2 时, $\Omega = \pi_1(M)/\sim$ 一定是一个无限集合. 从而 M 上有无限多条光滑闭测地线. 我们把这个结论总结为以下这个推论：

推论 6.2.3　*对任意的黎曼流形 (M, g), 当 $\dim(H_1(M, \mathbb{R})) \geqslant 2$ 时, M 上有无限多条光滑闭测地线.*

对于闭测地线的研究, Anosov 证明过一个更加深刻的结论：若 (M, g) 是负曲率流形, 则闭测地线在单位切丛上稠密 (参见 [2]), 进一步地, Knieper 等证明了在秩 (rank) 等于 1 的非正曲率流形上, 闭测地线是稠密的 (参见 [80]).

6.3　测地流的 Mather 理论

极小测地线的另一个非常重要的特性是它满足拉格朗日系统理论中的极小作用原理, 这是一个研究哈密顿及拉格朗日系统的动力学性态的非常有力的工具. 我们在第 1 章的最后一节里已经讲道：如果我们考虑拉格朗日量是

$$L(x, v) = \frac{1}{2} g_x(v, v)$$

的正定拉格朗日系统, 其中 g 是流形 M 上定义的一个完备的黎曼度量, 那么在局部坐标系下, 测地线方程恰好就是拉格朗日方程. 因此这个拉格朗日系统的所有的

轨道都是黎曼流形 (M,g) 的测地流的轨线, 而所有的极小化子 (action-minimizer) 都是极小测地线. 这里我们把测地流的相空间扩到整个切丛 TM 上, 称满足测地线方程的曲线都是测地线, 而不局限于速度恒等于 1 的曲线. 基于这个性质, 我们可以从作用量极小这个角度出发, 用相对来说更偏重于分析的手段开展研究. 这与我们在前面几章中用到的更偏重几何和拓扑的方法有本质上的区别. 它从一个新的角度去观察测地流的动力学性态, 并为我们展示了很多测地流的非常有趣的结果.

6.3.1 正定拉格朗日系统的极小轨道

我们回忆一下正定拉格朗日系统里作用量的定义. 设 $\gamma:[a,b]\to M$ 是完备黎曼流形 (M,g) 上的一条绝对连续曲线 (这里流形 M 可以是紧致的或非紧的), $L(x,v):TM\to\mathbb{R}$ 为一个正定拉格朗日函数. 则 γ 的作用量 $\mathcal{A}(\gamma)$ 定义为

$$\mathcal{A}(\gamma)=\int_a^b L(\gamma(t),\gamma'(t))dt.$$

而测地线 (段) 就是$L(x,v)=\dfrac{1}{2}g_x(v,v)$ 时的作用量的临界点. 因而在局部坐标系下, 测地线必然满足欧拉–拉格朗日方程:

$$\frac{d}{dt}\frac{\partial}{\partial v}g(\gamma'(t),\gamma'(t))=\frac{\partial}{\partial x}g(\gamma'(t),\gamma'(t)).\tag{6.3.1}$$

反之, 也容易看到, 这个方程的解一定是测地线. 所以, 我们视测地流系统为满足

$$L(x,v)=\frac{1}{2}g_x(v,v)\tag{6.3.2}$$

的自治正定拉格朗日系统. 在这个系统里, 绝对连续曲线 $\gamma:[a,b]\to M$ 的作用量是

$$\mathcal{A}(\gamma)=\frac{1}{2}\int_a^b g(\gamma'(t),\gamma'(t))dt.\tag{6.3.3}$$

很容易看到, 测地线的距离最短性等价于作用量的极小性. 因而我们可以从作用量极小性的角度 (即极小作用原理) 去研究极小测地线.

本章的主要目的就是要介绍如何利用极小作用原理去研究测地流. 因此在这一章里, 我们把测地流视为一种特殊的正定拉格朗日系统去讨论. 这里主要运用的方法就是所谓的 Mather 理论. 20 世纪 80 年代, 美国著名数学家 J. N. Mather 创立了利用变分原理研究拉格朗日系统的方法 (参见 [100], [101] 等). Mather 的这一理论体系被国际数学界称为 Mather 理论. 通过变分原理, 我们可以发现和研究正定

拉格朗日系统的一大类具有作用量极小性的有典型意义的轨道, 并进而对拉格朗日系统及哈密顿系统的很多重要的性态有更加深入的认识. Mather 告诉我们, 从前哈密顿系统理论里的许多困难的问题可以在拉格朗日观点下利用变分法进行研究, 并能获得很好的结果. 著名数学家 J. Moser 在 1998 年国际数学家大会上所作的大会报告*Dynamical System-Past and Present* 中, 将 Mather 理论列为最近半个世纪哈密顿动力系统领域最重大的进展之一 (参见 [105]). 在这里我们希望沿着 Mather 理论的思路去研究测地线和测地流.

下面先给出 Mather 理论中极小化子和极小轨道的定义. 我们需要先定义什么是 Mather 理论意义下的作用量极小性.

定义 6.3.1　称绝对连续曲线 (段)$\gamma:[a,b]\to M$ 是作用量极小的, 如果对于任何满足 $l(a)=\gamma(a)$, $l(b)=\gamma(b)$ 的同调 (homologous) 等价于 γ 的绝对连续曲线 $l:[a,b]\to M$, 都有

$$\int_a^b L(\gamma(t),\gamma'(t))dt \leqslant \int_a^b L(l(t),l'(t))dt. \tag{6.3.4}$$

称绝对连续曲线 $\gamma:\mathbb{R}\to M$ 是作用量极小的, 如果对于任意非平凡有界闭区间 $[a,b]\in\mathbb{R}$, γ 限制在 $[a,b]$ 上是作用量极小的.

由完备性假设可以证明, 如果 γ 是作用量极小的, 则它必然是光滑的, 并且在开区间 (a,b) 上满足欧拉-拉格朗日方程 (参见 [101]). 因而对于正定拉格朗日系统而言, 作用量极小的曲线 $\gamma:\mathbb{R}\to M$ 是系统的真实轨道在 M 上的投影, 我们称这样的曲线为*极小化子*(action-minimizer). 曲线 $(\gamma,\gamma'):\mathbb{R}\to TM$ 是拉格朗日系统的一条轨道, 这条轨道称为*极小轨道*(action-minimizing trajectory). Mather 在 [101] 中证明了, 对于一阶同调群是非平凡群的紧流形而言, 由极小轨道组成的集合一定不是空集.

我们简称作用量极小的曲线 (段) 为极小曲线 (段). 极小曲线 (段) 的存在性由 Tonelli 定理保证. 我们知道, 在完备的黎曼流形上 (紧的或是非紧的), 任何两个点都有至少一条测地线相连, 这是 Hopf-Rinow 定理保证的. 在拉格朗日系统理论中, 也有对应的理论, 即 Tonelli 定理, 它保证了在正定拉格朗日系统中, M 上任何两点都有一条极小曲线穿过. 首先我们给出这个定理:

定理 6.3.1 (Tonelli 定理)　假定 M 是一个闭的黎曼流形 (紧的或非紧的), L 是定义在 TM 上的正定拉格朗日量. 设 $a<b\in\mathbb{R}$, $x,y\in M$, 则在连接 x,y 的绝对连续曲线 $l:[a,b]\to M$ 中, 必然存在一条曲线 $\gamma:[a,b]\to M$, 它的作用量是所有这些曲线的作用量中最小的.

定理的证明比较复杂, 详见 [101] 的附录. 我们下面来看一下作用量极小的曲

线段的存在性. 对 M 上任意两点 x, y, 设 $l_0 : [a,b] \to M$ 是满足

$$l_0(a) = x, \quad l_0(b) = y$$

的任意一条绝对连续曲线. 我们把所有满足

$$l : [a,b] \to \text{且 } l(a) = x, \quad l(b) = y,$$

并且与 l_0 同调等价的绝对连续曲线族记为 $\mathcal{A}$. 现在考虑把 $\mathcal{A}$ 提升到 M 的阿贝尔覆盖空间 $\overline{M}$ 上去. 我们之前已经讲过, 称 $\overline{M}$ 为 M 的**阿贝尔覆盖空间**, 如果

$$p_*(\pi_1(\overline{M})) = \mathrm{Ker}(\mathcal{H} : \pi_1(M, x) \to H_1(M, \mathbb{R})).$$

这其中 $p : \overline{M} \to M$ 为覆盖映射,

$$p_* : \pi_1(\overline{M}, \overline{x}) \to \pi_1(M, x)$$

是覆盖映射 $p : \overline{M} \to M$ 诱导出的群同态, 它是一个单射.

$$\mathcal{H} : \pi_1(M, x) \to H_1(M, \mathbb{R})$$

是 Hurewicz 同态. 显然 $H_1(\overline{M})$ 是一个平凡群, 并且通常情况下, $\overline{M}$ 都是一个非紧流形. $\overline{M}$ 上的覆盖变换群:

$$\mathfrak{D} = \mathrm{Im}(\mathcal{H} : \pi_1(M, x) \to H_1(M, \mathbb{R})) = \mathrm{Im}(H_1(M) \to H_1(M, \mathbb{R})). \tag{6.3.5}$$

当 $H_1(M)$ 是一个无挠群时, 有

$$\mathfrak{D} = H_1(M).$$

由此我们可以看到, 当 $\pi_1(M, x)$ 是交换群时 (此时 $\pi_1(\overline{M}, \overline{x}) = \mathrm{Ker}(\mathcal{H}) = \{e\}$), $\overline{M}$ 即为 M 的万有覆盖空间.

我们把拉格朗日量 L 提升到 $T\overline{M}$ 上, 把它记为 $\bar{L}$, 很显然它仍然是一个正定的拉格朗日量. 设 $\bar{x} \in \overline{M}$ 是 x 在 $\overline{M}$ 上的一个原像点, 把 $\mathcal{A}$ 中所有的曲线都提升到 $\overline{M}$ 上去, 并以 $\bar{x}$ 为出发点, 记这个曲线族为 $\bar{\mathcal{A}}$. 则很显然 $\bar{\mathcal{A}}$ 中所有的曲线都终止于同一点 $\bar{y} \in \pi^{-1}(y)$, 并且 $\bar{\mathcal{A}}$ 恰好就是 $\overline{M}$ 上连接 $\bar{x}, \bar{y}$ 并以 $[a,b]$ 为参数的所有的绝对连续曲线的集合. 应用 Tonelli 定理, 我们知道在 $\bar{\mathcal{A}}$ 中有一条曲线 $\bar{\gamma}$, 它的作用量

$$\int_a^b \bar{L}(\bar{\gamma}(t), \bar{\gamma}'(t))dt$$

是最小的. 并且很显然对于任意曲线 $l \in \mathcal{A}$, 我们都有

$$\int_a^b L(l(t), l'(t))dt = \int_a^b \bar{L}(\bar{l}(t), \bar{l}'(t))dt. \tag{6.3.6}$$

因此 $\bar{\gamma}$ 的投影 $\gamma : [a, b] \to M$ 一定是 $\mathcal{A}$ 中作用量最小的. 极小曲线 (段) 的存在性得证.

Mather 理论主要的研究对象是正定拉格朗日系统在同调意义下的极小化子、极小轨道以及极小测度 (minimal measure). 严格地讲, 极小轨道是指 TM 中拉格朗日系统满足作用量极小性的那些轨道, 而极小化子或者极小曲线是 M 上指满足作用量极小性的绝对连续曲线. 本书里有时候为叙述简便起见, 当不会发生混淆导致理解困难时, 我们都称它们为极小轨道. 正如我们有时在名称上不严格区分测地流的轨道和测地线一样.

我们来看一下测地流系统 (即以黎曼度量 $g_x(v, v)$ 为拉格朗日量的正定拉格朗日系统) 中, 极小测地线和 Mather 理论意义下的极小轨道的关系. 由在第 1 章里推导过的测地线的长度极小与作用量极小的等价关系, 很容易知道, 极小测地线段 $\gamma : [a, b] \to M$ 的作用量一定小于等于其他任何同伦等价于它的绝对连续曲线 $l : [a, b] \to M$ 的作用量. 同伦等价是一个比同调等价更强的限制条件, 因而与 $\gamma : [a, b] \to M$ 同伦等价的绝对连续曲线集合是与 γ 同调等价的绝对连续曲线集合的一个子集. 当 $\pi_1(M, x)$ 为非交换群时, 这两个集合严格不相等. 所以 Mather 意义下的作用量极小性的条件更强. 因此, 我们知道, 极小轨道一定是极小测地线, 而极小测地线不一定是极小轨道. 仅当 $\pi_1(M, x)$ 是交换群时 (例如 $M = \mathbb{T}^2$),

$$\pi_1(M, x) \cong H_1(M),$$

因而极小测地线就是极小轨道. 这里的讨论涉及了一些代数拓扑学的知识, 我们不可能一一解释, 如果读者对这些知识不太熟悉, 我们推荐 Rotman 的*Introduction to Algebraic Topology* (参见参考文献 [118]), 这里面对同伦论、同调伦以及覆盖空间理论都有简明而清晰的讲解, 读者不需要太多的准备知识就能理解.

由以上分析可以看出, 如果把 Mather 理论作为研究极小测地线的工具, 我们将可能会丢失一部分的极小测地线. 但是我们会看到, 即使仅仅研究 Mather 理论意义下的极小轨道, 也能对测地流系统的很多重要的动力学性态进行描述. 而且由于实系数的一阶同调群 $H_1(M, \mathbb{R})$ 是一个有限维实线性空间, 我们很容易在上面做分析学的运算, 这给我们的研究带来了非常大的便利. 这也是数学家们更青睐于研究同调意义下的极小轨道的一个重要原因. 而当流形的基本群是交换群时, 极小测地线的集合就是极小轨道的集合, 因而我们可以用 Mather 理论对其进行完整的描述, 在后面的几节我们将讨论的环面上的极小测地线就属于这种情形.

6.3.2 极小测度与旋转向量

除了定义绝对连续曲线的作用量，我们还可以对不变概率测度定义作用量. 设 $\phi_t : TM \to TM$ 是由拉格朗日量 L 生成的欧拉-拉格朗日流，μ 是一个 ϕ_t 不变的概率测度. 我们定义 μ 的作用量 $\mathcal{A}(\mu)$ 为

$$\mathcal{A}(\mu) = \int_{TM} L(x,v)\, d\mu. \tag{6.3.7}$$

在同调意义下具有作用量极小性的不变概率测度 (极小测度) 是 Mather 理论的另一个最主要的研究对象. Mather 理论的一个基本思想就是利用紧致流形的一阶同调类及一阶上同调类对系统的不变概率测度进行分类，进而对具有作用量极小性的不变测度的性态进行研究. 极小测度包含着丰富的动力学信息. 通过研究极小测度，我们能对系统的很多性质进行深入的探讨. 为了定义极小测度，我们需要引入一个 Mather 理论中非常重要的概念：**旋转向量**. 下面就来谈谈这个旋转向量是怎么定义的.

对于一个 ϕ_t 不变的概率测度 μ，其作用量既可能是有限的也可能是正无穷 (由于 L 是 TM 上有下界的函数，故作用量作为不变概率测度空间上的函数是下方有界的). 但是，作用量有限的不变概率测度不但存在，而且非常丰富. 对于一个不变概率测度 μ，如果 $\mathcal{A}(\mu)$ 有界，由 L 对于 v 的超线性增长性我们知道，TM 上任意的关于变量 v 线性的函数对 μ 的积分都是有限的. 对任意一个实系数一阶上同调类 $c \in H^1(M,\mathbb{R})$，以及任意一个作为 c 的代表元的 1-形式 λ_c. 考虑积分：

$$\mu(\lambda_c) = \int_{TM} \lambda_c\, d\mu. \tag{6.3.8}$$

我们发现这个积分有如下性质：

(1) 对于固定的 μ，$\mu(\lambda_c)$ 的值只与一阶上同调类 c 有关，与代表元 λ_c 的选取无关. 这是因为，对于一个固定的 $c \in H^1(M,\mathbb{R})$，任意两个作为代表元的 1-形式之间只相差一个恰当形式，而任何恰当形式对不变测度的积分都是 0 (参见 [101]).

(2) $\mu(\lambda_c)$ 关于一阶上同调类 c 线性. 这一点是非常显然的.

因此，基于一阶同调群与一阶上同调群的对偶关系，我们知道，对任意一个作用量有界的不变概率测度 μ，存在唯一的一个一阶同调类 $\rho(\mu) \in H_1(M,\mathbb{R})$，满足

$$\langle c, \rho(\mu)\rangle = \int_{TM} \lambda_c\, d\mu, \quad \forall c \in H^1(M,\mathbb{R}). \tag{6.3.9}$$

这个一阶同调类 $\rho(\mu) \in H_1(M,\mathbb{R})$ 称为不变概率测度 μ 的旋转向量.

注意，事实上，对流形 M 上的封闭曲线 $l : [a,b] \to M$，我们也可以用同样的方

式定义其旋转向量：$\rho(l) \in H_1(M,\mathbb{R})$ 定义为唯一满足

$$\langle c, \rho(l)\rangle = \frac{1}{b-a}\int_a^b \lambda_c(l(t), l'(t))\, dt, \quad \forall c \in H^1(M,\mathbb{R}) \tag{6.3.10}$$

的实系数一阶同调类. 这个定义是良好的, 因为恰当形式在封闭曲线上的积分是 0, 因而上面积分的值与代表元 λ_c 的选取无关. 读者可以自己验证一下, 如果这条闭曲线 l 是一阶同调类 $h \in H_1(M)$ 的一个代表元, 则有

$$\rho(l) = \frac{1}{b-a}h, \tag{6.3.11}$$

这里, 我们把 $H_1(M)$ 视作 $H_1(M,\mathbb{R})$ 中的整点集.

旋转向量是 Mather 理论中一个非常重要的概念和十分有用的工具. 由于旋转向量都是实系数一阶同调群中的元素, 而流形的实系数一阶同调群恰好是一个有限维欧几里得空间, 因而一定程度上可以进行微积分的运算. 这相当于给了我们一个非常有力的工具. 我们会看到, 很多结论的导出都离不开与旋转向量有关的讨论, 而这些讨论中有相当一部分是数学分析上的推导.

我们记 $\mathfrak{M}_{\mathrm{inv}}(L)$ 为 TM 上在由拉格朗日量 L 生成的欧拉-拉格朗日流下不变的作用量有限的概率测度, 在不产生混淆的情况下, 简记为 $\mathfrak{M}_{\mathrm{inv}}$. 另外, 我们记作用量有限的遍历测度集合为 $\mathfrak{M}_{\mathrm{erg}}(L)$, 简记为 $\mathfrak{M}_{\mathrm{erg}}$. 从定义不难看出

$$\rho(\mu) : \mathfrak{M}_{\mathrm{inv}}(L) \to H_1(M,\mathbb{R})$$

是一个线性函数, 即对任意的 μ_1, $\mu_2 \in \mathfrak{M}_{\mathrm{inv}}$, 有

$$\rho(\lambda_1\mu_1 + \lambda_2\mu_2) = \lambda_1\rho(\mu_1) + \lambda_2\rho(\mu_2), \quad \forall \lambda_1, \lambda_2 \in [0,1], \quad \lambda_1 + \lambda_2 = 1. \tag{6.3.12}$$

对于遍历测度 μ 而言, 其旋转向量大致地描述了 μ 的支撑集中几乎所有轨道的大致运动方向和速度. 这是因为：根据 Birkhoff 遍历定理, 对于 μ-几乎所有轨道 $(\gamma(t), \gamma'(t))$, 都有

$$\lim_{T\to+\infty} \frac{1}{T}\int_0^T \lambda_c(\gamma(t), \gamma'(t))dt = \int_{TM} \lambda_c\, d\mu, \quad \forall c \in H^1(M,\mathbb{R}), \tag{6.3.13}$$

其中, 1-形式 λ_c 为一阶上同调类 c 的一个任意的代表元. 根据遍历分解定理, 不变测度可分解为遍历测度的凸组合 (参见 [129]). 因而不变测度的旋转向量也描述了这个不变测度的支撑集中的轨道的大致的平均运动方向及速度.

Mather 证明了：对任意一个实系数一阶同调类 $h \in H_1(M,\mathbb{R})$, 都存在至少一个这样的作用量有限的不变测度 μ：它以 h 为其旋转向量, 并且 μ 的作用量是所有以 h 为旋转向量的不变测度里最小的 (参见 [101]). 这样的不变测度称为旋转向量

为 h 的**极小测度**. 我们记以 h 为旋转向量的极小测度组成的集合为 $\mathfrak{M}_h$, 则 Mather 的上述结果告诉了我们, 对所有的 $h \in H_1(M,\mathbb{R})$, $\mathfrak{M}_h$ 都一定是非空的. 关于极小测度的支撑集中的轨道, Mather 证明了如下定理:

定理 6.3.2 (Mather) *极小测度的支撑集中的所有轨道都是极小轨道.*

要提醒读者注意的是: 在这个定理里, 不仅是遍历理论中常说的几乎所有轨道, 而且是支撑集中每一条轨道都是极小轨道!

对任意的实系数一阶同调类 $h \in H_1(M,\mathbb{R})$, 我们记

$$\beta(h) = \mathcal{A}(\mu),\ \mu \in \mathfrak{M}_h \tag{6.3.14}$$

$$= \inf\{\mathcal{A}(\mu) \mid \rho(\mu) = h,\ h \in \mathfrak{M}_{\text{inv}}\}. \tag{6.3.15}$$

则 $\beta : H_1(M,\mathbb{R}) \to \mathbb{R}$ 是一个在有限维线性空间上定义良好的函数. 此外, 我们还可以看到 $\beta(h)$ 是 $H_1(M,\mathbb{R})$ 上的一个**凸函数**. 这是因为, 如果 $h = \lambda_1 h_1 + \lambda_2 h_2$, 其中 $\lambda_1, \lambda_2 \in [0,1]$, $\lambda_1 + \lambda_2 = 1$, 则对任意的 $\mu_1 \in \mathfrak{M}_{h_1}$, $\mu_2 \in \mathfrak{M}_{h_2}$,

$$\rho(\lambda_1\mu_1 + \lambda_2\mu_2) = \lambda_1 h_1 + \lambda_2 h_2 = h.$$

而由极小测度的定义, 有

$$\lambda_1\beta(h_1) + \lambda_2\beta(h_2) = \lambda_1\mathcal{A}(\mu_1) + \lambda_2\mathcal{A}(\mu_2) \tag{6.3.16}$$

$$= \mathcal{A}(\lambda_1\mu_1 + \lambda_2\mu_2) \geqslant \beta(h). \tag{6.3.17}$$

注意到 $H_1(M,\mathbb{R})$ 的对偶空间是 $H^1(M,\mathbb{R})$. 由于 $\beta(h)$ 是 $H_1(M,\mathbb{R})$ 上的一个凸函数, 由凸分析的理论我们可以定义这个函数的对偶函数 $\alpha : H^1(M,\mathbb{R}) \to \mathbb{R}$, 其中:

$$\alpha(c) = -\max\{\langle c, h\rangle - \beta(h) \mid h \in H_1(M,\mathbb{R})\}. \tag{6.3.18}$$

很显然 $\alpha(c)$ 是 $H^1(M,\mathbb{R})$ 上的一个凸函数. 对任意的 $\mu \in \mathfrak{M}_{\text{inv}}$, 以及 $c \in H^1(M,\mathbb{R})$, 我们定义测度 μ 的 c-作用 $\mathcal{A}_c(\mu)$ 为

$$\mathcal{A}_c(\mu) = \int_{TM} (L - \lambda_c)\, d\mu, \tag{6.3.19}$$

其中 1- 形式 λ_c 为一阶上同调类 c 的一个代表元, 很显然对于不变测度 μ 而言, $\mathcal{A}_c(\mu)$ 的值与代表元 λ_c 的选取无关. 易见

$$\alpha(c) = \min\{\mathcal{A}_c(\mu) \mid \mu \in \mathfrak{M}_{\text{inv}}\}. \tag{6.3.20}$$

注意, 与 β 函数的定义不同, 在 α 函数的定义里, 作用量 $\mathcal{A}_c$ 的极小是在整个 $\mathfrak{M}_{\text{inv}}$ 中取到的, 而不是在其某个特定的子集里取得, 因而我们可以认为这是一个全局的极小.

对任意的一阶上同调类 c, 记

$$\mathfrak{M}^c = \{\mu \in \mathfrak{M}_{\text{inv}} \mid \mathcal{A}_c(\mu) = \alpha(c)\}. \tag{6.3.21}$$

容易看到所有的 $\mathfrak{M}^c$ 都是非空的. $\mathfrak{M}^c$ 中的元素 (测度) 称为对于作用量 $\mathcal{A}_c$ 的极小测度, 简称 c-极小测度. 用简单凸分析理论可以证明, 任何一个极小测度都是关于某一个 $c \in H^1(M,\mathbb{R})$ 的全局极小测度. 反之, 任何一个 c-极小测度 μ 都是 $\mathfrak{M}_{\rho(\mu)}$ 中的元素. 因而有以下的恒等式:

$$\bigcup_{c\in H^1(M,\mathbb{R})} \mathfrak{M}^c = \bigcup_{h\in H_1(M,\mathbb{R})} \mathfrak{M}_h. \tag{6.3.22}$$

上面这个并集称为系统的极小测度集.

6.3.3 基本性质

我们介绍一些 Mather 理论中的基本结论, 这些结论在下面的讨论中将会被用到. 本书将不给出这些结果的证明, 关于这些结论的严格证明及相互关系, 读者可以参阅 [101] 中的有关内容.

首先, 我们来讨论分布在极小轨道上的测度的作用量的极限. 这里需要为阿贝尔覆盖空间中的绝对连续曲线形式化地定义一个旋转向量. 设 $c_1,\cdots,c_k \in H^1(M,\mathbb{R})$ 是 $H^1(M,\mathbb{R})$ 的一组基, 固定一组闭 1-形式 $\lambda_1,\cdots,\lambda_k : TM \to \mathbb{R}$ 作为这组基的代表元集, 记 $\bar\lambda_1,\cdots,\bar\lambda_k : T\overline{M} \to \mathbb{R}$ 为这组 1-形式在阿贝尔覆盖空间 $\overline{M}$ 上的提升. 对任意的绝对连续曲线 $\bar\gamma : [a,b] \to \overline{M}$, 存在唯一的一阶同调类 $h \in H_1(M,\mathbb{R})$, 满足

$$\langle c_i, h\rangle = \frac{1}{b-a}\int_a^b \bar\lambda_i(\bar\gamma(t),\bar\gamma'(t))\,dt, \quad \forall i = 1,\cdots,k. \tag{6.3.23}$$

称这个一阶同调类 h 为曲线 $\bar\gamma$ 的旋转向量, 记为 $\rho(\bar\gamma)$. 我们要注意的是这个旋转向量只是形式化的定义, 取不同的 1-形式作代表元, 得到的旋转向量可能是不一样的. 仅当 $\bar\gamma$ 是底空间中闭曲线的提升时, 这个定义才不依赖于代表元的选取.

下面这个引理说明极小轨道的极限测度都是极小轨道, 这是 Mather 理论中最基本的结论之一. 我们后面很多问题的讨论, 特别是对分布在极小周期轨道上的不变测度的讨论都基于这个引理.

引理 6.3.1 设 $\bar\gamma_i : [a_i,b_i] \to \overline{M}$, $i = 1,2\cdots$, $b_i - a_i \to \infty$, 是阿贝尔覆盖空间上的一列极小化子, 满足

$$\rho(\bar\gamma_i) \to h \in H_1(M,\mathbb{R}), \quad i \to \infty.$$

则

$$\frac{A(\bar\gamma_i)}{b_i - a_i} \to \beta(h), \quad i \to \infty.$$

假设 $(\gamma,\gamma'):\mathbb{R}\to M$ 是一条以 T 为最小正周期的周期轨道, 并且还是 $\overline{M}$-作用量极小的. 设 $\bar{\gamma}:\mathbb{R}\to\overline{M}$ 是 γ 在阿贝尔覆盖空间 $\overline{M}$ 上的任意一个提升, 则 $\bar{\gamma}$ 在 $\overline{M}$ 上是全局作用量极小的. 特别地, 每一个 $\bar{\gamma}|_{[0,kT]}$ 都是极小化子, $k=1,2,\cdots$. 设 μ_γ 是 (关于参数 t) 均匀分布在 $\{\gamma(t),\gamma'(t)\}|_{[0,T]}$ 上的概率测度, 注意到 $(\gamma,\gamma'):\mathbb{R}\to M$ 是一条周期轨道, 故而 μ_γ 是一个遍历测度. 显然

$$
\begin{aligned}
A(\mu_\gamma)&=\int_{TM}L(x,v)d\mu_\gamma=\frac{1}{T}\int_0^T L(\gamma(t),\gamma'(t))dt=A(\gamma|_{[0,T]})\\
&=\frac{1}{kT}\int_0^{kT}L(\bar{\gamma}(t),\bar{\gamma}'(t))dt=\frac{1}{kT}A(\bar{\gamma}|_{[0,kT]}),\quad \forall k=1,2,\cdots.
\end{aligned}
$$

设 $h=\rho(\gamma|_{[0,T]})=\dfrac{[\gamma|_{[0,T]}]}{T}\in H_1(M,\mathbb{R})$, 则容易验证:

$$
\rho(\bar{\gamma}|_{[0,kT]})=\frac{[\gamma|_{[0,kT]}]}{kT}=\rho(\gamma|_{[0,T]})=h,\quad \forall k=1,2,\cdots.
$$

由引理 6.3.1 知道

$$
A(\mu_\gamma)=\frac{A(\gamma_{[0,T]})}{T}=\lim_{k\to\infty}\frac{A(\bar{\gamma}_{[0,kT]})}{kT}=\beta(h),
$$

因而 μ_γ 是一个极小测度. 这说明, 均匀分布在极小周期轨道上的概率测度一定是一个极小遍历测度.

下面一个引理也是 Mather 理论中的基本定理, 它说明极小轨道的极限测度都在同一个 $\mathfrak{M}^c$ 集合中, 即这些极限测度对同一个作用量 A_c 是全局极小的.

引理 6.3.2 设 $\gamma:\mathbb{R}\to M$ 为一个极小化子, $\bar{\gamma}:\mathbb{R}\to\overline{M}$ 为 γ 在阿贝尔覆盖空间 $\overline{M}$ 上的任意一个提升, 满足

$$
\lim_{b\to+\infty}\inf_{a\to-\infty}\frac{d(\bar{\gamma}(b),\bar{\gamma}(a))}{b-a}<\infty,
$$

则存在 $c\in H^1(M,\mathbb{R})$, 使得 γ 的所有极限测度都在 $\mathfrak{M}^c$ 中.

引理 6.3.3 (Short-cutting 引理) 设 $K>0$, 存在常数 $\varepsilon,\delta,\eta,C>0$ 使得对任意的 $t_0\in\mathbb{R}$, 如果曲线 $l_1,l_2:[t_0-\varepsilon,t_0+\varepsilon]\to M$ 是欧拉-拉格朗日方程的两个解, 并且这两个解满足:

(1) $\|l_1'(t_0)\|,\|l_2'(t_0)\|\leqslant K$;

(2) $d(l_1(t_0),l_2(t_0))\leqslant\delta$, 并且

$$
d((l_1(t_0),l_1'(t_0)),(l_2(t_0),l_2'(t_0)))\geqslant d(l_1(t_0),l_2(t_0)).
$$

则存在光滑曲线 $c_1:[t_0-\varepsilon,t_0+\varepsilon]\to M$ 连接 $l_1(t_0-\varepsilon)$ 和 $l_2(t_0+\varepsilon)$, $c_2:[t_0-\varepsilon,t_0+\varepsilon]\to M$ 连接 $l_2(t_0-\varepsilon)$ 和 $l_1(t_0+\varepsilon)$, 使得

$$
A(l_1)+A(l_2)-(A(c_1)+A(c_2))\geqslant\eta d((l_1(t_0),l_1'(t_0)),(l_2(t_0),l_2'(t_0))).
$$

Short-cutting 引理的一个最特殊的情况就是若两条曲线 l_1, l_2 满足 $l_1(t_0) = l_2(t_0)$ 且 $l_1'(t_0) \neq l_2'(t_0)$, 那么一定存在如定理中所述的光滑曲线 c_1, c_2, 以及常数 $\eta > 0$, 使得

$$A(l_1) + A(l_2) - (A(c_1) + A(c_2)) \geqslant \eta d(l_1'(t_0), l_2'(t_0)).$$

另外还需要说明的是, 引理 6.3.3 的证明完全是在一个局部坐标卡上完成的, 不依赖流形的任何拓扑性质, 故而在非紧流形上也成立, 特别地, 在万有覆盖空间和阿贝尔覆盖空间上都成立. 下面定理 6.3.3 是 Short-cutting 引理的一个推论, 它描述了极小测度的支撑集的分布规律. 它说明对任意一个一阶上同调类 $c \in H^1(M, \mathbb{R})$, 极小测度集 $\mathfrak{M}^c$ 的支撑集满足: ① 它是紧致集; ② 它是某一个从 M 的一个闭子集到 TM 的 Lipschitz 映射的图像. 特别地, 如果 $(x_1, v), (x_2, v)$ 都在 $\mathfrak{M}^c$ 的支撑集中, 则必有 $x_1 \neq x_2$.

定理 6.3.3 (Lipschitz 图像定理) 任意 $c \in H^1(M, \mathbb{R})$, $\mathfrak{M}^c$ 的支撑集是紧致集, 投影映射 $\pi : TM \to M$ 限制在 $\mathfrak{M}^c$ 的支撑集上是单射, 其逆映射是 Lipschitz 连续的.

最后, 我们来证明一个和命题 6.2.1 很类似的结论: 对自治的正定拉格朗日系统, $H_1(M, \mathbb{R})$ 中任意的有理元 h 都有一条闭的轨道以 h 为旋转向量. 这里, 我们称一个实系数的一阶同调类 $h \in H_1(M, \mathbb{R})$ 是有理的, 如果在 $H_1(M, \mathbb{R})$ 的任意一组基下, 存在一个非零实数 a 使得 $h = (h_1, \cdots, h_{2g})$ 的各分量满足

$$ah_i \in \mathbb{Z}, \quad \forall i = 1, \cdots, 2g.$$

特别地, 如果这个自治系统就是测地流系统, 并且 $\dim(H_1(M, \mathbb{R})) \geqslant 2$, 则这个定理说明系统中有无限多条互异的闭轨道, 这就导出了推论 6.2.3.

定理 6.3.4 考虑自治的正定拉格朗日系统. 对于 $H_1(M, \mathbb{R})$ 中任意的有理元 h, 系统都有一条闭轨道以 h 为旋转向量.

证明 设 $h \in H_1(M, \mathbb{R})$ 是一个有理元, 则存在实数 $T > 0$ 使得 $Th \in H_1(M, \mathbb{Z})$, 并且使得 Th 是 $H_1(M, \mathbb{Z})$ 中的一个基本元 (premitive element). 这里我们把 $H_1(M, \mathbb{Z})$ 视为 $H_1(M, \mathbb{R})$ 中的整点集. 考虑 M 的阿贝尔覆盖空间 $\overline{M}$, 固定其一个闭基本域 $N \subset \overline{M}$. 记 ah 对应的覆盖变换为 γ. 对每一点 $\bar{x} \in N$ 考虑从 $\bar{x}$ 到 $\gamma(\bar{x})$ 的极小化子 $l_{\bar{x}} : [0, T] \to \overline{M}$. 定义函数

$$f(\bar{x}) = A(l_{\bar{x}}) : N \to \mathbb{R}^+.$$

由作用量对端点的 Lipschitz 连续性质, 我们知道 $f(\bar{x})$ 是闭集 N 上的 Lipschitz 连续函数. 所以存在点 $\bar{y} \in N$ 使得

$$f(\bar{y}) = \min\{f(\bar{x}) \mid \bar{x} \in N\}.$$

显然, $l_{\bar{y}}:[0,T]\to\overline{M}$ 一定是一个极小化子.

考虑 $l_{\bar{y}}$ 在 M 上的投影 $l_y:[0,T]\to M$, 这是一条闭曲线. 易见 l_y 所代表的一阶同调类 $[l_y]=Th\in H_1(M,\mathbb{Z})$. 类似于命题 6.2.1 中的讨论, 我们知道 l_y 一定是一条光滑的闭曲线, 并且是欧拉-拉格朗日方程的某一个周期解的一个周期那么长的一段. 也就是说存在一个以 T 为周期的轨道 $(l,l'):\mathbb{R}\to TM$, 满足

$$l(t)=l_y(t),\quad t\in[0,T].$$

很显然

$$\rho(l_y)=\frac{[l_y]}{T}=\frac{Th}{T}=h.$$

定理得证. □

6.3.4 关于极小测地线的一些基本结论

对完备的紧致无边的黎曼流形 (M,g), 以下我们始终用 $\widetilde{M}$ 表示 M 的万有覆盖空间, $\overline{M}$ 表示 M 的阿贝尔覆盖空间, 两个覆盖空间上又有 g 提升的黎曼度量. 考虑由

$$L(x,v)=g_x(v,v)$$

生成的正定拉格朗日系统, 我们前面已经讲过, 这个系统恰好就是切丛 TM 上的测地流系统. 在局部坐标系下, M 上所有的测地线都必须满足 $L(x,v)=g_x(v,v)$ 的拉格朗日方程, 反之, 这个方程的所有解都是 M 测地线.

对任意一条绝对连续曲线 $l:[a,b]\to M$, 它在 $L(x,v)=g_x(v,v)$ 下的作用量是

$$A(l)=\int_0^T g_{l(t)}(l'(t),l'(t))dt=\int_0^T\|l'(t)\|^2dt. \tag{6.3.24}$$

设 μ_l 是均匀分布在 $\{(l(t),l'(t))\}|_{[0,T]}$ 上的概率测度, 则

$$A(\mu_l)=\frac{1}{T}\int_0^T\|l'(t)\|^2dt=\frac{1}{T}A(l). \tag{6.3.25}$$

如果 $l:[a,b]\to M$ 是一条测地线, 并且 $l(0)=l(T)$, 那么它就是某一个一阶同调类 $h\in H_1(M,\mathbb{R})$ 的代表元. 如我们在前面讲过的那样, 它的旋转向量可以定义为

$$\rho(l)=\frac{1}{b-a}h, \tag{6.3.26}$$

这里, 我们仍然把 $H_1(M,\mathbb{Z})$ 视作 $H_1(M,\mathbb{R})$ 中的整点集. 进一步地, 如果 $l'_+(0)=l'_-(T)$, 那么 $l:[a,b]\to M$ 就是一条闭测地线. 这时, μ_l 就是测地流的一个不变测

度. 很容易计算出

$$\rho(\mu_l) = \frac{1}{b-a}h = \rho(l). \tag{6.3.27}$$

设闭测地线 $\tilde{l}: \left[0, \dfrac{T}{a}\right] \to M$ 是 $l(t)$ 的满足 $\|\tilde{l}'\| = a\|l'\|$ 的一个重新参数化, 则可以验证

$$\rho(\tilde{l}) = a\rho(l),$$

以及

$$A(\tilde{l}) = \int_0^{\frac{T}{a}} (a\|l'(t)\|)^2 dt = aA(l).$$

记 $\mu_{\tilde{l}}$ 为均匀分布在 $\{(\tilde{l}(t), \tilde{l}'(t))\}|_{[0,\frac{T}{a}]}$ 上的概率测度, 则有

$$A(\mu_{\tilde{l}}) = a^2 A(\mu_l). \tag{6.3.28}$$

更一般地, 假定 μ 是一个不变测度, 对于任意的常数 $a > 0$, 设 μ' 是满足以下性质的概率测度: 对任意可测集 E' 以及 $E = \{(x, v) \in TM \mid (x, av) \in E'\}$, 等式

$$\mu'(E') = \mu(E)$$

始终成立. 则 μ' 是一个满足

$$\rho(\mu') = a\rho(\mu) \tag{6.3.29}$$

的不变测度, 并且

$$A(\mu') = a^2 A(\mu). \tag{6.3.30}$$

实际上我们容易看出来, μ' 就是 μ 在不同的等能量面上的一个平移. 以上的讨论说明: 不变概率测度 μ 是测地流系统的一个极小测度等价于 μ' 也是一个测地流系统的极小测度. 我们称这个性质为测地流系统的极小测度的**平移性质**.

下面一个引理说明, 对两条测地线作用量的比较等价于对它们长度的比较.

引理 6.3.4　设 $l: [0, T_1] \to M$ 和 $\gamma: [0, T_2] \to M$ 是 M 上的两条测地线, 则

$$\frac{1}{T_1}|l| \leqslant \frac{1}{T_2}|\gamma| \Leftrightarrow \frac{1}{T_1}A(l) \leqslant \frac{1}{T_2}A(\gamma). \tag{6.3.31}$$

证明　如果

$$\frac{1}{T_1}|l| \leqslant \frac{1}{T_2}|\gamma|.$$

那么就有

$$\frac{1}{T_1}\int_0^{T_1} \|l'(t)\|dt \leqslant \frac{1}{T_2}\int_0^{T_2} \|\gamma'(s)\|ds.$$

由于 $\|l'(t)\|$ 和 $\|\gamma'(s)\|$ 都是常数, 因此显然有

$$\|l'(t)\| \leqslant \|\gamma'(s)\|, \quad t \in [0, T_1], \quad s \in [0, T_2].$$

这可以导出

$$\frac{1}{T_1}A(l) = \frac{1}{T_1}\int_0^{T_1} \|l'(t)\|^2 dt = \|l'(t)\|^2$$

$$\leqslant \|\gamma'(s)\|^2 = \frac{1}{T_2}\int_0^{T_2} \|\gamma'(s)\|^2 ds = \frac{1}{T_2}A(\gamma).$$

由于以上各步可逆, 因此也有

$$\frac{1}{T_1}|l| \leqslant \frac{1}{T_2}|\gamma| \Leftarrow \frac{1}{T_1}A(l) \leqslant \frac{1}{T_2}A(\gamma).$$

综上所述,

$$\frac{1}{T_1}|l| \leqslant \frac{1}{T_2}|\gamma| \Leftrightarrow \frac{1}{T_1}A(l) \leqslant \frac{1}{T_2}A(\gamma).$$ □

我们要特别指出的是: 在这个引理的证明中, 我们并不需要与 M 的紧致性有关的任何性质, 所以这个引理在非黎曼紧流形上也是成立的. 特别地, 这个引理在 M 的万有覆盖空间 $\widetilde{M}$ 及阿贝尔覆盖空间 $\overline{M}$ 上都成立.

由于关于 $L(x, v) = g_x(v, v)$ 的所有极小化子都是测地线 (段), 引理 6.3.4 的一个直接推论就是对由 $L(x, v) = g_x(v, v)$ 生成的正定拉格朗日系统, 其极小化子是 (M, g) 上的极小测地线, 反之亦然.

定理 6.3.5 如果拉格朗日量 $L(x, v) = g_x(v, v)$, 则 $\gamma : [a, b] \to M$ 是 $\overline{M}$-极小化子, 当且仅当 γ 是一条 $\overline{M}$-极小测地线. 进一步地, $\gamma : \mathbb{R} \to M$ 是 $\overline{M}$-极小化子, 当且仅当 γ 是 $\overline{M}$-极小测地线.

将引理 6.3.4 应用到封闭的测地线段上, 我们有以下结论:

命题 6.3.6 设 $l : [0, T_1] \to M$ 和 $\gamma : [0, T_2] \to M$ 都是简单闭曲线, 且都是测地线段, 并且满足 $\rho(l) = \rho(\gamma)$. 则 $|l| \leqslant |\gamma| \Leftrightarrow A(l) \leqslant A(\gamma)$.

证明 由于 l 和 γ 都是简单闭曲线, 并且 $\rho(l) = \rho(\gamma)$, 由引理 6.5.1(该引理的证明不依赖于这个推论), 存在一个一阶同调类 $h \in H_1(M, \mathbb{Z})$ 使得

$$[l] = [\gamma] = h.$$

因此,

$$\rho(l) = \rho(\gamma) \Rightarrow T_1 = T_2.$$

记 $T_1 = T_2 = T > 0$, 则 $\rho(l) = \rho(\gamma) = \dfrac{h}{T} \in H_1(M, \mathbb{R})$. 由引理 6.3.4,

$$|l| \leqslant |\gamma| \Leftrightarrow A(l) \leqslant A(\gamma).$$ □

命题 6.3.6 以及定理 6.3.4 直接导出了下面的一个关于测地流系统的基本的定理, 这个定理是下面两节里面很多重要结果的基石:

定理 6.3.7 *对任意一个一阶同调类 $h \in H_1(M,\mathbb{Z})$, 存在一条作为 h 的代表元的闭曲线 l, 它在 h 的所有代表元中长度最短. 进一步地, l 是一条闭测地线.*

下一个引理是 Short-cutting 引理在测地流上的直接推广, 注意到和 Short-cutting 引理一样, 它也在非紧空间, 如万有覆盖空间、阿贝尔覆盖空间上成立.

引理 6.3.5 *存在常数 ε, 如果测地线段 $l_1,l_2:[-\varepsilon,+\varepsilon]\to M$ 在 $t=0$ 处相交 (即 $l_1(0)=l_2(0)$ 且 $l_1'(0)\neq l_2'(0)$). 则存在测地线段 $c_1,c_2:[-\varepsilon,\varepsilon]\to M$ 满足 $c_1(t_0-\varepsilon)=l_1(t_0-\varepsilon)$, $c_2(t_0-\varepsilon)=l_2(t_0-\varepsilon)$, $c_1(t_0+\varepsilon)=l_2(t_0+\varepsilon)$, $c_2(t_0+\varepsilon)=l_1(t_0+\varepsilon)$, 使得 $|l_1|+|l_2|>|c_1|+|c_2|$.*

在万有覆盖空间 $\widetilde{M}$ 上利用引理 6.3.5, 我们可以很容易地证明下面的结论.

定理 6.3.8 *万有覆盖空间 $\widetilde{M}$ 上的任意两条极小测地线不能相交两次.*

证明 设 $c_1,c_2:\mathbb{R}\to M$ 是万有覆盖空间 $\widetilde{M}$ 上的两条不同的极小测地线, 且 $c_1(0)=c_2(0)$, $c_1(T)=c_2(T)$, $T>0$. 由测地线方程解关于初值的存在唯一性, 因为两条测地线是不同的, 所以 $c_1'(0)\neq c_2'(0)$, $c_1'(T)\neq c_2'(T)$.

由引理 6.3.5, 存在常数 ε, 以及测地线段 $l_1^-:[-\varepsilon,\varepsilon]\to M$ 连接 $c_1(-\varepsilon)$ 和 $c_2(\varepsilon)$, 测地线段 $l_1^+:[-\varepsilon,\varepsilon]\to M$ 连接 $c_2(-\varepsilon)$ 和 $c_1(\varepsilon)$, 使得

$$|c_1|_{[-\varepsilon,\varepsilon]}|+|c_2|_{[-\varepsilon,\varepsilon]}|>|l_1^-|+|l_1^+|.$$

同理, 存在测地线段 $l_2^-:[T-\varepsilon,T+\varepsilon]\to M$ 连接 $c_1(T-\varepsilon)$ 和 $c_2(T+\varepsilon)$, 测地线段 $l_2^+:[T-\varepsilon,T+\varepsilon]\to M$ 连接 $c_2(T-\varepsilon)$ 和 $c_1(T+\varepsilon)$, 使得

$$|c_1|_{[T-\varepsilon,T+\varepsilon]}|+|c_2|_{[T-\varepsilon,T+\varepsilon]}|>|l_2^-|+|l_2^+|.$$

取

$$\sigma_1(t)=\begin{cases} c_1(t), & t\in(-\infty,-\varepsilon],\\ l_1^-, & t\in[-\varepsilon,\varepsilon],\\ c_2(t), & t\in[\varepsilon,T-\varepsilon],\\ l_2^+, & t\in[T-\varepsilon,T+\varepsilon],\\ c_1(t), & t\in[T+\varepsilon,\infty) \end{cases}$$

和

$$\sigma_2(t)=\begin{cases} c_2(t), & t\in(-\infty,-\varepsilon],\\ l_1^+, & t\in[-\varepsilon,\varepsilon],\\ c_1(t), & t\in[\varepsilon,T-\varepsilon],\\ l_2^-, & t\in[T-\varepsilon,T+\varepsilon],\\ c_2(t), & t\in[T+\varepsilon,\infty). \end{cases}$$

则考虑连接 $c_1(-1)$ 到 $c_1(T+1)$ 的曲线 $c_1|_{[-1,T+1]}$ 和 $\sigma_1|_{[-1,T+1]}$ 以及连接 $c_2(-1)$ 到 $c_2(T+1)$ 的曲线 $c_2|_{[-1,T+1]}$ 和 $\sigma_2|_{[-1,T+1]}$, 很显然

$$\begin{aligned}
&|c_1|_{[-1,T+1]}|+|c_2|_{[-1,T+1]}|-|\sigma_1|_{[-1,T+1]}|-|\sigma_2|_{[-1,T+1]}| \\
=&(|c_1|_{[-\varepsilon,\varepsilon]}|+|c_2|_{[-\varepsilon,\varepsilon]}|-|l_1^-|-|l_1^+|) \\
&+(|c_1|_{[T-\varepsilon,T+\varepsilon]}|+|c_2|_{[T-\varepsilon,T+\varepsilon]}|-|l_2^-|-|l_2^+|)>0.
\end{aligned}$$

这说明 $c_1|_{[-1,T+1]},c_2|_{[-1,T+1]}$ 中至少有一个不是 $\widetilde{M}$ 上的极小测地线段, 这与 c_1,c_2 都是极小测地线矛盾. 所以万有覆盖空间上的极小测地线不能相交两次. 命题得证. □

下面一个定理说明万有覆盖空间 $\widetilde{M}$ 上正向渐近的两条测地线 $c_1,c_2:\mathbb{R}\to\widetilde{M}$ 不能相交, 证明的思路跟上面的定理类似, 我们把它留给读者作为练习.

定理 6.3.9 *$\widetilde{M}$ 上的任意两条正 (负) 向渐近的极小测地线不能相交.*

以上我们大致地梳理了一下 Mather 理论的基本的概念和结论. 在下面两节中, 我们将解释如何利用 Mather 理论研究曲面上的极小测地线. 对于高维流形上的类似问题, 目前结论还不是很完整, 所以本书中暂时不讲高维的情况.

在这一节的最后, 我们尝试用 Mather 理论的结果来对光滑的黎曼度量证明定理 6.1.1, 即 Bangert 关于 $\widetilde{M}$-极小测地线数量的定理:

• 如果 $\dim H_1(M,\mathbb{R})=k>0$, 则 M 上至少有 k 条 $\widetilde{M}$-极小测地线, 这里 $\widetilde{M}$ 表示紧流形 M 的万有覆盖空间.

我们已经说过, $\overline{M}$-极小测地线一定是 $\widetilde{M}$-极小测地线, 故而只需要证明 M 上至少存在 k 条 $\overline{M}$-极小测地线. 考虑支撑在单位切丛上的极小测度集合. 由在本节里我们推导过的测地流的极小测度的平移性质, 知支撑在单位切丛上的极小测度组成的集合一定非空. 不仅如此, 由遍历分解定理及平移性质, 还可以知道单位切丛上至少有 k 个旋转向量线性无关的遍历测度, 记它们为 $\mu_1,\cdots,\mu_k$(这一点的证明留给读者作练习). 由定理 6.3.2, 测地流系统的极小测度的支撑集里的轨道全都是极小轨道, 因而由定理 6.3.5 知测度 $\mu_1,\cdots,\mu_k$ 的支撑集中的所有轨道在 M 上的投影都是 $\overline{M}$-极小测地线. 在每一个极小测度 μ_i 的支撑集中取一条满足等式 (6.3.13) 的极小轨道 (c_i,c_i'). 则容易看到, 测地线 $c_1,\cdots,c_k$ 是互不相同的 k 条 $\overline{M}$-极小测地线. 定理 6.1.1 得证.

6.4 环面上的极小测地线

二维环面 $\mathbb{T}^2$ 上的正定拉格朗日系统是 Mather 理论中被研究的最为彻底的一类拉格朗日系统. 由于 $\mathbb{T}^2$ 的万有覆盖空间是平面 $\mathbb{R}^2$, 并且覆盖映射也非常简单,

因而可以很方便地把一切问题都放到 $\mathbb{R}^2$ 上去再用全局的作用量极小性进行讨论. 这样做在技巧上有很大的便利, 并且可以得出非常丰富的结果. 这已经形成了一套特定的理论体系, 数学上称为 Aubry-Mather 理论.

我们设 $(\mathbb{T}^2, g)$ 是一个完备的黎曼流形, 其中 g 是 $\mathbb{T}^2$ 上的一个完备的黎曼度量. 因为

$$H_1(\mathbb{T}^2, \mathbb{Z}) = \pi_1(\mathbb{T}^2, x) = \mathbb{Z}^2,$$

我们知道 $\mathbb{T}^2$ 的阿贝尔覆盖空间和万有覆盖空间是同一个空间, 即都是二维平面 $\mathbb{R}^2$. 则在 Mather 理论框架下考虑的极小测地线的集合包含全体极小测地线. 记 $\tilde{g}$ 为黎曼度量 g 在 $\mathbb{R}^2$ 上的提升, 这是 $\mathbb{R}^2$ 上的一个完备的黎曼度量.

$\mathbb{R}^2$ 上的任何覆盖变换都是以整向量为单位的平移, 即

$$(x, y) \to (x + a, y + b), \quad (a, b) \in \mathbb{Z}^2.$$

我们把这些覆盖变换记为 $T_{a,b}$, $(a, b) \in \mathbb{Z}^2$, 即

$$T_{a,b}(x, y) = (x + a, y + b). \tag{6.4.1}$$

为了理清环面上极小测地线的结构, 我们首先需要研究清楚闭测地线的结构. 设 $\gamma : \mathbb{R} \to \mathbb{T}$ 是环面上的一条光滑闭测地线, 其最小正周期为 T. 设闭曲线 $\gamma|_{[0,T]}$ 所代表的一阶同调类为 $h \in H_1(\mathbb{T}, \mathbb{R})$, h 对应的万有覆盖空间 $\mathbb{R}^2$ 上的覆盖变换为 $T_{a,b}$. 则显然, 对 γ 的任意提升 $\tilde{\gamma}$ 必有

$$\tilde{\gamma}(t + T) = T_{a,b}\tilde{\gamma}(t), \quad \forall t \in \mathbb{R}.$$

在不产生混淆的情况下, 可以记作 $T_{a,b}\tilde{\gamma} = \tilde{\gamma}$. 这也就是说光滑闭测地线的提升一定对某一个覆盖变换是周期的. 我们称万有覆盖空间 $\mathbb{R}^2$ 上对某一覆盖变换 $T_{a,b}$ 满足周期性的测地线为 $\mathbb{R}^2$ 上的周期测地线, 记为 (a, b) 其一个周期. 下面就先研究这些对覆盖变换有周期性的极小测地线的性质.

引理 6.4.1 *若 $\gamma : \mathbb{R} \to \mathbb{R}^2$ 为极小测地线, 并且满足*

$$T_{na,nb}\gamma = \gamma, \quad (a, b) \in \mathbb{Z}^2, \quad n = 2, 3, \cdots.$$

则必有 $T_{a,b}\gamma = \gamma$.

证明 我们利用反证法, 先假定:

$$T_{a,b}\gamma \neq \gamma.$$

由于 γ 把平面 $\mathbb{R}^2$ 分成了不连通的两个开区域 (我们分别称为 γ 的上方部分和下方部分), 那么 $T_{a,b}\gamma$ 只能完全在 γ 的上方部分或者下方部分. 因为如果不这样, 则

$T_{a,b}\gamma$ 和 γ 必定有交点. 而又因为两者都在平移 $T_{na,nb}$ 下不变, 那么交点在 $T_{na,nb}$ 下的轨道中的点还是 $T_{a,b}\gamma$ 和 γ 的交点. 即极小测地线 $T_{a,b}\gamma$ 和 γ 有多于 1 个的交点, 这与定理 6.3.8 矛盾. 所以 $T_{a,b}\gamma$ 只能完全在 γ 的上方部分或者下方部分, 不失一般性, 假设它在上方部分.

考虑平移

$$T_{a,b}\gamma, T_{2a,2b}\gamma, \cdots, T_{na,nb}\gamma,$$

因为 $T_{a,b}\gamma$ 在 γ 的上方部分, 所以 $T_{2a,2b}\gamma$ 在 $T_{a,b}\gamma$ 的上方部分. 以此类推, $T_{ka,kb}\gamma$ 在 $T_{(k-1)a,(k-1)b}\gamma$ 的上方部分, $k = 1, 2, \cdots, n$. 所以, 所有的 $T_{ka,kb}\gamma, k > 1$ 都在 $T_{a,b}\gamma$ 的上方部分. 但是 $T_{na,nb}\gamma = \gamma$ 是在 $T_{a,b}\gamma$ 的下方部分, 这产生了矛盾. 所以 $T_{a,b}\gamma \neq \gamma$ 是错误的, $T_{a,b}\gamma$ 一定等于 γ. □

根据引理, 我们可以证明: 任意 $(a,b) \in \mathbb{Z}^2$, 都有极小测地线在 $T_{a,b}$ 下不变. 这就是下面的推论.

推论 6.4.1 *任意 $(a,b) \in \mathbb{Z}^2$, 存在极小测地线 $\gamma : \mathbb{R} \to \mathbb{R}^2$ 满足*

$$T_{a,b}\gamma = \gamma.$$

证明 我们只需要对基本元 $(a,b) \in \mathbb{Z}^2$(即 a, b 互素) 证明这个推论即可. 在单位正方形 $[0,1] \times [0,1]$ 上的每一点 p, 考虑连接 p 和 $T_{a,b}(p)$ 的最短测地线 l_p, 记函数 $f(p) = f_{a,b}(p) = |l_p|$. 则 $f(p)$ 在 $[0,1] \times [0,1]$ 上是连续的, 所以存在 $q \in [0,1] \times [0,1]$ 使得

$$|l_q| = \min\{f(p) \mid p \in [0,1] \times [0,1]\}.$$

考虑 $|l_q|$ 在 $T_{a,b}$ 下的全部迭代, 类似于我们在前几节中的讨论, 容易验证它们恰好连成一条测地线 l, 且 $T_{a,b}l = l$. 由 l 的构造过程我们可以看到, 对 l 上任意一点 p, l 都是连接 p 和 $T_{a,b}(p)$ 的最短路径. 要证明 l 是一条极小测地线, 只需再证明对任意的 $n < m \in \mathbb{Z}$, l 都是连接 $T_{na,nb}(p)$ 和 $T_{ma,mb}(p)$ 的最短路径. 做适当平移, 我们只需证明对任意的 $n \in \mathbb{Z}^+$, l 都是连接 p 和 $T_{na,nb}(p)$ 的最短路径.

对任意的整向量 $v \in \mathbb{Z}^2$, 我们记

$$H(v) = \min\{d(q, T_v q) \mid q \in \mathbb{R}^2\}.$$

则显然, 对我们上面讨论的向量 (a,b),

$$H(a,b) = |l_q|.$$

事实上, 任何一个 $H(v)$ 都等于 T_v 不变的所有的测地线的一个周期的长度的最小值. 那么, 要证明 l 是连接 p 和 $T_{na,nb}(p)$ 的最短路径, 则只需要证明 $d(p, T_{na,nb}(p)) = nH(a,b)$ 即可. 而为证明这一点, 我们只需证明 $H(na,nb) = nH(a,b)$.

设 $c:\mathbb{R}\to\mathbb{R}^2$ 是以 (na,nb) 为周期的测地线, 并且 c 从 $c(0)$ 到 $T_{na,nb}(c(0))$ 的一段长度恰好等于 $H(na,nb)$. 将 $c:\mathbb{R}\to\mathbb{R}^2$ 投影到 $\mathbb{T}^2$ 上得一条闭测地线 $c^*:\mathbb{R}\to\mathbb{T}^2$, 如果 c 不是以 (a,b) 为周期的, 则由引理 6.5.1(注意: 这个引理对环面也成立), c^* 必有横截自相交点. 提升到万有覆盖空间 $\mathbb{R}^2$ 中, 即 c 和某个平移 T_vc 有横截交点. 注意到 c 和 T_vc 都是以 (na,nb) 为周期的周期测地线, 则 c 和 T_vc 必然会相交无限多次.

不失一般性, 设 $(0,y_1)\in c$, $(0,y_2)\in T_vc$, 并且 $y_1<y_2$. 如果 c 不通过 y 轴, 我们只需进行一个坐标变换即可保证在新的坐标系下, c 和 y 轴一定有交点即可. 显然 c 在从 $(0,y_1)$ 到 $(na,nb+y_1)$ 的过程中必定会与 T_vc 横截相交一次. 相交之后 c 从 T_vc 的下方进入 T_vc 的上方. 但是由于 $(na,nb+y_1)$ 在 $(na,nb+y_2)$ 的下方, 故 c 在到达 $(na,nb+y_1)$ 之前必定还会与 T_vc 再横截相交一次. 所以 c 从 $(0,y_1)$ 到 $(na,nb+y_1)$ 的一段与 T_vc 从 $(0,y_2)$ 到 $(na,nb+y_2)$ 的一段至少横截相交两次. 类似于定理 6.3.8 中的论证, 我们可以证明存在一条曲线连接 $(0,y_1)$ 和 $(na,nb+y_1)$ 或者 $(0,y_2)$ 和 $(na,nb+y_2)$, 它的长度小于 c 从 $(0,y_1)$ 到 $(na,nb+y_1)$ 的一段的长度, 这与 c 从 $c(0)$ 到 $T_{na,nb}(c(0))$ 的一段长度恰好等于 $H(na,nb)$ 矛盾. 通过追溯矛盾的根源, 我们知道 c 必是以 (a,b) 为周期的. 由函数 $H(v)$ 的定义, 我们立即可以推出

$$H(na,nb)=nH(a,b).$$

命题得证. □

以下, 通过适当的坐标变换, 我们选取一条极小周期测地线为 y 轴建立坐标系. 则任何与 y 轴不重合的极小测地线交任意纵线 $x=n$, $n\in\mathbb{Z}$ 至多一次. 对于那些不与 y 轴相交的极小测地线, 我们可以重新选择一种坐标系, 保证它们与新坐标系 y 轴相交. 下面我们与 y 轴有横截交点的极小测地线, 很显然, 这样的测地线恰好与每一条纵线 $x=n$, $n\in\mathbb{Z}$ 相交一次.

定义函数:

$$H(\xi,\eta):=d((0,\xi),(1,\eta)),\quad \xi,\eta\in\mathbb{R}.$$

对任意的一段实数 $(x_j,\cdots,x_k)$, $K>j$, 定义

$$H(x_j,\cdots,x_k):=\sum_{i=j}^{k-1}H(x_i,x_{i+1}).$$

定义 6.4.1 我们称实数段 $(x_j,\cdots,x_k)$ 是关于 H 极小的, 如果对任意满足 $x'_j=x_j$, $x'_k=x_k$ 的实数段 $(x'_j,\cdots,x'_k)$, 都有

$$H(x_j,\cdots,x_k)\leqslant H(x'_j,\cdots,x'_k).$$

我们称双边无限长的实数序列 $x=(\cdots,x_{-1},x_0,x_1,\cdots)$ 是关于 H 极小的, 如果它的任意有限长的段都是关于 H 极小的.

引理 6.4.2 函数 H 满足以下四条性质:

(1) 周期性: $H(\xi+1,\eta+1)=H(\xi,\eta)$, $\forall(\xi,\eta)\in\mathbb{R}^2$;

(2) 无限远点性态: $\lim_{|\eta|\to\infty}H(\xi,\xi+\eta)=\infty$, 并且这个极限对 ξ 是一致的;

(3) 序关系条件: 如果 $\xi_1<\xi_2$, $\eta_1<\eta_2$, 则

$$H(\xi_1,\eta_1)+H(\xi_2,\eta_2)<H(\xi_1,\eta_2)+H(\xi_2,\eta_1);$$

(4) 横截性条件: 如果 (x_{-1},x_0,x_1) 和 (x'_{-1},x'_0,x'_1) 都是极小的, 两者不完全相等, 并且 $x_0=x'_0$, 则必有: $(x_{-1}-x'_{-1})(x_1-x'_1)<0$.

以上四条都可以从 $\mathbb{R}^2$ 上两点之间的距离函数的性质直接推出来, 我们把它作为练习留给读者.

由 H 的定义, 很容易验证, 一个关于 H 极小的实数段一定是一个极小测地线段与一组纵线 $x=n$, $j\leqslant n\leqslant k$ 相交形成的, 而一个关于 H 极小的实数序列则是一个 $\mathbb{R}^2$ 上的极小测地线与纵线族 $x=n$, $n\in\mathbb{Z}$ 的交点构成的. 这个结论严格的叙述如下:

引理 6.4.3 如果实数段 $(x_j,\cdots,x_k)$ 是关于 H 极小的, 则存在唯一一条连接 (j,x_j) 和 (k,x_k) 的极小测地线段依次通过 $(j,x_j),(j+1,x_{j+1}),\cdots,(k,x_k)$. 反之任何一条极小测地线段 (与任何纵线 $x=n$, $n\in\mathbb{Z}$ 都没有横截交点的除外), 都与纵线族 $x=n$, $n\in\mathbb{Z}$ 的交点组成一个关于 H 极小的实数段.

通过以上的对应关系, 我们把极小测地线对应到关于 H 极小的实数序列 (称一个双边无限长的实数序列为一个构型 (configuration)), 由于 $H(\xi,\eta)=d((0,\xi),(1,\eta))$ 满足引理 6.4.2 所列的基本性质, 并且极小测地线与极小构型有引理 6.4.3 所述的严格的一一对应关系, 因而我们可以用经典的 Aubry-Mather 理论中关于极小构型的理论来描述极小测地线的结构性态 (参见 [11]). Aubry-Mather 理论基本的想法是: 关于 H 的极小构型可以嵌入到一个圆周的保向自同胚 f 中 (准确地说是嵌入这个保向自同胚在 $\mathbb{R}$ 上的一个提升 $\tilde{f}$ 中成为 $\tilde{f}$ 的一条轨道), 因此我们可以利用圆周上保向自同胚的性质推导出极小构型的结构特性. 首先要提到的性质就是极小测地线可以定义旋转数. 由于圆周上的任意一个保向自同胚都可以定义旋转数, 故而关于 H 的极小构型也有旋转数, 从而我们可以对极小测地线定义旋转数 (这个旋转数就是极小测地线生成的极小构型的旋转数).

定理 6.4.2 设 $c(s)=(a(s),b(s))$ 是一条极小测地线, 并且与每个纵线 $x=n$, $n\in\mathbb{Z}$ 都有交点. 则极限

$$\lim_{|s|\to\infty}\frac{b(s)}{a(s)}$$

存在, 我们把它记为 $\alpha(c)$, 称为极小测地线 c 的旋转数. 并且对每一个 $\alpha \in \mathbb{R}$, 都存在一条极小测地线 c 满足 $\alpha(c) = \alpha$.

注意到如果 c 是周期的极小测地线, 它的旋转向量为 $(h_1, h_2) \in H_1(\mathbb{T}^2, \mathbb{R})$, 并且这里 $H_1(\mathbb{T}^2)$ 的基选取为 $\{[l_1], [l_2]\}$, 其中 l_1 在 $\mathbb{R}^2$ 上的提升为 $[0,1] \times \{0\}$, l_2 在 $\mathbb{R}^2$ 上的提升为 $\{0\} \times [0,1]$, 则必有

$$\alpha(c) = \frac{h_2}{h_1}.$$

对于有理旋转数而言, 相应的极小测地线的存在性我们已经在推论 6.4.1 中证明了. 具有无理旋转数的极小测地线的存在性我们将会在后面的定理 6.4.3 中给出证明. 旋转数是有理数的极小构型和旋转数是无理数的极小构型的性态非常不一样. 因而相应的极小测地线也有非常不一样的性态. 所以我们需要分别描述有理旋转数的极小测地线和无理旋转数. 下面先讨论旋转数 $\alpha \in \mathbb{Q}$ 的极小测地线. 我们记 $\mathfrak{M}_\alpha$ 为 $\mathbb{R}^2$ 上以 α 为旋转数的所有极小测地线的集合.

很显然, 周期的极小测地线的旋转数都是有理数, 由推论 6.4.1 及前面的讨论很容易证明, 对所有的 $\alpha \in \mathbb{Q}$, $\mathfrak{M}_\alpha$ 中必然有周期测地线. 并且通过推论 6.4.1 找到的这些周期测地线都是 $\mathbb{T}^2$ 上在其所属的自由同伦类中长度最短的闭测地线的提升. 由引理 6.4.1, 这些周期极小测地线的最小周期 (a, b) 都是互素的, 并且

$$\alpha = \frac{b}{a}.$$

由此我们可以看到, $\mathfrak{M}_\alpha$ 中的周期测地线的最小周期都是相同的. 由于相同周期的极小测地线不能相交 (否则交点多于一个), 所以所有这些以 α 为旋转数的周期极小测地线有序地排列在 $\mathbb{R}^2$ 上. 这又会有两种情形:

(1) 以 α 为旋转数的周期极小测地线铺满 $\mathbb{R}^2$, 即: 过 $\mathbb{R}^2$ 上每一点都有一条以 α 为旋转数的周期极小测地线. 在这种情况下 $\mathfrak{M}_\alpha$ 全部由周期极小测地线组成.

(2) 以 α 为旋转数的周期极小测地线未铺满 $\mathbb{R}^2$, 即存在两条以 α 为旋转数的周期极小测地线 c_1, c_2, c_1 在 c_2 上方, 它们之间的带状区域内没有以 α 为旋转数的周期极小测地线 (通常称这样两条周期极小测地线是相邻的). 在这种情况下我们可以构造出以 α 为旋转数的极小测地线 c^-, c^+, 使得 c^- 与 c_1 反向渐近, 与 c_2 正向渐近; c^+ 与 c_2 反向渐近, 与 c_1 正向渐近. c^-, c^+ 横截相交于一点.

$\mathbb{R}^2$ 上的周期极小测地线投影到底空间 $\mathbb{T}^2$ 上就是闭的极小测地线. 由于具有相同旋转数的闭的极小测地线不能相交, 所以它们在环面上是有序排列的. 最简单的例子就是当环面上的度量取为欧几里得度量时, 所有的直线都是极小测地线, 这时, 对每个实数 α, 以 α 为旋转数的极小测地线都均匀铺满整个环面. 考虑旋转数 $\alpha \in \mathbb{Q}$ 的情况, 我们能看到整个环面被一组互不相交的闭的极小测地线铺满. 这就

是上面第一种情况的一个典型例子. 而第二种情况, 即 α 为旋转数的周期极小测地线未铺满 $\mathbb{R}^2$ 的例子也很容易举出来, 事实上这才是更一般的情况, 而第一种情况是非常特殊的特例. 设 $\alpha=\dfrac{b}{a}$, 并且 a,b 是互素的整数, 比如说 $a=1,b=0$. 考虑 T^2 上这样一个非欧氏度量 g, 它的提升 $\tilde{g}$ 满足推论 6.4.1 的证明中第一段里定义的函数 $f_{1,0}(p)$ 只在 $[0,1]\times[0,1]$ 上的有限多个点上取到最小值. 那么由以上讨论我们知道在度量 $\tilde{g}$ 下, $\mathbb{R}^2$ 上以 $(1,0)$ 为周期的并且过线段 $\{0\}\times[0,1]$ 的极小测地线只有有限多条 ($\mathbb{R}^2$ 上只有可数多条, 全部是这有限多条的平移), 这就出现了我们上面所述的第二种情况.

在第二种情况里, 我们把周期极小测地线的集合记为 $\mathfrak{M}_{\alpha^0}$. 把 c^+ 这样的以 α 为旋转数, 正向渐近于上方的周期极小测地线, 反向渐近于下方的周期极小测地线的非周期极小测地线组成的集合记为 $\mathfrak{M}_{\alpha^+}$. 把 c^- 这样的以 α 为旋转数, 正向渐近于下方的周期极小测地线, 反向渐近于上方的周期极小测地线的非周期极小测地线组成的集合记为 $\mathfrak{M}_{\alpha^-}$. 我们下面将证明:

$$\mathfrak{M}_\alpha=\mathfrak{M}_{\alpha^0}\cup\mathfrak{M}_{\alpha^+}\cup\mathfrak{M}_{\alpha^-}.$$

其中: $\mathfrak{M}_{\alpha^0}\cup\mathfrak{M}_{\alpha^+}$ 中的元素两两之间不相交, $\mathfrak{M}_{\alpha^0}\cup\mathfrak{M}_{\alpha^-}$ 中的元素两两之间不相交.

首先, 如果 $c\in\mathfrak{M}_\alpha\setminus\mathfrak{M}_{\alpha^0}$, 我们很容易看出来 c 正负向都必须渐近于 $\mathfrak{M}_{\alpha^0}$ 中的周期轨道. 这是因为 c 作为一个极小测地线, 其对应的极小构型 x 一定能嵌入到某个以 α 为旋转数的圆周自同胚中. 由有理的圆周自同胚的相关性质, 我们知道 x 必定正向渐近于某个以 α 为旋转数的周期极小构型 x^+, 反向渐近于某个以 α 为旋转数的周期极小构型 x^-. 回到极小测地线上, 我们就知道 c 必定正向渐近于某个周期极小测地线 $c^1\in\mathfrak{M}_{\alpha^0}$, 反向渐近于某个 $c^2\in\mathfrak{M}_{\alpha^0}$.

下面只需要再证明以 α 为旋转数的非周期极小测地线与以 α 为旋转数的周期极小测地线不能相交. 下面来证明这一点. 我们的方法还是看极小测地线对应的极小构型. 设有两条极小测地线

$$c\in\mathfrak{M}_\alpha\setminus\mathfrak{M}_{\alpha^0},\quad c^*\in\mathfrak{M}_{\alpha^0}.$$

$x=(\cdots,x_{-1},x_0,x_1,\cdots)$ 是 c 生成的极小构型, $x^*=(\cdots,x^*_{-1},x^*_0,x^*_1,\cdots)$ 是 c^* 生成的极小构型. 我们利用反证法, 假设极小测地线 c 与 c^* 有交点. 由于极小测地线 c 与 c^* 相交等价于极小构型 x 与 x^* 相交, 则极小构型 x 与 x^* 相交. 不失一般性, 假定 x 与 x^* 在 $i-1$ 和 i 点之间相交, 它们交在某一点 i 处的情况可以类似地处理. 进一步, 设在交点位置, x 从下方穿过 x^* 进入其上方.

设 $\alpha=\dfrac{b}{a}$, a,b 互素, $a>0$. 对任意 $j>i$, 我们定义这样一个段: $(y_{i-1},\cdots,y_{j+a})$,

其中 $y_{i-1}=x_{i-1}$, $y_{j+a}=x_{j+a}$,

$$y_k=\begin{cases} x_k^*, & i\leqslant k\leqslant i+a-1,\\ x_{k-a}+b, & i+a\leqslant k\leqslant j+a-1,\end{cases}$$

则

$$\begin{aligned} H(y_{i-1},\cdots,y_{j+a})=&H(x_{i-1},x_i^*)+H(x_i^*,\cdots,x_{i+a}^*)-H(x_{i+a-1}^*,x_{i+a}^*)\\ &+H(x_{i+a-1}^*,x_i+b)+H(x_i,\cdots,x_{j-1})+H(x_{j-1}+b,x_{j_a}).\end{aligned}$$

显然, 由于 x 与 x^* 在 $i-1$ 和 i 点之间相交, 我们有

$$H(x_{i-1},x_i)+H(x_{i-1}^*,x_i^*)>H(x_{i-1},x_i^*)+H(x_{i-1}^*,x_i).$$

由距离平移不变性有 $H(x_{i-1}^*,x_i^*)=H(x_{i+a-1}^*,x_{i+a}^*)$, 所以

$$H(x_{i-1},x_i)>H(x_{i-1},x_i^*)+H(x_{i-1}^*,x_i)-H(x_{i+a-1}^*,x_{i+a}^*).$$

代入前式中, 可以看到存在 $\varepsilon>0$ 使得

$$H(y_{i-1},\cdots,y_{j+a})=H(x_{i-1},\cdots,x_{j-1})+H(x_i^*,\cdots,x_{i+a}^*)+H(x_{j-1}+b,x_{j_a})-\varepsilon.$$

分析上式右边的三个作用量项：首先由于 x 渐近于同样以 (a,b) 为周期的周期极小测地线 x^+, 我们有

$$\lim_{j\to\infty}|H(x_{j-1},x_j)-H(x_{j-1}+b,x_{j+a})|=0$$

且

$$\lim_{j\to\infty}|H(x_{j-1},\cdots,x_{j+a})-H(x_0^+,\cdots,x_a^+)|=0.$$

并且由推论 6.4.1 的证明可以知道

$$H(x_0^+,\cdots,x_a^+)=H(x_i^*,\cdots,x_{i+a}^*).$$

因此,

$$\lim_{j\to\infty}|H(x_{j-1},\cdots,x_{j+a})-H(x_i^*,\cdots,x_{i+a}^*)|=0.$$

综上, 我们知道, 当 j 充分大时,

$$\begin{aligned} H(y_{i-1},\cdots,y_{j+a})<&H(x_{i-1},\cdots,x_{j-1})+H(x_i^*,\cdots,x_{i+a}^*)+H(x_{j-1}+b,x_{j_a})-\frac{\varepsilon}{2}\\ \leqslant&H(x_{i-1},\cdots,x_{j-1})+H(x_{j-1},\cdots,x_{j+a})+H(x_{j-1},x_j)+\frac{\varepsilon}{4}-\frac{\varepsilon}{2}\\ =&H(x_{i-1},\cdots,x_{j+a})-\frac{\varepsilon}{4}<H(x_{i-1},\cdots,x_{j+a}).\end{aligned}$$

这与 $(x_{i-1},\cdots,x_{j+a})$ 在 H 下的极小性矛盾. 故 x 与 x^* 不能相交, 也就是说 x 与周期极小测地线 c^* 不能相交.

由上面的讨论可以看到, 当 $\mathfrak{M}_{\alpha^0}$ 中的周期极小测地线盖满 $\mathbb{R}^2$ 时, 集合 $\mathfrak{M}_{\alpha^+}$ 和 $\mathfrak{M}_{\alpha^-}$ 都是空集. 即

$$\mathfrak{M}_\alpha=\mathfrak{M}_{\alpha^0}.$$

而当 $\mathfrak{M}_{\alpha^0}$ 不能盖满 $\mathbb{R}^2$ 时, 即周期极小测地线之间出现空隙时, 我们可以证明在这个空隙中一定有 $\mathfrak{M}_{\alpha^+}$ 和 $\mathfrak{M}_{\alpha^-}$ 中的元素. 这个证明很简单, 我们大致说一下它的思路. 设 $c^1,c^2\in\mathfrak{M}_{\alpha^0}$ 是相邻两条周期极小测地线, c^1 在 c^2 上方. 设它们对应的极小构型为 x^+,x^-. 对每个 $i\in\mathbb{Z}^+$, 找连接 x^-_{-i},x^+_i 的长度为 $2i+1$ 的极小段 y^i. 找 y^i 的子列极限即可得到正向渐近于 x^+、负向渐近于 x^- 的极小构型, 这个构型就对应我们要找的一条 $\mathfrak{M}_{\alpha^+}$ 中的极小测地线.

下面讨论具有无理旋转数的极小测地线. 首先, 我们容易证明, 对于任意的无理数 α, 都存在以 α 为旋转数的极小测地线.

定理 6.4.3 对于任意的无理数 α, $\mathfrak{M}_\alpha$ 都不是空集.

证明 这里只给出证明的梗概. 我们要构造以 α 为旋转数的极小测地线, 只需构造出以 α 为旋转数的极小构型即可, 取一列分数 $\dfrac{b_i}{a_i}\to\alpha$. 对每一个 $\dfrac{b_i}{a_i}$, $i\in\mathbb{Z}^+$ 我们可以找到一个以它为旋转数的极小构型 $x^i=(\cdots,x^i_{-1},x^i_0,x^i_1,\cdots)$ 满足 $x^i_0\in[0,1]$. 考虑构型集合 $\{x^i\}_{i\in\mathbb{Z}^+}$ 的一个极限构型 $x=(\cdots,x_{-1},x_0,x_1,\cdots)$, 容易验证 x 是极小构型并且它的旋转数是 α. □

我们还可以证明, 具有相同无理旋转数的两条极小测地线一定不相交 (参见 [11] 第四节及第六节定理 6.9), 即下面的定理:

定理 6.4.4 设 $\alpha\in\mathbb{Q}^c$, 则 $\mathfrak{M}_\alpha$ 中任何两条极小测地线一定不相交.

这个定理的证明还是考虑极小测地线对应的极小构型, 可以证明有相同旋转数的极小构型一定是两两不交的. 从而, 我们可以将所有以 $\alpha\in\mathbb{Q}^c$ 为旋转数的极小构型嵌入同一个圆周的自同胚映射中. 准确地说就是, 存在一个圆周上保向的自同胚 f, 以及它的一个提升 $\tilde{f}$, 使得任何一个以 $\alpha\in\mathbb{Q}^c$ 为旋转数的极小构型 $x=(\cdots,x_{-1},x_0,x_1,\cdots)$ 都满足

$$x_n=\tilde{f}^n(x_0).$$

显然, 圆周自同胚 f 的旋转数是 $\alpha\in\mathbb{Q}^c$. 根据 Denjoy 理论, 具有无理旋转数的圆周自同胚有两种情况:

(1) 整个圆周 $\mathbb{S}$ 是 f 的极小集, 这种情况下, f 拓扑共轭于无理旋转

$$x\mapsto x+\alpha \mod (1).$$

特别地,f 的每条轨道都在圆周上稠密. 这种情况对应的是以 α 为旋转数的极小测地线铺满整个 $\mathbb{R}^2$.

(2) f 的极小集是一个圆周上的康托尔集, 即一个无处稠密的完全不连通的完全集.

记 $\mathfrak{M}_\alpha^{\text{rec}} \subset \mathfrak{M}_\alpha$ 是投影到 $\mathbb{T}^2$ 上为回复轨道的那一部分极小测地线. 则容易看到 $\mathfrak{M}_\alpha^{\text{rec}}$ 中的极小测地线生成的极小构型投影到圆周上恰好是 f 的极小集中的轨道. 并且可以证明 f 的极小集中的任何一条轨道的提升都是 $\mathfrak{M}_\alpha^{\text{rec}}$ 中的极小测地线生成的极小构型. 其余的极小测地线生成的极小构型投影到圆周上形成的是 f 的一些非回复轨道, 每一条非回复轨都夹在某两条双向渐近的回复轨道中间. 归纳以上结论我们可以给出 $\mathfrak{M}_\alpha, \alpha \in \mathbb{Q}^c$ 的一个刻画:

定理 6.4.5 设 $\alpha \in \mathbb{Q}^c$, 则或者 $\mathbb{R}^2$ 上的每一点都有一条 $\mathfrak{M}_\alpha^{\text{rec}}$ 中的极小测地线穿过, 此时 $\mathfrak{M}_\alpha^{\text{rec}} = \mathfrak{M}_\alpha$; 或者 $\mathfrak{M}_\alpha^{\text{rec}}$ 中每条极小测地线投影到 $\mathbb{T}^2$ 后与每条非平凡闭曲线的交点都是该曲线上的一个康托尔集合. $\mathfrak{M}_\alpha \setminus \mathfrak{M}_\alpha^{\text{rec}}$ 中的任何一个元素都必定夹在两条双向渐近的 $\mathfrak{M}_\alpha^{\text{rec}}$ 中的极小测地线之间.

我们可以看到, 以上两种情况都有可能发生. 第一种情况的一个典型的例子就是欧几里得度量下的极小测地线. 这时, $\mathfrak{M}_\alpha^{\text{rec}} = \mathfrak{M}_\alpha$ 等于所有斜率为 α 的直线. 第二种情况, 我们考虑对上面的平坦环面的度量在局部做一个扰动, 使得环面在某一点 p 的附近有一个很明显的突起. 连接任何两点的通过该凸起部分的路径的长度远大于绕过该突起部分的路径的长度. 则所有的极小测地线都会绕开该凸起部分, 因而对所有的 $\alpha \in \mathbb{R}$, $\mathfrak{M}_\alpha$ 中的极小测地线均不能铺满整个环面. 特别地, 对于 $\alpha \in \mathbb{Q}^c$, $\mathfrak{M}_\alpha^{\text{rec}}$ 中的极小测地线不能铺满整个环面, 因而第二种情况出现.

6.5 高亏格曲面上测地流的 Mather 理论

在这一节中, 我们研究高亏格曲面上测地流的 Mather 理论. 与环面上的系统相比, 高亏格曲面由于其拓扑结构相对比较复杂, 因而测地流的动力学性态也比环面上复杂且丰富得多. 同时, 由于不能再像环面上那样能把整个系统提升到平面上并形成一个非常整齐有序的结构的系统, 所以在研究方法上几乎是完全不一样的. 我们首先需要对高亏格曲面上的与我们的研究有关的一些拓扑性质进行探讨, 再在此基础上研究系统的动力学行为. 另外还需要特别指出的是, 当曲面 M 的亏格大于 1 时, 一阶同调群 $H_1(M)$ 与基本群 $\pi_1(M,x)$ 不同构, 因而并非所有的 $\widetilde{M}$-极小测地线都是我们在 Mather 理论框架中所研究的 $\overline{M}$-极小测地线 (但是 $\overline{M}$-极小测地线一定是 $\widetilde{M}$-极小测地线), 因而我们的讨论只涵盖了极小测地线中的很大一部分, 而非全体.

6.5.1 高亏格曲面上闭曲线的拓扑性质

在这一小节中，主要研究高亏格曲面上关于闭曲线和一阶同调群的性质. 在前面一节的讨论中我们已经看到，与测地线之间是否相交有关的性质在研究极小测地线中起着关键性的作用. 因而我们需要专门辟出一小节来讨论高亏格曲面上的这些性质. 以下都设 M 是一个高亏格曲面，$g \geqslant 2$ 是 M 的亏格，$H_1(M) = \mathbb{Z}^{2g}$.

首先讨论的是高亏格曲面上一个一阶同调类是否有简单闭曲线作为代表元. 我们有如下结论：

引理 6.5.1 如果一阶同调类 $h \in H_1(M, \mathbb{Z})$, $h \neq 0$, 有一条简单闭曲线作为代表元，则对于任意的正整数 $k \geqslant 2$, 一阶同调类 kh 没有简单闭曲线作为代表元.

证明 我们使用反证法. 假设存在一条简单闭曲线 $\gamma : [0, T] \to M$ 作为同调类 kh 的代表元. 那么我们还能再找到 $2g - 1$ 条简单闭曲线，记它们为 $\gamma_1, \cdots, \gamma_{2g-1}$, 使得这 $2g$ 条简单闭曲线代表的同调类：

$$[\gamma_1], \cdots, [\gamma_{2g-1}], [\gamma]$$

是 $H_1(M, \mathbb{Z})$ 的一组生成元 (基)，即有

$$\mathrm{Span}_{\mathbb{Z}}\langle[\gamma_1], \cdots, [\gamma_{2g-1}]\rangle \oplus \mathrm{Span}_{\mathbb{Z}}\langle[\gamma]\rangle = H_1(M, \mathbb{Z}). \tag{6.5.1}$$

注意到 $h \in H_1(M, \mathbb{Z})$. 所以在这组基下，必然存在唯一的元素

$$u \in \mathrm{Span}_{\mathbb{Z}}\langle[\gamma_1], \cdots, [\gamma_{2g-1}]\rangle$$

和唯一的元素

$$v \in \mathrm{Span}_{\mathbb{Z}}\langle[\gamma]\rangle,$$

使得

$$h = u + v.$$

从而也有

$$[\gamma] = kh = ku + kv \in \mathrm{Span}_{\mathbb{Z}}\langle[\gamma]\rangle.$$

由直和分解 (6.5.1), 上式成立的必要条件是 $ku \in \mathrm{Span}_{\mathbb{Z}}\langle[\gamma]\rangle$, 这只能在 $u = 0$ 时成立. 因此有

$$h \in \mathrm{Span}_{\mathbb{Z}}\langle[\gamma]\rangle = \mathrm{Span}_{\mathbb{Z}}\langle kh\rangle,$$

并且 $k \geqslant 2$, 这只可能在 $h = 0$ 时成立，与引理的条件 $h \neq 0$ 相矛盾.

综上所述，如果 $h \in H_1(M, \mathbb{Z})$, $h \neq 0$, 有一条简单闭曲线作为代表元，则对于任意 $k \geqslant 2$, kh 没有简单闭曲线作为代表元. □

我们下面来回答, 哪些一阶同调类有简单闭曲线作为代表元, 哪些没有. 固定 $H_1(M,\mathbb{Z})$ 的一组基 $\{e_1,\cdots,e_{2g}\}$, 把任何一个一阶同调类 h 在这组基下写成分量形式: $h=(h_1,\cdots,h_{2g})\in H_1(M,\mathbb{Z})$. 显然这些分量 $h_1,\cdots,h_{2g}$ 都是整数. 我们称一阶同调类 h 是**基本的**(primitive), 如果 $h_1,\cdots,h_{2g}$ 的最大公约数是 1. 下面的定理告诉我们: 所有的基本的一阶同调类都有简单闭曲线作为代表元.

定理 6.5.1 *在高亏格曲面上, 对于任何一个基本的一阶同调类 $h\in H_1(M,\mathbb{Z})$, 都存在一条简单闭曲线作为其代表元.*

结合引理 6.5.1, 可以得出所有的非基本的一阶同调类都没有简单闭曲线作为代表元. 即**一个一阶同调类有简单闭曲线作为其代表元当且仅当它是基本的一阶同调类**. 由此我们可以知道: 一个一阶同调类 $h=(h_1,\cdots,h_{2g})\in H_1(M,\mathbb{Z})$, 如果

$$\gcd(h_1,\cdots,h_{2g})=k>1,$$

则 h 的所有代表元都不是简单闭曲线. 换言之, 它们或是在一条简单闭曲线上缠绕若干圈, 或是有非平凡的自相交点. 对于 h 的任意一条代表元 $\gamma:[0,T]\to M$, 一定有

$$\{(t,s)\in[0,T]\times[0,T]\setminus\Delta\mid\gamma(t)=\gamma(s)\}\neq\varnothing,$$

这里 Δ 表示 $[0,T]\times[0,T]$ 中的对角元.

设 $h\in H_1(M,\mathbb{Z})$ 是一个非零的基本一阶同调类, 整数 $k>1$. 考虑一阶同调类 kh 的一个代表元 $l:[0,T]\to M$, $l(0)=l(T)$. 显然 l 不是一条简单闭曲线. 如果 l 有孤立的自相交点, 那么我们沿这些自相交点把 l 切开, 得一组没有孤立自相交点的闭曲线. 并且通过在原有的孤立交点处对曲线做一点很小的调整, 我们可以使得这一组曲线两两之间没有交集. 这些闭曲线或者是简单闭曲线, 或者是在一条简单闭曲线上缠绕若干周. 对于后者, 我们把它分成相互重合的若干段, 使得每一段都是简单闭曲线. 这样我们就得到了一组简单闭曲线

$$\{l_1,\cdots,l_n\},\quad n\geqslant 2,$$

它们满足

$$[l_1]+\cdots+[l_n]=[l]=kh\in H_1(M,\mathbb{Z}).$$

并且这一组简单闭曲线两两之间或者没有交集, 或者重合 (这里说的重合指它们在 M 中的像集重合, 并且方向一致). 我们称这样的一组简单闭曲线 $\{l_1,\cdots,l_n\}$ 为一阶同调类 kh 的一个**不相交分解**. 严格的定义不相交分解如下:

定义 6.5.1 (不相交分解) *我们称一组简单闭曲线 $\{l_1,\cdots,l_n\}$, $n\geqslant 1$ 为一阶同调类 $h\in H_1(M,\mathbb{Z})$ 的一个不相交分解, 如果 $[l_1]+\cdots+[l_n]=h$, 并且对任意一对正整数 $1\leqslant i\neq j\leqslant n$, 或者在一个保向的重新参数化之后 $l_i=l_j$, 或者 $\{l_i(t)\}|_{[0,T_i]}\cap\{l_j(s)\}|_{[0,T_j]}=\varnothing$.*

前文中所说的两条闭曲线 l_i, l_j 重合, 即在一个保向的重新参数化之后 $l_i = l_j$. 在这种情况下, 如果没有特别的原因, 我们就把 l_i 和 l_j 视为同一条闭曲线的两个备份, 并记作 $l_i = l_j$. 这样, 可以把一个不相交分解写成 $\{n_1 l_1, \cdots, n_k l_k\}$, $k \leqslant n$ 的形式, 其中 $n_i \in \mathbb{Z}$ 是这个不相交分解中闭曲线的 l_i 的重数, 任意 $i = 1, \cdots, k$.

引理 6.5.2 设 $h \in H_1(M, \mathbb{Z})$ 是一个非零的基本一阶同调类, 整数 $k > 1$. 如果 $\{l_1, \cdots, l_n\}$ 是一阶同调类 $kh \in H_1(M, \mathbb{Z})$ 的一个不相交分解, 则 $n \geqslant k$.

证明 由引理 6.5.1, kh 没有简单闭曲线作为代表元, 所以显然 $n > 1$. 令

$$V = \mathrm{Span}_{\mathbb{Z}}\langle [l_1], \cdots, [l_n] \rangle \subseteq H_1(M, \mathbb{Z}).$$

假设

$$\dim(V) = m + 1 \leqslant 2g.$$

这里, 我们可以假定 $l_1, \cdots, l_n$ 都是两两不交的, 即没有重合的情况, 并且都是拓扑非平凡的简单闭曲线. 从下面的证明可以看出, 如果不是这样, n 的值会更大. 由曲面的分类理论知: 对其中任意一条简单闭曲线 l_s, $s \leqslant n$, 存在一个子集

$$\{l_{s_1}, \cdots, l_{s_m}\} \subseteq \{l_1, \cdots, l_n\},$$

使得 $\{[l_s], [l_{s_1}], \cdots, [l_{s_m}]\}$ 是子空间 V 的一组生成元. 并且我们始终能再找到 $2g - m - 1$ 条简单闭曲线 $\gamma_1, \cdots, \gamma_{2g-m-1}$ 使得

$$\{[l_s], [l_{s_1}], \cdots, [l_{s_m}], [\gamma_1], \cdots, [\gamma_{2g-m-1}]\}$$

是整个一阶同调群 $H_1(M, \mathbb{Z})$ 的一组生成元. 因此, 至多交换一下排列顺序, 我们可以假定 $\{[l_1], [l_2], \cdots, [l_{m+1}]\}$ 是 V 的一个生成元集. 以下假定 $m + 1 < n$, 即 V 是 $H_1(M, \mathbb{Z})$ 的真子空间. $m + 1 = n$ 的情况同理可证, 留给读者作为练习.

再考虑这个不相交分解中没有被选进生成元集的那一部分简单闭曲线. 设 $m + 1 < j \leqslant n$, 因为 $[l_j] \in V$, 在上述生成元集下, $[l_j]$ 有唯一表示:

$$[l_j] = c_1[l_1] + \cdots + c_{m+1}[l_{m+1}], \tag{6.5.2}$$

其中系数 $c_1, \cdots, c_{m+1} \in \mathbb{Z}$.

首先, 我们断言:

$$c_1, \cdots, c_{m+1} \in \{1, 0, -1\}.$$

断言的证明：因为 l_j 也是一条简单闭曲线, 并且 $[l_j] \in V$, 因此如果 $c_1 \neq 0$, 则 $\{[l_j], [l_2], \cdots, [l_{m+1}]\}$ 也是子空间 V 的一个生成元集. 因而我们有表达式：

$$[l_1] = d_2[l_2] + \cdots + d_{m+1}[l_{m+1}] + d_j[l_j], \tag{6.5.3}$$

其中系数 $d_2, \cdots, d_{m+1}, d_j \in \mathbb{Z}$. 比较两式的系数我们得到

$$c_1 \times d_j = 1.$$

由于两者都是整数, 所以

$$c_1 = \pm 1.$$

类似地, 我们也知道

$$c_i = \pm 1, \text{ 或 } 0, \ \forall 2 \leqslant i \leqslant m+1.$$

断言得证.

一般地, 我们用记号: $[l_i : l_j]$ 表示当 $[l_i]$ 写成 $[l_1], [l_2], \cdots, [l_{m+1}]$ 的线性组合时 $[l_j]$ 的系数. 这里 $1 \leqslant j \leqslant m+1$, $1 \leqslant i \leqslant n$. 由上面的断言我们知道

$$[l_i : l_j] = \pm 1, 0. \tag{6.5.4}$$

因为

$$kh = [l_1] + \cdots + [l_n] \in V,$$

参照引理 6.5.1 中的证明, 可知 $h \in V$. 那么, 存在一组整系数 $s_1, \cdots, s_{m+1}$ 使得

$$h = s_1[l_1] + \cdots + s_{m+1}[l_{m+1}]. \tag{6.5.5}$$

因此, 我们得到

$$ks_1[l_1] + \cdots + ks_{m+1}[l_{m+1}] = kh = \sum_{i=1}^{n}[l_i] = \delta_1[l_1] + \cdots + \delta_{m+1}[l_{m+1}],$$

其中

$$\delta_j = \sum_{i=1}^{n}[l_i : l_j].$$

由于在等式 (6.5.5) 中至少有一个系数 $s_j \neq 0$, 所以有

$$ks_j \mid \delta_j.$$

因而

$$k \mid \delta_j = \sum_{i=1}^{n}[l_i : l_j].$$

注意在上式中, $|[l_i : l_j]| \leqslant 1, \forall 1 \leqslant i \leqslant n$, 而 k 整除 $\sum_{i=1}^{n}[l_i : l_j]$, 所以必然有

$$n \geqslant k.$$

□

6.5.2 具有有理旋转向量的极小轨道和极小测度

下面来讨论高亏格曲面上测地流系统具有有理旋转向量的极小测度是什么样子的. 我们会在这一节里证明, 对于任意一个有理旋转向量, 都有至少一个支撑在一组闭轨道上的极小测度以它为旋转向量. 事实上我们将会看到, 对每一个 $h \in H_1(M,\mathbb{Z})$, h 的总长度最短的不相交分解 (这个最短长度的不想交分解一定存在) 就是我们要找的支撑在一组闭轨道上的, 以 $\frac{h}{T}$, $\forall T > 0$ 为旋转向量的极小测度的支撑集在 M 上的投影. 下面首先讨论总长度最短的不相交分解, 这样的不相交分解称为极小不相交分解.

定义 6.5.2 对任意的 $h \in H_1(M,\mathbb{Z})$, 我们称 h 的一个不相交分解 $\mathcal{A} = \{c_1, \cdots, c_m\}$ 为极小不相交分解, 如果它在 h 的所有不相交分解中总长度最短.

很显然, 如果 $\mathcal{A} = \{c_1, \cdots, c_m\}$ 是一个极小不相交分解, 则其中每一个 c_i 都是简单闭测地线. 下面, 我们证明极小不相交分解的存在性:

引理 6.5.3 对每一个基本的 (premitive) 一阶同调类 $h = (h_1, \cdots h_{2g}) \in H_1(M,\mathbb{Z})$, 存在一个 h 的不相交分解, 它在 h 的所有不相交分解中长度最短.

证明 对 h 的所有不相交分解组成的集合, 我们在这个集合上定义等价关系如下: 称两个不相交分解

$$\mathcal{A} = \{c_1, \cdots, c_m\}, \quad \mathcal{A}' = \{l_1, \cdots, l_n\}$$

是等价的, 即

$$\mathcal{A} \sim \mathcal{A}'.$$

如果 $m = n$, 并且在对 $\mathcal{A}'$ 进行适当的重新排列之后有

$$[c_i] = [l_i] \in H_1(M,\mathbb{Z}), \qquad \forall i = 1, \cdots, m.$$

很显然这样定义的关系确实是一个等价关系.

对每一个等价类 E, 由定理 6.3.7, 存在 E 中的一个不相交分解 $\mathcal{A}_E = \{c_1, \cdots, c_m\}$ 使得其中每一个 c_i 都在与其同调的闭曲线中长度最短. 很显然, 这个 $\mathcal{A}_E$ 是 E 中总长度最短的一个不相交分解. 因而对每一个等价类 E, 我们可以定义:

$$|E|^* = E \text{ 中元素的最短总长度}.$$

此外, 我们还可以定义:

$$|E|^\circ = \|[c_1]\| + \cdots + \|[c_J]\|.$$

这里 $\|h\|$ 表示 $|h_1| + \cdots + |h_{2g}|$, $\forall h = (h_1, \cdots, h_{2g}) \in H_1(M,\mathbb{Z})$.

很容易看出来

$$|E|^* \to \infty, \quad \text{当 } |E|^\circ \to \infty.$$

因而对任意的 $N>0$, 集合

$$\{E \mid |E|^* < N\}$$

中的元素始终是有限的. 故存在等价类 E_0 使得 $|E_0|^*$ 在 h 的不相交分解的所有等价类中最小. 取 $\mathcal{A}_0$ 为 E_0 中总长度等于 $|E_0|^*$ 的那个不相交分解, 则 $\mathcal{A}_0$ 就是我们要找的那个 h 中总长度最短的不相交分解. □

我们特别需要强调的是, 上面引理事实上对任意的整系数一阶同调类都成立, 而不仅仅是基本的一阶同调类. 当然, 对非基本的一阶同调类而言, 我们将会在后面的讨论中看到, 它们的极小不相交分解一定是相应的基本一阶同调类的极小不相交分解的多次重复. 我们还将会证明极小不相交分解上一定支撑极小测度. 确切地说, 如果 $\mathcal{A}=\{c_1,\cdots,c_m\}$ 是某个 $h\in H_1(M,\mathbb{Z})$ 的一个极小不相交分解, 并且

$$\|c_1'\|=\cdots=\|c_m'\|,$$

那么均匀分布在

$$\bigcup_{i=1}^{m}(c,c')$$

上的概率测度一定是一个极小测度.

我们首先研究支撑在一条闭测地线上的测度:

引理 6.5.4 *设 μ 是测地流的一个不变概率测度, 并且满足 $\pi(\mathrm{supp}(\mu))$ 是 M 上的一条简单闭测地线, 其中 $\pi:(x,v)\mapsto x$ 是从 TM 到 M 的标准投影映射. 如果 μ 满足*

$$A(\mu)=\min\{A(\nu)\mid \nu\in\mathfrak{M}_{\mathrm{inv}},\ \rho(\nu)=\rho(\mu),\ \pi(\mathrm{supp}(\nu))=\pi(\mathrm{supp}(\mu))\},$$

则 μ 必定是一个遍历测度.

证明 设简单闭测地线 $\gamma:[0,1]\to M$ 是 $\mathrm{supp}(\mu)$ 在 M 上的投影, 即

$$\pi(\mathrm{supp}(\mu))=\{\gamma(t)\}|_{[0,1]}.$$

设 $[\gamma]=h\in H_1(M,\mathbb{Z})$. 则存在常数 $T>0$ 使得 $\rho(\mu)=\dfrac{1}{T}h$. 这里我们仍然将 $H_1(M,\mathbb{Z})$ 视为实线性空间 $H_1(M,\mathbb{R})$) 中的整点集, 以下的讨论皆如此.

考虑最小正周期为 T 的满足 $\pi(\mathrm{supp}(\mu))=\{l(s)\}|_{[0,T]}$ 的周期测地线 $l:\mathbb{R}\to M$. 下面将证明 μ 恰好就是均匀分布在 $\{(l(s),l'(s))\}|_{[0,T]}$ 上的遍历测度.

设 μ_t 是均匀分布在 $\left\{\left(l(s),\dfrac{T}{t}l'(s)\right)\right\}\Big|_{[0,T]}$ 上的遍历测度. 由遍历分解定理 (参见 [129]), 存在 $(0,+\infty)$ 上的一个遍历测度 m, 使得对任意连续函数 $f:TM\to\mathbb{R}$,

$$\int_{TM}f(x,v)d\mu=\int_0^{+\infty}\left(\int_{TM}f(x,v)d\mu_t\right)dm(t).$$

由旋转向量的定义我们知道

$$\rho(\mu)=\int_0^{+\infty}\rho(\mu_t)dm(t)=\int_0^{+\infty}\frac{h}{t}dm(t)=\frac{h}{T}\Longrightarrow\int_0^{+\infty}\frac{1}{t}dm(t)=\frac{1}{T}.$$

由于

$$A(\mu_t)=\frac{1}{T}\int_0^T\left(\frac{T}{t}\|l'(s)\|\right)^2ds=\frac{1}{T}\int_0^T\left(\frac{T}{t}\frac{|l|}{T}\right)^2ds=\frac{1}{T}\int_0^T\left(\frac{|l|}{t}\right)^2ds=\left(\frac{|l|}{t}\right)^2,$$

则由 Jensen 不等式 (参见 [119])

$$A(\mu)=\int_0^{+\infty}\left(\frac{|l|}{t}\right)^2dm(t)=|l|^2\int_0^{+\infty}\left(\frac{1}{t}\right)^2dm(t)\geqslant|l|^2\left(\int_0^{+\infty}\frac{1}{t}dm(t)\right)^2=\left(\frac{|l|}{T}\right)^2.$$

上式中等号成立当且仅当

$$m(\{T\})=1.$$

因此, 如果

$$A(\mu)=\min\left\{A(\nu)\;\middle|\;\nu\in\mathfrak{M}_{\text{inv}},\ \rho(\nu)=\frac{h}{T},\ \pi(\text{supp}(\nu))=\{l(s)\}|_{[0,T]}\right\},$$

则

$$\mu=\mu_T,$$

否则由 Jensen 不等式, 必有: $A(\mu)>A(\mu_T)$. 这与

$$A(\mu)=\min\left\{A(\nu)\mid\nu\in\mathfrak{M}_{\text{inv}},\ \rho(\nu)=\frac{h}{T},\ \pi(\text{supp}(\nu))=\{l(s)\}|_{[0,T]}\right\}$$

矛盾, 故引理成立. □

给定 $h\in H_1(M,\mathbb{Z})$. 设

$$\mathcal{A}=\{c_1|_{[0,T_1]},\cdots,c_n|_{[0,T_n]}\}\text{ 和 }\mathcal{B}=\{l_1|_{[0,T_1']},\cdots,l_m|_{[0,T_m']}\}$$

是 h 的两个由闭测地线组成的不相交分解, 其中 $c_i:\mathbb{R}\to M$ 是以 T_i 为最小正周期的简单闭测地线, $\forall i=1,\cdots,n$; $l_j:\mathbb{R}\to M$ 是以 T_j' 为最小正周期的简单闭测地线, $\forall j=1,\cdots,m$. 因为 $\mathcal{A}$ 和 $\mathcal{B}$ 是同一个一阶同调类 h 的不相交分解, 所以

$$\sum_{i=1}^n[c_i|_{[0,T_i]}]=\sum_{j=1}^m[l_j|_{[0,T_j']}]=h.$$

设

$$\mu_A=\frac{T_1}{T}\mu_{c_1}+\cdots+\frac{T_n}{T}\mu_{c_n},$$

其中 $T = T_1 + \cdots + T_n$, μ_{c_i} 是均匀分布在 $\{(c_i(t), c_i'(t))\}|_{[0,T_i]}$ 上的概率测度, $i = 1, \cdots, n$. 又设

$$\mu_B = \frac{T_1'}{T'}\mu_{l_1} + \cdots + \frac{T_m'}{T'}\mu_{l_m},$$

同样 $T' = T_1' + \cdots + T_m'$, 并且 μ_{l_j} 是均匀分布在 $\{(l_j(s), l_j'(s))\}|_{[0,T_j']}$ 上的概率测度, $j = 1, \cdots, m$.

记 $h_i = [c_i|_{[0,T_i]}]$, $h_j' = [l_j|_{[0,T_j']}]$. 则

$$\rho(\mu_{c_i}) = \frac{[c_i|_{[0,T_i]}]}{T_i} = \frac{h_i}{T_i}, \quad i = 1, \cdots, n,$$

$$\rho(\mu_{l_j}) = \frac{[l_j|_{[0,T_j']}]}{T_j'} = \frac{h_j'}{T_j'}, \quad j = 1, \cdots, m.$$

并且

$$\sum_{i=1}^{n} h_i = \sum_{j=1}^{m} h_j' = h.$$

由于

$$\rho(\mu_A) = \frac{T_1}{T}\frac{h_1}{T_1} + \cdots + \frac{T_n}{T}\frac{h_n}{T_n} = \frac{1}{T}\sum_{i=1}^{n} h_i = \frac{1}{T}h,$$

以及

$$\rho(\mu_B) = \frac{T_1'}{T'}\frac{h_1'}{T_1'} + \cdots + \frac{T_m'}{T'}\frac{h_m'}{T_m'} = \frac{1}{T'}\sum_{j=1}^{m} h_j' = \frac{1}{T'}h,$$

如果

$$\rho(\mu_A) = \rho(\mu_B),$$

则必然会有

$$T = T' \ \text{且}\ \rho(\mu_A) = \rho(\mu_B) = \frac{1}{T}h.$$

另一方面我们也很容易计算出, 如果存在某个 $\tilde{T} > 0$ 使得

$$\rho(\mu_A) = h' = \frac{h}{\tilde{T}},$$

则必定

$$T_1 + \cdots + T_n = \tilde{T}.$$

以上这些结果将会在下面的一系列证明中反复用到.

引理 6.5.5 设 $\mathcal{A}=\{c_1|_{[0,T_1]},\cdots,c_n|_{[0,T_n]}\}$ 是一阶同调类 $h\in H_1(M,\mathbb{Z})$ 的一个由闭测地线组成的不相交分解, 其中 $c_i:\mathbb{R}\to M$ 是以 T_i 为最小正周期的简单闭测地线, $i=1,\cdots,n$. 设不变测度 μ_0 满足

$$\pi(\mathrm{supp}(\mu_0))=\bigcup_{i=1}^{n}\{c_i(t)\}|_{[0,T_i]},$$

以及 $\rho(\mu_0)=\dfrac{h}{T}$ (对某个常数 $T>0$). 如果

$$A(\mu_0)=\min\left\{A(\mu)\mid \mu\in\mathfrak{M}_{\mathrm{inv}},\ \pi(\mathrm{supp}(\mu))=\bigcup_{i=1}^{n}\{c_i(t)\}|_{[0,T_i]},\ \rho(\mu)=\frac{h}{T}\right\},$$

则必存在不依赖于点 $x\in M$ 的常数 $d>0$, 使得

$$\mathrm{supp}(\mu_0)\subset\left\{(x,v(x))\ \middle|\ x\in\bigcup_{i=1}^{n}\{c_i(t)\}|_{[0,T_i]},\ \|v(x)\|\equiv d\right\}.$$

证明 我们记

$$E=\left\{\mu\in\mathfrak{M}_{\mathrm{inv}}\ \middle|\ \pi(\mathrm{supp}(\mu))=\bigcup_{i=1}^{n}\{c(t)\}|_{[0,T_i]},\ \rho(\mu)=\frac{h}{T}\right\}.$$

设 $h=[c_1|_{[0,T_1]}]+\cdots+[c_n|_{[0,T_n]}]\in H_1(M,\mathbb{Z})$. 由引理 6.5.4 以及前面的讨论, 我们知道

$$\mu_0=\frac{1}{T}(\tilde{T}_1\mu_1+\cdots+\tilde{T}_n\mu_n),$$

其中: $\tilde{T}_1+\cdots+\tilde{T}_n=T$; μ_i 是均匀分布在 $\{(l_i(t),l_i'(t))\}|_{[0,\tilde{T}_i]}$ 上的遍历测度; 闭测地线 l_i 是闭测地线 c_i 的一个保向的重新参数化, 并以 $\tilde{T}_i$ 为最小正周期, $\forall i=1,\cdots,n$. 假定 $\|l_i'\|=v_i,\ i=1,\cdots,n$, 则

$$\begin{aligned}A(\mu_0)&=\frac{1}{T}(\tilde{T}_1A(\mu_1)+\cdots+\tilde{T}_nA(\mu_n))\\&=\frac{1}{T}\left(\int_0^{\tilde{T}_1}v_1^2dt+\cdots+\int_0^{\tilde{T}_n}v_n^2dt\right)\\&=\frac{1}{T}\sum_{i=1}^{n}\tilde{T}_iv_i^2=\sum_{i=1}^{n}\frac{\tilde{T}_i}{T}v_i^2\\&\geqslant\left(\sum_{i=1}^{n}\frac{\tilde{T}_i}{T}v_i\right)^2=\left(\frac{1}{T}\sum_{i=1}^{n}|l_i|_{[0,\tilde{T}_i]}|\right)^2=\text{常数}.\end{aligned}$$

上面的不等式是由 Jensen 不等式得出的, 其等号成立当且仅当

$$v_1=\cdots=v_n=\frac{1}{T}\sum_{i=1}^{n}|l_i|_{[0,\tilde{T}_i]}|.$$

令

$$d = \frac{1}{T}\sum_{i=1}^{n} |l_i|_{[0,\tilde{T}_i]}|.$$

我们断言：

$$v_1 = \cdots = v_n = d \ \text{且} \ A(\mu_0) = \left(\frac{1}{T}\sum_{i=1}^{n} |l_i|_{[0,\tilde{T}_i]}|\right)^2 = d^2.$$

其原因如下：很显然, 我们始终能找到一个不变概率测度 ν 满足

$$\pi(\mathrm{supp}(\nu)) = \bigcup_{i=1}^{n}\{c(t)\}|_{[0,T_i]}, \ \rho(\nu) = \frac{h}{T}, \ \text{以及} \ A(\nu) = d^2.$$

如果 $\exists i \in \{1, \cdots, n\}$ 使得 $v_i \neq d$, 那么由 Jensen 不等式必有

$$A(\mu_0) > d^2 = A(\nu).$$

这与我们的假定, 即 μ_0 在 E 中有最小作用量矛盾.

通过以上的讨论, 我们已经清楚地知道

$$\mu_0 = \frac{1}{T}(\tilde{T}_1\mu_1 + \cdots + \tilde{T}_n\mu_n),$$

其中 $T = \tilde{T}_1 + \cdots + \tilde{T}_n$, μ_i 是均匀分布在某一速度等于 d 的闭测地线 $\{(l(t), l'(t))\}|_{[0,\tilde{T}_i]}$ 上的遍历测度. 引理得证. 进一步, 我们还知道

$$A(\mu_0) = \left(\frac{1}{T}\sum_{i=1}^{n} |l_i|_{[0,\tilde{T}_i]}|\right)^2 = d^2. \qquad \square$$

推论 6.5.2　设 $\mathcal{A} = \{c_1|_{[0,T_1]}, \cdots, c_n|_{[0,T_n]}\}$ 和 $\mathcal{B} = \{l_1|_{[0,T_1']}, \cdots, l_m|_{[0,T_m']}\}$ 是 $h \in H_1(M, \mathbb{Z})$ 的两个由闭测地线组成的不相交分解, 这里 $c_i : \mathbb{R} \to M$ 是以 T_i 为最小正周期的简单闭测地线, $\forall i = 1, \cdots, n$; $l_j : \mathbb{R} \to M$ 是以 T_j' 为最小正周期的简单闭测地线, $\forall j = 1, \cdots, m$. 设 μ_A 和 μ_B 是满足以下性质的两个不变概率测度:

$$\pi(\mathrm{supp}(\mu_A)) = \bigcup_{i=1}^{n}\{c_i(t)\}|_{[0,T_i]}, \quad \pi(\mathrm{supp}(\mu_B)) = \bigcup_{j=1}^{m}\{l_j(t)\}|_{[0,T_j']},$$

且存在常数 $T > 0$ 使得 $\rho(\mu_A) = \rho(\mu_B) = \dfrac{h}{T}$. 那么如果

$$A(\mu_A) = \min\left\{A(\mu) \,\middle|\, \mu \in \mathfrak{M}_{\mathrm{inv}}, \ \pi(\mathrm{supp}(\mu)) = \bigcup_{i=1}^{n}\{c_i(t)\}|_{[0,T_i]}, \ \rho(\mu) = \frac{h}{T}\right\},$$

以及

$$A(\mu_B)=\min\left\{A(\mu)\ \middle|\ \mu\in\mathfrak{M}_{\mathrm{inv}},\ \pi(\mathrm{supp}(\mu))=\bigcup_{j=1}^{m}\{l_j(t)\}|_{[0,T_j']},\ \rho(\mu)=\frac{h}{T}\right\},$$

并且二者总长度满足

$$\sum_{i=1}^{n}|c_i|_{[0,T_i]}|\leqslant\sum_{j=1}^{m}|l_j|_{[0,T_j']}|,$$

则

$$A(\mu_A)\leqslant A(\mu_B).$$

证明 由引理 6.5.4 及其之后的讨论我们知道: 存在一组满足 $\tilde{T}_1+\cdots+\tilde{T}_n=T$ 的正数 $\tilde{T}_1,\cdots,\tilde{T}_n$, 以及一组概率测度 $\mu_1,\cdots,\mu_n$, 使得

$$\mu_A=\frac{1}{T}(\tilde{T}_1\mu_1+\cdots+\tilde{T}_n\mu_n).$$

这里 μ_i 是均匀分布在 $\{(\tilde{c}_i(t),\tilde{c}_i'(t))\}|_{[0,\tilde{T}_i]}$ 上的遍历测度, 而其中闭测地线 $\tilde{c}_i$ 是闭测地线 c_i 的一个保向的重新参数化, 以 $\tilde{T}_i$ 为最小正周期, $\forall i=1,\cdots,n$. 同理:

$$\mu_B=\frac{1}{T}(\tilde{T}_1'\mu_1'+\cdots+\tilde{T}_m'\mu_m'),$$

其中 $\tilde{T}_1'+\cdots+\tilde{T}_m'=T$, μ_j' 是均匀分布在 $\{(\tilde{l}_j(s),\tilde{l}_j'(s))\}|_{[0,\tilde{T}_j']}$ 上的遍历测度, 而闭测地线 $\tilde{l}_j$ 是闭测地线 l_j 的一个以 $\tilde{T}_j'$ 为最小正周期的保向的重新参数化, $\forall j=1,\cdots,m$.

由引理 6.5.5, 存在常数 v_A, v_B 满足

$$A(\mu_A)=\frac{1}{T}\sum_{i=1}^{n}\tilde{T}_iv_A^2=v_A^2,\quad A(\mu_B)=\frac{1}{T}\sum_{j=1}^{m}\tilde{T}_j'v_B^2=v_B^2.$$

显然

$$\sum_{i=1}^{n}|c_i|_{[0,T_i]}|=\sum_{i=1}^{n}|\tilde{c}_i|_{[0,\tilde{T}_i]}|=\sum_{i=1}^{n}\tilde{T}_iv_A=Tv_A,$$

$$\sum_{j=1}^{m}|l_j|_{[0,T_j']}|=\sum_{j=1}^{m}|\tilde{l}_j|_{[0,\tilde{T}_j']}|=\sum_{j=1}^{m}\tilde{T}_j'v_B=Tv_B.$$

所以, 若

$$\sum_{i=1}^{n}|c_i|_{[0,T_i]}|\leqslant\sum_{j=1}^{m}|l_j|_{[0,T_j']}|,$$

则一定有

$$v_A\leqslant v_B.$$

故而

$$v_A^2 \leqslant v_B^2.$$

这说明了

$$A(\mu_A) \leqslant A(\mu_B).$$

□

综合以上的一系列讨论, 我们可以总结出如下的结论:

(1) 对每一个一阶同调类 $h \in H_1(M, \mathbb{Z})$ 和 h 的每一个由闭测地线组成的不相交分解 $\mathcal{A}$ 以及每一个常数 $T > 0$, 都存在一个支撑在 $\mathcal{A}$ 上并以 $\dfrac{h}{T} \in H_1(M, \mathbb{R})$ 为旋转向量的不变测度, 使得 $A(\mu)$ 在所有的支撑在 $\mathcal{A}$ 上并以 $\dfrac{h}{T} \in H_1(M, \mathbb{R})$为旋转向量的不变测度的作用量中是最小的. 进一步地, μ 分布在测地流的有限多条闭轨道上.

(2) 设 $\mathcal{A}$ 和 $\mathcal{B}$ 是一阶同调类 $h \in H_1(M, \mathbb{Z})$ 的两个由闭测地线组成的不相交分解, μ_A 和 μ_B 是分别支撑在 $\mathcal{A}$ 和 $\mathcal{B}$ 上的满足前面一条叙述的, 对某一个共同的 $T > 0$ 满足作用量极小性质的不变概率测度. 则

$$A(\mu_A) \leqslant A(\mu_B) \Longleftrightarrow |\mathcal{A}| \leqslant |\mathcal{B}|,$$

其中的 $|\cdot|$ 表示一个不相交分解的总长度.

引理 6.5.6 *对任意的基本一阶同调类 $h = (h_1, \cdots h_{2g}) \in H_1(M, \mathbb{Z})$, 一定存在一个极小测度 μ 支撑在 h 的一个由闭测地线组成的不相交分解上.*

证明 根据引理 6.5.3, h 有一个由闭测地线组成的极小不相交分解 $\{c_1, \cdots, c_J\}$, 这里 $c_i : [0, T_i] \to M$ 是一条闭测地线 (或者说是一条周期闭测地线的一个周期). 由引理 6.5.5 及推论 6.5.2, $\forall T > 0$, 存在一个不变概率测度 μ_0 满足 $\pi(\mathrm{supp}(\mu_0)) = \bigcup_{i=1}^{J} \{c(t)\}|_{[0,T_i]}$ 使得

$$A(\mu_0) = \min\left\{ A(\mu) \middle| \mu \in \mathfrak{M}_{\mathrm{inv}}, \rho(\mu) = \frac{h}{T}, \mu\text{支撑在}h\text{的一个不相交分解上} \right\}.$$

我们断言: μ_0 是一个极小测度.

由 [101] 的命题 1, 我们只需证明: $\forall k \in \mathbb{Z}^+$, μ_0 在所有支撑在 kh 的不相交分解上的以 $\dfrac{h}{T}$ 为旋转向量的不变概率测度中具有最小的作用量. 再根据推论 6.5.2, 我们只需要证明: 对任意 $k > 1$ 以及 $kh \in H_1(M, \mathbb{Z})$ 的任意的由闭测地线组成的不相交分解 $\{l_1, \cdots, l_n\}$, 一定有

$$k|c_1| + \cdots + k|c_J| \leqslant |l_1| + \cdots + |l_n|.$$

我们利用反证法. 假设对某一个 $k \geqslant 2$, 存在一个 kh 的不极小相交分解 $\mathcal{A} = \{l_1, \cdots, l_n\}$ 满足

$$|l_1| + \cdots + |l_n| < k|c_1| + \cdots + k|c_J|.$$

显然, $l_1, \cdots, l_n$ 都是非平凡的简单闭测地线. 令

$$V = \mathrm{Span}_{\mathbb{Z}}\langle [l_1], \cdots, [l_n] \rangle \subseteq H_1(M, \mathbb{Z}).$$

设

$$\dim(V) = m \leqslant g.$$

注意 $\dim(V)$ 不可以大于亏格数 g, 否则 $l_1, \cdots, l_n$ 中必然会有两条闭测地线相交. 不失一般性, 我们可以假设 $\{[l_1], [l_2], \cdots, [l_m]\}$ 是 V 的一组生成元集, 即线性空间 V 是由前 m 条闭曲线所代表的一阶同调类生成的. 则对任意的 $m < i \leqslant n$, 一阶同调类 $[l_i]$ 必定是 $\{[l_1], [l_2], \cdots, [l_m]\}$ 的一个线性组合. 则由引理 6.5.2, $|[l_i : l_j]| \leqslant 1, \forall j \leqslant m$, 即这样的线性组合的系数只可能是 ± 1 或者 0.

我们来考虑第 $m+1$ 条闭曲线 l_{m+1}. 由于 $[l_{m+1}] \in V$, 我们有

$$[l_{m+1}] = [l_{j_1}] + \cdots + [l_{j_s}] - [l_{j_{s+1}}] - \cdots - [l_{j_{s+t}}] \in H_1(M, \mathbb{Z}),$$

其中, $l_{j_1}, \cdots, l_{j_{s+t}} \in \{l_1, \cdots, l_m\}$. 下面比较上式中出现的闭测地线的长度. 如果

$$|l_{m+1}| > |l_{j_1}| + \cdots + |l_{j_s}| - |l_{j_{s+1}}| - \cdots - |l_{j_{s+t}}|,$$

那么用 $\{l_{j_1}, \cdots, l_{j_s}\}$ 取代 $\{l_{j_{s+1}}, \cdots, l_{j_{s+t}}, l_{m+1}\}$, 则能够得到 kh 的一个总长度更短的不相交分解, 这与我们的假设矛盾, 所以这是不可能的. 而如果

$$|l_{m+1}| < |l_{j_1}| + \cdots + |l_{j_s}| - |l_{j_{s+1}}| - \cdots - |l_{j_{s+t}}|,$$

那么同样地用 $\{l_{j_{s+1}}, \cdots, l_{j_{s+t}}, l_{m+1}\}$ 取代 $\{l_{j_1}, \cdots, l_{j_s}\}$, 也能得到一个总长度更短的不相交分解, 因而这也是不可能的. 所以只能有

$$|l_{m+1}| = |l_{j_1}| + \cdots + |l_{j_s}| - |l_{j_{s+1}}| - \cdots - |l_{j_{s+t}}|,$$

即

$$|l_{m+1}| + |l_{j_{s+1}}| + \cdots + |l_{j_{s+t}}| = |l_{j_1}| + \cdots + |l_{j_s}|.$$

我们用 $\{l_{j_1}, \cdots, l_{j_s}\}$ 取代 $\{l_{j_{s+1}}, \cdots, l_{j_{s+t}}, l_{m+1}\}$, 能够得到 kh 的一个新的极小不相交分解, 这个极小不相交分解里相异的元素更少. 不断地重复这个过程, 我们能持续地减少极小不相交分解中相异元素的个数, 直至不相交分解中所有相异的元素所代表的一阶同调类都是在 $H_1(M, \mathbb{Z})$ 中线性无关的. 最终, 我们得到了这

样的一个极小不相交分解 $\{k_1\zeta_1, \cdots, k_M\zeta_M\}$, $\zeta_1, \cdots, \zeta_M$ 都是简单闭测地线并且 $[\zeta_1], \cdots, [\zeta_M]$ 线性无关. 显然

$$k_1|\zeta_1| + \cdots + k_M|\zeta_M| = |l_1| + \cdots + |l_n|.$$

令

$$V' = \mathrm{Span}_{\mathbb{Z}}\langle[\zeta_1], \cdots, [\zeta_M]\rangle.$$

因为

$$kh \in V' = \mathrm{Span}_{\mathbb{Z}}\langle[\zeta_1], \cdots, [\zeta_M]\rangle,$$

则必然有

$$h \in V' = \mathrm{Span}_{\mathbb{Z}}\langle[\zeta_1], \cdots, [\zeta_M]\rangle.$$

所以我们能找到唯一的一组整数 $\delta_1, \cdots, \delta_M$ 使得

$$\delta_1[\zeta_1] + \cdots + \delta_M[\zeta_M] = h.$$

又因为

$$k_1[\zeta_1] + \cdots + k_M[\zeta_M] = kh,$$

则有

$$k(\delta_1[\zeta_1] + \cdots + \delta_M[\zeta_M]) = k_1[\zeta_1] + \cdots + k_M[\zeta_M].$$

而由于 $[\zeta_1], \cdots, [\zeta_M]$ 是线性无关的, 我们得到

$$k \mid k_i, \ \forall 1 \leqslant i \leqslant M, \text{即}\delta_i = \frac{k_i}{k} \in \mathbb{Z}.$$

即

$$\frac{k_1}{k}[\zeta_1] + \cdots + \frac{k_M}{k}[\zeta_M] = h,$$

即

$$\frac{1}{k}(k_1|\zeta_1| + \cdots + k_M|\zeta_M|) = \frac{1}{k}(|l_1| + \cdots + |l_n|) < |c_1| + \cdots + |c_J|.$$

这与我们假定的 $\{c_1, \cdots, c_J\}$ 是 h 的极小不相交分解矛盾. 由此我们知道, kh 的任何闭测地线组成的不相交分解 $\{l_1, \cdots, l_n\}$ 都必须满足 $k|c_1| + \cdots + k|c_J| \leqslant |l_1| + \cdots + |l_n|$. 这隐含了 μ_0 是一个极小测度. □

定理 6.5.3　对任意的有理的一阶同调类 $h \in H_1(M, \mathbb{R})$, $\mathfrak{M}_h$ 中存在一个分布在有限多条闭轨道上的元素 (极小测度).

证明　从引理 6.5.6 可以知道：如果 c 是一条以 T 为周期的周期测地线，并且 $c|_{[0,T]}$ 的长度在一阶同调类 $[c|_{[0,T]}]$ 的所有不相交分解中最短，则均匀分布在 $\{(c(t),c'(t))\}|_{[0,T]}$ 上的不变概率测度是一个极小遍历测度. 这个极小遍历测度的旋转向量等于 $\frac{1}{T}h\in H_1(M,\mathbb{R})$. 进一步地，由测地流的平移性质，如果周期等于 T' 的测地线 $\tilde{c}$ 是 c 的一个保向的重新参数化，则均匀分布在 $\{(\tilde{c}(t),\tilde{c}'(t))\}|_{[0,T']}$ 的遍历测度也是一个极小遍历测度，它的旋转向量等于 $\frac{1}{T'}h$.

类似地，设满足

$$\|c_1'\|=\cdots=\|c_j'\|$$

的闭测地线集合 $\mathcal{A}=\{n_1c_1|_{[0,T_1]},\cdots,n_Jc_J|_{[0,T_J]}\}$ 是一阶同调类 $h\in H_1(M,\mathbb{Z})$ 的一个极小不相交分解. 这里 $c_i:\mathbb{R}\to M$ 是以 T_i 为最小正周期的周期测地线，$\forall i=1,\cdots,J$. 则每一个 $c_i|_{[0,T_i]}$ 都是一阶同调类 $[c_i|_{[0,T_i]}]$ 的一个极小不相交分解. 设 μ_i 是均匀分布在 $\{(c_i(t),c_i'(t))\}|_{[0,T_i]}$ 上的极小遍历测度，$\forall 1\leqslant i\leqslant J$. 令

$$T=n_1T_1+\cdots+n_JT_J,$$

以及

$$\mu=\frac{n_1T_1}{T}\mu_1+\cdots+\frac{n_JT_J}{T}\mu_J.$$

则由引理 6.5.5 及引理 6.5.6，我们知道 μ 是分布在 $\bigcup_{i=1}^J\{(c_i(t),c_i'(t))\}|_{[0,T_i]}$ 上的一个极小测度，它的旋转向量是$\frac{1}{T}h\in H_1(M,\mathbb{R})$. 通过对这组 c_i 进行重新参数化，我们对每一个实数 $r>0$ 都能找到一个旋转向量为 $rh\in H_1(M,\mathbb{R})$ 的分布在有限多条周期轨道上的极小测度. □

第 7 章　未解决的问题和注记

7.1　未解决的问题

测地流是动力系统理论中一个极为活跃的研究领域, 存在大量的未解决的问题. 在本节, 仅列出几个我们较为熟悉和关心的问题, 供读者考虑, 希望能够引起大家对测地流理论的兴趣. 更多的研究问题和相应的进展, 请读者自己去查找相关的研究文献.

在文献 [78] 中, W. Klingenberg 证明了下面的重要结论.

定理 7.1.1　*设 (M,g) 是测地线流为 Anosov 流的紧黎曼流形, 则 (M,g) 是无共轭点流形.*

在文献 [93] 中, R. Mane 推广了 Klingenberg 定理.

定理 7.1.2　*设 (M,g) 是有限体积的完备黎曼流形, 设丛 N(定义见引理 2.2.5) 有一个在测地流下不变的连续的拉格朗日子丛, 则 (M,g) 是无共轭点流形.*

问题 7.1.3　*设 (M,g) 的测地流是 Anosov 流, 则 (M,g) 是否一定是无共轭点流形?*

注 7.1.4　*当 (M,g) 是紧流形时, 由定理 7.1.1 知, 问题 7.1.3 的答案是肯定的.*

遍历论和几何学界的一个重要的公开问题是: 是否存在正曲率的黎曼流形, 其测地流具有复杂的动力学?

学者们目前对这个问题还知之甚少.

G. Knieper 与 H. Weiss 在文献 [82] 中构造了 S^2 上的一个实解析的正曲率黎曼度量, 且对应的测地流的拓扑熵大于零. 随之而来的一个困难得多的问题是关于 Liouville 测度熵的.

问题 7.1.5　*在 S^2 上是否存在一个正曲率的黎曼度量, 使得对应的测地流的 Liouville 测度熵大于零?*

我们注意到 K. Burns 和 H. Weiss 在这个问题上取得了一定的进展, 见文献 [30].

设 (M,g) 是一个非正曲率的黎曼流形. 任取 $v\in SM$, 定义 v 的秩为沿测地线 γ_v 的所有的平行 Jacobi 场所形成的空间的维数, 记为 $\mathrm{Rank}(v)$. 易见 $\dot\gamma_v$ 就是一个这样的 Jacobi 场, 所以 $\mathtt{Rank}(v)\geqslant 1$. 定义黎曼流形 (M,g) 的秩为

$$\mathtt{Rank}(M)=\min_{v\in SM}\{\mathtt{Rank}(v)\}.$$

易见 $\mathtt{Rank}(M)\geqslant 1$.

$\mathtt{Rank}(M)$ 衡量了黎曼流形 (M,g) 的平坦性. 平坦流形的秩就等于流形本身的维数, 秩越小, 表示该流形越不平坦. 记

$$\mathtt{Reg}(M) \triangleq \{v \in SM \mid \mathtt{Rank}(v) = 1\},$$

$$\mathtt{Sing}(M) \triangleq SM \setminus \mathtt{Reg}(M).$$

易见 $\mathtt{Reg}(M)$ 是 SM 的一个开稠不变子集.

流形的秩有一条非常重要的性质, 那就是乘积流形的秩等于其因子的秩的和. 即若有两个黎曼流形 (M_1,g_1) 和 (M_2,g_2), 则乘积黎曼流形 $(M_1 \times M_2, g_1 \times g_2)$ 的秩与 (M_1,g_1), (M_2,g_2) 的秩有如下关系:

$$\mathtt{Rank}(M_1 \times M_2) = \mathtt{Rank}(M_1) + \mathtt{Rank}(M_2).$$

在文献 [7, 8, 27] 中都有关于秩为 1 的黎曼流形的测地流遍历这一结论的证明, 后来发现这些证明都存在漏洞, 它们都用到了一条迄今尚未被证明的结论: $\mathtt{Sing}(M)$ 的 Liouville 测度是 0.

但是, 测地流在 $\mathtt{Reg}(M)$ 上确实是遍历的, 具体的证明请参考文献 [7, 27].

问题 7.1.6 设 (M,g) 是一个秩为 1 的黎曼流形, 问 (M,g) 的测地流是遍历的吗?

问题 7.1.7 设 (M,g) 是一个秩为 1 的黎曼流形, 问是否 $\mathtt{Sing}(M)$ 的 Liouville 测度是 0?

若问题 7.1.7 的答案是肯定的, 一个直接的推论就是问题 7.1.6 的答案亦是肯定的.

由于亏格大于 1 的非正曲率的闭曲面都是秩为 1 的流形, 因此有下面的问题.

问题 7.1.8 设 (Σ,g) 是亏格大于 1 的非正曲率的闭曲面, 问 (Σ,g) 的测地流是遍历的吗?

吴伟胜在文献 [132] 中证明了当曲面上负曲率的区域只具有有限多个连通分支时, 测地流遍历.

20 世纪 80 年代, A. Katok 在研究测地流的拓扑熵与测度熵的关系时, 提出了著名的 Katok 熵猜想.

Katok 熵猜想[73] 紧致黎曼流形 (M,g) 的 Liouville 测度是最大熵测度当且仅当 (M,g) 是局部对称空间, 亦即只有在这种情况下, 测地流的拓扑熵等于 Liouville 测度熵.

第 4 章中的定理 4.4.2 表明对亏格不小于 1 曲面上的无焦点黎曼度量, Katok 熵猜想成立.

在 Katok 熵猜想提出大约 10 年之后, 三位法国数学家 Gerard Besson, Gilles Courtois 和 Sylvestre Gallot 对相关的问题做出了突破性的贡献, 见文献 [16,17]. 他

们证明了若固定流形的体积, 则局部对称度量对应的测地流的拓扑熵取得最小值. 具体地说, 有下面的定理.

定理 7.1.9 设 M 是紧致光滑流形, g 与 g_0 均为 M 上的黎曼度量, 且满足

(1) $\mathrm{Vol}_g(M) = \mathtt{Vol}_{g_0}(M)$;

(2) (M, g_0) 是局部对称空间, 且截面曲率小于零,

则 $h_{\mathrm{top}}(g) \geqslant h_{\mathrm{top}}(g_0)$, 并且

$$h_{\mathrm{top}}(g) = h_{\mathrm{top}}(g_0) \Leftrightarrow (M, g) \text{ 等距同构于 } (M, g_0).$$

大约在同时, L. Flaminio 在文献 [54] 中证明了, 存在某些常负曲率的紧致三维流形的保体积小扰动, 使得扰动后的曲率不再是常值, 扰动后的测地流的 Liouville 测度熵增加.

关于 Liouville 测度熵, R. Mane 也有一个著名的猜想.

Mane 猜想[59] 非平坦的紧致无共轭点流形的 Liouville 测度熵大于零.

这个问题极为困难, 目前尚未有太大的进展.

在研究测地流的熵可扩性时, 我们考虑过下述问题.

问题 7.1.10 设 $(\widetilde{M}, \widetilde{g})$ 是单连通的无共轭点流形, α 与 β 均为 $\widetilde{M}$ 上的单位速度测地线, 若 $\alpha(0) = \beta(0)$, 问当 $t \to \infty$ 时, 是否有 $d(\alpha(t), \beta(t)) \to \infty$?

当 $\dim \widetilde{M} = 2$ 时, L. Green 在文献 [62] 中已证明了这个问题. 但高维的情形一直没有被证明 (L. Green 在文献 [63] 中曾给出了一个错误的证明).

关于测地流的熵可扩性, 我们有如下猜想.

熵可扩性猜想 紧致无共轭点流形的测地流都是熵可扩的.

本猜想的二维的情形已被解决, 可参考文献 [61, 92].

下面我们来考虑测地流的 Liouville 可积性及相关问题.

V. V. Kozlov 证明了亏格不小于 2 的紧致、可定向的闭曲面上的测地流不解析 Liouville 可积.

问题 7.1.11 亏格不小于 2 的紧致、可定向的闭曲面上的测地流光滑 (即 C^∞)Liouville 可积吗?

更一般地, 还有下述问题.

问题 7.1.12 若光滑流形 M 上容许一个负曲率的黎曼度量, 问 M 上是否存在一个黎曼度量 g, 使得对应的测地流光滑 (即 C^∞)Liouville 可积?

A. V. Bolsinov 和 I. A. Taimanov 在文献 [22] 中构造了拓扑熵大于零的光滑 Liouville 可积测地流的例子, 而 G. P. Paternain 在文献 [108] 中证明了曲面上的实解析 Liouville 可积的测地流的拓扑熵是零, 由此引出了下面的问题.

问题 7.1.13 实解析 Liouville 可积的测地流的拓扑熵一定是零吗? 换言之, 拓扑熵是测地流解析可积的障碍吗?

或者, 更宽泛地, 有下面的问题.

问题 7.1.14 *首次积分满足什么条件的 Liouville 可积的测地流的拓扑熵是零?*

关于无共轭点流形的测地流的可积性, 我们有一个猜想.

猜想 *非平坦的紧致无共轭点流形的测地流不是 Liouville 测可积的.*

该猜想目前已知的结果是非平坦的紧致无焦点形的测地流不是 Liouville 测可积的.

7.2 关于文献的注记

本书的第 1 章中关于黎曼几何这一部分, 主要参考了文献 [28, 37, 39, 128]. 我们只是介绍了阅读本书所需要的最基本的一些知识, 很多重要的方面都未涉及. 比如非正曲率流形这一课题, 非正曲率流形上的测地流有很多非常有趣的性质, 建议读者去参考文献 [6, 8—10, 47, 48, 51]. 本章中关于动力系统与辛几何的部分, 主要参考了文献 [42, 57, 68]. 我们介绍了辛空间和辛流形的基本性质, 讨论了辛结构、黎曼结构与近复结构这三种重要的几何结构之间的关系. 鉴于余伴随轨道在 Lie 理论和动力系统中的重要地位, 我们给出了它作为辛流形的完整描述, 读者可以从文献 [57, 77] 里了解到更多的相关内容. 我们引入了 Liouville 可积哈密顿系统的概念, 给出了著名的 Liouville-Arnold 定理的完整证明. Liouville-Arnold 定理更准确的名称也许是 Liouville-Mineur-Arnold-Jost 定理. 关于这个定理本身的历史, 文献 [46] 有较为详细的描述. 我们给出的证明取自文献 [5, 42]. 作者要感谢 Richard Cushman 教授在 2014 年, 热心地将 [42] 还未正式出版的第二版的电子稿送给我们. 我们也介绍了拉格朗日系统和哈密顿系统的关系, 但是没有展开, 这方面的内容读者可以参考 [4, 123]. 关于一般的微分动力系统理论我们没有专门介绍, 读者可以从文献 [26, 75, 133] 里了解到这方面的知识. 阅读本书还需要一些光滑遍历论和代数拓扑的基本知识, 读者可以参考文献 [26, 65, 75, 93, 114, 116, 124, 129].

第 2 章中关于上半平面的测地流和 horocycle 流这部分内容, 我们参考了文献 [14, 53]. 若想更多地了解常负曲率流形上的测地流和 horocycle 流, 建议读者去参考 [43]. 2.2 节给出了紧致、负曲率的黎曼流形上的测地流是双曲流这一著名定理的完整证明. 这个定理最早的证明由 D. V. Anosov 在文献 [2] 中给出. 原始证明冗长而繁琐. 我们这里给出的证明取自文献 [81], 该证明主要应用了黎曼几何中的比较定理, 思路顺畅清晰. 研究测地流首先碰到的一个难点就是切丛上的 Sasaki 度量, 奇怪的是, 在过往的文献中很难找到关于它的详尽的描述. 有鉴于此, 在这一节的开头, 我们精确而详细地给出了 Sasaki 度量的定义及其在局部坐标系下的表达式. 2.3 节主要研究曲面上的测地流如何扰动出横截联络. 这是 V. V. Donnay 的著名结果, 见文献 [45]. Donnay 的工作的高维推广由 D. Petroll 在文献 [115] 中给出, 不过这篇德语的博士论文很难找到, 其内容也一直没有正式出版. 如果想了解 Petroll 的工作的一些具体情况, 可以在文献 [30] 中找到一些相关的材料.

第 3 章中关于测地流遍历性的研究是个经典的遍历论与黎曼几何交叉的问题. 3.1 节证明了负曲率流形上测地流的遍历性. Hopf (见 [69, 70]) 对于二维负曲率曲面上的测地流和任意维具有常负数曲率的流形上的测地流证明了遍历性, 后来 Anosov 和 Sinai (见 [2,3]) 对一般的负曲率流形上的测地流和一般的保体积 Anosov 系统证明了遍历性. 感兴趣的读者可参考文献 [6] 中 Brin 写的一个附录. 3.2 节介绍了 Pesin 理论的基本内容和非正曲率流形上的测地流在正规子集上的遍历性, 这是 Pesin 的著名结果, 读者可参考文献 [13]. 3.3 节中的内容取材于文献 [132].

4.1 节给出了 A. Manning 的著名不等式的证明, 在文献 [96] 中, Manning 证明了流形的体积熵 (与动力系统毫无关系) 不超过测地流的拓扑熵, 并且证明当流形是非正曲率时, 二者相等. 稍后, 这一相等关系被 A. Freire 和 R. Mane 在文献 [59] 中推广到了无共轭点流形. 4.2 节介绍了 E. I. Dinaburg 在文献 [44] 中给出的经典定理: 基本群指数增长的流形的测地流的拓扑熵大于零. 我们这里的处理方式参考了文献 [31]. 测地流的拓扑熵的研究一直受到学者们的重视, 读者可以参考近期的文献 [60,61] 等. 4.3 节介绍了 Y. B. Pesin 在文献 [112] 中给出的无共轭点流形的测地流的 Liouville 测度熵公式, 也可参考文献 [13]. 4.4 节研究了黎曼流形的拓扑熵和测度熵之间的关系, 给出了 A. Katok 关于 Katok 猜想的 2 维情形的证明, 这部分内容取自 [73, 74]. 4.5 节研究了无共轭点流形的测地流的熵可扩性, 在文献 [92] 中, 我们证明了有界渐近流形和无共轭点曲面的测地流都是熵可扩的, 推广了 G. Knieper 在文献 [79] 中的结果: 非正曲率流形的测地流都是熵可扩的. 我们注意到在文献 [61] 中, E. Glasmachers, G. Knieper, C. Ogouyandjou 和 J. Schröder 证明了曲面上的测地流在极小向量集上都是熵可扩的. 这个结果的一个直接推论就是无共轭点曲面的测地流是熵可扩的. 需要指出的是, 我们的证明方法与 [61] 是不同的. 关于无共轭点流形测地流的动力学已有很多研究, 感兴趣的读者可以参考文献 [49, 50, 59, 71, 81, 111—113, 121].

第 5 章研究 Liouville 可积测地流的性质. 这是一个古老而又充满活力的研究课题, 俄罗斯学派一直居于领先地位. 关于这方面的研究, 感兴趣的读者可以参考文献 [18—21, 55—57, 84, 88] 等. 5.1 节给出了 Liouville 可积测地流的两个最简单的例子. 5.2 节介绍了测地流可积性的拓扑障碍, 这方面的研究源自于 V. V. Kozlov, 在文献 [83] 中, Kozlov 证明了高亏格曲面上不存在解析可积的测地流. 这表明曲面的拓扑对测地流的实解析可积性有着决定性的影响. 稍后, I. A. Taimanov 在文献 [125—127] 中将 Kozlov 定理推广到了高维. 我们注意到在文献 [18] 中, A. V. Bosinov 和 A. T. Fomenko 给出了该定理的一种新的证明, 不同于 Kozlov 的原始证明 [83]. 研究测地流可积性的拓扑障碍的另一条途径, 由 G. P. Paternain 提出,他建议研究可积测地流的拓扑熵, 在文献 [108—110] 中, Paternain 得出了一系列的结果, 其中之一就是非退化的 Liouville 可积的测地流的拓扑熵是零. 我们在 5.3 节介绍了这一结论. 5.2 节和 5.3 节的处理方式, 我们参考了文献 [31]. 沿着同一条路径, L. Butler, A. V. Bolsinov 和 I. A. Taimanov 等人也做了大量研究工作, 详见文献 [22, 23, 32—35]. 5.4 节介绍了这方面最著名的一个结果, 就是由 Bolsinov 和 Taimanov 在文献 [22] 中构造的拓扑熵大于零的光滑可积测地流的例子 (也称为光滑可积混沌现象 (smooth integrable chaos). 这个例子表明可积系统可以具备非常复杂的动力学, 打破了人们对可积系统的传统认识, 引起了学界广泛的重视. 5.5 节介绍了我们关于自然哈密顿系统 (即 Jacobi 度量意义下的测地流) 的异宿轨道的存在性的一些结果, 见文献 [90, 91].

第 6 章主要讨论极小测地线的性质. 6.1 节主要讨论 $\widetilde{M}$-极小测地线 (即经典意义下的测地线) 的性质. 关于这方面的内容, 读者还可以参考 V. Bangert 的文献 [12]. 此外我们还讨论了如何利用长度极小性构造指定自由同伦类中闭测地线, 并证明了一阶同调群的维数大于 1 的紧流形上有无穷多的闭测地线. 关于具有非平凡基本群的紧流形上的闭测地线的研究成果有非常多的文献, 我们向读者推荐 G. Knieper 的论文 [80]. 从 6.2 节开始, 我们介绍了 Mather 理论以及如何利用 Mather 理论的方法和结论去研究同调意义下的极小测地线, 即 $\overline{M}$-极小测地线. 由于 Mather 理论体系庞大, 很多内容我们只能粗略地展示, 读者如果对这方面的内容感兴趣, 可以研读我们列出的参考文献 [100—102]. 6.3 节主要研究环面上的极小测地线, 这方面已经有了相对比较完整的结果, 读者可以参阅 V. Bangert 的文献 [12], 我们的讨论也是主要基于这篇文献进行的. 6.4 节讨论了高亏格曲面上的极小测地线及测地流的极小测度的一些性质, 我们主要参照了本书作者之一的工作 [130].

参考文献

[1] Abraham R, Marsden J E. Foundations of Mechanics. London: The Benjamin/Cummings Publishing Co. Inc, 1977.

[2] Anosov D V. Geodesic flows on closed Riemann manifolds with negative curvature. Proceedings of the Steklov Institute of Mathematics, 90 (1967). Translated from the Russian by Feder S American Mathematical Society, Providence, R.I. 1969.

[3] Anosov D V, Sinai Y G. Some smooth ergodic systems. Russian Mathematical Surveys, 1967, 22(5): 103-167.

[4] Arnold V I. Mathematial Methods of Classical Mechanics. 2nd ed. Graduate Texts in Mathematics, 60. New York: Springer-Verlag, 1990.

[5] Audin M. Hamiltonian Systems and Their Integrability. Providence: American Mathematical Society, 2008.

[6] Ballmann W. Lectures on Spaces of Nonpositive Curvature(with an appendix by Misha Brin). DMV Seminar, 25. Basel: Birkhauser, 1995.

[7] Ballmann W, Brin M. On the ergodicity of geodesic flows. Ergodic Theory and Dynamical Systems, 1982, 2: 311-315.

[8] Ballmann W, Brin M, Eberlein P. Structure of manifolds of negative curvature I. Ann. of Math., 1985, 122(2): 171-203.

[9] Ballmann W, Brin M, Spatzier R. Structure of manifolds of negative curvature II. Ann. of Math., 1985, 122(2): 205-235.

[10] Ballmann W, Gromov M, Schroeder V. Manifolds of nonpositive curvature. Progress in Mathematics. 61. Boston, MA: Birkhauser Boston, Inc., 1985.

[11] Bangert V. Mather sets for twist maps and geodesics on tori. Dynamics Reported, 1988, 1: 1-56.

[12] Bangert V. Minimal geodesics. Ergodic Theory Dynam. Systems, 1989, 10: 263-286.

[13] Barreira L, Pesin Y. Nonuniform Hyperbolicity: Dynamics of Systems with Nonzero Lyapunov Exponents. Encyclopedia of Mathematics and its Applications, 115. Cambridge: Cambridge University Press, 2007.

[14] Bekka M B, Mayer M. Ergodic Theory and Topological Dynamics of Group Actions on Homogeneous Spaces. London Mathemaical Society Lecture Notes Series, 269. Cambridge: Cambridge University Press, 2000.

[15] Berger M. A Panoramic View of Riemannian Geometry. Berlin: Springer-Verlag, 2003.

[16] Besson G, Courtois G, Gallot S. Entropies et rigidités des espaces localement

symétriques de courbure strictement négative (French). Geometric and Functional Analysis, 1995, 5: 731-799.

[17] Besson G, Courtois G, Gallot S. Minimal entropy and Mostow's rigidity theorems. Ergodic Theory and Dynamical Systems, 1996, 16: 623-649.

[18] Bolsinov A V, Fomenko A T. Integrable Geodesic Flows on Two-Dimensional Surfaces. New York: Consultants Bureau, 2000.

[19] Bolsinov A V, Fomenko A T. Integrable Hamiltonian Systems: Geometry, Topology, Classification. Translated from the 1999 Russian original. Boca Raton, FL: Chapman and Hall/CRC, 2004.

[20] Bolsinov A V, Jovanovic B. Integrable geodesic flows on Riemannian manifolds: construction and obstructions. Contemporary Geometry and Related Topics, 57-103. River Edge, NJ: World Sci. Publ., 2004.

[21] Bolsinov A V, Matveev V S, Fomenko A T. Two-dimensional Riemannian metrics with an integrable geodesic flow. Local and global geometries. Sb. Math., 1998, 189: 1441-1466.

[22] Bolsinov A V, Taimanov I A. Integrable geodesic flows with positive topological entropy. Invent. Math., 2000, 140: 639-650.

[23] Bolsinov A V, Taimanov I A. Integrable geodesic flows on the Suspensions of Toric Automorphisms. Proceedings of the Steklov Institute of Mathematics, 2000, 231: 42-58.

[24] Bowen B. Entropy-expansive maps. Trans. Amer. Math. Soc., 1972, 164: 323-331.

[25] Boyland P, Golé C. Lagrangian systems on hyperbolic manifold. Ergodic Theory Dynam. Systems, 1999, 19: 1157-1173.

[26] Brin M, Stuck G. Introduction to Dynamical Systems. Cambridge: Cambridge University Press, 2002.

[27] Burns K. Hyperbolic behaviour of geodesic flows on manifolds with no focal points. Ergodic Theory Dynam. Systems, 1983, 3: 1-12.

[28] Burns K, Gidea M. Differential Geometry and Topology: With a View to Dynamical Systems. Studies in Advanced Mathematics. Boca Raton, FL: Chapman and Hall/CRC, 2005.

[29] Burns K, Katok A. Manifolds with non-positive curvature. Ergodic Theory Dynam. Systems, 1985, 5: 307-317.

[30] Burns K, Weiss H. Spheres with positive curvature and nearly dense orbits for the geodesic flow. Ergodic Theory Dynam. Systems, 2002, 22: 329-348.

[31] Butler L. Topological obstructions to the integrability of geodesic flows on nonsimply connected Riemannian manifolds. Thesis, Quees's University, 2000.

[32] Butler L. A new class of homogeneous manifolds with Liouville-integrable geodesic flows. C. R. Math. Acad. Sci. Soc. R. Can., 1999, 21: 127-131.

[33] Butler L. Integrable Hamiltonian flows with positive Lebesgue-measure entropy. Ergodic Theory Dynam. Systems, 2003, 23: 1671-1690.
[34] Butler L. Toda lattices and positive-entropy integrable systems. Invent. Math., 2004, 158: 515-549.
[35] Butler L. The Maslov cocycle, smooth structures, and real-analytic complete integrability. Amer. J. Math., 2009, 131: 1311-1336.
[36] Cannas da Silva A. Lectures on symplectic geometry. Lecture Notes in Mathematics, 1764. Berlin: Springer-Verlag, 2001.
[37] 曹建国, 王友德. 现代黎曼几何简明教程. 北京: 科学出版社, 2006.
[38] Cao J, Xavier F. A closing lemma for flat strips in compact surfaces of non-positive curvature. 2008. Preprint.
[39] do Carmo M. Riemannian Geometry. Boston, MA: Birkhäuser Boston, Inc., 1992.
[40] Chavel I. Riemannian Geometry: A modern Introduction. 2nd ed. New York: Cambridge University Press, 2006.
[41] Croke C B, Schroeder V. The fundamental group of compact manifolds without conjugate points. Comm. Math. Helv., 1986, 61: 161-175.
[42] Cushman R, Bates L. Global Aspects of Classical Integrable Systems. 2nd ed. Basel: Springer-Verlag, 2015.
[43] Dal'Bo F. Geodesic and Horocyclic Trajectories. London: Springer-Verlag, 2011.
[44] Dinaburg E I. On the relations among various entropy characteristics of dynamical systems. Math. USSR Izv., 1971, 5: 337-378.
[45] Donnay V V. Transverse Homoclinic Connections for Geodesic Flows. IMA Vol. Math. Appl., 63. Berlin: Springer, 1995: 115-125.
[46] Dumas H S. The KAM Story. Singapore: World Scientific, 2014.
[47] Eberlein P. Geometry of Nonpositively Curved Manifolds. Chicago Lectures in Mathematics. Chicago, IL: University of Chicago Press, 1996.
[48] Eberlein P. Geodesic flows in manifolds of nonpositive curvature. Smooth Ergodic Theory and its Applications (Seattle, WA, 1999), 525-571. Proc. Sympos. Pure Math., 69. Amer. Math. Soc., Providence, RI, 2001.
[49] Eberlein P. When is a geodesic flow of Anosov type? I. J. Differential Geometry, 1973, 8: 437-463.
[50] Eberlein P. When is a geodesic flow of Anosov type? II. J. Differential Geometry, 1973, 8: 564-577.
[51] Eberlein P, O'Neill B. Visibility manifolds. Pacific J. Math., 1973, 46: 45-109.
[52] Ehresmann C. Les connexions infinitèsimales dan un espace fibré différentiable. Colloque de topologie (espaces fibrés), Bruxelles (1950) 29-55, Georges Thone, Liège; Masson et Cie., Paris, 1951.
[53] Einsiedler M, Ward T. Ergodic Theory with a View towards Number Theory. Graduate

Texts in Mathematics, 259. London: Springer-Verlag London, Ltd., 2011.

[54] Flaminio L. Local entropy rigidity for hyperbolicmanifolds. Comm. Anal. Geom., 1995, 3: 555-596.

[55] Fomenko A T. Integrability and Nonintegrability in Geometry and Mechanics. Mathematics and its Applications (Soviet Series), 31. Dordrecht: Kluwer Academic Publishers Group, 1988.

[56] Fomenko A T. Symplectic Geometry. Advanced Studies in Contemporary Mathematics, 5. Luxembourg: Gordon and Breach Publishers, 1995.

[57] Fomenko A T, Trofinov V V. Integrable Systems on Lie Algebras and Symmetric Spaces. Advanced Studies in Contemporary Mathematics, 2. Luxembourg: Gordon and Breach Publishers, 1988.

[58] Frankel T. The Geometry of Physics: An Introduction. 2nd ed. Cambridge: Cambridge University Press, 2004.

[59] Freire A, Mañé R. On the entropy of the geodesic flow in manifolds without conjugate points. Invent. Math., 1982, 69: 375-392.

[60] Glasmachers E, Knieper G. Characterization of geodesic glows on T^2 with and without positive topological entropy. Geom. Funct. Anal., 2010, 20: 1259-1277.

[61] Glasmachers E, Knieper G, Ogouyandjou C, Schröder J. Topological entropy of minimal geodesics and volume growth on surfaces. Journal of Modern Dyanmics, 2014, 8: 75-91.

[62] Green L. Surfaces without conjugate points. Trans. Amer. Math. Soc., 1954, 76: 529-546.

[63] Green L. Geodesic instability. Proc. Amer. Math. Soc., 1956, 7: 438-448.

[64] Guillemin V, Sternberg S. Symplectic Techniques in Physics. 2nd ed. Cambridge: Cambridge University Press, 1990.

[65] Hatcher A. Algebraic Topology. Cambridge: Cambridge University Press, 2002.

[66] Hedlund G A. Geodesics on a two-dimensional Riemannian manifold with periodic coefficients. Ann. of Math., 1932, 33: 719-739.

[67] Hedlund G A. The dynamics of geodesic flows. Bull. Amer. Math. Soc., 1939, 45: 241-260.

[68] Hofer H, Zehnder E. Symplectic invariants and Hamiltonian dynamics//The Floer Memorial Volume. Basel: Birkhauser, 1995.

[69] Hopf E. Statistik der geodätischen Linien in Mannigfaltigkeiten negativer Krmmung. Ber. Verh. Sachs. Akad. Wiss. Leipzig, 1939, 91 : 261-304.

[70] Hopf E. Statistik der Losungen geodatischer Probleme vom unstabilen Typus. II. Math. Ann., 1940, 117: 590-608.

[71] Hopf E. Closed surfaces without conjugate points. Proc. Nat. Acad. Sci. USA., 1948, 34: 47-51.

[72] Izydorek M, Janczewska J. Heteroclinic solutions for a class of the second order Hamiltonian systems. J. Diff. Eqns., 2007, 238: 381-393.

[73] Katok A. Entropy and closed geodesics. Ergodic Theory Dynam. Systems, 1982, 2: 339-365.

[74] Katok A. Four applications of conformal equivalence to geometry and dynamics. Ergodic Theory Dynam. Systems, 1988, 8*: 139-152.

[75] Katok A, Hasselblatt B. Introduction to the Modern Theory of Dynamical Systems. Encyclopedia of Mathematics and Its Applications, 54. Cambridge: Cambridge University Press, 1995.

[76] Katok A, Sossinsky A. Introduction to Modern Topology and Geometry. Cambridge: Lecture notes.

[77] Kirillov A A. Lectures on the Orbit Methods. Graduate Studies in Mathematics, 64. Providence: American Mathematical Society, 2004.

[78] Klingenberg W. Riemannian manifolds with geodesic flows of Anosov type. Ann. of Math., 1974, 99(2): 1-13.

[79] Knieper G. The uniqueness of the measure of maximal entropy for geodesic flows on rank 1 manifolds. Ann. of Math., 1998, 148(2): 291-314.

[80] Knieper G. Closed geodesics and the uniqueness of the maximal measure for rank 1 geodesic flows. Smooth ergodic theory and its applications (Seattle, WA, 1999), 573-590. Proc. Sympos. Pure Math., 69. Amer. Math. Soc., Providence, RI, 2001.

[81] Knieper G. Hyperbolic dynamics and Riemannian geometry//Hasselblatt B, Katok A, eds. Handbook of Dynamical Systems, Vol. 1A. Amsterdam: North-Holland, 2002, 453-545.

[82] Knieper G, Weiss H. A surface with positive curvature and positive topological entropy. J. Diff. Geom., 1994, 39: 229-249.

[83] Kozlov V V. Topological obstructions to the integrability of natural mechanical systems. Dokl. Akad. Nauk SSSR., 1979, 249: 1299-1302.

[84] Kozlov V V. Integrability and nonintegrability in Hamiltonian mechanics. Uspekhi Mat. Nauk., 1983, 38: 3-67.

[85] Lee J M. Riemannian Manifolds: An introduction to Curvature. Graduate Texts in Mathematics, 176. New York: Springer-Verlag, 1997.

[86] Lee J M. Introduction to Topological Manifolds. Graduate Texts in Mathematics, 202. New York: Springer-Verlag, 2000.

[87] Lee J M. Introduction to Smooth Manifolds. Graduate Texts in Mathematics, 218. New York: Springer-Verlag, 2003.

[88] Lerman L M, Umanskii Y L. Four-Dimensional Integrable Hamiltonian Systems with Simple Singular Points (topological aspects). translated by Kononenko A, Semenovich A. Translations of Mathematical Monographs, 176. Providence: American Mathemat-

ical Society, 1998.

[89] Libermann P, Marle C. Symplectic Geometry and Analytical Mechanics. Dordrecht: D. Reidel, 1987.

[90] 刘飞. 自然哈密顿系统的连接轨道和拓扑熵. 上海: 上海交通大学博士学位论文, 2010.

[91] Liu F, Llibre J, Zhang X. Heteroclinic orbits for a class of Hamiltonian systems on Riemannian manifolds., Discrete Contin. Dyn. Syst., 2011, 29 : 1097-1111.

[92] Liu F, Wang F. Entropy-expansiveness of geodesic flows on closed manifolds without conjugate points. Acta Math. Sin. (Engl. Ser.), 2016, 32: 507-520.

[93] Mañé R. Ergodic Theory and Differentiable Dynamics. Ergebnisse der Mathematik und ihrer Grenzgebiete. 3. Berlin: Springer-Verlag, 1987.

[94] Mañé R. On a theorem of Klingenberg. Dynamcial Systems and Bifurcation Theory, 1987, 160: 319-345.

[95] Mañé R. Generic properties and problems of minimizing measures of Lagrangian systems. Nonlinearity, 1996, 9: 273-310.

[96] Manning A. Topological entropy for geodesic flows. Ann. of Math., 1979, 110 (2): 567-573.

[97] Margulis G A. Applications of ergodic theory to the investigation of manifolds of negative curvature. Functional Anal. Appl., 1969, 3: 335-336.

[98] Margulis G A. Certain measures associated with U-flows on compact manifolds. Functional Anal. Appl., 1970, 4: 55-67.

[99] Margulis G A. On Some Aspects of the Theory of Anosov Systems. Berlin: Springer-Verlag, 2004.

[100] Mather J. Minimal measures. Comm. Math. Helv., 1989, 64: 375-394.

[101] Mather J. Action minimizing invariant measures for positive definite Lagrangian systems. Math. Z., 1991, 207: 169-207.

[102] Mather J. Variational construction of connecting orbits. Ann. Inst. Fourier (Grenoble), 1993, 43: 1349-1386.

[103] McDuff D, Salamon D. Introduction to Symplectic Topology. 2nd ed. New York: Oxford University Press, 1998.

[104] Milnor J. Morse Theory. Princeton: Princeton University Press, 1963.

[105] Moser J. Dynamical systems, past and present. Proceedings of the International Congress of Mathematicians, 1998, 1: 381-402.

[106] Moser J. Selected Chapters in the Calculus of Variations. Basel: Birkhauser, 2003.

[107] Paternain G P. Geodesic Flows. Boston, MA: Birkhäuser Boston, Inc., 1999.

[108] Paternain G P. Entropy and completely integrable Hamiltonian systems. Proc. Amer. Math. Soc., 1991, 113: 871-873.

[109] Paternain G P. On the topology of manifolds with completely integrable geodesic flows. Ergodic Theory Dynam. Systems, 1992, 12: 109-121.

[110] Paternain G P. On the topology of manifolds with completely integrable geodesic flows. II. J. Geom. Phys., 1994, 13: 289-298.

[111] Pesin Y B. Geodesic flows in closed Riemannian manifolds without focal points. Izv. Akad. Nauk SSSR Ser. Mat., 1977, 41: 1252-1288.

[112] Pesin Y B. Equations for the entropy of a geodesic flow on a compact Riemannian manifold without conjugate points. Notes in Mathematics, 1978, 24: 796-805.

[113] Pesin Y B. Geodesic flows with hyperbolic behavior of trajectories and objects connected with them. Uspekhi Mat. Nauk., 1981, 36: 3-51.

[114] Petersen K. Ergodic Theory. Cambridge Studies in Advanced Mathematics, 2. Cambridge: Cambridge University Press, 1983.

[115] Petroll D. Existenz und transversalität von homoklinen und heteroklinen orbits beim geodätischen fluss. Thesis, Universität Freiburg, 1996.

[116] Pollicott M. Lectures on Ergodic Theory and Pesin Theory on Compact Manifolds. London Mathematical Society Lecture Note Series, 180. Cambridge: Cambridge University Press, 1993.

[117] Rabinowitz P H. Periodic and heteroclinic orbits for a periodic Hamiltonian system. Ann. Inst. H. Poincaré Anal. Non Lineaire, 1989, 6: 331-346.

[118] Rotman J. An Introduction to Algebraic Topology. New York: Springer-Verlag, 1988.

[119] Rudin W. Real and Complex Analysis. Singapore: McGraw-Hill, Inc., 1987.

[120] Ruggiero R. Flatness of Gaussian curvature and area of ideal triangles. Bul. Braz. Math. Soc., 1997, 28(1): 73-87.

[121] Ruggiero R, Rosas Meneses V. On the Pesin set of expansive geodesic flows in manifolds with no conjugate points. Bull. Braz. Math. Soc., 2003, 34(2): 263-274.

[122] Sakai T. Riemannian Geometry. translated by Sakai T. Translations of Mathematical Monographs, 149. Providence: American Mathematical Society, 1996.

[123] Sorrentino A. Action-Minimizing Methods in Hamiltonian Dynamics: An Introduction to Aubry-Mather Theory. Princeton: Prineton University Press, 2015.

[124] 孙文祥. 遍历论. 北京: 北京大学出版社, 2012.

[125] Taimanov I A. Topological obstructions to integrability of geodesic flows on non-simply-connected manifolds. Math. USSR Izv., 1988, 30: 403-409.

[126] Taimanov I A. Topological properties of integrable geodesic flows. Mat. Zametki, 1988, 44: 283-284.

[127] Taimanov I A. Topology of Riemannian manifolds with integrable geodesic flows. Proc. Steklov Inst. Math., 1995, 205: 139-150.

[128] 唐梓洲. 黎曼几何基础. 北京: 北京师范大学出版社, 2011.

[129] Walters P. Introduction to Ergodic Theory. New York: Springer-Verlag, 1982.

[130] Wang F. Minimal measures on surfaces of higher genus. J. Differential Equations, 2009, 247: 3258-3282.

[131] Weinstein A. Lectures on symplectic manifolds. CBMS Regional Conference Series in Mathematics, 29. Providence: American Mathematical Society, 1979.

[132] Wu W. On the ergodicity of geodesic flows on surfaces of nonpositive curvature. Annales de la Faculté des Sciences de Toulouse: Mathématiques, 2015, 24(3): 625-639.

[133] 文兰. 微分动力系统. 北京: 高等教育出版社, 2014.

[134] 伍鸿熙, 沈纯理, 虞言林. 黎曼几何初步, 北京: 北京大学出版社, 1989. (北京: 高等教育出版社, 2014.)